普通高等教育"十二五"规划教材

环境工程专业课程设计指导教程与案例精选

张 莉 杨嘉谟 主编

U0216484

化学工业出版社

·北京·

本书根据编者多年教学实践，结合近几年科研工作和企业实际工程项目的实践成果编写完成。全书力求体现"学以致用，求真务实"的教学理念，强调设计的规范性和严谨性，注重培养学生理论联系实际及工程设计计算能力。全书包括大气污染控制工程、水污染控制工程、环境工程原理、环境影响评价、固体废物处理与处置、清洁生产、物理污染控制工程等课程的课程设计教学指导和案例精选，其突出特色是通过特定的工程个案，对课程设计中如何进行污染处理单元工艺方案论证、设计参数确定、计算公式应用以及设计方法、设计内容和步骤进行了详细、深入的阐述，每门课程附有设计任务书数则。本书可作为高等院校环境工程及相近专业教师和学生进行课程设计时所用的教材或参考书，并可供从事环境保护工作的工程技术人员参考。

图书在版编目（CIP）数据

环境工程专业课程设计指导教程与案例精选/张莉，
杨嘉谟主编 .—北京：化学工业出版社，2012.4（2024.2重印）
普通高等教育"十二五"规划教材
ISBN 978-7-122-13634-3

Ⅰ. 环⋯　Ⅱ.①张⋯②杨⋯　Ⅲ. 环境工程-课程
设计-高等学校-教学参考资料　Ⅳ.X5-41

中国版本图书馆 CIP 数据核字（2012）第 028900 号

责任编辑：满悦芝　　　　　　　　　　　装帧设计：尹琳琳
责任校对：洪雅姝

出版发行：化学工业出版社（北京市东城区青年湖南街 13 号　邮政编码 100011）
印　　装：北京科印技术咨询服务有限公司数码印刷分部
787mm×1092mm　1/16　印张 18½　字数 469 千字　2024 年 2 月北京第 1 版第 11 次印刷

购书咨询：010-64518888　　　　　　售后服务：010-64518899
网　　址：http://www.cip.com.cn
凡购买本书，如有缺损质量问题，本社销售中心负责调换。

定　　价：49.80 元

前　言

在现代工程教学过程中，课程设计对培养创新能力强、适应经济社会发展需要的高质量各种类型的工程技术人才起着重要的作用。《环境工程专业课程设计指导教程与案例精选》是环境类专业学生必修的综合性实践训练教材，是"卓越工程师教育培养计划"中理论联系实际的桥梁。

本书根据武汉工程大学环境类专业教师多年教学实践，结合近几年科研工作和企业实际工程项目的实践成果编写完成，意在体现"学以致用，求真务实"的教学理念，强调设计的规范性和严谨性，注重培养学生理论联系实际能力及工程设计计算能力。全书包括大气污染控制工程、水污染控制工程、环境工程原理、环境影响评价、固体废物处理与处置、清洁生产、物理污染控制工程等课程的课程设计教学指导和案例精选，其鲜明特色是通过特定的工程个案，对课程设计中如何进行污染处理单元工艺方案论证、设计参数确定、计算公式应用以及设计方法、设计内容和步骤进行详细、深入的阐述，每门课程附有设计任务书数则。

本书为国家级质量工程项目——环境与化工清洁生产实验教学示范中心资助教材，依托环境与化工清洁生产实验教学示范中心等国家级研究平台，将工程实践基本能力的普遍性培训与专业教育层面的特殊性培养相结合，在工程训练内容的编排上突出学生深厚的理论基础和广博的知识面的培养、良好的分析能力和实践技能的训练。创造性地推出新的系列工程训练设计教学项目，将与环境污染控制国内发展水平相一致的先进设计技术和设计理念融入项目中，强化工程能力与创新能力的培养是本书的最大特点。本书可作为高等院校环境工程及相近专业教师和学生进行课程设计时所用的教材或参考书，并可供从事环境保护工作的工程技术人员参考。

本书的完成是武汉工程大学环境工程、环境监察全体教师共同努力的结果，同时感谢环境与化工清洁生产实验教学示范中心的支持。本书由张莉、杨嘉谟主编，张莉统稿。其中第1章由张莉编写，第2章由杨嘉谟编写，第3章由张莉编写，第4章由杨嘉谟编写，第5章由王雁编写，第6章由梁震编写，第7章由周旋编写，第8章由胡立嵩编写，第9章由肖冬娥编写，附录由张莉、刘玉娟编写。杨嘉谟教授审阅了全书。

由于编者水平有限，加之时间仓促，书中不妥之处在所难免，敬请读者批评指正。

编　者
2012 年 6 月

目　录

1 总 论

1.1 环境工程课程设计的任务和内容

1.1.1 课程设计的任务和任务书的作用

1.1.1.1 课程设计的任务

实践教学是培养学生动手能力和创新能力的主要途径，而课程设计又是实践教学的一个重要环节。环境工程课程设计是专业课理论联系实际的桥梁，是环境工程专业本科生的必修实践课，是对前期理论与实践教学效果的检验，是学生从事环境工程专业科研、设计与施工、生产管理时所必须具备的技术技能。

通过课程设计，使学生学会运用环境工程技术和有关基础学科的原理和方法，研究如何防治废气、废水、固体废物、噪声等污染；使学生掌握环境工程设计的主要内容、基本步骤、方法，按照一定的规范编制出环境保护设施建设过程所需的工程设计文件和图纸，培养学生综合运用理论知识分析和解决实际问题的能力。

通过课程设计使学生受到设计方法的初步训练，能用文字、图形和现代设计方法系统、正确地表达设计成果。

1.1.1.2 任务书的作用

设计任务书是确定建设项目的方案、规模、依据、布局和进度的重要文件，是对可行性研究报告中最佳方案作进一步的实施性研究，并在此基础上形成的制约建设项目全过程的指导性文件。建设项目经可行性研究，证明其建设是必要和可行的，则编制设计任务书。设计任务书不是论证方案，而是确定的建设方案和实施意见，不具有选择性，一经批准，即可实施。设计任务书的作用包括以下几个方面。

① 按照我国现行基本程序，任何建设项目都必须经主管部门批准并列入相应的投资计划，建设项目才算正式成立。否则，建设项目就成为通常所说的计划外项目。因此，申请建设项目列入国家正式计划的过程，也就是建设单位编制设计任务书、报请主管部门批准的过程。

② 设计任务书是建设项目列入建设的主要文件。拟建中的建设项目只有经建设规划部门作出相应的建设规划后，项目建设才算有了安身之地。规划部门批准建设规划，主要依据已列为投资计划的设计任务书。

③ 设计任务书是建设项目申请银行贷款的主要文件。任何建设项目，如果想得到银行贷款进行建设，必须把经政府主管部门批准的设计任务书报送银行，才能作为银行安排贷款项目的依据。

④ 设计任务书是进行工程设计和其他准备工作的依据，各专业设计单位接受并进行建设总方案的专业设计主要是依据经批准的设计任务书来进行；同时，设计任务书还是项目建设过程中土地征用、拆迁工程招标、设备洽谈订货的主要依据。

1.1.2 课程设计的主要内容

课程设计一般包括：选题、设计计划书的制定、实际任务书的下达、设计指导书的编写、设计计算书的编写、设计图纸的绘制及设计总结。

环境工程课程设计应以废气、废水、固体废物、噪声等污染治理工艺方案研究为对象，课程设计的题目尽量从科研和生产实际中选题。环境工程课程设计内容包括以下几个方面。

① 设计方案简介：包括对给定或选定的工艺流程、主要设备（或构筑物）的型式进行简要的论述。

② 主要设备（或构筑物）的工艺设计计算：包括工艺参数的选定、物料衡算、热量衡算、设备（或构筑物）的工艺尺寸计算及结构设计。

③ 典型辅助设备的选型和计算：包括典型辅助设备的主要工艺尺寸计算和设备型号规格的选定。

④ 工艺流程图：以单线图的形式绘制，标出主要设备（或构筑物）和辅助设备的物料流向、物流量、能流量和主要参数测量点。

⑤ 主要设备（或构筑物）工艺条件图：包括设备（或构筑物）的主要工艺尺寸。

⑥ 编写设计说明书：掌握设计说明书的编写方法和格式。包括设计任务书、目录、设计方案评述、工艺设计及计算、主要设备设计、工艺流程示意图（Visio 或 AutoCAD）及主要设备（或构筑物）结构图、计算程序、设计结果总汇、结束语、参考文献及符号说明等，要求整个设计内容全部用计算机打字排版、打印。

1.2　环境工程设计基本原则和主要设计程序

1.2.1　环境工程设计的原则和依据

1.2.1.1　工程设计的一般原则

工程设计应遵循技术先进、安全可靠、质量第一、经济合理、节约资源的原则。

① 设计中要认真贯彻国家的经济建设方针、政策（如产业政策、技术政策、能源政策、环保政策等），正确处理各产业之间、长期与近期之间、生产与生活之间等各方面的关系。

② 应考虑资源的充分利用，要根据技术上的可能性和经济上的合理性，对能源、水、土地等资源进行综合利用。

③ 选用的技术要先进适用。在设计中要尽量采用先进的、成熟的、适用的技术。在符合我国国情条件下，积极吸收和引进国外先进技术和经验。采用新技术要经过试验并有正式的技术鉴定。对引进的国外新技术及进口国外设备，必须与我国的技术标准、原材料供应、生产协作配套。

④ 工程设计要坚持安全可靠、质量第一的原则。

⑤ 坚持经济合理的原则。在我国资源和财力条件下，使项目建设达到项目投资的目标（产品方案、生产规模），取得投资省、工期短、技术经济指标最佳的效果。

1.2.1.2　环境工程设计的原则

对环境保护设施进行工程设计时，除了要遵循工程设计的一般原则外，还必须遵循以下原则。

① 环境保护设计必须遵循国家和地方制定的有关环境保护法律、法规、标准和技术政策。合理开发和充分利用各种自然资源，严格控制环境污染，保护和改善生态环境。

② 环境保护设计应积极采用无毒无害或低毒低害的原料，采用不产生或少产生污染的

新技术、新工艺、新设备，最大限度地提高资源、能源利用率，尽可能在生产过程中把污染物减少到最低限度。

③ 建设项目产生的各种污染或污染因素，必须符合国家或省、自治区、直辖市颁布的排放标准和有关法规后，方可向外排放。在实施重点污染物排放总量控制的区域，还必须符合重点污染物排放总量控制的要求。

④ 环境保护设计应当在工业建设项目中采用能耗物耗少、污染物产生量少的清洁生产工艺，实现工业污染防治从末端治理向生产全过程控制的转变。

⑤ 环境保护设施必须与主体工程同时设计、同时施工、同时投产使用。

⑥ 应采取各种有效措施，避免或抑制污染物的无组织排放。如：a. 设置专用容器或其他设施，用以回收采样、溢流、事故、检修时排出的物料或废弃物；b. 设备、管道等必须采取有效的密封措施，防止物料跑、冒、滴、漏；c. 粉状或散装物料的贮存、装卸、筛分、运输等过程应设置抑制粉尘飞扬的设施。

⑦ 废弃物在处理或综合利用过程中，如有二次污染物产生，还应采取防止二次污染的措施。废弃物的输送及排放装置宜设置计量、采样及分析设施。

1.2.1.3 环境工程设计的依据

(1) 国家及地方有关标准和政策　环境工程设计应贯彻执行国家及地方有关工程建设的各类政策、法规、标准、规范，符合国家现行的建筑工程建设标准，遵循国家和地方相关的设计规范、技术政策和设计深度的要求。如《城镇污水处理厂污染物排放标准》、《室外给水设计规范》、《混凝土结构设计规范》、《给水排水制图标准》、《环境保护设施运行管理条例》、《环境工程技术规范制订技术导则》等。

(2) 工程可行性研究报告和环境影响评价报告　批准的建设项目工程可行性研究报告(设计任务书)和建设项目的环境影响评价报告。

(3) 政府有关批文和设计委托合同书

① 有关部门关于该项目的可行性研究报告批复，建设项目环境影响评价的批复；

② 有关部门对该处理厂(站)选址意见的批复；

③ 建设单位的设计委托书；

④ 工厂的生产发展规划；

⑤ 工厂的给水排水管道系统与废水、废气处理设施的现状；

⑥ 当地最新的《建筑工程综合预算定额》、《安装工程预算定额》和《建筑企业单位各项工程收费标准》，当地建筑材料、设备供应和价格等有关资料；

⑦ 当地有关的基本建设费率规定；

⑧ 关于租地、征地、青苗补偿、拆迁补偿等方面的规定与办法。

1.2.2 污染物排放总量控制原则和内容

1.2.2.1 污染物排放总量控制原则

总量控制制度是指国家环境管理机关依据所勘定的区域环境容量，决定区域中的污染物质排放总量，根据排放总量削减计划，向区域内的企业分配各自的污染物排放总量额度的一项法律制度。

污染物排放总量控制一般分 3 种类型：目标总量控制、容量总量控制和行业总量控制。

污染物排放总量控制的原则：以改善当地环境质量为核心，以降低流域内水体中主要污染物环境浓度、区域中酸沉降强度为重点，综合考虑本地区经济发展需求、污染物排放强度、现有污染源减排潜力等因素，基于排放基数、新增量测算、减排潜力分析，合理确定减排目标。

水污染物总量控制的原则：推进重点行业结构优化调整，严格控制新增量；加快县城和重点建制镇污水处理设施建设，大力提高治污设施环境绩效；把农业污染源纳入总量控制管理体系，着力推进畜禽养殖污染防治工作。

大气污染物总量控制的原则：推进能源结构持续优化，严格控制新增量；巩固电力行业减排成果，推进二氧化硫全面减排；推进电力行业和机动车氮氧化物排放控制，突出重点行业和重点区域减排。

总量控制目标的确定和任务的落实要兼顾需求和实际可能，在综合考虑新增量的基础上，按照技术可达可控、政策措施可行、经济可承受的思路，做好存量、新增量、减排潜力、削减任务之间的系统分析，做到总量控制目标、任务和投入、政策相匹配。

"十二五"期间，国家环保部将采用"点线面"组合拳的排污总量控制方式，"点"即对国家重点监控企业实行深度治理，"线"即对电力、钢铁、造纸、印染等重点行业实行主要污染物排放总量控制，"面"即对国家重点区域、流域实行排污总量控制。并推进实施 4 大环保战略，以加快主要污染物减排。4 大环保战略包括：① 坚持源头预防和全过程综合推进；② 强化总量减排的倒逼传导机制，在实现污染物排放量降低的同时，促进污染物产生量的降低；③ 在行业上抓好总量控制，包括等量置换、减量置换；④ 推行重金属、VOC（挥发性有机化合物）的区域性总量控制。

"十二五"期间，随着工业化、城镇化进程的加快和消费结构的持续升级，受国内资源保障能力和环境容量的制约以及全球性能源安全和应对气候变化的影响，资源环境约束日趋强化。2015 年，全国化学需氧量和二氧化硫排放总量分别控制在 2347.6 万吨、2086.4 万吨，比 2010 年的 2551.7 万吨、2267.8 万吨分别下降 8%；全国氨氮和氮氧化物排放总量分别控制在 238.0 万吨、2046.2 万吨，比 2010 年的 264.4 万吨、2273.6 万吨分别下降 10%。

1.2.2.2　总量控制的主要内容

（1）废水排放总量控制

① 选择总量控制指标因子　化学需氧量（COD）、氨氮、TN（水温 T 条件下的非离子氨）、TP（水温 T 条件下的总磷）、重金属等因子以及受纳水体最为敏感的特征因子。

② 分析基于环境容量约束的允许排放总量和基于技术经济条件约束的允许排放总量。

③ 对于拟接纳开发区污水的水体，如常年径流的河流、湖泊、近海水域，应根据环境功能区划所规定的水质标准要求，选用适当的水质模型，分析确定水环境容量（或最小初始稀释度）；对季节性河流，原则上不要求确定水环境容量。

④ 对于现状水污染物排放虽然已实现达标排放，但水体已无足够的环境容量可利用的情形，应在指定基于水环境功能的区域水污染控制计划的基础上，确定开发区水污染物排放总量。

⑤ 如预测的各项总量值均低于上述基于技术水平约束下的总量控制指标和基于水环境容量的总量控制指标，可选择最小的指标提出总量控制方案；如预测总量大于上述二类指标中的某一类指标，则需调整规划，降低污染物总量。

（2）大气污染物总量控制

① 选择总量控制指标因子　烟尘、粉尘、SO_2、氮氧化物。

② 对开发区进行大气环境功能区划，确定各功能区环境空气质量目标。

③ 根据环境质量现状，分析不同功能区环境质量达标情况。

④ 结合当地地形和气象条件，选择适当方法，确定开发区大气环境容量（即满足环境质量目标的前提下污染物的允许排放总量）。

⑤ 结合开发区规划分析污染控制措施，提出区域环境容量利用方案和近期污染物排放总量控制指标。

（3）固体废物管理与处置

① 分析固体废物类型和发生量，分析固体废物减量化、资源化、无害化处理处置措施及方案。

② 分类确定开发区可能产生的固体废物总量。

③ 开发区的固体废物处理处置应纳入所在区域的固体废物总量控制计划之中，对固体废物的处理处置要符合区域所制定的资源回收、固体废物利用的目标与指标要求。

④ 按固体废物分类处置的原则，测算需采取不同处置方式的最终处置总量，并确定可供利用的不同处置设施及能力。

1.2.3 环境工程项目厂址选择原则和要求

1.2.3.1 环境工程项目厂址选择原则

厂址选择，一般分为建设地点的选择和具体地址选择两个阶段，地点选择称为选点，具体地址选择称为定址。

选点是在一个相当大的地域范围内，按照项目的特点和要求，经过系统、全面的调查和了解，提出几个可供选择的地点方案，进行对比选择。

定址是在选点的基础上，通过进一步深入细致的调查，从若干可选的地点中，提出几个可供选择的具体地址，以便最后决策定点。

建设项目的选址或选线，必须全面考虑建设地区的自然环境和社会环境，对选址或选线地区的地理、地形、地质、水文、气象、名胜古迹、城乡规划、土地利用、工农业布局、自然保护区现状及其发展规划等因素进行调查研究，并在收集建设地区的大气、水体、土壤等基本环境要素背景资料的基础上，进行综合分析论证，制定最佳的规划设计方案。

① 厂址选择应服从国家长远规划和城镇总体规划的要求，项目类型应与所在城镇、开发区的性质和类别相适应，应考虑远期发展的可能性，有扩建的余地。

② 凡排放有毒有害废水、废气、废渣（液）、恶臭、噪声、放射性元素等物质或因素的建设项目，严禁在城市规划确定的生活居住区、文教区、水源保护区、名胜古迹、风景游览区、温泉、疗养区和自然保护区等界区内选址。

③ 排放有毒有害气体的建设项目应布置在污染系数最小方位的上风侧；排放有毒有害废水的建设项目应布置在当地生活饮用水水源的下游；废渣堆置场地应与生活居住区及自然水体保持规定的距离。

④ 产生有毒有害气体、粉尘、烟雾、恶臭、噪声等物质或因素的建设项目与生活居住区之间，应保持必要的卫生防护距离，并采取绿化措施。

⑤ 要选择与建设项目性质相适应的环境条件。厂址地应有较好的水、电、气、交通运输等硬件基础条件，便于工程施工的顺利进行。

⑥ 注意环境保护和生态平衡，保护风景、名胜、古迹。

例如，污水处理厂厂址的选择，应符合城市总体规划和排水工程总体规划的要求，并根据下列因素综合确定。

① 厂址必须位于集中给水水源下游，并应设在城市工业区、居住区的下游。为保证卫生要求，厂址应与城市工业区、居住区保持约 300m 以上距离。

② 厂址宜设在城市夏季最小频率风向的上风侧，及主导风向的下风侧。

③ 结合污水管道系统布置及纳污水域位置，污水处理厂选址宜设在城市低处，便于污水自流，沿途尽量不设或少设提升泵站。

④ 有良好的交通、运输和水电条件，有良好的工程地质条件，厂区地形不受水淹，有良好的防洪、排涝条件。

⑤ 尽量少拆迁、少占农田，同时厂区规划有扩建的可能，预留远期发展用地。为缩短污水处理厂建设周期和有利于污水处理厂的日常管理，应有方便的交通、运输和水电条件。

1.2.3.2　环境工程项目厂址选择的基本要求

① 背景浓度　应选择背景浓度小的地区建厂，如背景浓度已超过环境质量标准则不宜建厂。

② 风向

a. 污染源应选在居住区最小频率风向的上侧；

b. 尽量减少各工厂的重复污染，不宜把各污染源配置在一直线上且与最大频率风向一致；

c. 排放量大、毒性大的污染源远离居住区。

③ 污染系数　厂址选择时仅考虑风向频率还不够，因为它只说明被污染的时间，而不说明被污染的程度，因此还应考虑风速的大小。

综合表示某一地区气象（风向频率和平均风速）对大气污染影响程度的参数为污染系数。

某一风向的污染系数＝风向频率/相应风向的平均风速

污染系数反映了各方位污染的可能性大小的相对关系，污染源应设在污染系数最小方向的上侧。

④ 静风　静风出现频率高（超过 40%）或静风持续时间长的地区不宜建厂。

⑤ 温度层和大气稳定度　厂址不应选择在经常出现逆温现象的地区，沿海建设工厂还应考虑海陆风的影响。

⑥ 地形、地质影响　厂区地形力求平坦或略有坡度，既减少土方工程，又便于排水；应尽可能避免在盆地内建设大气污染物排放量大的工厂。

厂区应选在工程地质、水文地质条件较好的地段，严防在断层、有岩溶、流沙层、有用矿床上、洪水淹没区、采矿塌陷区和滑坡下选址。厂区地下水位最好低于建筑物的基准面，还应选在地震烈度低的地方。

⑦ 厂区必须满足按工艺流程布置建筑物和构筑物的要求，场地同样需要满足建设项目的实际需要；厂区靠近水源，并便于污水排放和处理。

⑧ 需要专用线的工厂，宜接近铁路沿线选址，便于接轨。厂址应便于供电、供热和其他协作条件的建立。

1.2.3.3　厂址方案比较

（1）技术条件比较（见表 1-1）

（2）经济条件的比较（见表 1-2）

表 1-1 厂址技术条件比较

序号	比较的内容名称	厂址方案			
		方案一	方案二	……	方案 K
1	主要气象条件(气温、雨量、海拔等)				
2	地形、地貌特征				
3	占地面积及情况 其中:耕地 　　　荒地				
4	土石方开挖工程量,V/m³ 其中:土方 　　　石方				
5	区域稳定情况及地震烈度				
6	工程地质条件及地基处理内容				
7	水源及供水条件 自来水 地表水 地下水				
8	交通运输条件 铁路 公路 航运				
9	动力供应条件 电力 热力 其他				
10	通信条件				
11	污染物的处理及对附近居民的影响				
12	拆迁工作量				
13	施工条件				
14	生活条件				

表 1-2 厂址建设投资及经营费用比较

序号	比较的工程或费用问题	单位	厂址一		厂址二		……
			数量	金额	数量	金额	
1	基建投资						
2	土地购置费						
3	场地开拓费 其中:土方工程 　　　石方工程						
4	地基工程						
5	供水工程 其中:水井 　　　泵房 　　　管道 交通运输工程 其中:铁路及相应工程 　　　公路及相应工程 　　　船舶及码头 动力工程 其中:供电工程 　　　供汽工程 通信工程 拆迁及安置费 其他费用						
6	原料、材料及成品运费 水费 电费 其他费用						

1.2.4 环境工程设计的主要程序

环境工程设计应根据设计原则和依据，按照项目建议书、可行性研究、工程设计、竣工验收 4 个阶段的设计程序进行，其流程如图 1-1 所示。

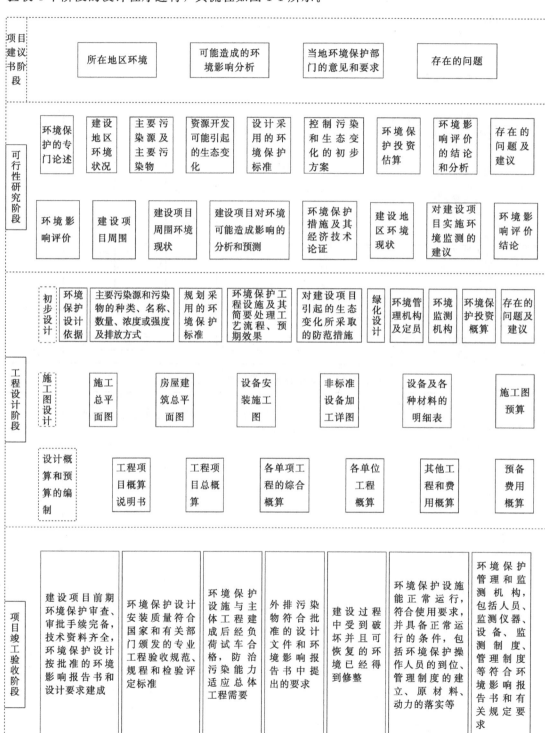

图 1-1　环境工程设计的一般步骤

1.2.4.1 项目建议书阶段

项目建议书应根据建设项目的性质、规模、建设地区的环境现状等有关资料，对项目建成投产后可能造成的环境影响进行简要说明：①所在地区环境；②可能造成所在地区的环境影响分析；③当地环保部门的意见和要求；④存在的问题。

1.2.4.2 可行性研究阶段

在可行性研究报告书中，应有环境保护的专门论述，其主要内容如下。

① 建设地区环境状况；

② 主要污染源和主要污染物；

③ 资源开发可能引起的生态变化；

④ 设计采用的环境保护标准；

⑤ 控制污染和生态变化的初步方案；

⑥ 环境保护投资估算；

⑦ 环境影响评价的结论或环境影响分析；

⑧ 存在的问题及建议。

在项目可行性研究的同时，应当进行建设项目环境影响评价，即建设项目在环境保护方面的可行性研究。环境影响评价分为三级，即环境影响报告书、环境影响报告表及环境影响等级表。为加强建设项目环境管理，提高审批效率，原国家环保总局根据《建设项目环境保护管理条例》的规定，制定了《建设项目环境保护分类管理名录》，具体规定了国家对建设项目的环境保护实行分类管理。环境保护主管部门根据《建设项目环境保护分类管理名录》中的规定确定进行哪一级评价。

1.2.4.3 工程设计阶段

环保设施的工程设计一般分为初步设计和施工图设计两个阶段。

（1）初步设计阶段 建设项目的初步设计必须有环境保护篇（章），具体落实环境影响报告书（表）及其审批意见所确定的各项环境保护措施。包含以下主要内容。

① 环境保护设计依据；

② 主要污染源和主要污染物的种类、名称、数量、浓度或强度及排放方式；

③ 规划采用的环境保护标准；

④ 环境保护工程设施及其简要处理工艺流程、预期效果；

⑤ 对建设项目引起的生态变化所采取的防范措施；

⑥ 绿化设计；

⑦ 环境管理机构及定员；

⑧ 环境监测机构；

⑨ 环境保护投资概算；

⑩ 存在的问题及建议。

（2）施工图设计阶段 建设项目环境保护设施的施工图设计，必须按已批准的初步设计文件及其环境保护篇（章）所确定的各种措施和要求进行。一般包括以下内容。

① 施工总平面图；

② 房屋建筑总平面图；

③ 设备安装施工图；

④ 非标准设备加工详图；

⑤ 设备及各种材料的明细表；

⑥ 施工图预算。

1.2.4.4　项目竣工验收阶段

环境保护设施竣工验收可视具体情况与整体工程验收一并进行，也可单独进行。其验收合格应具备下列条件。

① 项目建设前期环境保护审查、审批手续完备，技术资料齐全，环境保护设施按批准的环境影响报告书（表）和设计要求建成；

② 环境保护设施安装质量符合国家和有关部门颁发的专业工程验收规范、规程和检验评定标准；

③ 环境保护设施与主体工程建成后经负荷试车合格，其防治污染能力适应主体工程的需要；

④ 外排污染物符合经批准的设计文件和环境影响报告书（表）中提出的要求；

⑤ 建设过程受到破坏并且可恢复的环境已经得到修整；

⑥ 环境保护设施能正常运转，符合使用要求，并具备运行的条件，包括经培训的环境保护设施岗位操作人员的到位、管理制度的建立、原材料、动力的落实等；

⑦ 环境保护管理和监测机构，包括人员、监测仪器、设备、监测制度、管理制度等符合环境影响报告书（表）和有关规定的要求。

1.3　课程设计的质量控制

1.3.1　课程设计的基本要求

要求学生系统掌握环境工程项目建设和管理各主要阶段的工作内容、基本设计程序、技术要求和管理重点，为今后专业实践奠定理论基础，做到理论与实际相结合，继承与创新相结合，充分发挥学生的主观能动性。

1.3.1.1　选题要求

课程设计课题的选定应符合教学大纲的要求，其深度和广度应根据课程在教学计划中的地位与作用决定，课程设计的题目应尽可能有实用的工程背景，并与学生已有的基础知识相适应，缩短理论与实践的差距。

对模拟性质的"题目"，不同时间不得重复使用。不同学生应做不同的题目或相同的题目但不同的技术参数。

课程设计的内容应紧密结合课程的性质，尽量覆盖本课程教学主要内容，满足课程设计的教学目的和要求，提高学生综合运用所学知识的能力，使学生得到较全面的综合训练。

课程设计题目的难度和工作量应适合学生的知识和能力状况，使学生在规定的时间内既工作量饱满，又经过努力能完成任务。

课程设计题目可以由指导教师拟定，经所属系（部）或教研室审定，也可以由学生结合课程内容自拟课程设计题目，但必须报系（部）或教研室主任或课程负责人审批，同意后方可执行。

1.3.1.2　学习态度、学习纪律要求

① 要注意培养勤于思考、刻苦钻研的学习精神和严肃认真、一丝不苟、有错必改、精益求精的工作态度。

② 要敢于创新，勇于实践，注意培养创新意识和工程意识。

③ 加深对课程的基本理论和基本概念的理解，做到设计计算正确、结构设计合理、实

验数据可靠、程序运行良好、绘图符合标准、说明书（论文）撰写规范、答辩中回答问题正确。

1.3.1.3 课程设计质量要求

① 调查论证：能独立查阅文献和从事其他调研；能提出并较好地论述课题的实施方案；有收集、加工各种信息及获得新知识的能力。

② 实践能力：能正确选择研究（实验）方法，独立进行研究工作。如装置安装、调试、操作。

③ 分析解决问题能力：能运用所学知识和技能发现与解决实际问题；能正确处理实验数据；能对课题进行理论分析，得出有价值的结论。

④ 工作量、工作态度：按期圆满完成规定的任务，工作量饱满，难度较大，工作努力，遵守纪律；工作作风严谨务实。

⑤ 质量：综述简练完整，有见解；立论正确，论述充分，结论严谨合理；实验正确，分析处理科学；文字通顺，技术用语准确，符号统一，编号齐全，书写工整规范，图表完备、整洁、正确；论文结果有应用价值。

⑥ 创新：工作中有创新意识；对前人工作有改进或独特见解。

1.3.2 课程设计的成果要求

环境工程课程设计成果的技术文件一般包括说明书、设计计算书、设计图纸 3 部分。

1.3.2.1 设计说明书的基本要求

（1）说明书的结构及要求

① 封面（根据各个学校统一格式） 封面包括：题目、学校、院系、班级、学号、学生签字、指导教师签字及时间（年、月、日）。

② 任务书（由指导教师下发）。

③ 摘要（中文摘要、英文摘要） 摘要是说明书内容的简短陈述，一般不超过 400 字。关键词应为反映说明书主要内容的通用技术词汇，一般为 5 个左右，一定要在摘要中出现。

④ 目录 目录要层次清晰，应给出标题及页码，目录的最后一项是无序号的"参考文献资料"。

⑤ 正文 正文应按目录中编排的章节依次撰写，要求计算正确，论述清楚，文字简练通顺，插图简明，书写整洁，文中的图、表不能徒手绘制。

⑥ 结论 设计结果及对设计结果的分析。

⑦ 致谢。

⑧ 参考文献（资料） 参考文献必须是学生在课程设计中真正阅读过和运用过的，文献按照在正文中的出现顺序排列。

各类文献的书写格式如下。

a. 图书类的参考文献

序号 作者名. 书名. 版次. 出版地：出版单位，出版年：引用部分起止页码.

b. 翻译图书类的参考文献

序号 作者名. 书名. 译者. 版次. 出版地：出版单位，出版年：引用部分起止页码.

c. 期刊类的参考文献

序号 作者名. 题名. 期刊名，出版年，卷（期）：引用部分起止页码.

⑨ 附录。

（2）说明书的格式及要求

① 正文章节标识

一级标题：1（二号字，黑体）

二级标题：1.1…（三号字，黑体）

三级标题：1.1.1…（小四号字，宋体，1.5 倍行距）

② 参考文献标识（小三号字，黑体）

参考文献正文：（小四号字，宋体，单倍行距）

（3）说明书的内容及要求　课程设计的说明书要求内容完整、条理清楚、简明扼要、文句通顺、计算正确。

① 要求能独立查阅、利用和综述文献资料，阅读有针对性的参考文献 3 种以上；

② 能正确运用技术参数进行计算，步骤清楚，结果正确；

③ 文中插图、图表、曲线等符合国家与本行业规范标准；

④ 要求立论有据，论据可靠，论证严谨，具有逻辑性，具有说服力，结论鲜明突出；

⑤ 文字表达正确，文法通顺，文字规范，标点符号、计量单位使用准确；

⑥ 能运用所学理论知识进行分析，较好地解决设计中的问题。

（4）学生课程设计（论文）资料袋中必须具备的材料

① 学生的开题报告；

② 教师的任务书；

③ 课程设计（论文）正文；

④ 评分标准；

⑤ 图纸；

⑥ 其他必备材料。

（5）装订要求

① 正文（用 A4 纸打印，页边距 2cm）、评分标准需单独装订；

② 所有材料按上文所写的顺序装袋。

（6）其他说明

① 正文每页右下角必须有页码，目录必须标明页码；文献引用必须按照顺序在正文中标注。

② 分量要求：课程设计（论文）字数不少于 1.0 万字。

1.3.2.2　工程制图的基本规定

工程图是工程设计的重要技术资料，是施工建造的依据。在环境工程课程设计中常常涉及图纸幅面、绘图比例、图线、图面布置、尺寸标注等制图基本规定。

（1）图纸幅面及格式

① 图纸幅面　在工程制图中，常用的图纸幅面有 A0、A1、A2、A3、A4。它们的具体规格见表 1-3。

表 1-3　幅面及图框尺寸

幅面代号	A0	A1	A2	A3	A4
$B \times L$/(mm×mm)	841×1189	594×841	420×594	297×420	210×297
a 装订边距/mm	25				
c 其余边距/mm	10			5	

有时，因为特殊需要，会采用一些加长图或其他的非标准图，其尺寸见表 1-4。

表 1-4 图纸长边加长尺寸 　　　　　　　　　　　单位：mm

幅面代号	长边尺寸	长边加长后尺寸							
A0	1189	1338	1487	1635	1784	1932	2081	2230	2378
A1	841	1051	1261	1472	1682	1892	2102		
A2	594	892	1041	1189	1338	1487	1635	1784	1932	2081
A3	420	631	841	1051	1261	1682	1682	1892	

注：有特殊需要的图纸，可采用 $B \times L$ 为 841mm×892mm 与 1180mm×1261mm 的幅面。

② 图框格式　在图纸上必须用粗实线画出图框，其格式见图 1-2，在图纸的右下角一般应画出标题栏，一般情况下标题栏中的文字方向为看图方向。

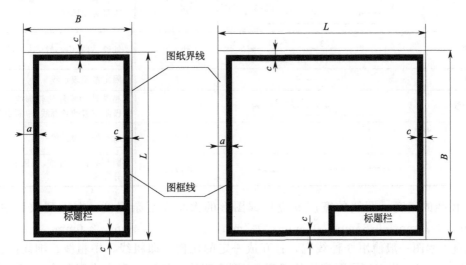

图 1-2　图框格式

③ 标题栏　标题栏一般位于图纸的右下角，如图 1-2 所示，其格式和尺寸要遵守国家标准 GB/T 10609.1—2008 的规定，学生作业用标题栏格式如图 1-3 所示。

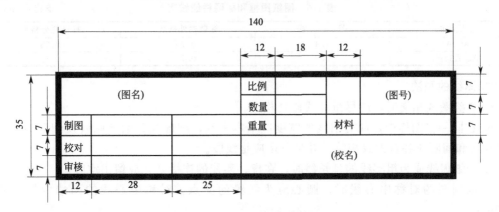

图 1-3　学生作业用标题栏格式

(2) 绘图比例　工程绘图时，应根据图样的用途和被绘物体的复杂程度，优先从下列常用比例中选用：如 1∶1、1∶($1 \times 10n$)；1∶2、1∶($2 \times 10n$)；1∶5、1∶($5 \times 10n$)（其中 n 为正整数）。

也可以按需要选用中间的比例，如 1∶1.5、1∶($1.5 \times 10n$)；1∶2.5、1∶($2.5 \times 10n$)；1∶3、1∶($3 \times 10n$)；1∶4、1∶($4 \times 10n$)；1∶6、1∶($6 \times 10n$)（其中 n 为正整数）。

（3）图线

① 基本线型　根据国家标准《技术制图　图线》（GB/T 17450—1998），在机械制图中常用的线型有实线、虚线、点画线、双点画线、波浪线、双折线等，见表 1-5。

表 1-5　图线的线型、线宽及其用途

名称代号	形　　式	宽　度	主要用途
粗实线	▬▬▬▬▬	$b(0.5\sim2\text{mm})$	可见轮廓线
细实线	————	约 $b/2$	尺寸线、尺寸界线、剖面线、引出线
细虚线	1　　　2~6	约 $b/2$	不可见轮廓线
细点画线	3　15~30	约 $b/2$	轴线、对称中心线
粗点画线		b	限定范围表示线
细双点画线	5　15~20	约 $b/2$	相邻辅助零件的轮廓线、可动零件的极限位置的轮廓线、中断线等
双折线	——√——	约 $b/2$	断裂处的边界线
波浪线	～～～～	约 $b/2$	断裂处的边界线、视图和局部剖视的分界线

② 图线的宽度　图线的宽度 b 应根据图形的大小和复杂程度，在下列数系中选择：0.18mm，0.25mm，0.35mm，0.5mm，0.7mm，1.0mm，1.4mm，2.0mm。

建筑工程图一般使用 3 种线宽，且互成一定的比例，即粗线、中粗线、细线的比例为 $b:0.5b:0.35b$。当选定了粗实线的宽度 b，则中粗线、细线的宽度也就随之确定。在通常情况下，粗线的宽度应按图的大小和复杂程度在 0.5~2.0mm 之间选择。在同一图样中，同类图线的宽度应一致。图纸图框和标题栏线线宽见表 1-6。

表 1-6　图纸图框和标题栏线线宽　　　　　　　单位：mm

图纸幅面	图　框　线	标题栏外框线	标题栏分格线
A0、A1	1.4	0.7	0.35
A2、A3、A4	1.0	0.7	0.35

③ 图线的画法

a. 各类图线相交时，应尽量在线段处相交。

b. 在同一张图样中，同类图线的宽度应基本一致，细虚线、细点画线及细双点画线的线段长短和间隔应各自大致相等，并且首尾应是线段。

c. 当细虚线成为粗实线的延长线时，在虚、实线的连接处，应留出空隙。

d. 绘制圆的对称中心线时，圆心应为线段的交点，对称中心线的两端应超出圆弧 3~5mm。

e. 绘制较小的图形上的细点画线或细双点画线有困难时，可用细实线代替。

f. 当各种线条重合时，应按粗实线、虚线、点画线的优先顺序画出。

例如图 1-4 所示。

（4）图面布置

① 在图面编排上，应力求避免图与图之间（例如平面与剖面之间）、图与文字说明之间、图后表格之间空隙较大和过分拥挤现象。

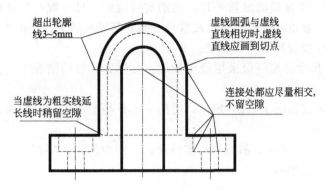

图 1-4 图线的画法及注意点

② 图面编排要求布置紧凑、比例恰当、工程内容表达清楚。

③ 能够用 2# 图表达清楚的，就不要 1# 图。

④ 构筑物设计图的图面布置，一般可采用图 1-5 所示的两种形式。

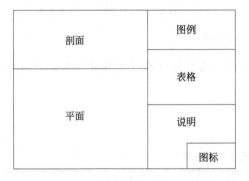
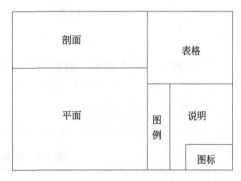

图 1-5 构筑物设计图的图面布置

（5）尺寸标注 图样中标注的尺寸由尺寸界线、尺寸线、尺寸起止符号和尺寸数字组成，如图 1-6 所示。

① 尺寸界线 尺寸界线是度量尺寸的范围。用细实线绘制，并由图形的轮廓线、轴线或对称中心线处引出。也可利用轮廓线、轴线或对称中心线作为尺寸界线。尺寸界线一般应与尺寸线垂直，必要时才允许倾斜，如图 1-7 所示。

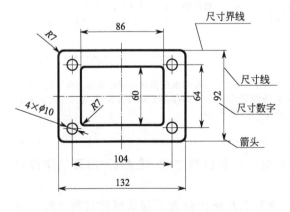

图 1-6 尺寸要素

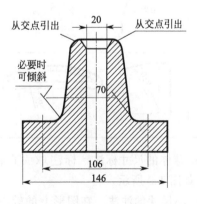

图 1-7 尺寸界线与尺寸线的画法

②尺寸线　要与所度量的线段平行，用细实线绘制。尺寸线与尺寸线不应相交，不能用其他图线代替，一般也不得与其他图线重合或画在其延长线上。一般大尺寸线注在小尺寸线的外面，以免尺寸线与尺寸界线相交。

③尺寸终端　尺寸终端一般采用箭头形式。在位置不够的情况下，允许用斜线或圆点代替箭头。

箭头：箭头的形式如图1-8(a)所示，适用于各种类型的图样。箭头尖端与尺寸界线接触，不得超出或离开。

斜线：如图1-8(b)所示，斜线用细实线绘制，图中的 h 为字高。采用斜线形式时，尺寸线与尺寸界线必须互相垂直。

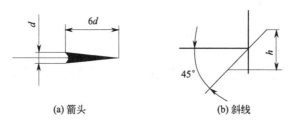

(a)箭头　　　　　　　(b)斜线

图1-8　尺寸终端的画法

④尺寸数字　尺寸数字一般标在尺寸线的上方，也允许注在尺寸线中断处，尺寸数字不能被其他图线通过，否则应将图线断开。

⑤常用的尺寸标注方法

a. 半径、直径的尺寸注法　如表1-7所示。

表1-7　圆和圆弧尺寸注法示例

项目	例　图	尺寸标注
圆	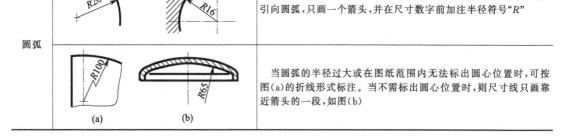	标注整圆或大于半圆的圆弧直径尺寸时，以圆周为尺寸界线，尺寸线通过圆心，并在尺寸数字前加注直径符号"ϕ"。圆弧直径尺寸线应画至略超过圆心。只在尺寸线一端画箭头指向圆弧
圆弧		标注小于或等于半圆的圆弧半径尺寸时，尺寸线应从圆心出发引向圆弧，只画一个箭头，并在尺寸数字前加注半径符号"R"
		当圆弧的半径过大或在图纸范围内无法标出圆心位置时，可按图(a)的折线形式标注。当不需标出圆心位置时，则尺寸线只画靠近箭头的一段，如图(b)

b. **球体的尺寸标注**　标注球面直径或半径时，应在符号"ϕ"或"R"前再加注符号"S"，如图1-9所示。

c. **小尺寸的注法**　在图形上的较小尺寸，在没有足够的位置画箭头或注写数字时，可按图1-10的形式标注。标注小圆弧半径的尺寸线，不论其是否画到圆心，但其方向必须通

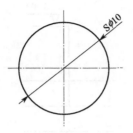

图 1-9　球面尺寸的注法

过圆心。

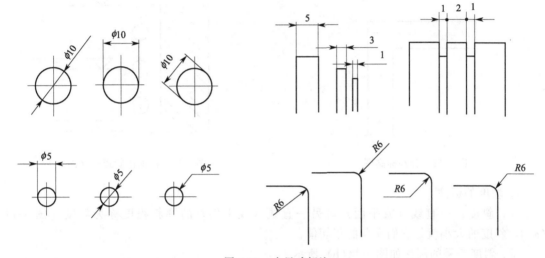

图 1-10　小尺寸标注

d. 标高的注法　一律以 m 为单位，标注到小数点后 3 位。零点的标高应表示为 ±0.000，在一个详图上表示几个不同标高时，构筑物一般用"标高"名称，流程图可用"高程"名称。

标高或高程表示方法如下所示。

ⅰ. 加药间、反应沉淀（澄清）池、滤池均采用相对标高，加药间以室内地坪为±0.000；沉淀（澄清）池、滤池以池底标高为±0.000。

ⅱ. 送水泵房、清水池一般采用绝对高程；如确因需要，也可采用相对标高表示，并须和建筑图采用的相对标高一致。

ⅲ. 凡采用相对标高表示的构筑物，均需在图中说明相对标高与绝对标高的关系。

ⅳ. 建在厂外的或是堤外的沉砂池，一般采用取水枢纽平面的统一高程系统，用绝对高程表示。

ⅴ. 各种水处理构筑物均应注明其主要结构部位标高，如池顶、池高；必须注明主要水位标高，如反应池的进出口水位、沉淀池内进出口水位、出水槽水位、滤池的过滤水位等。

ⅵ. 平面图、系统图中，管道标高应按图 1-11 所示的方式标注。

ⅶ. 平面图中，沟道标高应按图 1-12 所示的方式标注。

ⅷ. 剖面图中，管道标高应用图 1-13 所示的方式标注。

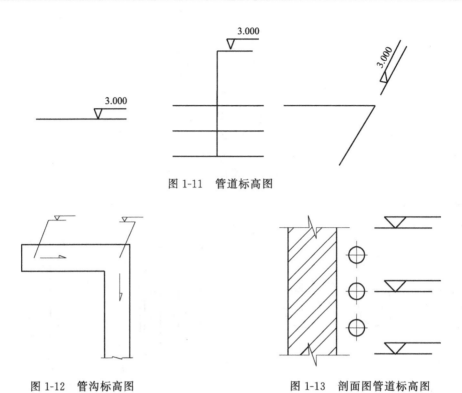

图 1-11　管道标高图

图 1-12　管沟标高图　　　　　　　　　　图 1-13　剖面图管道标高图

e. 坡度的标注

ⅰ. 斜度：一直线（或平面）对另一直线（或平面）的倾斜程度称为斜度［图 1-14 (a)］，斜度的大小就是它们夹角的正切值。

ⅱ. 斜度符号的画法如图 1-14(b) 所示。

ⅲ. 斜度的标注方法如图 1-14(c) 所示。注意：图样上标注斜度符号时，其斜度符号的斜边应与图中斜线的倾斜方向一致。斜度的大小以 $1：x$ 表示。

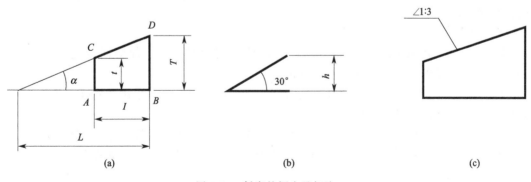

图 1-14　斜度的概念及标注

（6）字体　工程图样上常用的文字有汉字、阿拉伯数字、拉丁字母，有时也用罗马数字、希腊字母。

字体高度（用 h 表示，单位 mm）的公称尺寸系列为 1.8mm、2.5mm、3.5mm、5mm、7mm、10mm、14mm、20mm 等 8 种。字体高度称为字体的号数。字母及数字分 A 型和 B 型，在同一张图上只允许采用同一种形式的字体，A 型字体的笔画宽度（d）为字高

（h）的 1/14，B 型字体的笔画宽度（d）为字高（h）的 1/10。

1.3.3 课程设计的答辩程序

答辩是课程设计中一个重要的教学环节，通过答辩可使学生进一步发现设计中存在的问题，进一步理清尚未弄懂的、不甚理解的或未曾考虑到的问题，从而取得更大的收获，圆满地达到课程设计的目的与要求。对于有些课程设计亦可不答辩，而采用其他形式来考核。

1.3.3.1 答辩资格

按计划完成课程设计任务，经指导教师审查通过并在设计图纸、说明书或论文等上签字者，方可获得参加答辩资格。

1.3.3.2 答辩小组组成

课程设计答辩小组由 2～3 名讲师及讲师以上职称的教师组成，由系（部）教研室负责组织。

1.3.3.3 答辩

① 答辩前，答辩小组应详细审阅学生的课程设计资料，为答辩作好准备。

② 答辩小组成员对课程设计（论文）应给予全面的评审，写出简洁的书面评语和主要存在的问题，连同课程设计成果还给答辩学生，便于学生做好答辩准备。

③ 答辩学生应作课程设计（论文）答辩报告，说明设计（论文）所研究的主要内容（约 5min）和要解决的主要问题以及解决这些问题的主要途径和方法，并回答答辩小组提出的或抽签决定的 2～3 个问题。报告时间每人不超过 15min。

④ 答辩过程中，答辩小组成员应做好详细记录，供评定成绩时参考。

⑤ 答辩结束后，答辩学生根据答辩小组的意见，对课程设计成果进行补充修正。

⑥ 答辩结束后，指导教师对其中的优、及格、可能不及格需要进行严格审查，一般"优秀"成绩不超过总人数的 20%～25%。对可能不及格的学生，由答辩小组成员再进行答辩一次，最后决定成绩。

1.3.4 课程设计成绩评定标准

课程设计的考核方式及成绩评定，由指导教师根据课程设计大纲规定执行。答辩结束后，答辩小组应举行会议，按照学校的规定，确定学生的答辩成绩。课程设计的成绩由指导教师的评分和答辩小组的评分两部分组成，两部分的权重比例一般为 60% 和 40%。

课程设计的成绩分为：优秀、良好、中等、及格、不及格 5 个等级。优秀者一般不超过答辩人数的 25%。对答辩成绩不及格者，可重新安排一次答辩。

课程设计成绩评定标准如下。

1.3.4.1 优秀（90～100 分）

按设计任务书要求圆满完成规定任务；综合运用知识能力、独立工作能力和实践动手能力强；设计态度认真，并具有良好的团队协作精神；对本专业有关的基础理论、基本知识和基本技能掌握良好。

设计报告条理清晰；设计方案合理，创新点突出，计算结果正确；图纸和说明书清晰完整；图表规范，符合设计报告文本格式要求。

答辩过程中，思路清晰，论点正确，对设计方案理解深入，问题回答正确。

1.3.4.2 良好（80～89 分）

按设计任务书要求完成规定设计任务；综合运用知识能力、独立工作能力和实践动手能力较强；设计成果质量较高；设计态度认真，并具有较好的团队协作精神；对本专业有关的基础理论、基本知识和基本技能掌握较好。

设计报告条理清晰；设计方案合理，计算正确；图纸和说明书清晰完整；图表较为规范，符合设计报告文本格式要求。

答辩过程中，思路清晰，论点基本正确，对设计方案理解较深入，主要问题回答基本正确。

1.3.4.3 中等（70～79分）

按设计任务书要求完成规定设计任务；能够一定程度地综合运用所学知识，有一定的实践动手能力，设计成果质量一般；设计态度较为认真，设计方案基本合理，计算正确，图纸和说明书完整，条理基本清晰，文字通顺，图表基本规范，符合设计报告文本格式要求，但独立工作能力较差；答辩过程中，思路比较清晰，论点有个别错误，分析不够深入。

1.3.4.4 及格（60～69分）

在指导教师及同学的帮助下，能按期完成规定设计任务；综合运用所学知识能力及实践动手能力较差，设计方案基本合理，设计成果质量一般；独立工作能力差；或设计报告条理不够清晰，论述不够充分但没有原则性错误，文字基本通顺，图表不够规范，符合设计报告文本格式要求；或答辩过程中，主要问题经启发能回答，但分析较为肤浅。

1.3.4.5 不及格（60分以下）

未能按期完成规定设计任务。不能综合运用所学知识，实践动手能力差，设计方案存在原则性错误，计算、分析错误较多；或设计报告条理不清，论述有原则性错误，图表不规范，质量很差；或答辩过程中，主要问题阐述不清，对设计内容缺乏了解，概念模糊，问题基本回答不出来。

参 考 文 献

[1] 陈杰瑢，周琪，蒋文举，等. 环境工程设计基础. 北京：高等教育出版社，2007.
[2] 张智，张勤，郭士权，等. 给水排水工程专业毕业设计指南. 北京：中国水利水电出版社，2001.

2 大气污染控制工程课程设计及案例

2.1 大气污染控制工程课程设计的目的、意义和要求

2.1.1 课程设计的目的和意义

大气污染控制工程课程设计是配合大气污染控制工程专业课程学习而单独设立的设计性实践课程，是对给定的某一大气污染源或污染物进行治理的工程设计，是环境工程专业的一门必修专业课。教学目的是在课程设计过程中，使学生学习大气环境污染治理工艺与工程中的基本原理、大气污染控制工程的设计步骤及建（构）筑物设计计算方法、主要设备或治理工艺的图纸绘制等，培养学生调查研究、文献查阅及资料收集、比较确定设计方案、工程设计计算、图纸绘制、技术文件编写的能力。

通过课程设计达到以下目的。

① 培养学生正确的设计思想、严谨的科学态度和良好的工作作风。

② 巩固、加强和深化学生所学的理论知识和专业技能，培养学生的工程设计能力，包括设计计算和计算机绘图的能力。

③ 通过课程设计实践，培养综合运用大气污染控制设计课程和其他先修课程的理论与专业知识来分析和解决大气污染控制设计问题的能力。

④ 学习大气污染控制工程设计的一般方法、步骤，掌握大气污染控制工程设计的一般规律。

⑤ 进行大气污染控制工程设计基本技能的训练，如设计计算、绘图、查阅资料和手册、运用标准和技术规范。

⑥ 引导学生发挥其主观能动性和创造性，独立完成所规定的课程设计任务，严格要求学生，加强组织纪律性，把提高学生工程素质始终贯彻在整个课程设计中。

2.1.2 课程设计的选题

本课程设计选题必须紧紧围绕大气典型污染物的治理这个主题，如 SO_2、NO_x 的脱除或工业粉尘、烟气除尘等。学生根据教学大纲要求、设计工作量及实际设计条件进行适当选题。选题要符合本课程的教学要求，应包括大气污染控制或治理装置的设计计算和针对各种工艺流程的模拟。注意选题内容的先进性、综合性、实践性，应适合实践教学和启发创新，选题内容不应太简单，难度要适中，并且带有一定的前瞻性、系统性和实用性。

2.1.3 课程设计说明书的编写

课程设计说明书是学生设计成果的重要表现之一，设计说明书的重点是对设计计算成果的说明和合理性分析以及其他有关问题的讨论。设计说明书要力求文字通顺、简明扼要，图表要清楚整齐，每个图、表都要有名称和编号，并与说明书中内容一致。课程设计说明书按设计程序编写，包括方案的确定、设计计算、设备选择和有关设计的简图等内容。课程设计说明书包括封面、目录、前言、正文、小结及参考文献等部分，文字应简明通顺、内容正确完整，书写工整、装订成册，合订时，说明书在前，附表和附图分别集中，依次放在后面。

2.1.4 课程设计的图纸要求

课程设计图纸应能较好地表达设计意图，图面布局合理、正确清晰、符合制图标准及有

关规定。

每个学生应至少完成设计图纸 1 张，建议必绘大气污染控制系统总图 1 张。系统图应按比例绘制，标出设备、管件编号，并附明细表。如条件允许，可附系统平面、剖面布置图或工艺设备图 1～2 张。图中设备、管件需标注编号，编号与系统图对应。布置图应按比例绘制。如有锅炉房及锅炉，则可简化锅炉房及锅炉结构绘制，但应能清楚表明建筑外形和主要结构型式。在平面布置图中应有方位标志（指北针）。

2.1.5　课程设计的内容与步骤

2.1.5.1　大气污染控制工程课程设计内容分类

大气污染控制工程课程设计内容不外乎以下两类。

（1）工业粉尘和烟尘除尘系统设计　通过课程设计进一步消化和巩固本课程所学内容，并使所学的知识系统化，培养运用所学理论知识进行净化系统设计的初步能力。通过设计，了解粉尘或烟尘处理系统工程设计的内容、方法及步骤，培养学生确定粉尘或烟尘污染控制系统的设计方案、进行设计计算、绘制工程图、使用技术资料、编写设计说明书的能力。

（2）气态污染物净化系统设计　通过对气态污染物净化系统的工艺设计，初步掌握气态污染物净化系统设计的基本方法。培养利用已学理论和专业知识综合分析问题和解决实际问题的能力、绘图能力，以及正确使用设计手册和相关资料的能力。

2.1.5.2　课程设计基本内容

（1）设计方案简介　对给定或选定的工艺方案或主要构筑物（设备）进行必要的介绍和论述。

（2）主要工艺和构筑物（设备）计算　包括工艺参数选定、工艺计算、物料衡算、热量衡算，主要构筑物（设备）工艺尺寸设计计算和结构设计等。

（3）主要辅助设备选型和设计　包括典型辅助设备的设计计算和结构设计、设备型号和规格确定等。

（4）工艺流程图、高程图或设备结构图绘制　标出主体构筑物（设备）和辅助设备的物料流向、流量、主要参数；构筑物（设备）图应包括工艺尺寸、技术特性表、接管表等。

完整的课程设计由设计说明书和图纸两部分组成，设计说明书是设计工作的核心部分、书面总结，也是后续设计和安装工作的主要依据。应包括以下内容。

① 封面（课程设计题目、专业、班级、姓名、学号、指导教师、时间等）；

② 目录；

③ 设计任务书；

④ 概述（设计的目的、意义）；

⑤ 设计条件或基本数据；

⑥ 设计计算；

⑦ 构筑物（设备）结构设计与说明；

⑧ 辅助设备设计和选型；

⑨ 设计结果汇总表；

⑩ 设计说明书后附结论和建议、参考文献、致谢；

⑪ 附图。

2.1.5.3　课程设计步骤

① 动员、布置设计任务；

② 阅读课程设计任务书，熟悉设计任务；

③ 收集资料，查阅相关文献；

④ 设计计算、绘图；

⑤ 编写设计说明书；

⑥ 考核和答辩。

2.1.6 课程设计的注意事项

① 选题可由指导教师选定，或由指导教师提供几个选题供学生选择；也可由学生自己选题，但学生选题需通过指导教师批准。课题应在设计周之前提前公布，并尽量早些，以便学生有充分的设计准备时间。

指导教师公布的课程设计课题一般应包括以下内容：课题名称、设计任务、技术指标和要求、主要参考文献等。

② 学生课程设计结束后，应向教师提交课程设计数据，申请指导教师验收。对达到设计指标要求的，教师将对其综合应用能力和工程设计能力进行简单的答辩考查，对每个学生设计水平做到心中有数；未达到设计指标要求的，则要求其调整和改进，直到达标。

③ 学生编写课程设计说明书和绘制图纸应认真、规范，数据真实可靠，格式正确。

2.2 案 例 一

2.2.1 设计任务书

2.2.1.1 设计名称

某化工厂酸洗硫酸烟雾治理设施设计。

2.2.1.2 课程设计的任务

本次设计的目标是对某化工厂酸洗硫酸烟雾治理设施进行设计，其主要内容包括：集气罩的设计、填料塔的设计、管网的布置及阻力计算等，经过净化后的气体达到《大气污染物综合排放标准》（GB 16297—1996）中二类区污染源大气污染物排放限值。

① 主要设备的设计计算；

② 工艺管道计算及风机选择；

③ 绘制治理设施系统图及 Y 型管图；

④ 编写课程设计说明书。

2.2.1.3 课题条件

酸雾主要有硫酸雾、磷酸雾、铬酸雾。本设计是指硫酸雾，它是浓硫酸酸洗时产生的，所含酸雾浓度超过规定限值。处理酸雾的方法有多种，本设计采用液体吸收法进行净化，即采用 5％ NaOH 溶液在填料塔中吸收净化硫酸烟雾，标准状态下酸雾浓度为 3000mg/m³，排风量为 $V_G = 0.60 \text{m}^3/\text{s}$。经过净化后的气体达到《大气污染物综合排放标准》 （GB 16297—1996）中大气污染物排放限值（1200mg/m³）。

2.2.1.4 基本要求

① 在设计过程中，培养独立思考、独立工作能力以及严肃认真的工作作风。

② 本课程设计的目的是通过某化工厂酸洗硫酸烟雾治理系统设计，训练学生对大气污染治理主要设备的设计计算、选型和绘图能力，从而提高学生的工程素质和综合素质。

③ 设计说明书应内容完整，并绘制计算草图，文字通顺、条理清楚、计算准确。

④ 图纸按照标准绘制，图签规范、线条清晰、主次分明、粗细适当、数据标绘完整，并附有一定文字说明。

2.2.1.5 设计进度计划

发题时间　　　　　　　　　　　　　　　　　　　　　　　　　年　　月　　日

指导教师布置设计任务、熟悉设计要求	0.5 天
准备工作、收集资料及方案比选	1 天
设计计算	1.5 天
整理数据、编写说明书	2 天
绘制图纸	1 天
质疑或答辩	1 天

指导教师：_____　　　　　　　　　　　　教研室主任：_____
　年　　月　　日　　　　　　　　　　　　　　　　年　　月　　日

2.2.2 工艺原理

酸雾是指雾状的酸性物质，酸雾主要有硫酸雾、磷酸雾、铬酸雾。硫酸雾产生于湿法制硫酸及稀硫酸浓缩过程；磷酸雾产生于磷酸及磷肥生产过程；铬酸雾产生于电镀镀铬过程。同时二氧化硫等硫氧化物和其他酸性物质在有水雾、飘尘存在时也生成酸雾。酸雾的危害性极大，对人体健康、植物、器物和材料及大气能见度皆有重要影响，而且它的影响比 SO_2 更为严重。当大气中的 SO_2 氧化形成硫酸和硫酸烟雾时，即使其浓度只相当于 SO_2 的 1/10，其刺激和危害也将更为显著。

治理酸雾可采用丝网过滤法、碱液吸收法、水溶液吸收法，本设计采用 5% NaOH 溶液在填料塔中吸收净化酸雾，这是一种酸碱中和吸收的方法。反应式为：

$$SO_2 + 2NaOH == Na_2SO_3 + H_2O$$

2.2.3 设计方案的比较和确定

酸雾因其性质不同，对其控制及净化的难易程度亦不同。其净化方法一般可分为物理净化和化学净化两大类。物理净化法包括吸附-解吸法、离心法、过滤法等；化学法包括燃烧法、氯化法、催化法、中和法等。表 2-1 列出了几种不同酸雾的净化方法。

表 2-1　几种酸雾的净化方法

种　类	净　化　方　法	净　化　机　理
硫酸雾（气溶胶状态）	丝网过滤法（干式） 碱液洗涤（湿式） 水洗涤（湿式）	拦截、碰撞、吸附、凝聚、静电 酸碱中和 利用酸雾的水溶性
盐酸雾（气态与气溶胶状态）	静电抑制（干式） 覆盖法（干式） 碱液洗涤（湿式） 水洗涤（湿式）	高压静电造成荷电酸雾返回液面 覆盖材料抑制酸雾外溢 酸碱中和 利用酸雾的水溶性
硝酸雾（主要是气态）	催化还原法（干式） 碳质固体还原法（干式） 吸附法（干式） 电子束法（干式） 碱液洗涤法（湿式） 稀硝酸吸收法（湿式） 硝酸钒液吸收法（湿式） 氧化-吸收法（湿式） 吸收-还原法（湿式）	催化剂作用使 NO_2 还原为 N 无催化作用，C 将 NO 还原为 N 利用吸附材料的高吸附能力 利用高速电子促进分子反应转化为硝酸铵 酸碱中和 酸雾的溶解性 酸雾的溶解性 提高氧化度，增加吸收能力 使 NO 还原为 N
氢氟酸雾（气态与气溶胶状态）	氧化铝吸附法（干式） 石灰石吸附法（干式） 消石灰吸附法（干式） 碱液洗涤（湿式） 水洗涤（湿式）	利用吸附剂的高吸附能力 利用吸附剂的高吸附能力 利用吸附剂的高吸附能力 酸碱中和 酸雾的水溶性
氯气（气态与气溶胶状态）	吸附法（干式） 碱液洗涤（湿式） 水洗涤（干式） 酸液洗涤（湿式）	利用吸附剂的高吸附能力 中和反应 利用氯气的水溶性 利用氯化亚铁将 Cl_2 还原成 Cl^-

2.2.3.1 除雾器

治理酸雾可以采用除雾器。常用的除雾设备有文丘里除雾器、过滤除雾器、折流式除雾器及离心式除雾器。一般来说除雾器是根据酸雾的特性、除雾要求、投资费用等条件来进行选择。

丝网除雾器是靠细丝编织的网垫起过滤除雾作用，通过这种分离器的压降范围在 25～250Pa 之间，其分离的效率很高，一般在 90% 左右，且结构极为简单。主要缺点是它不适用于处理含固体量较大的废气，以及含有或溶有固体物质的情况（如碱液、碳酸氢铵溶液等），以免发生固体杂质堵塞或液相蒸发后固体发生堵塞现象，破坏正常操作运行。

折流式除雾器的折流板包括两块折流板，它们构成一个通道的壁，在通道的每个拐弯处装有一个贮器，收集并排出液体。当气流经过拐弯处，离心力阻止液滴随气体流动，其中一部分液滴碰撞在对面的壁上，聚集形成液膜，并被气体带走聚集在第二拐弯处的贮器里。最后，经过除雾的气体离开折流分离器。

离心式除雾器能可靠地分离直径 0.05～0.4μm 范围内的极微细的液滴。含雾的气体以约 20m/s 的速度通过螺旋管道，且流向分离器的中心。当气体流向中心时，气体的旋转速度逐渐加大，离心力也逐渐加强。由于这个理想力场的作用，液滴从气流中分离并被带出。在设备的中心，向含雾气体中喷水，可帮助液滴分离。喷出的较大水滴会黏着在旋转气流中的非常微细的液滴上。聚集后的液滴积聚在壳体壁上，由气体把这些液体带至排出口。因为离心力式除雾器的结构简单，故其优点为设备的防堵性能较好，尤其适用于那些酸雾中带固体或盐分的废气除雾。

2.2.3.2 SDG 法

利用 SDG 吸附剂净化多种酸雾，是北京工业大学研制成功的一种方法，已被原国家环保局列为 1995 年的可行实用技术。可用于电子、电镀、化工等各种用酸行业，可净化硫酸、硝酸、盐酸、氢氟酸、醋酸、磷酸等各种酸雾，尤其适用于浓度小于 1000mg/m³ 的间歇酸洗操作场所，简介如下。

（1）基本原理　SDG 是利用吸附原理净化酸雾。已研制成功的 SDG-I 型产品主要用于硝酸类净化，Ⅱ 型主要用于硫酸、盐酸、氢氟酸净化，根据现场酸气品种、排气浓度，设计净化系统，将酸气经集气装置抽入 SDG 吸附剂的净化设备，将多种酸气吸附分离。净化后的气体经排气筒排入大气，可达到环保规定的排放标准。SDG 吸附剂由多种组分复合而成，既有物理吸附的特性，又有化学离子吸附的特性，经过检验鉴定，不会带来二次污染。

（2）技术关键　采用保证质量的 SDG 吸附剂，合理设计、加工、安装的净化设备及集气装置，是风机正常净化运行的保证。

（3）工艺流程　SDG 法吸附净化酸雾的工艺流程如下：

$$酸雾 \longrightarrow 集气装置 \longrightarrow 净化装置 \longrightarrow 风机 \longrightarrow 净化气排放$$

（4）酸雾去除率　硝酸去除率 93%～99%；盐酸去除率 93%～99%；硫酸去除率 93%～99%；氢氟酸去除率 93%～99%。

2.2.3.3 液体吸收法

液体吸收法就是将废气中的气态污染物同液体进行充分的接触，使气态污染物由气相转入液相，从而净化气体的一种方法。根据所采用溶剂的不同，液体吸收法可分为水溶液吸收法和碱液吸收法，吸收液是吸收效率的重要因素。水是较便宜的吸收液，吸收液要求对有害组分的溶解度足够大、蒸气压足够低，以减少液体的损失，还要求费用低廉、无腐蚀性、黏度低、化学稳定性好以及冰点低，以免吸收液在塔内凝固而造成损失。

但是不可能找到一种符合上面所有要求的吸收液，所以要结合各种情况进行具体分析。本设计采用碱液吸收法，即采用5% NaOH溶液吸收净化硫酸烟雾，与水溶液吸收法相比，由于在碱液中硫酸雾的溶解度较大，碱液吸收法的效果较好，但是成本较高。

吸收法净化废气的主要设备是吸收塔，其优点有：①压降较低；②可用玻璃纤维塑料制作，耐腐蚀；③可达到较高的传质效率；④设备占地少，投资低；⑤去除有害气体的同时去除颗粒物；⑥如果想提高传质效率，只需增加填料高度或增加板块数量，不需另增设备。

其缺点有：①可能形成水污染；②净化后的气体中有大量的液滴需收集处理；③维护费用高等。

2.2.4　处理单元的设计计算

2.2.4.1　集气罩的设计计算

集气罩是用来捕集污染气流的装置，其性能对净化系统的技术经济指标有直接影响。由于污染源设备结构、生产操作工艺的不同，它的形式多种多样。主要有密闭式集气罩、接受式集气罩和外部集气罩。集气罩的设计包括集气罩结构形式的确定、基本参数的确定以及安装位置的确定。

（1）集气罩结构形式的确定　浓硫酸酸洗金刚砂过程中，料槽内温度可达100℃，污染源为热源，所以选用的集气罩为热源上部接受式集气罩。

（2）确定基本参数　集气罩的结构如图2-1所示。

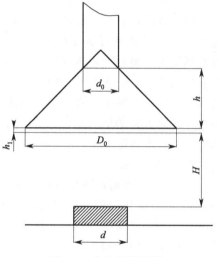

假设集气罩连接风管的特征尺寸为d_0，污染源的特征尺寸为d，集气罩距污染源的垂直距离为H，集气罩的特征尺寸为D_0。

由材料知污染源的特征尺寸$d = 700$mm，取$d_0 = 200$mm。

图 2-1　集气罩结构图

污染源横断面积：$A = \dfrac{\pi}{4}d^2 = \dfrac{1}{4}\pi \times 0.7^2 = 0.385$（$m^2$）。

热源表面上方的接受罩按其安装高度H的不同分为高悬罩与低悬罩。由于该污染源产生的气体有毒，设置低悬罩有利于控制有毒气体不会进入周围气体，并且设置低悬罩较为经济合理。当$H \geqslant 1.5\sqrt{A}$时为高悬罩，$H \leqslant 1.5\sqrt{A}$时为低悬罩，$1.5\sqrt{A} = 0.930$（m），要设计成低悬罩，必须使$H \leqslant 930$mm，取$H = 500$mm。

罩口直径：$D_0 = d + 0.8H = 700 + 0.8 \times 500 = 1100$（mm）。

那么集气罩的下口面积为：$F = \dfrac{1}{4}\pi D_0^2 = 0.95$（$m^2$）。

取集气罩的顶端角为90°。

集气罩高度为：$h = (D_0 - d_0)/2 = 450$（mm）。

集气罩喇叭口高度为：$h_1 = 0.25\sqrt{F} = 0.25 \times \sqrt{0.95} = 0.24$（m）。

验算：$d_0/d = 200/700 > 0.2$；

　　　$D_0/d = 1100/700 > 1$；

　　　$H/d = 500/700 < 3$；

　　　$h_1/d_0 = 240/200 < 3$。

验算结果符合条件，所取数据正确。

2.2.4.2　集气罩入口风量的计算

接受式集气罩的特点是接受生产过程中产生或诱导出来的污染气流，其排风量取决于污染气体的流量。生产过程产生或诱导出来的污染气流，主要指热源上部的热射流和物料在高速运动时所诱导的气流，而后者的影响较为复杂，通常按经验数据确定。当热射流高度 $H \leqslant 1.5\sqrt{A}$ 时，因上升高度较小，近似认为热射流的流量和横断面积基本不变，热射流烟气流量可按下式计算：

$$Q = 0.403(qHA^2)^{\frac{1}{3}}$$

式中，Q 为热射流烟气流量，m^3/s；q 为热量流率，kJ/s；H 为罩口离热源水平面的距离，m；A 为污染源水平面投影面积，m^2。

热量流率可按下式计算：$q = 8.98(\Delta T)^{1.25}A/3600$。

式中，ΔT 为周围空气与废气的温度差，℃。

集气罩排风量按下式计算：$Q = Q_0 + V'F'$。

式中，V' 指最小吸入速度，一般为 $0.5 \sim 1.0 m/s$，此处取 $0.7 m/s$；Q_0 为热烟气流量，m^3/s；F' 为集气罩下口面积与污染源横断面积之差。

由此可见，周围空气与废气的温度差将影响热烟气流量，从而影响集气罩排风量。由材料已知冬季的气温为 $-6℃$，夏季为 $31℃$，而料槽中废气温度为 $100℃$，那么两季中大气与废气的温度差将有明显区别，从而使冬季集气罩排风量和夏季集气罩排风量也将不同，下面分别计算冬季和夏季集气罩排风量。

① 冬季：$\Delta T = 106℃$。

代入以上公式：$q = \dfrac{8.98 \times 106^{1.25} \times \frac{1}{4} \times 0.7^2}{3600} = 0.326(kW/s)$。

热烟气流量为：$Q_0 = 0.403 \times (0.326 \times 0.5 \times 0.385^2)^{\frac{1}{3}} = 0.116(m^3/s)$。

最小吸入风量为：$Q_冬 = 0.116 + 0.7 \times \dfrac{\pi}{4}(1.1^2 - 0.7^2) = 0.51(m^3/s)$。

② 夏季：$\Delta T = 69℃$。

热量流率：$q = \dfrac{8.98 \times 69^{1.25} \times 0.385}{3600} = 0.189(kW/s)$。

热烟气流量：$Q_0 = 0.403 \times (0.189 \times 0.5 \times 0.385^2)^{\frac{1}{3}} = 0.097(m^3/s)$。

最小吸入量：$Q_夏 = 0.097 + 0.7 \times \dfrac{\pi}{4}(1.1^2 - 0.7^2) = 0.49(m^3/s)$。

可以看出 $Q_冬 > Q_夏$，以后的计算取集气罩冬季的排风量 $Q_冬$，即 $Q = 0.51 m^3/s$。

验算如下。

根据公式 $Q = \dfrac{\pi d^2 v}{4}$ 计算风速，风管的风速应在 $10 \sim 20 m/s$ 范围之内。

冬季：$v = \dfrac{4Q}{\pi d^2} = \dfrac{4 \times 0.51}{3.14 \times 0.2^2} = 16.2(m/s)$。

夏季：$v = \dfrac{4 \times 0.49}{3.14 \times 0.2^2} = 15.6(m/s)$。

由上面的计算结果可以看出风管的风速都在 $10 \sim 20 m/s$ 范围内，符合条件。

2.2.4.3　填料塔的设计

本设计的废气主要在填料塔中进行吸收净化，即采用 5% NaOH 溶液吸收净化硫酸烟雾。填料塔的设计是本设计的关键部分，包括根据填料塔已知的参数条件，确定填料塔的塔径、填料层的高度、填料层压降以及填料塔有关附件的选择计算。

（1）填料塔简述　填料塔是治理废气使用的最普遍的塔型之一，特别是逆流填料塔，气体由塔的下部进入，液体则由上而下喷淋，使气液不断接触。随着气态污染物的上升，其浓度不断下降，而往下喷淋的是新鲜吸收液，因此填料层的扩散和吸收过程的平均推动力是最大的。

对于选择适宜的吸收设备以及选择强化过程措施，研究吸收过程属于什么控制具有重要的指导意义。如喷洒塔将液体高度分散，高速流入气相，液相周围气相阻力较小，适用于易溶气体吸收的气膜控制过程；而板式塔更适用于难溶气体吸收的液膜控制过程。

填料塔的结构主要包括塔底、填料和塔内件 3 大部分。气体在塔内通常呈逆流流动，塔内设置的填料使气液两相有较大的接触面积，达到良好的传质效果。填料塔具有结构简单，阻力小，便于用金属耐腐蚀材料制作，适用于小直径塔（1.5m 以下）等优点。一般认为对于小直径塔采用填料（如鲍尔环或鞍形填料），可获得很好的经济效果。

填料塔内的传质主要发生在填料表面的液膜内，为了获得良好的净化效果，应使两相流体间有良好的、尽可能大的气液接触界面，因而高性能的填料和液体的均匀分布是填料塔设计的重要环节。

填料的种类很多，工业填料大致可分为实体填料和网体填料两大类。实体填料有拉西环、鲍尔环、鞍形、波纹填料。一般要求填料具有较大的通量、较低的压降、较高的传质效率，同时操作弹性大、性能稳定，能满足物系的腐蚀性、污堵性、热敏性等特殊要求。填料的强度要高，便于塔的拆装、检修，并且价格要低廉。本设计采用鲍尔环填料，且为乱堆。

液体吸收过程是在塔内进行的，为了强化吸收过程，降低设备的投资和运行费用，要求吸收设备应满足以下基本条件。

① 气液之间应有较大的接触面积和一定的接触时间；

② 气液之间扰动强烈，吸收阻力低，吸收效果好；

③ 气流通过时压力损失小，操作稳定；

④ 结构简单，制作维修方便，造价低廉；

⑤ 应具有相应的抗腐蚀和防堵塞能力。

填料塔操作性能好坏与塔辅助构件的选型和设计紧密相关，合理的选型与设计可保证塔的分离效率、生产能力及压降要求。塔的辅助构件包括液体分布器、填料支承板、填料压板、液体再分布器、除沫器，还有裙座、气体进出口装置、液体进出口装置等。

（2）填料塔的设计计算

① 混合气体和溶液的密度计算　混合气体中酸雾的体积含量计算如下。

标准状态下酸雾含量为 3210mg/m^3，那么它的体积含量为：

$$y_1 = \frac{\left(\dfrac{3.12}{98}\right) \times 22.4}{1000} = 0.0007$$

惰性气体体积含量为：$y_2 = 1 - 0.0007 = 0.9993$。

混合气体分子量：$\overline{M} = 98 \times 0.0007 + 29 \times 0.9993 = 29.05$。

标况下混合气体密度：$\rho_1 = \dfrac{P\overline{M}}{RT} = \dfrac{101325 \times 29.05}{8.314 \times 273} = 1.297(\text{kg/m}^3)$

那么在 60℃、734mmHg（即 0.966atm 下）大气压下，气体的密度为：

$$\rho_{\mathrm{G}}=\frac{P_2 T_1 \rho_1}{P_1 T_2}=\frac{0.966\times273\times1.297}{1\times333}=1.027(\mathrm{kg/m^3})$$

由于溶液中 NaOH 含量较少，ρ_{L} 可近似认为 1000kg/m³，而 ρ_{G} 为 1.027kg/m³。

② 塔径计算　由材料知：$L/G=2.5\sim4\mathrm{L/m^3}$。

取 $L/G=4\mathrm{L/m^3}$。

那么
$$\frac{L}{G}=\frac{\dfrac{L'}{18}}{\dfrac{V'}{29.05}}=4$$

式中，L' 为溶液的质量流率，kg/s；V' 为气体的质量流率，kg/s。

由上式得：$L'/V'=2.48$。

那么 $\dfrac{L'}{V'}\left(\dfrac{\rho_{\mathrm{G}}}{\rho_{\mathrm{L}}}\right)^{\frac{1}{2}}=2.48\times\left(\dfrac{1.027}{1000}\right)^{\frac{1}{2}}=0.08$。

即埃克特通用关联图的横坐标为 0.08，由于填料为乱堆填料，查关联图可得纵坐标读数为 0.14，即

$$\frac{u_f^2 \phi\psi}{g}\left(\frac{\rho_{\mathrm{G}}}{\rho_{\mathrm{L}}}\right)\mu_{\mathrm{L}}^{0.2}=0.14$$

由材料知：$\mu_{\mathrm{L}}=1\mathrm{mPa\cdot s}$，$\psi=\rho_{水}/\rho_{\mathrm{L}}\approx1$。

选用 75×45×5 规格的乱堆陶瓷鲍尔环填料，所以 $\phi=122\mathrm{m^{-1}}$。

$$u_f=\sqrt{\frac{0.14\times g\times\rho_{\mathrm{L}}}{\phi\psi\rho_{\mathrm{G}}\mu_{\mathrm{L}}^{0.2}}}=\sqrt{\frac{0.14\times9.81\times1000}{122\times1\times1.027\times1^{0.2}}}=3.3(\mathrm{m/s})$$

u_f 指泛点气速，当气体流速增大到泛点气速时，通过填料层的压降迅速上升，并有强烈波动，液体受到阻塞积聚在填料上，我们可以看到填料层的顶部以及某些局部截面积较小的地方出现液体，所以塔内的气速应小于泛点的气速。

选择较小的空塔气速，则压降小，动力消耗小，操作弹性大，但塔径大，设备投资高而生产能力低。低气速也不利于气液充分接触，传质效率低。若选用较大气速，则压降大，动力消耗大，操作不平稳，难于控制，但塔径小，投资低。一般适宜操作气速通常取泛点气速的 50%～85%，现在取空塔气速为 70%u_f。

那么空塔气速：$u=0.7\times3.3=2.3(\mathrm{m/s})$。

本设计采用 3 个集气罩

塔径的计算公式为：$D_{\mathrm{T}}=\sqrt{\dfrac{V_{\mathrm{S}}}{\dfrac{\pi}{4}\times u}}=\sqrt{\dfrac{4\times0.51\times3}{\pi\times2.3}}=0.921(\mathrm{m})$

式中，V_{S} 为进入填料塔的总流量；u 为空塔气速。

根据压力容器公称直径标准进行圆整：$D_{\mathrm{T}}=1.0\mathrm{m}$。

校核如下：

为保证填料润湿均匀，应注意使填料塔塔径与填料直径之比在 10 以上。比值过小，液体沿填料下流时常出现趋向塔壁的倾向，称为壁流现象。由于 $D_{\mathrm{T}}/d=1000/75=13.3>10$，填料塔与填料的直径比在 10 以上，所以可避免壁流现象。

填料塔内传质效率的高低与液体的分布及填料的润湿情况有关，为使填料能获得良好的润湿，还应使液体的喷淋密度不低于某一限值，所以算出塔径后，还应验算塔内的喷淋密度是否大于最小喷淋密度。

$$L_{\min}=(L_{\mathrm{w}})_{\min}a_t$$

式中，L_{min}为最小喷淋密度，$m^3/(m^2 \cdot s)$；$(L_w)_{min}$为最小润湿速率，$m^3/(m \cdot s)$。

对于直径不超过 75mm 的填料，可取最小润湿速率 $(L_w)_{min}$ 为 $0.08m^3/(m \cdot h)$，对于直径大于 75mm 的填料应取 $0.12m^3/(m \cdot h)$，由于此填料为 $75 \times 45 \times 5$ 规格陶瓷鲍尔环填料，所以取 $(L_w)_{min} = 0.08m^3/(m \cdot h)$。$a_t$ 为 103，则

$$L_{min} = 0.08 \times 103 = 8.24[m^3/(m^2 \cdot h)]$$

操作条件下喷淋密度公式：
$$L = \frac{L'}{\rho_L \times \frac{\pi}{4} \times D_T^2}$$

其中 L' 为溶液质量流量，它的计算式为：$L' = 3 \times 0.51 \times 3600 \times 1 \times 4 = 22032(kg/h)$。

$$L = \frac{22032}{1000 \times 0.785 \times 1^2} = 28[m^3/(m^2 \cdot h)]$$

$L > L_{min}$，所以选用此种填料能获得较好的润湿效率。

③ 计算填料塔压降　选用鲍尔环填料，那么 $\phi = 122m^{-1}$，$u = 2.3m/s$。

$$\frac{u^2 \phi \psi}{g}\left(\frac{\rho_G}{\rho_L}\right)\mu_L^{0.2} = \frac{2.3^2 \times 122 \times 1}{9.81} \times \left(\frac{1.027}{1000}\right) \times 1^{0.2} = 0.068$$

这是埃克特通用关联图的纵坐标读数，它的横坐标为 0.08，确定交点所对应的压降为 $\Delta P = 410Pa/m$，整个填料层的压降为 2829Pa。

④ 填料层高度的计算　由上面的计算知填料塔进口气体酸雾体积含量为：$y_2 = 0.0007$。

查 GB 16297—1996 中三类区污染源大气污染物排放限值知硫酸雾最高允许排放浓度为 $70mg/m^3$。

那么填料塔出口气体酸雾体积含量为：$y_1 = \dfrac{\dfrac{(70 \times 10^{-3})}{98}}{1000 \times 1} \times 22.4 = 0.000016$

混合气体压强为 0.966atm，由 y_1、y_2 可知出塔、入塔气体中污染物的分压分别为：
$$P_2 = 0.966 \times 0.0007 = 6.8 \times 10^{-4}(atm)$$
$$P_1 = 0.966 \times 0.000016 = 1.5 \times 10^{-5}(atm)$$

由前面知集气罩的排风量为 $V_G = 0.51m^3/s$，要把 V_G 转化为 $kmol/(m^2 \cdot h)$。

在 S. T. P 下，1mol 气体等于 22.4L，那么在 0.966atm、60℃下，1mol 气体为：

$$V_2 = \frac{P_1 T_2}{P_2 T_1}V_1 = \frac{1 \times (273 + 60)}{0.966 \times 273} \times 22.4 = 28.3(L) = 28.3 \times 10^{-3}(m^3)$$

$$G = \frac{\frac{3 \times 0.51}{28.3 \times 10^{-3}}}{\frac{\pi}{4}D^2} \times 3600 = 248[kmol/(m^2 \cdot h)]$$

$$L = 4G = 248 \times 4 = 992[kmol/(m^2 \cdot h)]$$

$$\frac{L}{\rho_L} = \frac{992 \times 18}{1000} = 17.86[m^3/(m^2 \cdot h)]$$

已知填料塔入口溶液中为 5% NaOH，那么 NaOH 浓度为：

$$c_{B2} = \frac{\frac{5}{40}}{\frac{100}{1000}} = 1.25(mol/L) = 1.25(kmol/m^3)$$

填料塔中发生的化学反应式为：$H_2SO_4 + 2NaOH == Na_2SO_4 + 2H_2O$。

对塔内任一截面作塔上部的物料平衡，污染物在入口、出口处分压分别为 P_{A1}、P_{A2}，

NaOH 溶液入口、出口处的浓度分别为 c_{B2}、c_{B1}，平衡方程式为：

$$\frac{G}{P}(P_{A1}-P_{A2})=\left(\frac{L}{\gamma\rho_L}\right)(c_{B2}-c_{B1})$$

由于上式是在塔内的任一截面作的物料平衡式，故此式也就是塔的操作线方程，塔内单位面积的吸收传质速率 N_A 为：

$$N_A=\left(\frac{G}{P}\right)(P_{A1}-P_{A2})=\left(\frac{L}{\gamma\rho_L}\right)(c_{B2}-c_{B1})$$

$\gamma=2$，$P=0.966\text{atm}$，代入以上方程式，结果为：

$$N_A=\frac{248}{0.966}\times(6.8\times10^{-4}-1.5\times10^{-5})=\frac{17.86}{2}(1.25-c_{B1})$$

于是得 $c_{B1}=1.23\text{g/m}^3$。

假设 NaOH 溶液在出口处的临界浓度为 $(c_B)_c$，H_2SO_4 和 NaOH 的反应为瞬时反应，假定 $\gamma=D_B/D\approx1$（一般在 $0.6\sim1.0$ 之间，取 1.0 是保守的），则有

$$(c_B)_c=\frac{bk_G}{rk_L}P_G$$

式中，k_G 为气相传质系数，$\text{kmol}/(\text{m}^2\cdot\text{s}\cdot\text{MPa})$；$k_L$ 为液相传质系数，m/s；b 为化学反应中单位体积内组分的消耗速率与组分的消耗速率之比；P_G 为混合气体中污染物的分压，atm。

已知 $k_G=144\text{kmol}/(\text{m}^3\cdot\text{h}\cdot\text{atm})$，$k_L=0.7\text{h}^{-1}$，则

$$(c_B)_c=\frac{2\times144}{0.7}\times\frac{3.21\times28.3}{98\times1000}\times0.966=0.37(\text{g/m}^3)$$

可见 $(c_B)_c<c_{B1}$，那么可认为在气液界面处化学反应已完成，因此，$P_{Ai}=0$，这时液相阻力不存在。可根据下式计算填料层的高度。

$$h=\frac{G}{P}\int_{P_{A2}}^{P_{A1}}\frac{\mathrm{d}P_A}{k_{Ga}P_A}=\frac{G}{k_{Ga}P}\ln\frac{P_{A1}}{P_{A2}}$$

式中，G 为气体的摩尔流率，$\text{kmol}/(\text{m}^2\cdot\text{h})$；$k_{Ga}$ 为气相传质系数，$\text{kmol}/(\text{m}^3\cdot\text{h}\cdot\text{atm})$；$P$ 为混合气体压强，atm；P_{A1} 为塔入口处混合气体中污染物的分压，atm；P_{A2} 为塔出口处混合气体中污染物的分压，atm。

代入数据得：

$$h=\frac{248}{144\times0.966}\ln\frac{6.8\times10^{-4}}{1.5\times10^{-5}}=6.8(\text{m})$$

⑤ 填料塔高度的确定　整个填料塔的高度除填料层外，还包括塔顶空间、塔底空间、封头、支座，如果在填料层中安装液体再分布装置，还应该包括那部分高度。本设计塔顶空间部分高度取 1000mm；塔底空间部分高度取 1500mm；容器封头设计成椭圆型封头，对于直径为 1000mm 的塔，封头曲面高度为 250mm；填料塔支座一般为裙座，高度取 5000mm，裙座底部有基础板，基础板的厚度忽略不计；填料层中安装液体再分布器，这一部分高度取 600mm。填料出口管道的高度为 150mm，那么整个填料塔的高度为 15.40m。

⑥ 釜液的处理　净化硫酸雾后，NaOH 溶液变成 $NaSO_4$ 溶液，$NaSO_4$ 含量很少且无毒，可以回收利用，而其中的水溶液可以循环使用。

2.2.4.4　填料塔有关附件的选择

（1）填料支承板　它的结构应满足 3 个基本条件：①使气体能顺利通过，支承板上的流体应为塔截面的 50% 以上，且应大于填料的空隙率；②要有足够的强度承受填料重量；

③要有一定的耐腐蚀性能。

栅板可制成整块或分块。对于直径小于 500mm 的可制成整块，对于直径为 600～800mm 的分成两块，直径为 900～1200mm 的分成 3 块，直径大于 1400mm 的分成 4 块。每块宽度为 300～400mm，栅板条之间的距离应为填料环外径的 0.6～0.8 倍。

（2）填料压板　填料压板主要有两种形式，一种是栅条形压板，另一种是丝网形压板。栅条形压板的栅条间距为填料直径的 0.6～0.8 倍。丝网压板是用金属丝编织的大孔金属网，焊接于金属支承圈上，网孔的大小应以填料不能通过为限。填料压板的重量要适当，过重可能会压碎填料，过轻则难以起到作用，一般按每平方米 1100N 设计，必要时需加装压铁以满足重量要求。

（3）液体分布装置　液体初始分布器设置于填料塔内填料层顶部，用于将塔顶液体均匀地分布在填料表面上，液体初始分布器性能的好坏对填料塔的效率影响很大，因而液体分布装置的设计十分重要。对大直径、低填料层的填料塔，特别需要性能良好的液体初始分布装置。液体分布装置的机械结构设计，主要考虑以下几点。

① 满足所需的淋液点数，以保证液体初始分布的均匀性；
② 气体通过的自由截面积大，阻力小；
③ 操作弹性大，适应负荷的变化；
④ 不易堵塞，不易造成雾沫夹带和发泡；
⑤ 易于制作，部件可通过人孔进行安装、拆卸。

液体分布装置包括排管式液体分布器、环管式液体分布器、盘式孔流型液体分布器、槽式溢流型液体分布器 4 种。本设计采用的是盘式孔流型液体分布器。这种分布器由开有布液孔的底盘和升气管组成，液体经小孔流下，气体经升气管上升。

分布盘直径：$D_T = (0.85～0.88)D$。

分布盘围环高度 h：塔径 $D \leqslant 800mm$ 时，$h = 175mm$；塔径 $D > 800mm$ 时，$h = 200mm$。分布盘厚度 δ：塔径 $D = 400～600mm$，$\delta = 3～4mm$；塔径 $D = 700～1200mm$，$\delta = 4～6mm$。

分布器定位块外缘与塔壁的间隙为 8～12mm。

塔径大于 600mm 的塔，分布盘常设计成分块式结构，一般分为 2～3 块。

液体是通过分布盘上方的中心管加入盘内的，中心管的管口距围环上缘 50～200mm。

（4）液体再分布装置　除塔顶液体的分布之外，填料塔中液体的再分布是填料塔中的一个重要问题。在离填料顶面一定距离处，喷淋的液体便开始向塔壁下流，塔中心处填料得不到好的润湿，形成所谓的"干锥体"的不正常现象，减少了气液两相的有效接触面积。所以当填料层较高时，需要多段设置，或填料层间有侧线进料或出料时，在各段填料层之间需要设置液体收集及再分布装置，其目的是使液体重新分布，同时将上段填料流下的液体收集后充分混合，使进入下段填料层的液体具有均匀的浓度，并重新分布在下段填料层上。液体再分布装置包括截锥式液体再分布器和盘式液体再分布器。这里选取截锥式液体再分布器。截锥式液体再分布器主要结构尺寸如下：截锥小端直径 $D_1 = (0.7～0.8)D$；锥高 $h = (0.1～0.2)D$；壁厚取 $S = 3～4mm$。当填料层的高度在 $(5～10)D$ 之间时，在填料层中采用液体再分布器。在本设计中，在填料层中间设置液体再分布器，上下填料层高度各为 3.45m。液体再分布装置有一定的压降，压降范围为 100～250Pa，这里取压降为 150Pa。

（5）除沫器　由于气体在塔顶离开填料塔时，带有大量的液沫和雾滴，为回收这部分液相，常需要在塔顶设置除沫器，常用的除沫器有折流板式除沫器、旋流板式除沫器和丝网除沫器。本设计选取的是丝网除沫器。它是最常用的除沫器，这种除沫器由金属丝网卷成，高度为 100~150mm。气体通过除沫器的压降约为 120~250Pa。

（6）人孔 $\phi700mm$ 以下塔径，开圆形手孔 $\phi150mm$；$\phi800mm$ 以上塔径安装人孔，圆形人孔 $\phi450mm$ 以上。

（7）气体进出口管 气体进口管从塔下部进入，伸入至塔中心线，对于 $\phi1100mm$ 以下的塔，管的末端可做成向下的喇叭形扩大口；低于 $\phi500mm$ 以下的塔，管的末端切成 45°斜口。本设计该处设计成 45°斜口。进气口位置应在填料层以下的一个塔径的距离，且高于塔釜液面 300mm 以上。气体进出口管的排风速度控制在 10~20m/s，取管径为 400mm。

（8）液体进出口管 为减少出塔气体夹带的液滴，可在气体出口处设置挡板，液体出口管设置在塔底，从裙座中将液体引出填料塔。液体进出管的直径取 100mm。

（9）裙座 裙式支座由裙座体、基础板环、螺栓座等部分组成。裙座体一般有圆筒形和圆锥形，圆筒形制作方便，应用较广。但对于 H/D 很大的塔，为增加塔的稳定性而采用圆锥形，裙座的高度取 $H \geqslant 5D$，本设计中塔径为 1m，取裙座高度为 5m，它的顶角一般不大于 10°，根据几何关系，底部的直径小于 2700mm，这里取底部直径为 2200mm。

2.2.4.5 加料搅拌池和储液池的设计计算

（1）药剂用量 工业用固体 NaOH 的纯度为 95%，所以 $W = (22032 \times 5\%)/95\% = 1160(kg/h)$。

（2）水量 $L = 22032 \times 95\% = 20930(kg/h)$。

考虑到蒸发损失，此处取安全系数为 1.2，所以 $L' = 20930 \times 1.2 = 25116(kg/h)$。

（3）总流量 因考虑到固体物质加入液体中对液体影响较小，故此处取液量为 25.5m³/h。

（4）搅拌池的计算 净化硫酸雾的吸收溶液为 5% NaOH 溶液，它是由固体 NaOH 与水溶液在搅拌池中配置而成的。

① 料斗设计 采用方斗，进料口截面为 $0.8 \times 0.8 = 0.64(m^2)$，出料口截面为 $0.5 \times 0.5 = 0.25(m^2)$，高度为 0.5m。

② 搅拌池设计 搅拌池的设计是利用水的重力自上而下冲击加料，从而起到搅拌作用的。

已知进口流量为 25.5m³/h，设计加料池中浆液的停留时间为 5min，考虑到设计时的占地面积，此搅拌池设计为圆形，且满足 $D/L = 1.5$。

加料池容积：

$$V = \frac{25.5 \times 5}{60} = 2.1(m^3) = \pi r^2 h = \pi r^2 \times \frac{4}{3}r$$

得：$r = 0.79m$，$h = 1.1m$，取 $r = 0.8m$，$h = 1.3m$。

则 $V' = \pi r^2 h = 2.6(m^3) > V$，所设计的搅拌池合适，它是半径为 0.8m、高为 1.3m 的圆形池。

2.2.4.6 储液池的设计计算

设计容量：储液池的设计容量为单位时间内的流量减去过程中的蒸发量，此处取蒸发系数为 20%（单位时间为 1h）。

蒸发量：$V_1 = 26 \times 20\% = 5.2(m^3/h)$。

所以 $V = 26 - V_1 = 20.8(m^3/h)$。

取安全系数为 1.2，则 $V = 20.8 \times 1.2 = 25(m^3/h)$。

设储液池中水停留时间为 15min，则

$$V' = \frac{25 \times 15}{60} = 6.25 (\text{m}^3)$$

储液池设计成长方形，取储液池宽为 $b = 2.2\text{m}$，设储液池的长为 a，高为 h，则有 $2.2ah = 6.25$。取 $a = 1\text{m}$，$h = 3\text{m}$，从而有 $V = 2.2 \times 1 \times 3 = 6.6 (\text{m}^3) > 6.25\text{m}^3$，合适。

2.2.4.7 水泵的选取

水泵全扬程的计算公式：

$$H \geqslant H_1 + H_2 + H_3 + H_4$$

式中，H_1 为吸水管水头损失，m，一般包括吸水喇叭口、90°弯头、直管段、闸门、减缩管等，$H_1 = \varepsilon_1 \dfrac{v_1^2}{2g}$，其中 ε_1 取 0.5，$v_1 = 1.1 \sim 1.5\text{m/s}$；$H_2$ 为出水管水头损失，m，一般包括减扩管、逆止阀、闸门、短管、90°弯头（或三通）、直线段管等，$H_2 = \varepsilon_2 \dfrac{v_2^2}{2g}$，其中 ε_2 取 1.0，$v_2 = 1.5 \sim 2.0\text{m/s}$；$H_3$ 为集水池最低工作水位与所需提升最高水位之间的高差，m；H_4 为自由水头损失，按 $0.5 \sim 1.0\text{m}$ 选取。

$$H \geqslant 0.5 \times \frac{1.1^2}{2 \times 9.8} + 1.0 \times \frac{1.5^2}{2 \times 9.8} + 14.5 + 2.5 + 1 = 18.15 (\text{m})$$

根据环保设备材料手册，选取型号为 102（FP 19/14）的塑料离心泵。这种泵可输送有腐蚀性、黏度类似于水的液体，若输送 NaOH 溶液，它的浓度应低于 40%，温度低于 20℃。本设计中 NaOH 溶液浓度为 5%，所以可采用这种泵来输送。它适用于化工、石油、冶金、造纸、食品、制药、合成纤维、环境保护等行业。

FS 型玻璃钢泵的性能参数如表 2-2 所示。

表 2-2　FS 型玻璃钢泵的性能参数

流量/(m³/h)	扬程 H/m	转速/(r/min)	效率/%	配电机功率/kW	允许吸入真空度 H
6～14	20～14	2900		1.5	6.6～6

2.2.4.8 管网的设计及系统阻力计算

（1）管网的设计　管网设计是净化系统中不可缺少的组成部分，合理地设计和使用管道系统，不仅能充分发挥净化装置的效能，而且直接关系到设计和运转的经济合理性。

管网的设计包括净化系统设备及管道布置、风速管径的确定、阻力计算及节点压力平衡。

（2）风管的选择　混合气体为含有酸雾的废气，它有酸性腐蚀作用，所以选择硬聚氯乙烯塑料板，它适用于有酸性腐蚀作用的通风系统。这种风管表面光滑，制作方便，但不耐高温、寒，只适用于 $-10 \sim 60$℃之间的温度，在辐射作用下易脆裂。

管道断面的形状有圆形和矩形两种。圆形管道压损小，材料比较容易制作，便于保温，但管件的放样、加工较困难，基于本设计的实际情况，选择圆形管道。

（3）管道系统的设计计算　对管道进行计算，首先要绘制通风系统轴测图，对管段进行编号，标注各管段的长度和风量，以风速和风量不变为一管段，一般从距风机最远的一段开始，管段长度按两个管件中心线的长度计算，不扣除管件（如三通、弯头）本身长度。

风管内风速对系统的经济性有较大影响，风管内风速的取值范围为 10～20m/s。

废气通过的路径为：通过 3 个集气罩汇集到一根管道，然后通过填料塔、风机、电机、烟囱排入大气。本节主要计算了各个管道管径大小、管道长度。

绘制这一部分的通风系统轴测图，从距风机最远的一段管道开始编号并计算，详见图 2-2。

① 管段 1：流量 $Q=1836\text{m}^3/\text{h}$，取 $v=16.5\text{m/s}$，根据公式 $d=18.8\sqrt{\dfrac{Q}{v}}$ 可得管道

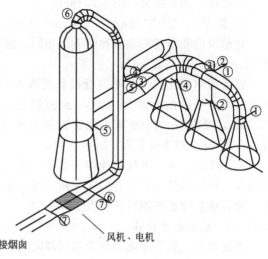

图 2-2 通风系统轴测图

直径为 $d=18.8\times\sqrt{\dfrac{1836}{16.5}}=198(\text{mm})$，查

圆形管道规格表，取 $d_1=200\text{mm}$。

那么实际流速为：$v_1=\dfrac{1836\times4}{3600\times0.2^2\times3.14}=16.2(\text{m/s})$

连接集气罩的垂直管段的高度取 1m，水平管段取 2.6m，渐扩管的长度取 0.35m，所以管段 1 的总长度为：$L_1=1+2.6+0.35=3.95(\text{m})$。

② 管段 2：这一段流量与管段 1 相同，$Q=1836\text{m}^3/\text{h}$，取 $v=16.2\text{m/s}$，与管段 1 情况相似，所以取这部分管道管径也为 $d_2=200\text{mm}$。

实际流速为：$v_2=(1836\times4)/(3600\times0.2^2\times3.14)=16.2(\text{m/s})$。

连接集气罩的垂直管段的高度取 0.8m，然后连接 60° 的弯管，再与 30° 吸入三通连接，根据几何关系，连接弯头和吸入三通部分管道长度为 0.4m，管段 2 的总长度为 $L_2=0.8+0.4=1.2(\text{m})$。

③ 管段 3：$Q=1836\times2=3672(\text{m}^3/\text{h})$，取 $v=14\text{m/s}$，那么 $d=18.8\times\sqrt{\dfrac{3672}{14}}=304.5(\text{mm})$。

查管道规格表，取 $d_3=320\text{mm}$。

实际流速为：$v_3=\dfrac{3672\times4}{3600\times0.32^2\times3.14}=12.7(\text{m/s})$。

这部分管道的水平管段取 1.35m，垂直段取 0.8m，渐扩管长度取 0.25m，那么总长度为：$L_3=1.35+0.8+0.25=2.4(\text{m})$。

④ 管段 4：$Q=1836\text{m}^3/\text{h}$，取 $v=14\text{m/s}$，它的风量和速度的取值都和管段 1 一样，那么风管的直径和管内的流速也与管段 1 相同，所以 $d=200\text{mm}$，$v_4=16.2\text{m/s}$。

这部分管道的垂直段取 0.6m，水平段为 0.31m，水平段和垂直段由 90° 弯管连接，水平管道再由一个 60° 弯头与一个 30° 的吸入三通相连，由几何关系可得连接弯头和吸入三通的管段的长度为 0.4m，管段 4 的总长为 $L_4=0.6+0.31+0.4=1.31(\text{m})$。

⑤ 管段 5：$Q=1836\times3=5508(\text{m}^3/\text{h})$，取 $v=14\text{m/s}$，那么 $d=18.8\times\sqrt{\dfrac{5508}{14}}=372.9(\text{mm})$。

查管道规格表，取 $d_5=400\text{mm}$。

实际流速为：$v_5=\dfrac{5508\times4}{3600\times0.4^2\times3.14}=12.2(\text{m/s})$。

取管段 5 的长度为：$L_5 = 2.15\text{m}$。

⑥ 管段 6：$Q = 5508\text{m}^3/\text{h}$，取 $v = 14\text{m/s}$。

它的风量和速度的取值和管道 5 相同，所以风管的直径和管内的流速与管段 5 相同，即 $d = 400\text{mm}$，$v_6 = 12.2\text{m/s}$。

连接填料塔出口处的垂直管段长度取 0.15mm，然后连接一个 90°弯头，管道转为水平方向，取水平段的长度为 1.3m，再连接一个 90°弯头使管道垂直向下，垂直段的距离为 15.15m，再连接一个 90°弯头使管道变为水平方向，水平管段连接风机入口，取这一段为 0.5m，管段 6 的总长度为：$L_6 = 17.1\text{m}$。

⑦ 管段 7：这一管段指连接管道与风机入口处和出口处相连处渐扩管或渐缩管，这一段的风量、风速和管径也与管段 5 相同，因为还没有选定风机，入口处和出口处的管径还不确定，所以渐扩管或渐缩管的长度也没有取。

2.2.4.9 系统阻力计算

系统阻力包括沿程阻力损失和局部阻力损失，下面分别计算各管道的沿程阻力损失和局部阻力损失。

阻力计算公式：
$$\Delta P = \sum R_m l + \sum \xi \frac{\rho v^2}{2}$$

式中，R_m 为单位长度的摩擦损失；l 为管道的长度；ξ 为局部阻力损失系数；v 为烟气在管道内的流速，m/s；ρ 为烟气密度，取 $\rho = 1.027\text{kg/m}^3$。

（1）沿程阻力计算

① 管段 1　由已经求出的管径和风速查《环境工程设计手册》中计算表得到：$R_m = 12.5\text{Pa/m}$。

由于在计算表中查得的数据是在标准状况下钢管中的单位长度的摩擦损失，而这里是塑料管道，并且是在 60℃、0.966atm 下，所以要对所查得的数据进行修正。

已知 $K = 0.03$，查粗糙度修正系数 $\varepsilon = 0.82$。

温度修正系数公式为：$\varepsilon_t = \left(\dfrac{293}{t + 273}\right)^{0.825} = \left(\dfrac{293}{60 + 273}\right)^{0.825} = 0.9$。

海拔修正系数公式为：$\varepsilon_h = \left(\dfrac{P'}{101.3}\right)^{0.9} = 0.966^{0.9} = 0.97$。

$$R'_m = \varepsilon \varepsilon_t \varepsilon_h R_m = 0.82 \times 0.9 \times 0.97 \times 12.5 = 8.95 (\text{Pa/m})$$

由上面计算知 L_1 为 3.95m，所以 $\Delta P_{m1} = 8.95 \times 3.95 = 35.4 (\text{Pa})$。

② 管段 2　由于管径和风速与管段 1 相同，单位长度的摩擦损失也与管段 1 相同，$R'_m = 8.95\text{Pa/m}$，$L_2 = 1.2\text{m}$，则 $\Delta P_{m2} = 1.2 \times 8.95 = 10.7 (\text{Pa})$。

③ 管段 3　由所计算的风管的直径和风速，查计算表得 $R_m = 5.545\text{Pa}$，温度和压强不变，所以温度和海拔的修正系数不变。查风管粗糙度修正系数：$\varepsilon = 0.89$。

$$R'_m = 5.545 \times 0.89 \times 0.9 \times 0.97 = 4.31 \ (\text{Pa/m})$$
$$\Delta P_{m3} = 4.31 \times 2.4 = 10.3 (\text{Pa})$$

④ 管段 4　这一管段的单位摩擦损失与管段 1 相同，即 $R'_m = 8.95\text{Pa/m}$，管长为 1.31m，所以沿程阻力为：$\Delta P_{m4} = 8.95 \times 1.31 = 11.7 (\text{Pa})$。

⑤ 管段 5　由 $d = 400\text{mm}$，$v = 12.2\text{m/s}$，查计算表得单位摩擦阻力损失 $= 3.904\text{Pa/m}$，粗糙度修正系数、温度修正系数以及海拔修正系数与管段 3 相近。那么

$$R'_m = 3.904 \times 0.89 \times 0.9 \times 0.97 = 3.03 (\text{Pa/m})$$

管段长度 $L_5 = 2.15\text{m}$，则

$$\Delta P_{m5}=3.03\times2.15=6.5(\text{Pa})。$$

⑥ 管段 6 这一管段的单位摩擦阻力损失情况与管段 5 相同，即 $R'_m=3.03\text{Pa/m}$，管道长度 $L_6=17.1\text{m}$。

$$\Delta P_{m6}=3.03\times17.1=51.8(\text{Pa})$$

⑦ 管段 7 这一管段的单位摩擦阻力损失与管段 5 也相同，即 $R'_m=3.03$。

此段管道连接风机进出口，风机进出口管径因型号不同而不同，如果它跟管道的管径不同的话，那就需要改变管径（连接渐扩管或渐缩管），渐扩管（渐缩管）有一定的长度，所以要考虑沿程阻力损失。

(2) 局部阻力损失

① 管段 1 这一管段有一个集气罩，一个 90°弯头，一个渐扩管，一个吸入三通，为了能达到阻力平衡，在管道中加入一个多叶蝶阀。

集气罩的局部阻力系数 $\xi=0.11$；90°弯头的阻力系数 $\xi=0.23$。

根据 $F_2/F_3=(200/320)^2=0.4$，$L_2/L_3=1836/3672=0.5$，取 $\alpha=30°$，又因为 $F_1+F_2\approx F_3$，查设计手册中吸入三通的阻力系数（直管）得：$\xi=0.03$。

渐扩管长度取 350mm，那么 $\tan\dfrac{\alpha}{2}=\dfrac{1}{2}\left(\dfrac{320-200}{350}\right)=0.2$。

则 $\alpha=20°$，又因为 $F_1/F_2=(320/200)^2=2.56$，查设计手册得：$\xi=0.15$。

取多叶蝶阀的 $n=3$，$\alpha=10°$，则 $\xi=0.2$。

$$\Delta\xi=0.11+0.23+0.15+0.03+0.2=0.72$$

动压 $\Delta P=\rho v^2/2=134\text{Pa}$。

$$\Delta P_{L1}=\Delta\xi\Delta P=0.72\times134=96.5(\text{Pa})$$

$$\Delta P_1=\Delta P_{m1}+\Delta P_{L1}=96.5+35.4=132(\text{Pa})$$

② 管段 2 这一管段有一个集气罩，一个 60°弯头，一个吸入三通。

集气罩的阻力系数：$\xi=0.11$。

一个 60°弯头：$\xi=0.3$。

吸入三通（支管）的阻力系数根据管段 1（直管）中的数据查得：$\xi=0.66$。

总阻力系数：$\Delta\xi=1.07$。

动压：$\Delta P=134\text{Pa}$。

$$\Delta P_{L2}=1.07\times134=143(\text{Pa})$$

$$\Delta P_2=143+10.7=154(\text{Pa})$$

③ 管段 3 这一管道有一个 90°弯头、一个渐扩管和一个吸入三通。

90°弯头的阻力系数：$\xi=0.23$。

渐扩管长度取为 250mm，那么 $\tan\dfrac{\alpha}{2}=\dfrac{1}{2}\left(\dfrac{400-320}{250}\right)=0.2$。

则 $\alpha=20°$，又因为 $F_1/F_2=(400/320)^2=1.56$，查设计手册得 $\xi=0.12$。

根据 $F_2/F_3=(200/400)^2=0.25$，$L_2/L_3=1836/5508=0.33$，取 $\alpha=30°$，$F_1+F_2\approx F_3$，查设计手册中吸入三通的阻力系数（直管）得：局部阻力系数 $\xi=0.25$。

$$\Delta\xi=0.23+0.12+0.25=0.6$$

动压：$\Delta P=\rho v^2/2=1.027\times12.7^2/2=82.8(\text{Pa})$。

$$\Delta P_{L3}=0.6\times82.8=50(\text{Pa})$$

$$\Delta P_3=10.3+50=60.3(\text{Pa})$$

④ 管段 4 这一管段有一个集气罩，2 个 90°弯头，一个 60°弯头，一个吸入三通。

集气罩的阻力系数 $\xi=0.11$，2 个 $90°$ 弯头 $\xi=0.46$；一个 $60°$ 弯头 $\xi=0.3$；吸入三通（支管）的阻力系数根据管段 2（直管）的数据查得：$\xi=0.72$。那么 $\Delta\xi=0.11+0.46+0.3+0.72=1.59$。

动压与管段 1 相同，即 $\Delta P=134Pa$。

$$\Delta P_{L4}=1.59\times134=213(Pa)$$
$$\Delta P_4=11.7+213=225(Pa)$$

⑤ 管段 5　这一管段只有一个 $90°$ 弯头的局部阻力损失，$\xi=0.23$，动压为：

$$\Delta P=\rho v^2/2=1.027\times12.2^2/2=76.4(Pa)$$
$$\Delta P_{L5}=0.23\times76.4=17.6(Pa)$$
$$\Delta P_5=6.5+17.6=24.1(Pa)$$

⑥ 管段 6　这部分管道有 3 个弯头，阻力系数 $\xi=3\times0.23=0.69$。

$$\Delta P_{L6}=0.69\times76.4=52.7(Pa)$$
$$\Delta P_6=51.8+52.7=104(Pa)$$

⑦ 管段 7　因为还没有选定风机，根据经验假设此处总压力损失为 30Pa，那么 $\Delta P_7=30Pa$。

2.2.4.10　节点压力平衡计算

对并联管道进行压力平衡计算。两分支管道的压力差应满足以下要求：除尘系统应小于 10%，一般通风系统应小于 15%，否则必须进行管径调整或增设调压装置。

对 A 点进行压力平衡计算：

$$\frac{\Delta P_2-\Delta P_1}{\Delta P_2}=\frac{154-132}{154}=0.14<0.15 \quad 可见 A 点压力平衡。$$

对 B 点进行压力平衡计算：

$$\frac{\Delta P_4-\Delta P_1-\Delta P_3}{\Delta P_4}=\frac{225-132-60.3}{224}=0.145<0.15 \quad 可见 B 点压力也平衡。$$

2.2.4.11　总压力损失

管道的压力损失计算见表 2-3。

表 2-3　压力计算表

管道标号	流量 Q/(m³/h)	直径 /mm	流速 v/(m/s)	动压 /Pa	局部压力损失 名称	数量	阻力系数 ξ	系数总数 $\Delta\xi$	局部压损 ΔP_L	沿程阻力损失 单位长度阻力/(Pa/m)	长度 /m	压损 /Pa	总压力损失 /Pa	备注
1	1836	200	16.2	134	A	1	0.11			8.95	4.05	36.2	132	
					B	1	0.23	0.72	96.5					
					C	1	0.03							
					D	1	0.15							
					F	1	0.2							
2	1836	200	16.2	134	A	1	0.11	1.07	143	8.95	1.2	10.7	154	
					G	1	0.3							
					C	1	0.66							
3	3672	320	12.7	82.8	B	1	0.23	0.6	50	4.31	2.4	10.3	60.3	
					C	1	0.25							
					D	1	0.12							
4	1836	200	16.2	134	A	1	0.11	1.59	213	8.95	1.31	11.7	225	
					B	2	0.46							
					C	1	0.72							
					D	1	0.3							
5	5508	400	12.2	76.4	B	1	0.23	0.23	17.6	3.03	2.15	6.5	24.1	
6	5508	400	12.2	76.4	B	3	0.69	0.69	52.7	3.03	17.1	51	104	
7	5508	400	12.2	76.4	E				30				30	
总和											28.2		730	

注：A 为集气罩，B 为 $90°$ 弯头，C 为吸入三通，D 为渐扩管，E 为风机进出口管压损，假设此处压损 30Pa，F 为阀门，G 为 $60°$ 弯头。

管道的压力总损失为：$\Delta P=\sum P_i=132+154+51.7+225+24.1+104+30=730(\text{Pa})$。

填料塔中填料层的阻力损失为 2829Pa，除沫器的压力损失为 120Pa，液体再分布器的压力损失为 150Pa。那么系统全部阻力损失为：

$$\Delta P=\sum P_i=730+2829+120+150=3829(\text{Pa})$$

2.2.4.12　烟囱的设计计算

（1）烟囱高度的确定　烟囱可分为砖烟囱、钢筋混凝土烟囱和钢板烟囱等，本设计采用砖烟囱。GB 16297—1996 中对最高排放速率和对应的排放高度都有规定，根据这个规定选取烟囱的几何高度为 20m。

（2）烟囱的进出口内径　烟囱内径的计算公式：

$$D_1=0.0188\sqrt{\frac{V}{\omega}}$$

式中，V 为烟气流量，m^3/s；ω 为烟气速度，$10\sim20\text{m/s}$，此处取 12m/s。

则出口内径：$D_1=0.0188\times\sqrt{\dfrac{5508}{12}}=0.4(\text{m})$。

即烟囱出口内径 $D_1=0.4\text{m}$，$H=20\text{m}$，坡度选 $i=0.02$；取顶角为 30°，根据烟囱进口内径公式 $D_2=D_1+2iH$，烟囱进口内径：$D_2=0.4+2\times0.02\times20=1.2(\text{m})$。

（3）烟囱抽力的计算　烟囱高度（H）与抽力（S）之间的关系：

$$S=H\left(\rho_k^0\frac{273}{273+t_k}-\rho_y^0\frac{273}{273+t_{pj}}\right)$$

式中，S 为烟囱抽力，Pa；H 为烟囱高度，m；ρ_k^0，ρ_y^0 为标准状态下烟气和空气密度，其中 $\rho_k^0=1.297\text{kg/m}^3$，$\rho_y^0=1.027\text{kg/m}^3$；$t_k$ 为外界空气温度，℃；t_{pj} 为烟囱内烟气平均温度，℃。

烟囱内烟气平均温度 t_{pj}（℃）：

$$t_{pj}=t'-\frac{1}{2}\Delta t H$$

式中，t' 为烟囱进口处烟气温度；Δt 为烟气在烟囱每米高度的温度降，℃/m。

$$\Delta t=\frac{A}{\sqrt{D}}$$

式中，A 为考虑烟囱种类不同的修正系数，砖烟囱壁厚小于 0.5m 时，取 $A=0.4$；D 为烟囱所负担的蒸发量。

$$D=5508\times1.027/1000=5.7(\text{t/h})。$$

所以

$$\Delta t=\frac{0.4}{\sqrt{5.7}}=0.17(\text{℃/m})$$

$$t_{pj}=100-\frac{1}{2}\times0.17\times20=58.5(\text{℃})$$

$$S=20\times\left(1.297\times\frac{273}{273-6}-1.027\times\frac{273}{273+58.5}\right)=9.3(\text{Pa})$$

2.2.4.13　风机和电机的选择

风机的选择关系到能否使烟囱烟气顺利排出，因此风机的选择是否得当关系到整个设计是否合理。本节根据系统的风量和压损来选择恰当的风机。

（1）风机和电机的选择　系统的总压损为前面所得的压损减去烟囱的抽力，所以总压损为：

$\Delta P = 3829 - 9.3 = 3819.7(\text{Pa})$，系统的总风量为 $5508\text{m}^3/\text{h}$。

选择通风机时要考虑计算错误和整个系统的漏风情况，所以总风量和总风压要乘以安全系数。

选择通风机的风压按下式计算：

$$\Delta P_1 = (1 + K_2)\Delta P\rho_1/\rho$$

式中，ΔP 为管道计算的总压力损失，Pa；K_2 为考虑管道计算误差及系统漏风等因素所采用的安全系数，一般管道取 $K = 0.1 \sim 0.15$，除尘管道取 $K = 0.15 \sim 0.2$，这里取 $K = 0.1$。

代入数据得：$\Delta P_1 = (1 + 0.1) \times 3829 \times 1.297/1.027 = 5319(\text{Pa})$。

选择通风机的风量按下式计算：$Q_1 = (1 + K_1)Q$。

式中，K_1 为考虑系统漏风所附加的安全系数，一般管道取 $K = 0.1$，除尘管道取 $K = 0.1 \sim 0.15$，这里取 $K = 0.1$。

代入数据得：$Q_1 = (1 + 0.1) \times 5508 = 6058.8(\text{m}^3/\text{h})$。

根据所得风量和风压，在《锅炉房实用设计手册》通风机样本上选择风机型号为 9-19NO 10D，它的风压范围为 $557 \sim 5459\text{Pa}$，配套电机为 Y225S-4，功率为 37kW。由于引风机本身作了降低噪声的措施，所以这里不考虑引风机产生的噪声。

（2）风机的校核

所选风机的进口尺寸为 $d = 450\text{mm}$，与连接管道的直径一致。采用渐扩管连接，取渐扩管长度为 130mm，$\alpha = 20°$，再由 $F_2/F_1 = (450/400)^2 = 1.27$，查得阻力系数 $\xi = 0.12$，那么这一处的局部阻力损失为：$\Delta P = 0.12 \times 76.4 = 9.2(\text{Pa})$。

风机出口处的尺寸为 $d = 320\text{mm}$，它要和圆管连接，也要有渐扩管连接，取渐扩管长度为 $l = 200\text{mm}$，$l/d = 200/320 = 0.6$，再由 $F_2/F_1 = (400/320)^2 = 1.56$，查得阻力系数 $\xi = 0.15$。这一处得局部阻力损失为：$\Delta P = 0.15 \times 76.4 = 11.5(\text{Pa})$。

局部阻力损失为：$\Delta P_{L7} = 20.7\text{Pa}$。

沿程阻力损失为：$\Delta P_{m7} = (0.13 + 0.2) \times 3.03 = 11.0(\text{Pa})$。

总阻力损失为：$\Delta P_7 = 21.7\text{Pa}$。

设计风压为 5319Pa，它在所选风机允许的压损范围内，所以选择的风机合理。

（3）电机校核 电机功率校核公式：

$$N_e = \frac{Q_1 \Delta P_1 K}{3.6 \times 10^6 \eta_1 \eta_2}$$

式中，K 为电机备用系数，对于通风机，电动功率为 $2 \sim 5\text{kW}$ 时取 1.2，5kW 时取 1.15，对于引风机取 1.3，这里 $K = 1.3$；η_1 为通风机全压效率，可由通风机样本中查得，一般为 $0.5 \sim 0.7$，这里取 0.5；η_2 为机械传动效率，对于直联传动为 1，联轴器传动为 0.98，皮带传动为 0.95，这里为联轴器传动，所以取 0.98。

代入数据得：$N_e = 6058.8 \times 5319 \times 1.3/(3600 \times 1000 \times 0.5 \times 0.98) = 24(\text{kW})$。

配套电机的功率为 37kW，所以满足需要，所选电机合理。

2.2.5 工艺流程图、设备图设计

2.2.5.1 工艺流程图

工艺流程图纸参见本书 2.1.4 课程设计的图纸要求。流程图 1 张（2# 图纸），见图 2-3。

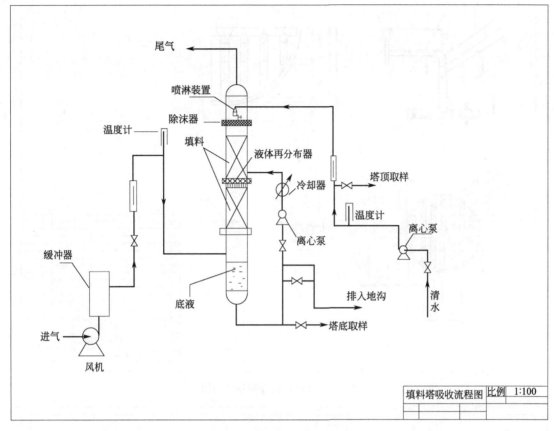

图 2-3　填料塔工艺流程图

2.2.5.2　设备图

设备图纸参见本书 2.1.4 课程设计的图纸要求。设备图 1 张（2$^\#$图纸），参考图 2-4 和图 2-5。

2.2.6　编写设计说明书

课程设计说明书全部采用计算机打印（1.2 万～1.5 万字），图纸可用计算机绘制。说明书应包括以下部分。

① 目录；

② 概述；

③ 设计任务（或设计参数）；

④ 工艺原理及设计方案比选；

⑤ 处理单元设计计算；

⑥ 设备选型；

⑦ 构筑物或主要设备一览表；

⑧ 结论和建议；

⑨ 参考文献；

⑩ 致谢；

⑪ 附图。

其中③～⑥可参考本章中的 2.2.1～2.2.4 节，由于篇幅有限，其余部分学生应根据课

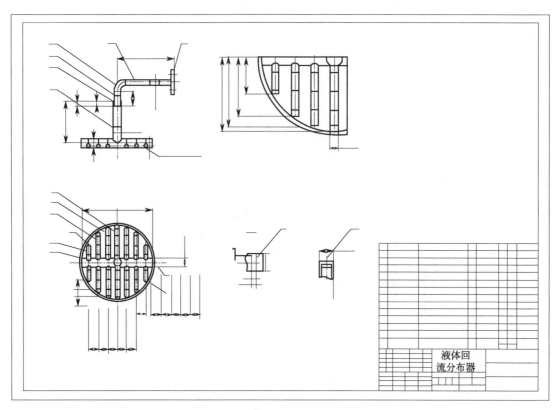

图 2-4　液体回流分布器结构图

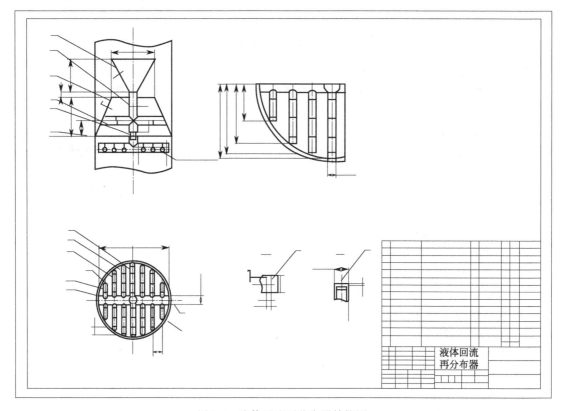

图 2-5　液体回流再分布器结构图

程设计内容和要求进行编写，用语科学规范，详略得当。

处理构筑物、设备一览表应包括名称、型式（型号）、主要尺寸、数量、参数等；图纸为主要构筑物结构图 1～2 张（2#图纸），应包括主图、剖面图，按比例绘制，标出尺寸并附说明。图签应规范。

参考文献按标准要求编写，不少于 10 篇。

2.3 案 例 二

2.3.1 设计任务书

2.3.1.1 课程设计题目

某化工厂采暖锅炉烟气除尘系统设计。

2.3.1.2 课程设计的任务

本次设计的目标是对某化工厂采暖锅炉烟气除尘系统进行设计，其主要内容包括以下几个方面。

① 了解燃煤锅炉的排污特性，确定消烟除尘系统工艺流程，具体包括确定消烟除尘系统主要管道、除尘器、风机、烟囱等的结构及型号；

② 本次设计是在了解燃煤锅炉排污特性的基础上，设计整个消烟除尘系统及其辅助设备，其中主要包括根据锅炉烟气参数来进行消烟除尘系统的设计，计算除尘系统设备的尺寸、压力损失，选择风机；

③ 还包括烟囱高度、烟囱直径等的计算，确定除尘器、风机及烟囱位置；

④ 绘制烟尘治理设施系统图，平、立面布置图等；

⑤ 编写课程设计说明书。

2.3.1.3 设计原始数据

① 锅炉型号、台数：SZL4-13 型，4 台；

② 设计耗煤量：600kg/(h·台)；

③ 排烟温度：160℃；

④ 烟气密度：1.34kg/m³（标准状态下）；

⑤ 过剩空气系数：1.4；

⑥ 烟气中飞灰所占不可燃成分的百分比：16%（质量分数）；

⑦ 烟气在烟囱出口前的阻力：800Pa；

⑧ 冬季环境温度：-2℃；

⑨ 燃煤工业分析结果：C^V 为 68%，H^V 为 4%，O^V 为 5%，S^V 为 1%，N^V 为 1.5%，W^V 为 5.5%，A^V 为 15%，V^V 为 13%。

⑩ 粉尘排放浓度达到二类区标准 200mg/m³。

2.3.1.4 基本要求

① 在设计过程中，培养独立思考、独立工作能力以及严肃认真的工作作风；

② 本课程设计的目的是通过某化工厂燃煤锅炉烟气除尘系统的设计，训练学生对大气污染治理主要设备的设计计算、选型和绘图能力，从而提高学生的工程素质和综合素质；

③ 设计说明书应内容完整，并绘制计算草图，文字通顺、条理清楚、计算准确；

④ 图纸按照标准绘制，图签规范、线条清晰、主次分明、粗细适当、数据标绘完整，并附有一定文字说明。

2.3.1.5 设计进度计划

发题时间	年 月 日
指导教师布置设计任务、熟悉设计要求	0.5 天
准备工作、收集资料及方案比选	1 天
设计计算	1.5 天
整理数据、编写说明书	2 天
绘制图纸	1 天
质疑或答辩	1 天

指导教师：_____　　　　　　　　　　教研室主任：_____

　　　　年　　月　　日　　　　　　　　　　　　　　年　　月　　日

2.3.2 工艺原理

工业锅炉所排放出来的烟尘是造成大气污染的主要污染源之一，由烟炱（黑烟）和灰尘组成。由于它们的发生过程、性质和粒径不同，因此解决的方法也不相同。烟炱的主要成分为碳、氢、氧及其化合物，可以通过改造锅炉、进行合理的燃烧调节，使其在炉膛内燃烧掉的方法解决，同时也降低了排尘的原始浓度；灰尘主要是炭粒和灰分等颗粒物，可以通过加装除尘器的办法解决。

工业锅炉烟气除尘中，所采用的各种各样除尘装置，就是利用不同的作用力（包括重力、惯性力、离心力、扩散、附着力、电力等）以达到将尘粒从烟气中分离和捕集的目的。工业锅炉所采用的各种除尘装置按烟尘从烟气中分离出来的原理，可以分为 4 大类：①机械式除尘器；②电除尘器；③过滤式除尘器；④湿式除尘器。

2.3.3 设计方案的比较和确定

几种除尘器性能比较如下。

（1）机械式除尘器　机械式除尘装置是目前国内使用较普遍的除尘装置，它包括重力沉降室、惯性除尘器、旋风除尘器等。这类除尘装置具有结构简单、制造方便、投资少、运行费用低、管理方便且耐高温等优点。重力沉降室和惯性除尘器的除尘效率一般不高，在 40%～60% 之间，可以作为初级除尘使用。旋风除尘器的除尘效率在 90% 左右，多管式旋风除尘器的除尘效率较高。

① 重力沉降室　重力沉降室是最简易的一种除尘装置，其作用原理是：当含尘烟气进入沉降室后，由于截面积突然扩大，烟气流速迅速降低，烟气利用自身的重力作用，使其自然沉降到底部，从而把烟粒从烟气中分离出来。这种除尘装置一般只能除去 $40\mu m$ 以上的大颗粒尘粒，因此效率较低。重力沉降室的除尘效率与沉降室的结构、烟气中尘粒的大小、尘粒的密度、烟气流速等因素有关。如在沉降室内合理布置挡板、隔墙、喷雾等措施，对提高除尘效率有一定的作用。

② 惯性除尘器　惯性除尘器是利用烟气流动方向发生急剧改变时，由于尘粒受惯性力的作用而将尘粒从气体中分离并捕集下来的一种装置。一般惯性除尘器的气流速度越高，气流方向转变角度越大，转变次数越多，净化效率越高，压力损失也越大。惯性除尘器用于净化密度和粒径较大的金属或矿物性粉尘具有较高除尘效率。对黏结性和纤维性粉尘，则因易堵塞而不宜采用。由于惯性除尘器的净化效率不高，故一般只用于多级除尘中的第一级除尘，捕集 $10～20\mu m$ 以上的粗尘粒。压力损失依型号而定，一般为 $100～1000Pa$。其结构型号多种多样，可分为以气流中粒子冲击挡板捕集较粗粒子的冲击式和通过改变气流流动方向而捕集较细粒子的反向式。

③ 旋风除尘器　旋风除尘器是利用旋转气流产生的离心力使尘粒从气流中分离的装置。广泛应用于工业锅炉的烟气除尘中，其他行业也常用以回收有用的颗粒物，如催化剂、茶叶、面粉、奶粉等。旋风除尘器具有结构简单、投资省、除尘效率高、适应性强、运行操作管理方便等优点，是消除烟尘危害、保护环境的重要设备之一。通常情况下，旋风除尘器能够捕集 $5\mu m$ 以上的尘粒，其除尘效率可达 90% 以上。

旋风除尘器的种类，按进气方式可以分为切向进入式和轴向进入式两类。从气流组织上来分，有回流式、直流式、平旋式和旋流式等多种。国内主要运用的有 XZZ 型旋风除尘器、XZD/G 型旋风除尘器、XND/G 型旋风除尘器、SG 型旋风除尘器等。

（2）电除尘器　电除尘器是含尘气体在通过高压电场进行电离的过程中，使尘粒荷电，并在电场力的作用下使尘粒沉积在集尘器上，将尘粒从含尘气体中分离出来的一种除尘设备。电除尘过程与其他除尘过程的根本区别在于：分离力（主要是静电力）直接作用在粒子上，而不是作用在整个气流上，这就决定了它具有分离粒子耗能小、气流阻力也小的特点。由于作用在粒子上的静电力相对较大，所以即使对亚微米级粒子也能够有效地捕集。

电除尘器的应用较为广泛，其优点主要有：压力损失小，处理烟气量大，能耗低，对细粉尘有很高的捕集效率，可在高温或强腐蚀性气体下操作。但是它的一次性投资较高，占地面积大，制造安装要求高，维护管理技术性强，高浓度时要采用预除尘。

电除尘器本体结构的主要部件有：电极系统、清灰系统、烟道气流分布系统、排尘系统、供电系统等。

电除尘器的类型，按放电极和集尘极在电除尘器中的配置位置可分为单区电除尘器和双区电除尘器。双区电除尘器主要用在通风空气的净化和某些轻工业部门。为了控制各种工艺尾气和燃烧烟气污染，则主要应用单区电除尘器。单区电除尘器的两种主要形式为管式和板式。管式电除尘器用于气体流量小、含雾滴气体，或需要用水洗刷电极的场合。板式电除尘器为工业上应用的主要形式，气体处理量一般为 $25\sim50m^3/s$ 以上。

（3）过滤式除尘器

① 袋式除尘器　袋式除尘器的除尘过程和滤料及粉尘的扩散、惯性碰撞、遮挡（筛分）、重力和静电等因素有关。采用纤维织物作滤料的袋式除尘器，主要用在工业尾气的除尘方面。对捕集小颗粒粉尘的性能较好，除尘效率高，一般可达 99%。广泛应用于水泥、冶金、陶瓷、化工、食品、机械制造等工业和燃煤锅炉的烟尘净化中。但是，对温度较高、湿度较大、带黏性粉尘和有腐蚀性的烟尘不宜使用。

袋式除尘器的滤袋形式有两种，一种是扁形袋，一种是圆形袋。在过滤负荷相同的条件下，扁形袋要比圆形袋占地面积小、结构紧凑。袋式除尘器的进气方式有上进气、下进气、直流式（只适用于扁形袋）。从上、下进风的方式比较，下进风比上进风设计合理、简单、造价也便宜。袋式除尘器的管理方式有外滤式和内滤式。内滤式的优点是可以不停机进入内部检修，也可以不用支撑骨架，但内滤式在清灰期间，滤料易受扭曲损害。袋式除尘器的清灰方式有 3 种，分别是机械振动式、逆气流清灰、脉冲喷吹清灰。实际上多数袋式除尘器是按清灰方式命名和分类的。

② 颗粒层除尘器　颗粒层除尘器是利用颗粒状物料（如硅石、砾石、焦炭等）作填料层的一种内部过滤式除尘装置。其除尘机理与袋式除尘器类似，主要靠惯性、截留及扩散作用等。过滤效率随颗粒层厚度及其上沉积的粉尘层厚度的增加而提高，压力损失也随之增大。

颗粒层除尘器是 20 世纪 70 年代出现的一种除尘装置，能耐高温、耐腐蚀、耐磨损，除尘效率高，维修费用低。但也有其缺点：体积比较大，清灰装置比较复杂，阻力也比较高。

目前，颗粒层除尘器主要用于处理高温含尘气体。

（4）湿式除尘器 湿式除尘器是使含尘气体与液体（一般为水）密切接触，利用水滴和尘粒的惯性碰撞及其他作用捕集尘粒或使粒径增大的装置。湿式除尘器可以有效地将直径为 $0.1\sim20\mu m$ 的液态或固态粒子从气流中除去，同时，也能脱除气态污染物。它具有结构简单、造价低、占地面积小、操作及维修方便和净化效率高等优点，能够处理高温、高湿的气流，将着火、爆炸的可能减至最低，但采用湿式除尘器时要特别注意设备和管道的腐蚀以及污水和污泥的处理问题。湿式除尘器也不利于副产品的回收。如果设备安装在室外，还必须考虑在冬天设备可能结冻的问题。再则，要使去除微细尘粒的效率也较高，则需使液相更好地分散，但能耗增大。

目前，根据湿式除尘器的净化机理，可将其分为 7 类：重力喷雾洗涤器、旋风洗涤器、自激喷雾洗涤器、板式洗涤器、填料洗涤器、文丘里洗涤器、机械诱导喷雾洗涤器。

① 重力喷雾洗涤器 重力喷雾洗涤器是一种最简单的湿式除尘装置，除尘效率低，所以它与其他除尘器串联，作为第一级除尘。根据塔内烟气与液体的流动方向，可以分为顺流、逆流和错流 3 种形式。最常用的是逆流喷雾塔。

喷雾塔中喷雾的水滴大小对除尘效率有很大的影响，一般认为当水滴直径在 $500\sim1000\mu m$ 时，对所有大小粉尘除尘效率都是最高的。雾滴的大小与喷嘴孔径和喷水压力有关，压力越高，雾滴越细小。

喷雾塔具有结构简单、压力损失小、操作稳定的特点，经常与高效洗涤器联用捕集粒径较大的粉尘，一般不作单独除尘用。

② 旋风洗涤器 最简单的旋风洗涤器是在干式旋风分离器内部以环形方式安装一排喷嘴。进水喷嘴也可以安装在旋风洗涤器的入口处，而在出口处通常还需要安装除雾器。旋风洗涤器的另外一种形式是中心喷雾。而在我国应用最广的是旋风水膜除尘器。

旋风洗涤器气体入口速度范围一般为 $15\sim45m/s$，离心洗涤器净化 $5\mu m$ 以下的粉尘是有效的。中心喷雾的旋风洗涤器对于 $0.5\mu m$ 以下的粉尘的捕集效率可达 95％以上。

旋风洗涤器适用于处理烟气量大和含尘浓度高的场合，可以单独采用，也可以安装在文丘里洗涤器之后作为脱水器。

③ 文丘里洗涤器 文丘里洗涤器是一种高效湿式洗涤器，但动力消耗和水量消耗都比较大，常用在高温烟气降温和除尘上。其结构由收缩管、喉管和扩散管组成。主要工作原理是惯性碰撞。

文丘里洗涤器往往和立式旋风水膜除尘器相配套，可以得到最佳的组合效果，它们的除尘总效率可以达到 98％左右。

④ 自激喷雾洗涤器 自激喷雾洗涤器是一种效率较高的洗涤器，这种洗涤器没有喷嘴，也没有很窄的缝隙，因此不易堵塞，是一种常用的湿式除尘器。

自激喷雾洗涤器是靠含尘气流自身直接冲击水面而激起的浪花与水雾来达到除尘目的的。该洗涤器随水位的增高、气流速度的增大，效率也会提高，但此时的阻力损失也增加。不过该洗涤器的耗水量少，其水气比为 $134kg/1000m^3$。

⑤ 板式洗涤器 板式洗涤器的结构主要由布满小孔的筛板、淋水管、挡水板、水封排污阀及进出口组成。该除尘器结构简单、投资少、效率高，可以用水泥制造外壳，节约钢材，能够耐腐蚀。缺点是耗水量大，筛板易于堵塞。

表 2-4 除尘器规格及性能参数

除尘器名称	除尘粒径/μm	效率/%	阻力/Pa	气速/(m/s)	设备费	运行费
重力沉降器	≥100	<50	50~130	1.5~2	低	很低
惯性除尘器	≥40	50~70	300~800	15~20	低	很低
旋风除尘器	≥5~20	70~90	800~1500	10~15	低	低
冲击式除尘器	≥5	95	1000~1600		低	中
文丘里除尘器	≥0.5~1	90~98	4000~10000		低	高
电除尘器	≥0.01~0.1	90~99	50~130	0.8~1.5	低	中
袋式除尘器	≥0.1	95~99	1000~1500	1.01~0.3	低	较高

根据表 2-4 性能比较，本设计拟对 4 台锅炉进行烟气除尘，每台锅炉的蒸发量为 4t/h，属于小型锅炉。为节省费用，并达到除尘率为 91.42%，因此考虑最适用的机械除尘器中的旋风除尘器。

2.3.4 处理单元的设计计算

2.3.4.1 烟气量、烟尘浓度及除尘效率的计算

（1）理论空气量的计算

碳的燃烧：
$$C + O_2 == CO_2$$
每千克碳完全燃烧需 1.866m³ 氧气，并产生 1.866m³ 二氧化碳。

氢的燃烧：
$$H_2 + O_2 == H_2O$$
每千克氢完全燃烧需 5.55m³ 氧气，并产生 11.1m³ 水蒸气。

硫的燃烧：
$$S + O_2 == SO_2$$
每千克硫完全燃烧需 0.7m³ 氧气，并产生 0.7m³ 二氧化硫。

每千克应用燃料中元素质量分别为：$C^V = 68\%$，$H^y = 4\%$，$S^y = 1\%$，$O^y = 5\%$。

1 千克燃料中所含 $O^y = 7.50\%$，相当于 $0.7O^y$ m³/kg。

所以燃料完全燃烧时，外部供氧理论量为：
$$V_{O_2}^k = 1.866C^y + 0.7S^y + 5.55H^y - 0.7O^y = 1.46288 (m^3/kg)$$

则 1 千克燃料完全燃烧所需空气量为：
$$V_k^o = \frac{1}{0.21}V_k^o = \frac{1.46288}{0.21} = 7.0 (m^3/kg)$$

CO_2 的理论体积：$V_{CO_2} = 1.866C^y = 1.27 (m^3/kg)$。

SO_2 的理论体积：$V_{SO_2} = 0.7S^y = 0.007 (m^3/kg)$。

H_2O 的理论体积：$V_{H_2O} = 0.111H^y + 0.0124W^y + 0.016V_k^o = 0.6311 (m^3/kg)$。

N_2 的理论体积：$V_{N_2} = 0.79V_k^o + 0.008N^y = 5.545 (m^3/kg)$。

所以理论烟气量为：
$$V_y^o = V_{CO_2} + V_{SO_2} + V_{H_2O} + V_{N_2} = 1.27 + 0.007 + 0.6311 + 5.545 = 7.453 (m^3/kg)。$$

实际燃烧过程是在有一定过量空气的条件下进行的，因此烟气的实际体积 V_y 为理论烟气量和过量空气量（包括氧、氮和相应水蒸气）的体积之和，即
$$V_y = V_y^o + 0.21(\alpha-1)V_k^o + 0.79(\alpha-1)V_k^o + 0.0161(\alpha-1)V_k^o$$
$$= V_y^o + 1.0161(\alpha-1)V_k^o$$

其中，α 为过量空气系数，此处取 $\alpha = 1.4$。则
$$V_y = 7.453 + 1.0161 \times (1.4-1) \times 7.0 = 10.298 (m^3/kg)$$

（2）实际烟气量的计算　由于燃煤设计消耗量为 600kg/h，所以 $V_{y1} = 10.298 \times 600 = 6178.8 (m^3/h)$。

又，排气温度为160℃，所以：$V_{y_2} = 6178.8 \times (273+160)/273 = 9800.1(m^3/h) = 2.722$ (m^3/s)。

即在工况下，锅炉实际排烟量为 $2.722m^3/s$。

（3）含尘浓度计算　所提供的燃煤中燃煤量为600kg/h。

又，反应基成分中 $A^y = 15\%$，而排尘因子为16%，燃煤量为600kg/h，查《锅炉大气污染排放标准》（GB 13271—2001）可知，二类区允许排放的烟尘浓度为，$200mg/m^3$，则 $V_w = 600 \times 10^3 \times 15\% \times 16\% \div 6178.8 = 2.33(g/m^3)$。

（4）除尘效率的计算　除尘效率：$\eta = \dfrac{2.33-0.2}{2.33} \times 100\% = 91.42\%$。

本设计的锅炉型号为SZL4-13型，即锅炉为链条炉，其燃烧方式、烟尘粒径百分组成及分级除尘效率如表2-5所示。

表 2-5　烟尘粒径百分组成及分级除尘效率

平均粒径 $d/\mu m$	粒级分布 $f/\%$	分级除尘效率 $\eta_x/\%$
10	7	48
20	15	78
44	25	95
74	38	99
149	57	
>149	43	

故除尘效率为：$\eta = \sum(\eta_x \times f) = 93.35\% > 91.42\%$，能够达到本设计的要求。

2.3.4.2　除尘器的进出口风速的计算

综合各项指标，选用XZZ-Ⅲ-D1000型旋风除尘器，每台锅炉对应一座除尘器。MXZZ型旋风除尘器的相对端面比为4.43，采用了弯路与近直筒形的锥体，设有平板形反射角和倒锥形排气管等结构形式，提高了除尘效率，降低了压力损失，减轻了锥体磨损，用于锅炉的烟气除尘，并可组成双筒、四筒等多种结构形式，其外型尺寸如表2-6所示。

查得除尘器性能指标：风速为14m/s；进口风量为 $11500m^3/h$；设备阻力为800Pa；除尘效率为92%。

表 2-6　XZZ-Ⅲ-D1000型旋风除尘器的外形尺寸　　　　　　　单位：mm

D	D_Y	A	A_1	A_2	H	H_1	H_2	H_3	B	H	B_1	H_1
1000	700	286	399	700	5390	800	3000	1200	620	20	350	150

（1）除尘器进口的烟气流速

$$u_1 = V/S$$

式中，V为烟气流量，m^3/s；S为除尘器进口面积，m^2。

则 $u_1 = V/S = 2.722/(0.286 \times 0.8) = 11.90(m/s)$。

因为烟气经过旋风除尘器后，温度将下降10～15℃，本设计取15℃。由于烟气原始温度为160℃，所以经过旋风除尘器后的温度降为145℃。

（2）除尘器出口的烟气流速

$$V_s = V_n P_n T_s/(T_n P_s)$$

式中，V_n、P_n、T_n为标准状况下的烟气体积、压力、温度；V_s、P_s、T_s为实际状况下的烟气体积、压力、温度。

由于不考虑其压力的变化，$V_s = 6178.8/3600 \times 418/273 = 2.627(m^3/s)$。

所以烟气出口流速为：

$$u_2 = V_s/S = 2.627/(0.62 \times 0.62) = 6.83 (\text{m/s})$$

2.3.4.3　烟气系统阻力的设计计算

在本节中着重计算了从锅炉出口到除尘器进口段和除尘器出口到锅炉进口段的管道大小、尺寸和连接问题，同时也计算了它们和烟囱段的阻力，从而选取合适的风机，以使烟气顺利地排出。

（1）烟囱高度的确定　烟囱可分为砖烟囱、钢筋混凝土烟囱和钢板烟囱。本设计从设计的需要和经济的角度考虑，拟采用砖烟囱，其高度由环境卫生要求来确定。

查《燃煤、燃油锅炉房烟囱最低允许高度》可知：锅炉房装机容量在 $7 \sim 14\text{MW}$，$10 \sim 20\text{t/h}$，烟囱最低允许高度为40m。此设计的装机容量为 $2.8\text{MW/台} \times 4 = 11.2\text{MW}$，$4\text{t/h} \times 4 = 16\text{t/h}$，所以烟囱的高度确定为40m。

（2）烟囱抽力的计算　烟囱高度（H）与抽力（S）之间的关系：

$$S = H \left(\rho_k^0 \frac{273}{273 + t_k} - \rho_y^0 \frac{273}{273 + t_{pj}} \right)$$

式中，S 为烟囱抽力，Pa；H 为烟囱高度，m；ρ_k^0、ρ_y^0 为标准状态下烟气和空气密度，$\rho_k^0 = 1.293\text{kg/m}^3$，$\rho_y^0 = 1.34\text{kg/m}^3$；$t_k$ 为外界空气温度，℃；t_{pj} 为烟囱内烟气平均温度，℃。

烟囱内烟气平均温度 t_{pj}（℃）：

$$t_{pj} = t' - \frac{1}{2} \Delta t H$$

式中，t' 为烟囱进口处烟气温度；Δt 为烟气在烟囱每米高度的温度降，℃/m。

$$\Delta t = \frac{A}{\sqrt{D}}$$

式中，D 为最大负荷下，由一个烟囱负担的锅炉蒸发量之和，t/h，取 $D = 16$；A 为考虑烟囱种类不同的修正系数，砖烟囱壁厚小于0.5m时，取 $A = 0.4$。

所以

$$\Delta t = \frac{0.4}{\sqrt{16}} = 0.1 (\text{℃/m})$$

$$t_{pj} = 145 - \frac{1}{2} \times 0.1 \times 40 = 143 (\text{℃})$$

所以

$$S = 40 \times \left(1.293 \times \frac{273}{273 - 1} - 1.34 \times \frac{273}{273 + 143} \right) = 16.735 (\text{Pa})$$

（3）烟囱的出口内径计算

$$D_1 = 0.0188 \sqrt{\frac{V}{\omega}}$$

式中，V 为烟气流量，m^3/s；ω 为烟气速度，一般为 $10 \sim 20\text{m/s}$，此处取12m/s。

烟囱出口温度为：$T_c = T - \Delta T \times H = 145 - 0.1 \times 40 = 141 (\text{℃})$。

出口处烟气流量：$V_s = 6178.8 \times 4 \times 414/273 = 37480.19 (\text{m}^3/\text{h})$。

烟气出口内径为 D_1：

$$D_1 = 0.0188 \times \sqrt{\frac{37480.19}{12}} = 1.05 (\text{m})$$

（4）烟囱的进口内径的计算

$$D_2 = D_1 + 2iH$$

式中，i 为烟囱坡度，通常取 0.02～0.03，此处取 0.02。

所以，$D_2 = 1.05 + 2 \times 0.02 \times 40 = 2.65(\text{m})$。

2.3.4.4 除尘系统的阻力损失计算

含尘气体在管道中流动时，会发生含尘气体和管道摩擦而引起的摩擦压力损失，以及含尘气体在经过各种管道附件或遇到某种障碍而引起的局部压力损失。

（1）烟道及风管沿程阻力损失计算　先布置管道，绘制管道布置图，并对管段进行编号，标注长度和风量。管段长度一般按管件间中心线长度计算，不扣除管件（如三通、弯头）本身的长度。

从锅炉出口到除尘器进口段如图 2-6 所示。

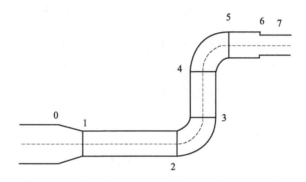

图 2-6　从锅炉出口到除尘器进口段管道示意图

锅炉出口面积：$F_1 = \pi R_1^2 = 3.14 \times 0.3^2 = 0.2826(\text{m}^2)$。

假设烟气进入水平 1～2 段的流速为 12m/s，则其截面积为：

$$F = \frac{v}{u} = \frac{2.722}{12} = 0.2268(\text{m}^2)$$

按圆形截面设计管道，其直径约为 550mm，依据圆形风管统一规格表可知，1～2 段取用直径为 560mm 的圆形风管，其截面积为 F_2：

$$F_2 = \pi R_2^2 = 3.14 \times 0.28^2 = 0.2462(\text{m}^2)$$

则实际流速为：$u = \dfrac{v}{F_2} = \dfrac{2.722}{0.2462} = 11.06(\text{m/s})$。

0～1 段选取角度为 30°，渐缩管的局部阻力系数 $\xi = 0.1$，烟道阻力系数 $\lambda = 0.02$，则水平长度为：

$$\tan 75° \times (0.6/2 - 0.56/2) = 0.075(\text{m})$$

0～1 段的沿程阻力：$P_{0\sim1} = \lambda \times \dfrac{L}{D} \times \dfrac{\rho v^2}{2} = 0.02 \times \dfrac{0.075 \times 2}{0.6 + 0.56} \times \dfrac{0.845 \times 11.06^2}{2} = 0.13(\text{Pa})$

0～1 段的局部阻力：$\qquad \Delta P_j = \xi \times \dfrac{\rho v^2}{2}$

式中，ξ 为局部阻力系数；ρ 为烟气密度，取 0.845kg/m³；v 为烟气流速，m/s。

$$P_{0\sim1} = 0.1 \times \frac{0.845 \times 11.06^2}{2} = 5.17(\text{Pa})$$

1～2 段的阻力：选用长为 3m 的钢管，查表可知钢管烟道阻力系数 $\lambda = 0.02$，则

$$P_{1\sim2}=\lambda\times\frac{L}{D}\times\frac{\rho v^2}{2}=0.02\times\frac{3}{0.56}\times\frac{0.845\times11.06\times11.06}{2}=5.54(\text{Pa})$$

$2\sim3$ 段选取角度为 $90°$，弯管取 $\frac{r}{d}=1.0$，即 $r=0.56\text{m}$，查表可知局部阻力系数 $\xi=0.22$，则

$$P_{2\sim3}=\xi\times\frac{\rho v^2}{2}=0.22\times\frac{0.845\times(11.06)^2}{2}=11.37(\text{Pa})$$

$3\sim4$ 段的阻力：选用长为 3.05m 的钢管，则

$$P_{3\sim4}=\lambda\times\frac{L}{D}\times\frac{\rho v^2}{2}=0.02\times\frac{3.05}{0.56}\times\frac{0.845\times(11.06)^2}{2}=5.63(\text{Pa})$$

$4\sim5$ 段的阻力：选取角度为 $90°$ 弯管，与 $2\sim3$ 段的阻力相同，则

$$P_{4\sim5}=11.37\text{Pa}$$

$5\sim6$ 段的阻力：选用长为 1.0m 的钢管，则

$$P_{5\sim6}=\lambda\times\frac{L}{D}\times\frac{\rho v^2}{2}=0.02\times\frac{1}{0.5}\times\frac{0.845\times(11.06)^2}{2}=2.07(\text{Pa})$$

$6\sim7$ 段的阻力：该段钢管要由圆形变成矩形即要选用天圆，此处 L 取 0.1m，则

$$\tan\frac{\theta}{2}=\frac{(1.13\sqrt{a_1 b_1}-D_2)}{2L}=\frac{(1.13\times\sqrt{0.286\times0.8}-0.56)}{2\times0.1}=-0.097$$

所以 $\theta=-11.12$，即应选用 θ 为 $170°$。

又由于 $\frac{F_3}{F_2}=\frac{0.286\times0.8}{0.2642}=0.87$；查《锅炉及锅炉房设备》可知在烟道中截面的突然变化不大于 15% 时，局部阻力可以忽略不计，故该段管道的阻力为零。且角度较大，其产生的沿程阻力很小，故算作 $5\sim6$ 段内。

（2）除尘器的出口到风机段沿程阻力损失计算　除尘器的出口到风机段示意图如图 2-7 所示。

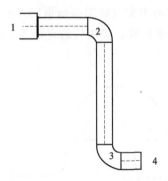

图 2-7　除尘器的出口到风机段管道示意图

$1\sim2$ 段的阻力：$F_4=a\times b=0.62\times0.62=0.3844(\text{m}^2)$

假设烟气进入水平 $1\sim2$ 段的流速为 12m/s，则其截面积为：

$$F=\frac{v}{u}=\frac{2.627}{12}=0.2189(\text{m}^2)$$

按圆形截面设计管道，其直径约为 528mm，依据圆形风管统一规格表可知：

选用直径为 500mm 的圆形钢管，此处的 $L=0.3\text{m}$。

$$F_5=\pi R_5^2=3.14\times0.25^2=0.1963(\text{m}^2)$$

所以实际流速：

$$u = \frac{V}{F} = \frac{2.627}{3.14 \times 0.25^2} = 13.39 \, (\text{m/s})$$

$$\tan \frac{\theta}{2} = \frac{(D_1 - 1.13\sqrt{a_0 b_0})}{2L} = \frac{(0.5 - 1.13 \times \sqrt{0.62 \times 0.62})}{(2 \times 0.3)} = -0.334$$

所以 $\theta = -37°$，即应选用 θ 为 143° 的渐扩管。

又由于 $\dfrac{F_4}{F_5} = \dfrac{0.3844}{0.1963} \approx 2$，查表可知 $\xi = 0.33$。

0~1 段的阻力：$\Delta P_{0\sim1} = \xi \times \dfrac{\rho v^2}{2} = 0.33 \times \dfrac{0.875 \times 6.83^2}{2} = 6.73 \, (\text{Pa})$。

0~1 段产生的沿程阻力算在 1~2 段内。

1~2 段的阻力：此处的 $L = 2\text{m}$。

$$u = \frac{V}{F} = \frac{2.267}{3.14 \times 0.25^2} = 13.39 \, (\text{m/s})$$

$$\Delta P_{1\sim2} = \lambda \times \frac{L}{D} \times \frac{\rho v^2}{2} = 0.02 \times \frac{2}{0.5} \times \frac{0.875 \times 13.39^2}{2} = 6.28 \, (\text{Pa})$$

在 2 处选取角度为 90° 弯管，取 $\dfrac{r}{d} = 1.0$，即 $r = 0.50\text{m}$，查表知 $\xi = 0.22$。

在 2 处的阻力：$P_2 = \xi \times \dfrac{\rho v^2}{2} = 0.22 \times \dfrac{0.875 \times 13.39^2}{2} = 17.26 \, (\text{Pa})$

2~3 段的阻力：此段的管道长度为 $5.85 + 0.8 - 0.1 = 6.55$（m），即风机离地面 0.5m。

$$\Delta P_{2\sim3} = \lambda \times \frac{L}{D} \times \frac{\rho v^2}{2} = 0.02 \times \frac{6.55}{0.5} \times \frac{0.875 \times 13.39^2}{2} = 20.55 \, (\text{Pa})$$

选取角度为 90° 弯管同 2 处的阻力，即 $P_3 = 17.26\text{Pa}$。

3~4 段的阻力：选用长度为 1m 的圆形钢管，此处的 $L = 1\text{m}$。

$$\Delta P_{3\sim4} = \lambda \times \frac{L}{D} \times \frac{\rho v^2}{2} = 0.02 \times \frac{1}{0.5} \times \frac{0.875 \times 13.39^2}{2} = 3.14 \, (\text{Pa})$$

（3）风机出口到烟囱段的阻力损失（采用砖烟道圆形断面） 风机出口到砖烟道的立面图如图 2-8 所示。风机出口采用渐扩管，扩展后的直径为 500mm，后经弯管进入砖烟道。

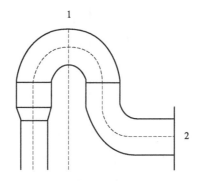

图 2-8　风机出口到砖烟道的管道示意图

在 2 处的阻力：

$$u = \frac{V}{F} = \frac{2.267}{3.14 \times 0.25^2} = 13.39 \, (\text{m/s})$$

其中 2 处选取角度为 90° 弯管，取 $\dfrac{r}{d} = 1.0$，即 $r = 0.50\text{m}$，查表知 $\xi = 0.22$。

$$P_2 = \xi \times \frac{\rho v^2}{2} = 0.22 \times \frac{0.875 \times 13.39^2}{2} = 17.26 (\text{Pa})$$

1～2段的阻力：此处的$L=1.2\text{m}$。

$$\Delta P_{1\sim 2} = \lambda \times \frac{L}{D} \times \frac{\rho v^2}{2} = 0.02 \times \frac{1.2}{0.5} \times \frac{0.875 \times 13.39^2}{2} = 3.77 (\text{Pa})$$

（4）烟道到烟囱的阻力损失　烟气经过1后进入砖烟道，砖烟道选取直径为1.5m的砖砌圆形管道，如图2-9所示。

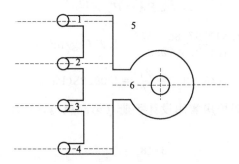

图2-9　烟道到烟囱的构造示意图

在1处的流速：

$$u = \frac{V}{F} = \frac{2.267}{3.14 \times 0.25^2} = 13.39 (\text{m/s})$$

1处的局部阻力：由于$\frac{F_1}{F_6} \approx 0.2$，查表可知$\xi = 1.00$，所以

$$\Delta P_1 = \xi \times \frac{\rho v^2}{2} = 1.00 \times \frac{0.875 \times 13.39^2}{2} = 78.44 (\text{Pa})$$

单个锅炉在砖烟道产生的摩擦阻力计算如下。

烟气流速：

$$u = \frac{V}{F} = \frac{2.267}{3.14 \times 0.6^2} = 2.32 (\text{m/s})$$

5～6段的阻力：

$$\Delta P_{5\sim 6} = \lambda \times \frac{L}{D} \times \frac{\rho v^2}{2} = 0.04 \times \frac{9.99}{1.2} \times \frac{2.627 \times 2.32^2}{2} = 2.35 (\text{Pa})$$

在6处选用直角连接，可知该处的阻力系数$\xi = 1.4$。

$$\Delta P_6 = \xi \times \frac{\rho v^2}{2} = 1.4 \times \frac{0.875 \times 2.32^2}{2} = 3.30 (\text{Pa})$$

2.3.4.5　风机、电机的选择

风机的选择与能否使烟囱烟气顺利排出有关。在本节中，着重从风机的风量和风压两个方面来考虑，通过和前面章节所计算的管道阻力相比较，从而选择恰当的风机。

（1）确定阻力损失　从锅炉到风机前的总阻力损失：

$P_{总} = 800 + 800 + 5.17 + 0.13 + 5.54 + 11.37 + 5.63 + 11.37 + 2.07 + 6.73 + 6.28 + 17.26 + 20.55 + 17.26 + 3.14 + 17.26 + 3.77 + 78.44 + 2.35 + 3.30 = 1817.62 (\text{Pa})$。

烟囱的抽力：$S = 16.735/4 = 4.18$（Pa）（每台风机所承受的抽力）。

所以整个烟气系统的压力损失为：$P_{总} = 1817.62 - 4.18 = 1813.44 (\text{Pa})$，取安全系数

1.2，则 $P'_{总}=1813.44 \times 1.2 = 2176.13(\mathrm{Pa})$。

（2）确定烟气量　已知 $Q=10147.1\mathrm{m^3/h}$，又取安全系数 1.1，则 $Q'=10147.1 \times 1.1 = 11161.81(\mathrm{m^3/h})$。

（3）确定风机型号　现风机运行系统中，温度为 145℃，空气的密度发生了变化，风量不变，所以风压发生了变化，为了根据样本选择风机，应该把实际工况下的风压换算成标准状态下的风压：

$$\Delta P_{总}=P'_{总} \times \frac{\rho_1}{\rho_2}$$

又因为 $\rho=\dfrac{\rho_\mathrm{n} P_\mathrm{s} T_\mathrm{n}}{P_\mathrm{n} T_\mathrm{s}}=\dfrac{1.34 \times 97.86 \times 273}{101.325 \times 293}=1.21(\mathrm{kg/m^3})$，

所以 $\Delta P_{总}=P'_{总} \times \dfrac{\rho_1}{\rho_2}=2176.13 \times \dfrac{1.21}{0.875}=3009.28(\mathrm{Pa})$。

综合各项指标，查《锅炉房实用设计手册（第二版）》，选用 Y5-47-12 型高效低噪离心引风机，参数如下。

全压/Pa	3148
风量/(m³/h)	12121
效率/%	85
内功率/kW	12.47
所需功率/kW	17.06
电机型号	Y160L-2

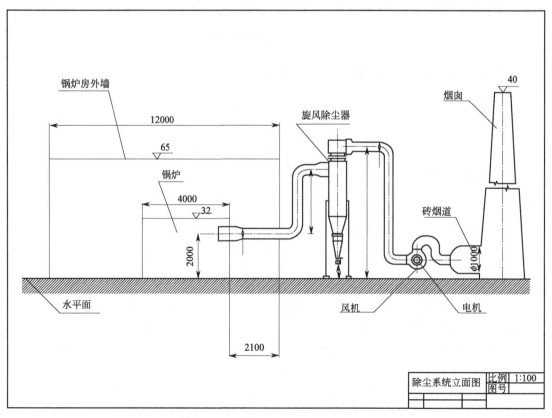

图 2-10　除尘器工艺流程图

滑轮高度/m	55
滑轮代号	7×64×3
电机功率/kW	18.5

2.3.5 工艺流程图与设备图

2.3.5.1 工艺流程图

工艺流程图纸参见本书 2.1.4 课程设计的图纸要求。流程图 1 张（2[#] 图纸），如图 2-10 所示。

2.3.5.2 设备图

设备图纸参见本书 2.1.4 课程设计的图纸要求。设备图 1 张（2[#] 图纸），如图 2-11 所示。

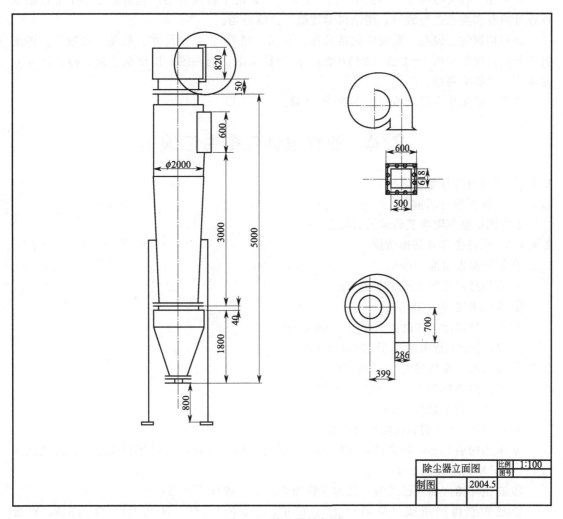

	比例	1:100
除尘器立面图	图号	
制图	2004.5	

图 2-11　除尘器设备图

2.3.6 编写设计说明书和计算书

课程设计说明书全部采用计算机打印（1.2 万～1.5 万字），图纸可用计算机绘制。说明书应包括以下部分。

① 目录；

② 概述；

③ 设计任务（或设计参数）；

④ 工艺原理及设计方案比选；

⑤ 处理单元设计计算；

⑥ 设备选型；

⑦ 构筑物或主要设备一览表；

⑧ 结论和建议；

⑨ 参考文献；

⑩ 致谢；

⑪ 附图。

其中③～⑥可参考本章中的 2.3.1～2.3.5 节，由于篇幅有限，其余部分学生应根据课程设计内容和要求进行编写，用语科学规范，详略得当。

处理构筑物、设备一览表应包括名称、型式（型号）、主要尺寸、数量、参数等；图纸为主要构筑物结构图 1～2 张（2# 图纸），应包括主图、剖面图。按比例绘制、标出尺寸并附说明。图签应规范。

参考文献按标准要求编写，不少于 10 篇。

2.4 课程设计任务书汇编

2.4.1 课程设计任务书之一

2.4.1.1 课程设计名称

燃煤锅炉烟气除尘脱硫装置设计。

2.4.1.2 设计条件和基础数据

① 锅炉蒸发量为 20t/h；

② 水的蒸发热为 2570.89kJ/kg；

③ 烟气密度为 1.3kg/m³；

④ 烟气排放烟尘浓度要求小于 250mg/m³；

⑤ SO_2 排放浓度要求小于 1200mg/m³；

⑥ 煤的低位发热量为 20939kJ/kg；

⑦ 锅炉热效率为 75%，烟尘排放因子为 0.3；

⑧ 空气过剩系数为 1.2；

⑨ 选用 XLP/B 型旋风除尘器除尘；

⑩ 采用内装 80mm 陶瓷拉西环的填料塔进行脱硫，吸收液为石灰石浆液，设液气比为 1.4L/m³，塔内气速为 2.4m/s；

⑪ 在循环槽内加入己二酸，其加入量为 2kg 己二酸/t 石灰石；

⑫ 已知燃煤的组成（质量分数）：C 65.7%，S 1.7%，H 3.2%，O 2.3%，水分 18.1%，灰分 9.0%

2.4.1.3 设计任务（计算书、说明书、图纸）

（1）设计计算书、说明书

① 设计任务；

② 设计资料及原始数据；

③ 计算锅炉燃煤量、烟气排放量及组成；

④ 设计一旋风除尘装置，允许压力损失为 890Pa；

⑤ 在说明书上画出除尘器草图及标注各部位尺寸；

⑥ 设计一脱硫填料塔（计算塔径、填料层高度等）；

⑦ 辅助建筑物一览表（名称、面积、尺寸）；

⑧ 设计说明书后附结论和建议、参考文献、致谢。

（2）设计图纸

① 绘制填料塔流程图 1 张（2#图纸）；

② 绘制旋风除尘设备图 1 张（2#图纸）。

2.4.1.4　设计要求

① 方案选择应论据充分，具有说服力。

② 设计参数选择有根据，合理全面。

③ 计算所选用的公式要有来源依据，计算应有足够的准确性。

④ 图纸应正确表达设计意图，符合制图要求。

⑤ 设计计算说明书应层次清楚，语言简练，书写工整，说明问题。

⑥ 说明书要求打印（1.2 万～1.5 万字），可用计算机绘图。

⑦ 参考文献按标准要求编写，必须在 10 篇以上。

2.4.1.5　计划进度

发题时间	年　月　日
指导教师布置设计任务、熟悉设计要求	0.5 天
准备工作、收集资料及方案比选	1 天
设计计算	1.5 天
整理数据、编写说明书	2 天
绘制图纸	1 天
质疑或答辩	1 天

指导教师：＿＿＿＿＿＿　　　　　　　　　　　教研室主任：＿＿＿＿＿＿

　年　　月　　日　　　　　　　　　　　　　　年　　月　　日

2.4.2　课程设计任务书之二

2.4.2.1　课程设计名称

某铸造厂烘干炉臭气治理工艺设计。

2.4.2.2　设计条件和基础数据

某铸造厂现有两座远红外烘干炉，用于烘干该公司所生产的主要产品：推土机和压路机的型砂。

烘干工序为：烘干炉采用间歇式操作，两座烘干炉每一个平均烘干 3 炉型砂，在加热过程中由恒温控制系统进行自动控制，每加热一炉型砂需要 4h 左右，其排放烟气是间歇性的，一般炉内温度加热到 180℃开始用风机进行排气，大约排放 15min，以后每 30min 进行一次排气。炉内烟气通过安装在炉顶的两排气管（$d=200$mm）引出，没有设置烟囱，烟气直接排入室外环境。

从某铸造厂得来的资料了解到型砂是用 3%～4% 的合脂油和黄沙混合而成的。合脂油的硬化主要是由于羟基酸之间的羟基团起作用并聚合成分子量更大的聚合物。由于合脂油中含有较多的羟基酸中的羟基（—OH）和羧基（—COOH）相互脱水而合成聚合物"交脂"。

加热的作用除了为合脂油的硬化提供环境外，也起到蒸发水分和促进合脂油中稀释剂（煤油）的生成的作用。这就使得在加热的过程中有各种复杂的物质以气体的形式排出。主要有合脂油在缩聚过程中产生的水、有机酸、煤油以及合脂油和黄沙所含杂质在加热过程中所产生的一些易挥发的小分子有机物等。这些物质排入环境产生恶臭污染。

设计工艺参数如下。

系统风量（Q）：800m³/h　　　　　　风量：3807m³/h

烟气温度（T）：88～99℃　　　　　　功率：5.5kW

排风管直径（D）：225mm　　　　　　风机型号：Y132S1-2

2.4.2.3　设计内容与要求

根据设计原始资料，利用所学的大气污染控制工程的有关知识，设计以下内容。

（1）设计说明书

① 分析污染物的组成和特点，合理净化工艺流程；

② 根据选择的净化工艺，确定净化装置的类型；

③ 进行净化装置的设计计算；

④ 完成管道的布置与计算；

⑤ 进行烟囱设计计算；

⑥ 编制设计说明书。

（2）设计图纸

① 绘制净化工艺的平面布置图（2#图纸）；

② 绘制净化工艺的高程图（2#图纸）。

2.4.2.4　设计要求

① 方案选择应论据充分，具有说服力；

② 设计参数选择有根据，合理全面；

③ 计算所选用的公式要有来源依据，计算应有足够的准确性；

④ 图纸应正确表达设计意图，符合制图要求；

⑤ 设计计算说明书应层次清楚，语言简练，书写工整，说明问题；

⑥ 说明书要求打印（1.2万～1.5万字），可用计算机绘图；

⑦ 参考文献按标准要求编写，必须在10篇以上。

2.4.2.5　计划进度

发题时间	年　　月　　日
指导教师布置设计任务、熟悉设计要求	0.5天
准备工作、收集资料及方案比选	1天
设计计算	1.5天
整理数据、编写说明书	2天
绘制图纸	1天
质疑或答辩	1天

指导教师：_____　　　　　　　　　教研室主任：_____

　　年　　月　　日　　　　　　　　　　　　　年　　月　　日

2.4.3　课程设计任务书之三

2.4.3.1　课程设计题目

某冶炼厂烟气除尘系统设计。

2.4.3.2　课程设计的任务

本次设计的目标是对某冶炼厂烟气除尘系统进行设计，其主要内容为袋式除尘设备设计，包括气体流量、过滤气速、总过滤面积、布袋尺寸（长度、直径等）、布袋条数、布袋间距、布袋滤料选择、除尘器长宽高、除尘器压力损失、清灰方式等。

绘制烟尘治理设施系统图，平、立面布置图等。

2.4.3.3　设计原始数据

① 工作条件：温度 393K、压力 101.3kPa；

② 气体流量：10000m³/h；

③ 压力损失：不大于 1200Pa；

④ 气体进口含尘浓度：9g/m³；

⑤ 气体出口含尘浓度：0.05g/m³。

2.4.3.4　基本要求

① 在设计过程中，培养独立思考、独立工作能力以及严肃认真的工作作风。

② 本课程设计的目的是通过某冶炼厂烟气除尘系统设计，训练学生对大气污染治理主要设备的设计计算、选型和绘图能力，从而提高学生的工程素质和综合素质。

③ 设计说明书应内容完整，并绘制计算草图，文字通顺、条理清楚、计算准确。说明书要求打印（1.2 万～1.5 万字）。

④ 图纸按照标准绘制，图签规范、线条清晰、主次分明、粗细适当、数据标绘完整，并附有一定文字说明。

⑤ 参考文献按标准要求编写，必须在 10 篇以上。

2.4.3.5　计划进度

发题时间	年　　　月　　　日
指导教师布置设计任务、熟悉设计要求	0.5 天
准备工作、收集资料及方案比选	1 天
设计计算	1.5 天
整理数据、编写说明书	2 天
绘制图纸	1 天
质疑或答辩	1 天

指导教师：_____　　　　　　　　　　　　教研室主任：_____

　年　　月　　日　　　　　　　　　　　　　　　　年　　月　　日

2.4.4　课程设计任务书之四

2.4.4.1　设计名称

某发电厂烟气中 SO_2 治理设施设计。

2.4.4.2　课程设计的任务

本次设计的目标是对某发电厂烟气中 SO_2 治理设施进行设计，其主要内容包括引风装置的设计、填料塔的设计、管网的布置及阻力计算等，经过净化后的气体达到《大气污染物综合排放标准》（GB 16297—1996）中二类区污染源大气污染物排放限值。

① 主要设备的设计计算；

② 工艺管道计算及风机选择；

③ 绘制治理设施系统图及配管图；

④ 编写课程设计说明书。

2.4.4.3　课题条件

燃煤电厂烟气中主要气态污染物是 SO_2。本设计采用液体吸收法进行净化，即采用 5% $CaCO_3$ 溶液在填料塔中吸收净化 SO_2，标准状态下 SO_2 浓度为 $2500mg/m^3$，排风量为 $V = 0.002m^3/s$（180℃、101.3kPa）。经过净化后的气体达到《大气污染物综合排放标准》（GB 16297—1996）中大气污染物排放限值（$900mg/m^3$）。

2.4.4.4　基本要求

① 在设计过程中，培养独立思考、独立工作能力以及严肃认真的工作作风。

② 本课程设计的目的是通过某化工厂燃煤锅炉烟气除尘系统设计，训练学生对大气污染治理主要设备的设计计算、选型和绘图能力，从而提高学生的工程素质和综合素质。

③ 设计说明书应内容完整，并绘制计算草图，文字通顺、条理清楚、计算准确。

④ 图纸按照标准绘制，图签规范、线条清晰、主次分明、粗细适当、数据标绘完整，并附有一定文字说明。

2.4.4.5　设计进度计划

发题时间	年　　月　　日
指导教师布置设计任务、熟悉设计要求	0.5 天
准备工作、收集资料及方案比选	1 天
设计计算	1.5 天
整理数据、编写说明书	2 天
绘制图纸	1 天
质疑或答辩	1 天

指导教师：_____　　　　　　　　　　　教研室主任：_____

　　年　　月　　日　　　　　　　　　　　　　　年　　月　　日

2.5　课程设计思考题

1. 大气污染物主要有哪几类？主要污染源有哪些？
2. 概述我国大气环境质量标准、大气污染物综合排放标准。
3. 概述我国大气污染控制的主要质量指标。
4. 气态污染物的处理方法有哪些？各根据什么原理？
5. 什么是吸附？吸附剂有哪些要求？
6. 除尘器分为哪几种类型？各根据什么原理？
7. 重力除尘室应设计成什么形状？为什么？
8. 旋风除尘器有哪几种类型？它们的主要区别在哪里？
9. 旋风除尘器排气管直径一般取筒体直径的多少为宜？
10. 旋风除尘器筒体与锥体总高度一般应为筒体直径多少倍？
11. 湿式除尘器有哪几种形式？一般应用在什么地方？
12. 湿式除尘器液滴大小与除尘效率有何关系？如何控制液滴大小？
13. 电除尘器比集尘面积如何计算？除尘器长高比有何要求？
14. 电除尘器清灰方式有哪几种？如何选择清灰方式？
15. 袋式除尘器有哪几种类型？除尘效率一般为多少？
16. 袋式除尘器对压力损失有何要求？如何计算袋式除尘器压力损失？

17. 袋式除尘器采用的滤料有哪几类？如何选择滤料？

18. 袋式除尘器过滤面积如何计算？滤袋之间间距应取多少？

19. 环境领域吸收法净化的气态主要污染物有哪些？与化工领域吸收有哪些主要区别？

20. 何为物理吸收？何为化学吸收？论述化学吸收的主要优点。

21. 吸收塔主要有哪几种类型？主要区别和优缺点是什么？

22. 气体净化对吸收设备有哪些基本要求？论述影响吸收效果的主要因素。

23. 填料有哪些种类？如何选择填料？

24. 填料吸收塔高度如何计算？

25. 吸收塔的吸收剂喷淋方法有哪几类？各自有哪些优缺点？

26. 吸收过程如何防止二次污染？

27. 化学吸收的吸收液解吸方法有哪些？如何选择？

28. 二氧化硫气体吸收的主要吸收剂有哪几类？各有何优缺点？

29. 吸收塔气液进出口如何设置？管径如何计算？

30. 影响吸收效果的主要因素有哪些？

31. 吸附法处理废气的原理是什么？影响吸附的因素有哪些？

32. 吸附设备有哪几种类型？举例说明如何根据实际情况选择吸附器。

33. 固定床吸附器和移动床吸附器各有何优缺点？各自适合哪些场所？

34. 吸附物质如何解吸？影响脱附的因素有哪些？

35. 吸附床穿透时间和保护作用时间如何计算？

36. 工业上主要采用的固体吸附剂有哪些？各有何主要特点？

37. 化工厂常用的废气监测在线仪表有哪些？安装部位如何？

38. 设计废气处理装置时需要收集哪些主要资料？

参 考 文 献

[1] 毛健雄，毛健金，赵树民. 煤的清洁燃烧. 北京：科学出版社，1998.
[2] 航天工业部第七设计研究院. 工业锅炉房设计手册. 北京：中国建筑工业出版社，1986.
[3] 吴忠标. 大气污染控制工程. 北京：科学出版社，2002.
[4] 蒲恩奇. 大气污染治理工程. 北京：高等教育出版社，1999.
[5] 周珂. 环境法. 北京：中国人民大学出版社，2000.
[6] 金瑞林. 环境法学. 北京：北京大学出版社，2002.
[7] 童志权. 工业废气净化与利用. 北京：化学工业出版社，2001.
[8] 刘天齐. 三废处理工程技术手册·废气卷. 北京：化学工业出版社，1999.
[9] 宋学周. 废水废气固体废物专项治理与综合利用实务全书·中卷. 北京：中国科学技术出版社，2000.
[10] 钟秦. 燃煤烟气脱硫脱硝技术及工业实例. 北京：化学工业出版社，2002.
[11] 郝吉明，马广大. 大气污染控制工程. 北京：高等教育出版社，2000.
[12] 魏先勋. 环境工程设计手册. 长沙：湖南科学技术出版社，2002.
[13] 匡国柱，史启才. 化工单元过程及设备课程设计. 北京：化学工业出版社，2001.
[14] 魏先勋. 环境工程设计手册. 长沙：湖南科学技术出版社，2002.
[15] 金国淼. 除尘设备. 北京：化学工业出版社，2002.

3 水污染控制工程课程设计及案例

3.1 水污染控制工程课程设计的目的、意义和要求

3.1.1 课程设计的目的和意义

水污染控制工程课程设计是环境工程专业学生在完成教学计划规定的《水污染控制工程》课程后，所必须进行的重要实践教学环节，在教学中起着承上启下的作用，是连接基础知识、基本理论学习和生产实际的纽带和桥梁，是培养学生综合运用所学知识和技能，独立分析和解决具有一定复杂程度的工程实际问题能力的有效手段。

水污染控制工程课程设计的合理设置，有利于推进教育部"卓越工程师培养计划"，对于提高学生综合专业素养具有十分重要的意义。

课程设计的目的在于以下几个方面。

① 通过课程设计，使学生在掌握了水污染控制工程的基本原理、基本理论和设计方法后，有针对性地进行模拟设计，从更深层次地理解、掌握书本知识，增强实际动手能力。

② 通过课程设计，使学生掌握水处理工艺方案的选择，熟悉可靠、成熟的处理工艺技术，了解水污染控制的前沿技术。

③ 便于学生了解、理解和掌握有关工程设计的基本知识，熟悉设计过程，掌握设计参数的选取、设备选型方法。

④ 通过课程设计，训练学生的设计基本技能，例如，设计计算、绘图、查阅资料和手册、运用标准和技术规范。

⑤ 通过课程设计，使学生掌握平面布置图、高程图及主要构筑物的绘制方法，掌握设计说明书的写作规范。

⑥ 通过课程设计，使学生掌握厂址选择、总平面布置的原则。

⑦ 引导学生发挥其主观能动性和创造性，独立完成所规定的课程设计任务，锻炼和提高学生分析及解决工程问题的能力。

⑧ 通过课程设计，为培养具有现代化工程实践能力和创新能力的高层次、高素质的工程技术人才奠定基础。

3.1.2 课程设计的选题

① 水污染控制工程课程设计的深度、广度和难度要适中，遵循教学大纲要求，既要有利于贯彻因材施教的原则，又要能使学生在计划时间内完成规定的任务，实现课程设计的目的。

② 课程设计的选题应尽量覆盖水污染控制工程教学的主要内容，能使学生得到较全面的综合训练，通常应包含对废水水质的分析，确定采取的处理方法；根据水量以及对出水水质的要求，确定设计参数以及设备选型。

③ 课程设计的选题应尽可能有实用背景，具有一定的典型性、综合性，反映废水处理技术的新水平，例如，对典型高浓度有机废水的治理，含盐废水的治理等。对模拟性质的"题目"应每年更新。注意选题内容的先进性、综合性、实践性，应适合实践教学和启发创新，

选题内容不应太简单，难度要适中，成果宜具有相对完整功能。

　　④ 课程设计题目由指导教师拟定，并经基层教学单位审定。鼓励学生自主拟题，但必须报基层教学单位审批，同意后方可执行。课程设计的课题应在设计前一周提前公布，以便学生有充分的设计准备时间。

3.1.3　课程设计说明书和计算书的编写

　　水污染控制工程课程设计说明书的结构、格式、装订等，要求按照本书"1.3.2 课程设计的成果要求"章节中内容完成。

3.1.3.1　说明书编写前期的准备工作

　　课程设计说明书编写前，需要进行资料的收集工作，主要包括以下内容。

　　(1) 有关明确设计任务的资料

　　① 设计任务来源；

　　② 设计范围和项目；

　　③ 企业、工厂或城市的现状及发展规划；

　　④ 设计人口、建筑分布状况；

　　⑤ 各种污水的水量、水质及各排放口位置；

　　⑥ 排放特点及造成的危害等。

　　(2) 自然条件资料

　　① 地形图：所在地区的地形图或总体规划图。比例尺为 $1:5000\sim1:25000$。

　　② 水文：河流的历年最高、最低水位及河流流量、流速。

　　③ 水质：污水的水温、pH 值、DO、COD、BOD_5、SS 等。

　　④ 气温：绝对最高、最低气温，年平均气温，逐年平均气温，月平均气温。

　　⑤ 气压：平均气压。

　　⑥ 风情：风向、风速，当地历史最大台风记录。

　　⑦ 降雨量：年最高、最低和平均降雨量或暴雨度公式。

　　⑧ 年平均相对湿度。

　　⑨ 地质：该地区以及污水处理站址的地质钻探资料、地震资料。

　　(3) 工程现状和组织施工方面的资料

　　① 厂区排水现状；

　　② 厂区道路交通、地面、地下建筑现状；

　　③ 厂区各种管线的位置及其标高断面图。

　　原始资料的收集是保证设计质量的重要因素。通常原始资料由建设单位提供，但设计人员不能有依赖思想，应协助建设单位收集资料、核实资料，并对资料加以分析和整理，以便设计过程中综合考虑使用。因此，作为设计人员，在接受设计任务后，应到现场实地勘察，了解地形地貌，并对疑难资料加以核实和补充。

3.1.3.2　说明书的编写

　　说明书编写的主要内容及要求如下。

　　(1) 前言　主要介绍设计任务的来源、设计原则和依据、设计范围和技术标准、该类污水处理的国内外现状，以及选定设计工艺的先进性等。

　　污水处理厂设计的总体原则为以下几点。

　　① 实用性：以解决现实问题为主，坚持为领导决策服务，又为经营管理服务，为生产建设服务。

② 先进性：采用成熟技术，兼顾未来发展趋势，既量力而行，又适当超前，留有发展余地。

③ 可扩展性：系统便于扩展，以保护前期投资有效性和后续投资连续性。

④ 经济性：以节约成本为基本出发点，建立一个运行可靠、满足实际需求的监控系统。

⑤ 易用性：系统操作简便、直观，以利于各个层次人员使用。

⑥ 可靠性：确保系统可靠运行，关键部分应有安全措施。

⑦ 可管理性：系统从设计、器件设备等选型都必须考虑到系统可管理性和可维护性。

⑧ 开放性：采用符合国际标准的产品，保证系统具有开放性特点。

(2) 设计原始资料　略。

(3) 工艺设计方案的比较与选择　当基础资料收集齐全、能满足设计需要时，设计人员根据一些设计原则，结合实际情况具体分析，提出几种不同的方案进行比较选择。

方案拟订：根据企业或所在区的总体规划，提出几种方案，再根据所在单位的污水量、水质、现有排水设施、地形、气候、受纳水体等因素，以一定的处理效率为基点，结合环保要求，确定所采用的处理方法、工艺方案及构筑物型式。

方案比较与选择：方案比较时必须对所提方案在等同标准及深度的基础上进行技术、经济比较。比较时，应列举各个方案的优缺点，尽力使比较上升到定量标准上，用可靠的数据作后盾。

① 技术方面

a. 项目是否符合国家产业政策，能否满足环境保护等各项政策方针要求；

b. 处理工艺技术是否具有先进性、成熟性，能否保证出水稳定达标，技术装备能否满足清洁生产要求；

c. 操作管理上是否方便，控制系统是否先进；

d. 布局是否合理，用地是否符合开发区的土地利用规划及总体规划；

e. 地形、地质、方位是否有利于施工；

f. 是否具有改扩建的可能性。

② 经济方面

a. 基建投资和年经营管理费用比较；

b. 土石方量及占地面积比较（在充分考虑必要条件之后）；

c. 三材的经济比较；

d. 劳动力的比较；

e. 动力设备及动力耗费比较。

③ 方案选择：经以上两个方面的比较，综合考虑其他条件，经多方权衡确定出最佳方案。

④ 工程内容：污水处理厂（站）总体布置及主要处理构筑物型式、设计数据取用、结构尺寸、材料及主要设备的数量。

⑤ 可以针对本设计过程，发表自己的看法或对设计本身提出自己的改进方法。

3.1.3.3　计算书的编写

在水污染控制工程课程设计中，计算书也是说明书中的一部分，其编写过程包括以下几个步骤。

(1) 水质、水量分析

① 根据建设单位提供的设计资料和设计要求确定污水处理程度（虽然设计书已给出，

但希望进一步翻阅资料作进一步论证）。

② 由原始资料确定污水处理站规模和污水处理站设计流量。

③ 分析污水水质特性、污水的可生化性、主要去除目标、污水低温适应性以及污水处理标准等。

（2）确定污水处理方法

① 根据处理程度及其他因素，确定污水处理方法。

② 画出通过比较后所得的工艺流程示意图。

（3）污水处理设施的设计计算 各单元处理构筑物的设计计算，要求首先列出其所需参数的取值，再根据有关规定计算污水处理构筑物或设施的主要工艺尺寸，并列出所采用的全部计算公式和相应计算草图。其中设计规定如下。

① 根据设计区域的排水制度，若为分流制，污水流量总变化系数取 1.4。

② 处理构筑物流量：曝气池之前，各种构筑物按最大日最大时流量设计；曝气池之后（包括曝气池），构筑物按平均日平均时流量设计。

③ 处理设备设计流量：各种设备选型计算时，按最大日最大时流量设计。

④ 管渠设计流量：按最大日最大时流量设计。

⑤ 各处理构筑物不应小于 2 组（格或座），且按并联设计。

⑥ 各处理构筑物形式自定，设计参数参见教材、室外排水设计规范及设计手册等资料。

（4）污水处理厂高程的设计计算 污水处理厂的水流依靠重力流动，以减少运行费用。为此，必须精确计算其水头损失（初步设计或扩初设计时，精度要求可较低）。水头损失包括以下几种。

① 水流流过各处理构筑物的水头损失，包括从进池到出池的所有水头损失在内，可参考教材列表中水头损失估算。

② 水流流过连接前后两构筑物的管道（包括配水设备）的水头损失，包括沿程与局部水头损失。

③ 水流流过量水设备的水头损失。

水力计算时，应选择一条距离最长、水头损失最大的流程进行计算，并应适当留有余地，以使实际运行时能有一定的灵活性。

计算水头损失时，一般应以近期最大流量（或泵的最大出水量）作为构筑物和管渠的设计流量，计算涉及远期流量的管渠和设备时，应以远期最大流量为设计流量，并酌加扩建时的备用水头。

设置终点泵站的污水处理厂，水力计算常以接受处理后污水水体的最高水位作为起点，逆污水处理流程向上倒推计算，以使处理后污水在洪水季节也能自流排出，而水泵需要的扬程则较小，运行费用也较低。但同时应考虑到构筑物的挖土深度不宜过大，以免土建投资过大和增加施工上的困难。还应考虑到因维修等原因需将池水放空而在高程上提出的要求。

在作高程计算时还应注意污水流程与污泥流程的配合，尽量减少需抽升的污泥量。污泥干化场、污泥浓缩池（湿污泥池）、消化池等构筑物高程的决定，应注意它们的污泥水自动排入污水干管或其他构筑物的可能性。

3.1.4 课程设计的图纸要求

3.1.4.1 污水处理厂（站）总平面图

① 总平面布置原则参考教材污水处理厂设计篇章，应按初步设计深度要求完成，重点考虑厂区功能区划，处理构筑物布置、构筑物之间、构筑物与管渠之间、附属建筑物、道

路、绿化地带及厂区界限等的关系。充分利用地形，使挖、填土方量平衡，并考虑扩建可能性，留有适当的扩建余地。

　　总平面布置应紧凑，以减少占地和连接管长度，但构筑物之间应保持一定的间距，一般5～10m，特殊要求如消化池、贮气柜在20m左右。

　　② 厂区平面布置时，各构筑物之间的连接管渠应简单、短捷，避免迂回交叉，除处理工艺管道之外，还应有空气管、自来水管与超越管，管道之间及其与构筑物、道路之间应有适当间距，以细线绘出坐标网和道路，以粗线绘出各种管道线，并注明主管管径。

　　③ 辅助建筑物的位置应按方便、安全原则确定。污水处理厂（站）厂区内应适当规划机房（水泵、风机、剩余污泥、回流污泥、变配电用房）、办公（行政、技术、中控用房）、机修及仓库等辅助建筑，如鼓风机房应靠近曝气池，回流污泥泵房应靠近二次沉淀池。变电所应靠近耗电量大的构筑物。要求标出各种处理构筑物和辅助构筑物的高程。

　　④ 污泥处理按污泥来源及性质确定，本课程设计仅根据所选方案在流程图中画出污泥处理流程，不作设计计算。污泥处理部分场地面积预留。

　　⑤ 污水处理厂（站）厂区主要车行道宽6～8m，次要车行道3～4m，一般人行道1～3m，道路两旁应留出绿化带及适当间距。

　　⑥ 厂区总面积自定，图面参考《给水排水制图标准》（GB/T 50106—2001），重点表达构（建）筑物外形及其连接管渠，内部构造不表达，各构筑物之间要设有必要的超越管线及全站总事故排出管。

　　⑦ 总平面图上必须标明构（建）筑物一览表［说明各构（建）筑物的名称、数量及主要外形尺寸］、图例、主要设备和材料一览表、主要技术指标一览表等。

　　⑧ 总平面图上必须标明风向玫瑰图（画于图的右上方）以及坐标，表明主要构筑物的位置、尺寸，并附比例尺。

　　绘制总平面图，比例尺为1∶200～1∶1000，常用1∶500。

3.1.4.2　污水处理厂（站）流程图

　　① 高程布置的任务：确定各处理构筑物和泵房的标高，确定连接管渠尺寸标高，确定各部位的水面标高。

　　② 高程布置的原则：污水处理流程在各构筑物之间靠重力自流。相邻两构筑物之间的高差即为流程中水头损失。

　　③ 高程布置结果：绘制污水与污泥纵断面或流程图，比例为横向与平面布置相同，纵向为1∶50～1∶100。

　　④ 标高或高程表示方法：见本书第1章图1-3工程制图的基本规定中关于标高的注法。污水处理厂（站）流程图上应绘出处理构筑物或设备的名称、位号、图例、说明等。

3.1.5　课程设计步骤和参考资料

3.1.5.1　课程设计的一般步骤

　　① 明确设计任务及基础资料，复习有关污水处理的知识和设计计算方法。

　　② 方案比较与选择，分析污水处理工艺流程和污水处理构筑物的选型。

　　③ 确定各处理构筑物的流量。

　　④ 初步计算各处理构筑物的占地面积，并由此规划污水处理厂的平面布置和高程布置，以便考虑构筑物的形状、安设位置、相互关系及主要尺寸。

　　⑤ 进行各处理构筑物的设计计算。

　　⑥ 确定辅助构（建）筑物、附属建筑物数量及面积。

⑦ 进行污水处理厂的平面布置和高程布置。

⑧ 设计图纸绘制。

⑨ 设计计算说明书校核整理。

3.1.5.2　课程设计的主要参考资料

[1] 高廷耀、顾国维. 水污染控制工程（上、下册）. 第 3 版. 北京：高等教育出版社，2008.

[2] 曾科等. 污水处理厂设计与运行. 北京：化学工业出版社.

[3] 《给水排水制图标准》GB J106—87. 中华人民共和国国家标准.

[4] 《建筑给水排水设计规范》GB J15—88. 中华人民共和国国家标准.

[5] 北京市环境保护科学研究院等. 三废处理工程技术手册：废水卷. 北京：化学工业出版社，2000.

[6] 孙力平. 污水处理新工艺与设计计算实例. 北京：科学出版社，2001.

[7] 《室外排水设计规范》GB 50014—2006. 中华人民共和国国家标准.

3.2　案　例　一

3.2.1　设计任务书

3.2.1.1　课程名称

江南某城市污水 $50 \times 10^4 \, \text{m}^3/\text{d}$ A/O 处理工艺方案（初步）设计。

3.2.1.2　基础资料

（1）污水进水水量、水质　污水处理量：$50 \times 10^4 \, \text{m}^3/\text{d}$，$K=1.4$。

进水水质：$COD_{Cr}=350 \, \text{mg/L}$，$BOD_5=200 \, \text{mg/L}$，$SS=250 \, \text{mg/L}$，$NH_3\text{-}N=30 \, \text{mg/L}$，$TP=4.5 \, \text{mg/L}$，$pH=6.0 \sim 7.0$。

（2）出水水质要求　污水经过二级处理后应符合以下具体要求：$COD_{Cr} \leqslant 60 \, \text{mg/L}$，$BOD_5 \leqslant 20 \, \text{mg/L}$，$SS \leqslant 20 \, \text{mg/L}$，$NH_3\text{-}N \leqslant 15 \, \text{mg/L}$，$TP \leqslant 0.5 \, \text{mg/L}$。

（3）处理工艺流程（建议）　污水拟采用 A/O 工艺处理，具体流程如图 3-1 所示。

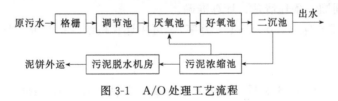

图 3-1　A/O 处理工艺流程

（4）厂址及场地现状　污水处理厂地势平坦，自南向北逐渐升高，地面标高 60.00m，地面坡度为 5‰。本次设计考虑远期发展。

场地坐标：X　0.00　860.00　0.00　860.00

　　　　　Y　0.00　0.00　580.00　580.00

来水方位：X 350.00，Y 50.00。

管内底标高：57.00m，管径 $D=1000\text{mm}$，充满度 $h/D=0.6$。

（5）污水排水接纳河流资料　接纳水体：位于场区西边，最高洪水位（50 年一遇）56.08m。

（6）气象资料　该市地处内陆中纬度地带，属大陆性季风气候。年平均气温为 24℃；夏季主导风为东南风；历年平均降水量为 1520mm；历年平均相对湿度为 81%。

3.2.1.3 课程设计的任务

江南某城市拟新建一座二级污水处理厂,要求学生们根据所学专业知识提出一套切实可行的污水处理工艺方案,并进行比较选择;并对主要处理构筑物的工艺尺寸、主要高程进行设计计算,设计深度应符合初步设计深度要求。

① 依据水质情况,独立完成城市污水处理厂设计方案的制定,确定适宜的工艺流程;

② 主体构筑物、设备的设计计算和选型(格栅、调节池、A/O池、沉淀池、污泥浓缩池等);

③ 确定平面布置和高程布置的方案;

④ 绘制平面布置图和高程图;

⑤ 编写课程设计说明书。

3.2.1.4 课程设计的基本要求

① 在设计过程中,培养独立思考、独立工作能力以及严肃认真的工作作风。

② 课程设计的核心内容要求如下。

a. 方案选择应论据充分,具有说服力,尽量用数据论证;

b. 设计参数选择有根据,合理,全面;

c. 计算所选用的公式依据充分,有参数说明,计算结果必须准确;

d. 说明书中必须列有处理构筑物、设备一览表:名称、型式(型号)、主要尺寸、数量、参数;

e. 图纸应正确表达设计意图,符合设计、制图规范,线条清晰、主次分明、粗细适当、数据标绘完整,并附有一定文字说明。

总平面布置图1张(2#图纸):包括处理构筑物、配水和集水等附属构筑物、污水污泥管渠、回流管渠、放空管、超越管渠、空气管路、厂内给水、污水管线、道路、绿化、图例、构筑物一览表、经济技术指标一览表等。

高程图1张(2#图纸):即污水处理高程纵剖面图,包括构筑物标高、水面标高、地面标高、构筑物名称。

③ 设计说明书格式参见本书"1.3.2课程设计的成果要求"章节,应内容完整、绘制计算草图、文字通顺、条理清楚、计算准确。

④ 说明书要求打印(1.0万~1.5万字),可用计算机绘图;参考文献按标准要求编写,必须在15篇以上。

3.2.2 工艺原理

A/O是Anoxic/Oxic的缩写,也叫厌氧好氧工艺法,A(Anacrobic)是厌氧段,用于脱氮除磷;O(Oxic)是好氧段,用于去除水中的有机物。

污水中的氨氮,在充氧的条件下(O段),被硝化菌硝化为硝态氮,大量硝态氮回流至A段,在厌氧条件下,通过兼性厌氧反硝化菌的作用,以污水中有机物作为电子供体,硝态氮作为电子受体,使硝态氮还原为无污染的氮气,逸入大气从而达到最终脱氮的目的。

硝化反应: $$NH_4^+ + 2O_2 \longrightarrow NO_3^- + 2H^+ + H_2O$$

反硝化反应: $$6NO_3^- + 5CH_3OH(有机物) \longrightarrow 5CO_2 \uparrow + 7H_2O + 6OH^- + 3N_2 \uparrow$$

A段DO不大于0.2mg/L,O段DO=2~4mg/L。在厌氧段,异养菌将污水中的淀粉、纤维、碳水化合物等悬浮污染物和可溶性有机物水解为有机酸,使大分子有机物分解为小分子有机物,不溶性的有机物转化成可溶性有机物,当这些经厌氧水解的产物进入好氧池进行好氧处理时,可提高污水的可生化性及氧的效率;在缺氧段,异养菌将蛋白质、脂肪等污染物进行氨化（有机链上的 N 或氨基酸中的氨基）游离出氨（NH_3、NH_4^+），在充足供氧条件下，自养菌的硝化作用将 NH_3-N（NH_4^+）氧化为 NO_3^-，通过回流控制返回至 A 池，在厌氧条件下，异氧菌的反硝化作用将 NO_3^- 还原为分子态氮（N_2），完成 C、N、O 在生态中的循环，实现污水无害化处理。

3.2.3 设计方案的比较和确定

根据《城市污水处理及污染防治技术政策》（建城〔2000〕124 号），我国城市污水处理厂按照规模一般分为 3 个等级，即 10×10^4 t/d 以下（含 10×10^4 t/d）、$(10 \sim 20) \times 10^4$ t/d（含 20×10^4 t/d）和 20×10^4 t/d 以上。城市污水处理厂采用的工艺基本上包括了世界各国的先进工艺，主要有：活性污泥法、AB 工艺、A /O 工艺、A^2/O 工艺、水解（酸化）、氧化沟、SBR 等污水处理工艺。

3.2.3.1 工艺流程选择的原则

保证出水水质达到要求；处理效果稳定，技术成熟可靠、先进适用；降低基建投资和运行费用，节省电耗；减小占地面积；运行管理方便，运转灵活；污泥需达到稳定；适应当地的具体情况。

3.2.3.2 影响工艺流程选择的因素

（1）技术因素　处理规模；进水水质特性，重点考虑有机物负荷、氮磷含量；出水水质要求，重点考虑对氮磷的要求以及回用要求；各种污染物的去除率；气候等自然条件，北方地区应考虑低温条件下稳定运行；污泥的特性和用途。

（2）技术经济因素　批准的占地面积，征地价格；基建投资；运行成本；自动化水平，操作难易程度，当地运行管理能力。

3.2.3.3 污水处理工艺流程的比较和选择方法

（1）技术的合理性分析　在方案初选时可以采用定性的技术比较，城市污水处理工艺应根据处理规模、水质特性、排放方式、水质要求、受纳水体的环境功能以及当地的用地、气候、经济等实际情况和要求，经全面的技术比较和初步经济比较后优选确定。常用生物处理方法的比较见表 3-1。

表 3-1　常用生物处理方法的比较

比较项目 工艺方法	BOD_5 去除率	N、P 去除率	污泥 负荷	投资	能耗	占地	受纳水体 环境要求	城市 经济
活性污泥法	90%～95%	低	中、低	大	高	大	不严格要求控制 N、P	不发达
AB 工艺	90%～96%	较高	高、中	一般	一般	一般	严格要求控制 N、P	发达
氧化沟	92%～98%	较高	高、中	较小	低	较大	严格要求控制 N、P	发达
A/O 工艺	90%～95%	高	中	一般	一般	大	严格要求控制 N、P	发达
A^2/O 工艺	90%～95%	高	中	一般	一般	大	严格要求控制 N、P	发达
SBR	85%～95%	一般	中、低	小	较低	较小	不严格要求控制 N、P	不发达
CASS	90%～95%	较高	低	一般	一般	较小	不严格要求控制 N、P	不发达
水解-好氧法	90%～95%	一般	高	较小	较低	较小	不严格要求控制 N、P	发达
生物接触氧化法	90%～95%	一般	高、中	一般	较高	较小	不严格要求控制 N、P	发达
高负荷生物滤池	75%～85%	较低	高、中	大	低	较小	不严格要求控制 N、P	发达

① 根据进水有机物负荷选择处理工艺　进水 BOD_5 负荷较高（如＞250mg/L）或可生化性能较差时，可以采用 AB 法或水解-生物接触氧化法、水解-SBR 法等；进水 BOD_5 负荷较低时，可以采用 SBR 法或常规活性污泥法等；进水 BOD_5 负荷一般时，可以采用 A/O 工艺等。本次课程设计由于进水 BOD_5 为 200mg/L，负荷一般，所以建议采用 A/O 工艺。

② 根据处理级别选择处理工艺 二级处理工艺可选用氧化沟法、SBR 法、水解-好氧法、AB 法和生物滤池法等成熟工艺技术，也可选用常规活性污泥法；二级强化处理要求脱氮除磷，工艺流程除可以选用 A/O 工艺、A^2/O 工艺外，也可选用具有脱氮除磷效果的氧化沟、CASS 法和水解-接触氧化法等。

本次课程设计由于要求脱氮除磷，所以建议采用 A/O 工艺。

③ 根据占地面积选择处理工艺 地价贵、用地紧张的地区可采用 SBR 工艺；在有条件的地区，可利用荒地、闲地等，采用各种类型的土地处理和稳定塘等自然净化技术，但在北方寒冷地区不宜采用。本项目由于建设在市郊，土地比较宽广，经济较为发达，因此，建议采用 A/O 工艺。

④ 根据气候条件选择处理工艺 冰冻期长的寒冷地区应选用水下曝气装置，而不宜采用表面曝气；生物处理设施需建在室内时，应采用占地面积小的工艺，如 SBR 等；水解池对水温变化有较好的适应性，在低水温条件下运行稳定，北方寒冷地区可选择水解池作为预处理；较温暖的地区可选择各种 A/O 工艺、A^2/O 工艺、氧化沟和 SBR。本次课程设计在江南某城市，年平均气温 24℃，所以建议采用 A/O 工艺。

⑤ 根据回用要求选择处理工艺 严重缺水地区要求污水回用率较高，应选择 BOD_5 和 SS 去除率高的污水处理工艺，如采用氧化沟工艺等，使 BOD_5 和 SS 均达到 20mg/L 以下甚至更低；如果出水将在相当长的时期内用于农业灌溉，解决缺水问题，则处理目标可以以去除有机物为主，适当保留肥效。

总之，从技术上各项指标来看：A/O 工艺技术先进而成熟，对水质变化适应性强，出水达标且稳定性高，污泥易于处理，脱氮除磷效果较好，因此，污水处理工艺方案的选择是合理的。

（2）技术经济的合理性分析 方案选择比较时需要考虑的主要技术经济指标包括：处理单位水量投资、削减单位污染物投资、处理单位水量电耗和成本、削减单位污染物电耗和成本、占地面积、运行性能可靠性、管理维护难易程度、总体环境效益等。

① 根据基建投资选择处理工艺 为了节省投资，应尽量采用国内成熟的、设备国产化率较高的工艺。污水处理厂的投资一般为 800~1600 元/t，国内资金建设的城市污水处理厂平均投资为 1164 元/t，利用国外贷款建设的城市污水处理厂平均投资为 1517 元/t，利用国外贷款建设的项目比国内资金高约 30%。污水处理设施建设投资宜控制在 1000 元/t 左右。

基建投资较小的处理工艺有水解-SBR 法、SBR 法及其变型、水解-活性污泥法等。用水解池作预处理可以提高对有机物的去除率，并改善后续二级处理构筑物污水的生化性能，可使总的停留时间比常规法少 30%。

氧化沟、A/O 工艺在用于以去除碳源污染物为目的的二级处理时，与各种活性污泥法相比，优势不明显，但用于必须除氮、磷的二级强化处理时，则投资和运行费用明显降低。

② 根据运行费用选择处理工艺 运行费用主要是两大因素：一是提升泵房电耗，一般占运行费用的 20%~30%，主要与出水水位标高、进水管底高程和工艺流程损失有关；二是鼓风机房电耗，一般占运行费用的 50%~60%，主要与进出水 BOD_5 或氨氮等要求有关。

污水处理设施运行费（包括折旧费）宜控制在 0.5 元/t 左右。

③ 易于管理 目前城市污水处理所采用的工艺基本上是基于活性污泥法类型的，因此，曝气设备的选择是运行管理的关键。目前，国内广泛使用的曝气方式可分为机械曝气和鼓风

曝气两种。机械曝气设备主要有表面曝气机、转刷（转碟）曝气机等，在使用上，设备可靠耐用、维护简单，但效率低、动力消耗大；鼓风曝气设备主要有穿孔管、固定式微孔曝气器及可变微孔管等。总的来说，鼓风曝气较机械曝气的充氧效率高、动力消耗低，但维修时需将构筑物中水放空，维护复杂。尤其是近些年广泛采用的效率最高的橡胶膜微孔曝气器，其曝气膜片在污水的侵蚀下很容易损坏，而且在 SS 较高的情况下易堵塞。

④ 定量化经济比较的方法　年成本法：将各方案的基建投资和年经营费用按标准投资收益率，考虑复利因素后，换算成使用年限内每年年末等额偿付的成本——年成本，比较年成本最低者为经济可取的方案。

净现值法：将工程使用整个年限内的收益和成本（包括投资和经营费）按照适当的贴现率折算为基准年的现值，收益与成本现行总值的差额即净现值，净现值大的方案较优。

（3）污水处理工艺流程的多目标决策选择方法　多目标决策是根据模糊决策的概念，采用定性和定量相结合的系统评价法。按工程特点确定评价指标，一般可以采用 5 分制评分，效益最好的为 5 分，最差的为 1 分。同时，按评价指标的重要性进行级差量化处理（加权），分为极重要、很重要、重要、应考虑、意义不大 5 级。取意义不大权重为 1 级，依次按 $2n-1$ 进级，再按加权数算出评价总分，总分最高的为多目标系统的最佳方案。

进行工艺流程选择时，可以先根据污水处理厂的建设规模、进水水质特点和排放所要求的处理程度，排除不适用的处理工艺，然后根据表 3-2 的权重指标进行定量评价。

表 3-2　评价指标项目及权重表（5 分制评分）

序　号	评价指标项目	权重/%	A/O 工艺设计方案得分
1	基建投资	16	0.72
2	年经营费指标	16	0.672
3	占地面积	8	0.36
4	受纳水体的性质及环境功能	10	0.45
5	水质特点和回用要求	8	0.36
6	气候等自然条件	4	0.168
7	工艺流程的成熟程度	18	0.81
8	能源消耗和节能效果	8	0.336
9	工程施工量、难易程度、建设周期	6	0.27
10	运行管理方便	6	0.27
	合计	100	4.416

3.2.3.4　设计方案及工艺流程的确定

根据技术、经济的定性、定量比较，筛选出以下几个可比工艺：氧化沟、SBR、A^2/O 工艺进行优缺点类比。

（1）A^2/O 工艺

① 基本原理　A^2/O 工艺是 Anaerobic-Anoxic-Oxic 的英文缩写，它是厌氧-缺氧-好氧生物脱氮除磷工艺的简称。该工艺处理效率一般能达到：BOD_5 和 SS 均为 90%～95%，总氮为 70% 以上，磷为 90% 左右，一般适用于要求脱氮除磷的大中型城市污水厂。但 A^2/O 工艺的基建费和运行费均高于普通活性污泥法，运行管理要求高，所以对目前我国国情来说，当处理后的污水排入封闭性水体或缓流水体引起富营养化，从而影响给水水源时，才采用该工艺。

② A^2/O 工艺特点　污染物去除效率高，运行稳定，有较好的耐冲击负荷；污泥沉降性能好；厌氧、缺氧、好氧 3 种不同的环境条件和不同种类微生物菌群的有机配合，能同时具有去除有机物、脱氮除磷的功能；脱氮效果受混合液回流比大小的影响，除磷效果则受回流

污泥中夹带 DO 和硝酸态氧的影响，因而脱氮除磷效率不可能很高；在同时脱氮除磷去除有机物的工艺中，该工艺流程最为简单，总的水力停留时间也少于同类其他工艺；厌氧-缺氧-好氧交替运行下，丝状菌不会大量繁殖，SVI 一般小于 100，不会发生污泥膨胀；污泥中磷含量高，一般为 2.5% 以上。

③ A²/O 工艺的缺点　反应池容积比 A/O 脱氮工艺还要大；污泥内回流量大，能耗较高；用于中小型污水厂费用偏高；沼气回收利用经济效益差；污泥渗出液需化学除磷。

（2）氧化沟工艺

① 基本原理　氧化沟（oxidation ditch）是活性污泥法的一种变型。污水和活性污泥在曝气渠道中不断循环流动，水力停留时间长，有机负荷低，本质上属于延时曝气系统。

② 氧化沟工艺特点　工艺流程简单，运行管理方便，不需要初沉池和污泥消化池；运行稳定，处理效果好。氧化沟的 BOD 平均处理水平可达到 95% 左右；由于氧化沟水力停留时间长、泥龄长和循环稀释水量大，因此能承受水量、水质的冲击负荷，对浓度较高的工业废水有较强的适应能力；由于氧化沟泥龄长，一般为 20～30d，污泥在沟内已好氧稳定，所以污泥产量少，从而管理简单，运行费用低；可以脱氮除磷；基建投资省、运行费用低。

③ 氧化沟工艺的缺点　当废水中的碳水化合物较多，N、P 含量不平衡，pH 值偏低，氧化沟中污泥负荷过高，溶解氧浓度不足，排泥不畅等情况发生时易引发丝状菌性污泥膨胀；非丝状菌性污泥膨胀主要发生在废水水温较低而污泥负荷较高时。微生物的负荷高，细菌吸取了大量营养物质，由于温度低，代谢速度较慢，积贮起大量高黏性的多糖类物质，使活性污泥的表面附着水大大增加，SVI 值很高，形成污泥膨胀。

在氧化沟中，为了获得其独特的混合处理效果，混合液必须以一定的流速在沟内循环流动。一般认为，最低流速应为 0.15m/s，不发生沉积的平均流速应达到 0.3～0.5m/s。氧化沟的曝气设备一般为曝气转刷和曝气转盘，转刷的浸没深度为 250～300mm，转盘的浸没深度为 480～530mm。与氧化沟水深（3.0～3.6m）相比，转刷的浸没深度只占了水深的 1/10～1/12，转盘也只占了 1/6～1/7，因此造成氧化沟上部流速较大（约为 0.8～1.2m/s，甚至更大），而底部流速很小（特别是在水深的 2/3 或 3/4 以下，混合液几乎没有流速），致使沟底产生大量积泥（有时积泥厚度达 1.0m），大大减少了氧化沟的有效容积，降低了处理效果，影响了出水水质。

若进水中带有大量油脂，处理系统不能完全有效地将其除去，部分油脂富集于污泥中，经转刷充氧搅拌，产生大量泡沫；泥龄偏长，污泥老化，也易产生泡沫。

当废水中含油量过大时，整个系统泥质变轻，在操作过程中不能很好地控制其在二沉池的停留时间，易造成缺氧，产生腐化污泥上浮；当曝气时间过长时，在池中发生高度硝化作用，使硝酸盐浓度高，在二沉池易发生反硝化作用，产生氮气，使污泥上浮；另外，废水中含油量过大时，污泥可能挟油上浮。

（3）SBR 工艺

① 基本原理　在反应器内预先培养驯化一定量的活性污泥，当废水进入反应器与活性污泥混合接触并有氧存在时，微生物利用废水中的有机物进行新陈代谢，将有机物降解并同时使微生物细胞增殖。其处理过程主要由初期的去除与吸附作用、微生物的代谢作用、絮凝体的形成与絮凝沉淀性能几个净化过程完成。

② SBR 工艺特点　理想的推流过程使生化反应推动力增大，效率提高，池内厌氧、好氧处于交替状态，净化效果好；运行效果稳定，污水在理想的静止状态下沉淀，需要时间

短、效率高，出水水质好；耐冲击负荷，池内有滞留的处理水，对污水有稀释、缓冲作用，有效抵抗水量和有机污物的冲击；工艺过程中的各工序可根据水质、水量进行调整，运行灵活；处理设备少，构造简单，便于操作和维护管理；反应池内存在 DO、BOD_5 浓度梯度，有效控制活性污泥膨胀；SBR 法系统本身也适合于组合式构造方法，利于废水处理厂的扩建和改造；脱氮除磷，适当控制运行方式，实现好氧、缺氧、厌氧状态交替，具有良好的脱氮除磷效果；工艺流程简单、造价低。主体设备只有一个序批式间歇反应器，无二沉池、污泥回流系统，调节池、初沉池也可省略，布置紧凑，占地面积省。

③ SBR 工艺的缺点　容积及设备利用率低（一般小于 50%）；间歇周期运行，对自控要求高；变水位运行，电耗增大；脱氮除磷效率不太高；污泥稳定性不如厌氧硝化好；若发生污泥膨胀，处理困难且难以恢复。

本设计日处理水量 $50 \times 10^4 m^3/d$，污水中含有 COD、BOD、SS 等污染物以及较高浓度的氮、磷污染物，鉴于城市污水经二级处理后对氮、磷污染物指标的达标控制要求，通过以上工艺的比较，结合水量、水质特点，不难看出，A/O 工艺和 A^2/O 工艺能够既满足去除 COD 等有机污染物又能达到脱氮除磷的效果，使出水各项指标稳定达标，但对目前我国国情来说，当处理后的污水排入封闭性水体或缓流水体引起富营养化，从而影响给水水源时，才采用 A^2/O 工艺。因此江南某城市 $50 \times 10^4 m^3/d$ 污水处理工艺推荐采用缺氧/好氧（A/O）的生物脱氮工艺。A/O 工艺具有如下特点。

a. 效率高。该工艺对废水中的有机物、氨氮等均有较好的去除效果。当总停留时间达到一定数值，由生物脱氮后的出水再经过混凝沉淀，可将 COD 值降至 100mg/L 以下，其他指标也达到排放标准，总氮去除率在 70% 以上。

b. 流程简单，投资省，操作费用低。该工艺是以废水中的有机物作为反硝化的碳源，故不需要另加甲醇等昂贵的碳源。尤其是反硝化反应产生的碱度可以补偿好氧池中进行硝化反应对碱度的需求。

c. 缺氧反硝化过程对污染物具有较高的降解效率。如 COD、BOD_5 和 SCN^- 在缺氧段中去除率分别为 67%、38%、59%，酚和有机物的去除率分别为 62% 和 36%，故反硝化反应是最为经济的节能型降解过程。

d. A 段搅拌，只起使污泥悬浮从而避免 DO 增加的作用。O 段的前段采用强曝气，后段减少气量，使内循环液的 DO 含量降低，以保证 A 段的缺氧状态。内循环工艺流程，使污水处理装置不但能达到脱氮的要求，而且其他指标也达到排放标准。

e. A/O 工艺的耐负荷冲击能力强。当进水水质波动较大或污染物浓度较高时，本工艺均能维持正常运行，故操作管理也很简单。

确定的工艺流程如图 3-2 所示。

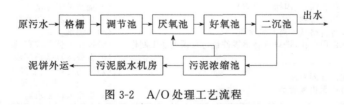

图 3-2　A/O 处理工艺流程

（4）其他工程方案

① 沉淀池类型选择　沉淀池的类型主要有：辐流式、平流式、竖流式 3 种，其优缺点比较见表 3-3。

表 3-3　沉淀池类型的比较

平流式沉淀池	由流入装置、流出装置、沉淀区、缓冲区、污泥区及排泥装置等组成;流入装置由配水槽与挡板组成;流出装置由流出槽与挡板组成,缓冲层的作用是避免已沉淀的污泥被水流搅起以及缓解冲击负荷,污泥区起贮存、浓缩和排泥作用,排泥方式有静水压法、机械排泥法
辐流式沉淀池	池型呈圆形或正方形,直径(边长)6～60m,池周水深 1.5～3.0m,用机械排泥,池底坡度不宜小于0.05,可用作初沉池或二沉池
竖流式沉淀池	池型呈圆形或正方形,为了池内水流分布均匀,池径不宜太大,一般采用 4～7m,沉淀区呈柱形,污泥斗为正方锥形

辐流式沉淀池工艺成熟,适用范围广,故本设计采用辐流式二沉池。

② 污泥处理　污泥处理的工艺流程一般有以下几种。

a. 生污泥→浓缩→硝化→机械脱水→最终处置。

b. 生污泥→浓缩→机械脱水→最终处置。

c. 生污泥→浓缩→硝化→机械脱水→干燥焚烧→最终处置。

d. 生污泥→浓缩→自然干燥→堆肥→农田。

由于该工艺选用 A/O 工艺,污泥量较少,稳定,因此综合比较各处理工艺,确定选用生污泥→浓缩→机械脱水→最终处置工艺。其中浓缩、脱水比较如表 3-4 所示。

表 3-4　污泥浓缩、脱水比较表

项　目	方　案　一	方　案　二
主要构建筑物	(1)污泥贮泥池 (2)浓缩、脱水机房 (3)污泥堆棚	(1)污泥浓缩池 (2)脱水机房 (3)污泥堆棚
主要设备	(1)污泥浓缩脱水机 (2)加药设备	(1)浓缩池刮泥机 (2)脱水机 (3)加药设备
占地面积	小	大
絮凝剂总用量	3.0～4.0kg/(T·DS)	≤3.5kg/(T·DS)
对环境影响	无大的污泥敞开式构筑物,对周围环境影响小	污泥浓缩池露天布置,有气味
总土建费用	小	大
总设备费用	大	小

从表 3-4 可看出,方案一与方案二各有优缺点,本工程污泥处理工艺推荐采用机械浓缩、脱水方案。

目前,污泥机械浓缩、脱水采用最多的有如下 3 种类型:一是带式压滤机;二是板框压滤机;另一种则是卧螺式离心脱水机。3 种类型相比,带式机在国内应用较早,技术较成熟,多用于处理城市污水处理厂的污泥;板框压滤机则结构简单、制造容易、设备紧凑,适用于间歇操作的场合;离心脱水机在国内使用较多,尤其是印染等轻工行业。现将两种污泥脱水方式作如下比较,详见表 3-5。

表 3-5　污泥脱水方式比较

方　法	优　点	缺　点
带式压滤机	(1)泥饼含固率、固体回收率高 (2)对污泥特别适应 (3)设备价格低于离心脱水机 (4)现已国产化,进口机易损零件也可在国内加工制作	(1)进泥波动,导致跑料 (2)加药难于控制适应 (3)只能用高分子絮凝剂 (4)冲洗水量大 (5)操作人员要求高、操作环境较差 (6)设备运行维护较烦
板框压滤机	(1)泥饼含固率高 (2)可用无机絮凝剂	(1)结构复杂、间断操作 (2)占地大,工作人员多 (3)操作人员要求高
离心脱水机	(1)可连续操作 (2)系统封闭,对周围环境影响最小 (3)操作人员劳动强度小 (4)自控程度高 (5)操作环境优越	(1)国产设备有待改进,设备价格稍高 (2)操作人员水平要求不高 (3)耗电量稍大、噪声较大

从表 3-5 可看出，带式压滤机、板框压滤机与离心脱水机各有优缺点，从长远的运行角度以及结合本工程的实际情况来考虑，本工程的污泥机械脱水方式推荐采用国产离心脱水机设备。

3.2.4　处理单元的设计计算

3.2.4.1　格栅的设计

（1）设计基本参数的确定

① 格栅结构形式的确定　格栅的作用：去除废水中粗大的悬浮物和杂物。格栅按栅条的间隙分类为：粗（coarse）格栅（50～100mm）、中（medium）格栅（10～40mm）、细（fine）格栅（2～10mm）；按筛余物清理方式分类为：人工清理（manually cleaned screen）和机械清理（mechanically cleaned screen）。

② 格栅的设计基本参数　栅条断面形状选用迎水面为半圆的矩形，栅前水深 $h=1.0\mathrm{m}$，过栅流速 $v=0.9\mathrm{m/s}$，安装倾角 $\alpha=60°$。粗格栅设计为 4 个格栅并排建立，设计采用栅条宽度 $S=0.01\mathrm{m}$，栅条间隙 $b=60.0\mathrm{mm}$，粗格栅两个格栅之间的间隔为 0.1m。中格栅设计 4 个格栅并排建立，栅条宽度 $S=0.01\mathrm{m}$，栅条间隙 $b=20\mathrm{mm}$，中格栅两个格栅之间的间隔为 0.1m。

设计流量：日平均流量 $Q=50\times10^4\mathrm{m^3/d}=20833.333\mathrm{m^3/h}=5.787\mathrm{m^3/s}$。

日最大流量：$Q_{\max}=K_zQ_d=1.4\times5.787=8.102\ (\mathrm{m^3/s})=29167.2\ (\mathrm{m^3/h})$。

（2）设计计算草图（图 3-3）

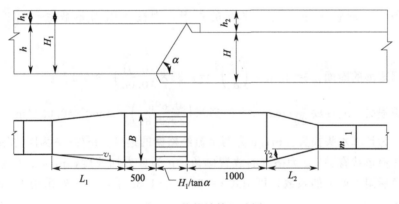

图 3-3　格栅计算尺寸图

（3）粗格栅的设计计算　格栅的截污主要对水泵起保护作用，设计粗格栅 4 个，提升泵选用螺旋泵，格栅栅条间隙为 60mm。

① 栅条间隙数 n　单个格栅的流量：

$$Q'_{\max}=\frac{Q_{\max}}{4}=2.026\ (\mathrm{m^3/s})$$

$$n=\frac{Q'_{\max}\times\sqrt{\sin\alpha}}{bhv}=\frac{2.026\times\sqrt{\sin60°}}{0.06\times1.0\times0.9}\approx34.9\ (取\ 35\ 根)$$

式中，$Q_{\max}$ 为最大设计流量，$\mathrm{m^3/s}$；b 为栅条间距，m；h 为栅前水深，m；α 为格栅倾角，$(°)$；v 为污水流经格栅的速度，$\mathrm{m/s}$。

② 实际过栅流速 v

$$v=\frac{Q'_{\max}\sqrt{\sin\alpha}}{bhn}=\frac{2.026\times\sqrt{\sin60°}}{0.06\times1.0\times35}=0.898\ (\mathrm{m/s})，在\ 0.6\sim1.0\mathrm{m/s}\ 之间，符合要求。$$

式中，n 为栅条间隙数，根。

③ 栅槽宽度 B　设计采用栅条宽度为 10mm，即 $S=0.01$m；

单个格栅的宽度：$B'=S(n-1)+bn=0.01\times(35-1)+0.06\times35=2.44$（m）；

栅槽总宽度：$B=4B'+0.1\times3=4\times2.44+0.3=10.06$（m）。

式中，b 为栅条间距，m；S 为栅条宽度，m。

④ 进水渠道渐宽部位的长度 L_1　根据最优水力断面计算，进水渠道宽 $B_1=9.8$m，取进水渠道渐宽部位的展开角度 $\alpha_1=20°$，则进水渠内的流速：

$$v_1=\frac{Q_{max}}{hB_1}=\frac{8.102}{1.0\times9.8}=0.83 \text{（m/s）}<v=0.9\text{m/s，符合要求。}$$

进水渠道渐宽部分的长度 L_1 为：

$$L_1=\frac{B-B_1}{2\tan\alpha_1}=\frac{10.06-9.8}{2\times0.364}=0.36 \text{（m）}$$

式中，B_1 为进水渠宽，m；α_1 为进水渠道渐宽部位的展开角度，一般 $\alpha_1=20°$；v_1 为进水速度，m/s。

⑤ 格栅的水头损失 h_2

$$h_2=kh_0$$
$$h_0=\xi\frac{v^2}{2g}\sin\alpha$$

选取栅条断面形状为迎水面为半圆的矩形，则栅条阻力系数 $\xi=\beta\left(\dfrac{S}{b}\right)^{\frac{4}{3}}$，其中 β 取 1.83。

对于半圆矩形的断面：$\xi=1.83\times\left(\dfrac{S}{b}\right)^{\frac{4}{3}}=1.83\times\left(\dfrac{0.01}{0.06}\right)^{\frac{4}{3}}\approx0.17$

过栅水头损失：$h_2=k\xi\dfrac{v^2}{2g}\sin\alpha=3\times0.17\times\left(\dfrac{0.898^2}{2\times9.81}\right)\times\sin60°\approx0.02$（m）

式中，h_0 为计算水头损失，m；v 为污水流经格栅的速度，m/s；ξ 为阻力系数，其值与栅条断面的几何形状有关；α 为格栅的放置倾角；g 为重力加速度，m/s^2；k 为考虑到格栅受污染物堵塞后阻力增大的系数，可用式 $k=3.36v-1.32$ 求定，一般采用 $k=3$，城市污水一般取 0.1~0.4m。

⑥ 栅后槽的总高度 H　取栅前渠道超高 $h_1=0.3$m，则有

$$H=h+h_1+h_2=1.0+0.3+0.02=1.32 \text{（m）}$$

式中，h 为栅前水深，m；h_2 为格栅的水头损失，m；h_1 为格栅前渠道超高，一般 $h_1=0.3$m。

⑦ 格栅的总长度 L

$$L=L_1+L_2+1.0+0.5+\frac{H_1}{\tan\alpha}$$
$$=0.36+\frac{0.36}{2}+1.0+0.5+\frac{1.3}{\tan60°}=2.79 \text{（m）}$$

式中，L_1 为进水渠道渐宽部位的长度，m；α 为格栅的放置倾角；L_2 为格栅槽与出水渠道连接处的渐窄部位的长度，一般 $L_2=0.5L_1$；H_1 为格栅前的渠道深度，m。

⑧ 每日栅渣量 W　在格栅间隙为 60mm 的情况下，设栅渣量为每 1000m^3 污水产

0.02m³渣，则

$$W=\frac{86400Q_{max}W_1}{1000K_Z}=\frac{86400\times8.102\times0.02}{1000\times1.4}=10 \text{ （m}^3\text{/d）}$$

式中，W_1 为栅渣量，$m^3/(10^3 m^3$污水)；K_Z 为生活污水总流量变化系数。

$W>0.2 m^3/d$，适用机械除渣。

⑨ 设备选型　根据计算结果，设计选用深圳市新环机械工程设备有限公司 RGS 三索钢丝绳牵引式机械格栅 4 台，其技术参数如表 3-6 所示。

表 3-6　RGS 三索钢丝绳牵引式机械格栅技术参数

型号	格栅宽度	格栅间隙	过流水深	安装倾角	过栅流速	电机功率
RGS	1000~4000mm	15~100mm	1000mm	60o	0.9m/s	1.5kW

（4）中格栅的设计计算　中格栅的设计计算、设备选型参照粗格栅。

3.2.4.2　调节池的设计

（1）设计基本参数的确定

① 调节池类型的确定　废水的流量和污染物的含量是随时间变化的。调节池的作用为缓冲有机物负荷冲击，控制 pH 值，减少对物理、化学处理系统的流量波动，防止高浓度的有毒物质进入生物处理系统，保证生物处理系统连续进水。

调节池包括：均量池，均化水量；均质池，均化水质；均化池，既能均量，又能均质。在设计中采用差流式均化调节池。

② 调节池的设计基本参数　由于污水设计流量较大，为减少调节池个数和占地面积，设计水力停留时间 $t=2h$，有效水深 $h=5m$。

（2）设计计算草图（略）

（3）调节池的设计计算　设计调节池 12 间，4 池为一组。

① 调节池有效容积 V　有效容积：$V=Q_{max}t=29167.2\times2=58334.4$ （m^3）。

式中，Q_{max} 为最大设计流量，m^3/s；t 为调节时间，h。

② 单个调节池水面面积 F

$$F=V/h=58334.4/(5\times12)=972.24 \text{ （m}^2\text{）}$$

式中，h 为有效水深，m。

③ 调节池长度、总高　取池宽 $b=25m$。

池长：$l=\dfrac{F}{b}=\dfrac{972.24}{25}=38.89$ （m），取 40m。

取池超高 $h_1=0.5m$，则池总高 $H=h_1+h=0.5+5=5.5$ （m）。

④ 调节池规格　设计单个调节池的规格为（长×宽×深）40×25×5.5 （m×m×m）。

3.2.4.3　A/O 曝气池的设计

（1）设计基本参数的确定　如无试验资料时，可采用经验数据，见表 3-7。

表 3-7　A/O 法设计参数表

项　目	数　值	项　目	数　值
污泥负荷率 N_S/[kgBOD$_5$/(kgMLSS・d)]	≤0.18	污泥指数 SVI	≤100
TN 污泥负荷/[TN/(kgMLSS・d)]	≤0.05	污泥回流比 R/%	50~100
水力停留时间 HRT/h	A 段≤2；O 段 2.5~6	混合液浓度 MLSS/(mg/L)	3000~5000
污泥龄/d	>10	溶解氧 DO/(mg/L)	A 段趋近于 0；O 段=1~2

根据表 3-7，本次课程设计基本参数的选取和计算如下。

① 污泥负荷：$N_S = 0.18 kgBOD_5/(kgMLSS \cdot d) [N_S > 0.1 kgBOD_5/(kgMLSS \cdot d)]$。

② 污泥指数：$SVI = 100$。

③ 回流污泥浓度 X_r

$$X_r = \frac{10^6}{SVI} \times r = \frac{10^6}{100} \times 1 = 10000 \ (mg/L) = 10 \ (kg/m^3)$$

（注：式中 r 为污泥回流比）

④ 污泥回流比为 $R = 60\%$。

⑤ 曝气池混合污泥浓度 X

$$X = \frac{R}{1+R} \times X_r = \frac{0.6}{1+0.6} \times 10000 = 3750 \ (mg/L)$$

⑥ TN 去除率 η_{TN}

$$\eta_{TN} = \frac{TN_0 - TN_e}{TN_0} = \frac{30-15}{30} = 50\%$$

式中，TN_0 为进入缺氧池污水总氮，mg/L；TN_e 为出水总氮，mg/L。

⑦ 混合液的内回流比 $R_内$

$$R_内 = \frac{\eta_{TN}}{1 - \eta_{TN}} = \frac{0.50}{1 - 0.50} = 100\%$$

⑧ 回流污泥量 Q_r

$$Q_r = RQ = 0.6 \times 50 \times 10^4 = 3 \times 10^5 \ (m^3/d)$$

（2）设计计算草图（见图 3-4）

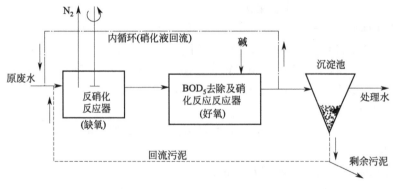

图 3-4 A/O 工艺计算图

（3）A/O 曝气池的设计计算

① 可否采用 A/O 法的判据　$COD/TN = 350/30 = 11.667 > 10$；$BOD/TP = 200/4.5 = 44.4 > 30$，可采用 A/O 法。

② 生化反应池总容积 V

$$V = \frac{Q_{max} S_0}{N_S X} = \frac{50 \times 10^4 \times 1.4 \times 200}{0.18 \times 3750} = 207407.407 \ (m^3)$$

式中，V 为生化反应总容积，m^3；Q_{max} 为平均设计流量，m^3/d；S_0 为生化反应池进水 BOD_5 浓度，kg/m^3；X 为污泥浓度，kg/m^3；N_S 为 BOD_5 污泥负荷，$kgBOD_5/(kgMLSS \cdot d)$。

③ 好氧、厌氧反应容积

$$\frac{V_1}{V_2} = 3 : 1$$

$$V_1 = 155555.4 \text{m}^3 \quad V_2 = 51851.8 \text{m}^3$$

式中，V_1 为好氧段容积，m^3；V_2 为厌氧段容积，m^3。

④ 反应池总有效面积 A　设有效水深 $H_1 = 6.0 \text{m}$，则

$$A = \frac{V}{H_1} = \frac{207407.407}{6.0} = 34567.901 \text{（m}^2\text{）}$$

⑤ 单座反应池有效面积 S　设计 2 组反应池，每组 6 座 A/O 池，则每座面积：

$$A_1 = \frac{A}{n} = \frac{34567.901}{2 \times 6} = 2880.658 \text{（m}^2\text{）}$$

⑥ 水力停留时间 t

$$t = \frac{V}{Q} = 207407.407/29167.2 = 7.11 \text{（h）}$$

式中，t 为水力停留时间，h。

采用 A∶O 段停留时间比为 1∶3，设计 A 段停留时间 $t_1 = 1.8 \text{h}$，O 段停留时间 $t_2 = 5.31 \text{h}$。

⑦ 单座反应池池长 L_1　采用 3 廊道式推流式反应池，单廊道宽 $b = 10 \text{m}$，总宽 $B = 3 \times 10 = 30$（m）。

单组曝气池池长：$L_1 = \dfrac{A_1}{B} = \dfrac{2880.658}{3 \times 10} = 96.022$（m），取 96m。

校核：每廊道宽深比 $\dfrac{b}{H_1} = \dfrac{10}{6.0} \approx 1.7$，在 1~2 之间，符合要求。

反应池总长 $L = 3L_1 = 288$（m），则 $L > (5\sim10)b$，符合要求。

⑧ 剩余污泥量 W

$$W = YQ(S_0 - S_e) - K_d X_v V + 0.5Q(L_0 - L_e)$$

式中，Y 为污泥产率系数，kg/kgBOD_5，一般为 0.5~0.7，取 $Y = 0.55$；K_d 为污泥自身氧化系数，d^{-1}，一般为 0.05；W 为剩余污泥量，kg/d；$S_0 - S_e$ 为生化反应池去除 BOD_5 浓度，kg/m^3；Q 为平均日污水流量，m^3/d；$L_0 - L_e$ 为反应器去除的 SS 浓度，kg/m^3；X_v 为挥发性悬浮固体浓度，kg/m^3，$X_v = 0.7X$。

a. 降解 BOD 生成污泥量 W_1　生化反应池去除 BOD_5 浓度：

$$S_0 - S_e = (200 - 20)(\text{mg/L}) = 0.18 \text{（kg/m}^3\text{）}$$

$$W_1 = YQ(S_0 - S_e) = 0.55 \times 50 \times 10^4 \times 0.18 = 4.95 \times 10^4 \text{（kg/d）}$$

b. 内源呼吸分解泥量 W_2

$$f = \frac{\text{MLVSS}}{\text{MLSS}} = 0.70 \text{（取值范围为 0.5~0.8）}$$

挥发性悬浮固体浓度：$X_v = fX = 0.70 \times 3750 = 2625$（mg/L）。

取污泥自身氧化速率：$K_d = 0.05 \text{d}^{-1}$（0.05~0.1 d^{-1}）。

$$W_2 = K_d X_v V = 0.05 \times 207407.407 \times 2.625 = 27222.222 \text{（kg/d）}$$

c. 不可生物降解和惰性悬浮物量（NVSS）W_3　NVSS 约占 TSS 的 50%，则 A/O 池去除的 SS 浓度：

$$L_0 - L_e = 250 - 20 = 230 \text{（mg/L）} = 0.23 \text{（kg/m}^3\text{）}$$

$$W_3 = 0.5Q(L_0 - L_e) = 0.5 \times 50 \times 10^4 \times 0.23 = 5.75 \times 10^4 \text{（kg/d）}$$

d. 剩余污泥量 W

$$W = W_1 - W_2 + W_3 = 4.95 \times 10^4 - 27222.222 + 5.75 \times 10^4 = 79777.778 \text{（kg/d）}$$

每日生成的剩余活性污泥量：

$$X_w = W_1 - W_2 = 4.95 \times 10^4 - 27222.222 = 22277.778 \ (\text{kg/d})$$

⑨ 湿污泥量 Q_s 污泥含水率 $P = 99.2\% (99.2\% \sim 99.6\%)$，则

$$Q_s = \frac{W}{1000(1-P)} = \frac{79777.778}{1000 \times (1-0.992)} = 9972.222 \ (\text{m}^3/\text{d})$$

式中，Q_s 为湿污泥量，m^3/d；P 为污泥含水率，%。

⑩ 污泥龄 θ_c

$$\theta_c = \frac{VX_v}{X_w} = \frac{207407.407 \times 2.625}{22277.778} = 24.439 \ (\text{d}) > 10\text{d}，符合要求。$$

式中，θ_c 为污泥龄，d。

⑪ 曝气池所需空气量计算

a. 需氧量计算 O_2

$$O_2 = a'QL_r + b'N_r - b'N_D - c'X_w$$
$$= a'Q(L_0 - L_e) + b'[Q(N_{k_0} - N_{k_e}) - 0.12X_w] - b'[Q(N_{k_0} - N_{k_e} - NO_e) - 0.12X_w] \times 0.56 - c'X_w$$
$$= 1 \times 50 \times 10^4 \times \frac{200 - 20}{1000} + 4.6 \times \left(50 \times 10^4 \times \frac{30 - 15}{1000} - 0.12 \times 22277.778\right)$$
$$- 4.6 \times 0.56 \times \left(50 \times 10^4 \times \frac{30 - 15 - 0}{1000} - 0.12 \times 22277.778\right) - 1.42 \times 22277.778$$
$$= 68134.728 \ (\text{kg/d})$$

式中，a' 为活性污泥微生物氧化分解有机物过程的需氧率，即活性污泥微生物每代谢 1kgBOD$_5$ 所需要的氧量，取 1，kgO_2/kg；b' 为活性污泥好氧与厌氧分解氨氮过程的需氧率，取 4.6，kgO_2/kg；c' 为污泥的氧当量系数，完全氧化一个单位的细胞需要 1.42 单位的氧；Q 为日平均污水流量，m^3/d；L_r 为生化反应池去除 BOD$_5$ 浓度，kg/m^3；N_r 为氨氮去除量，kg/m^3；N_D 为硝态氮去除量，kg/m^3；X_w 为剩余活性污泥量，kg/d。

b. 曝气池供气量计算 O_s

$$O_s = K_0 O_2$$
$$K_0 = \frac{C_s}{\alpha(\beta C_{sm} - C_0) \times 1.024^{(T-20)}F}$$

式中，C_s 指 20℃ 水平溶解氧饱和度值，取 9.17，mg/L。

$$C_{sm} = C_{sw}\left(\frac{O_t}{42} + \frac{10 \times P_b}{2.068}\right)$$
$$O_t = \frac{21(1 - E_A)}{79 + 21(1 - E_A)} \times 100 = 17.355$$

空气扩散器出口的绝对压力 P_b 为：

$$P_b = 1.013 \times 10^5 + 9.81 \times 10^3 \times H$$
$$= 1.013 \times 10^5 + 9.81 \times 10^3 \times 6.0$$
$$= 1.602 \times 10^5 \ (\text{Pa})$$

20℃时曝气池混合液中平均溶解氧饱和浓度为：

$$C_{sm} = C_{sw}\left(\frac{O_t}{42} + \frac{P_b}{2.026 \times 10^5}\right) = 9.17 \times \left(\frac{17.355}{42} + \frac{1.602 \times 10^5}{2.026 \times 10^5}\right) = 11.040 \ (\text{mg/L})$$

$$K_0 = \frac{C_{sw}}{\alpha(\beta C_{sm} - C_0) \times 1.024^{(T-20)}F} = \frac{9.17}{0.8 \times (0.95 \times 10.124 - 2) \times 1.024^{(20-20)} \times 0.8}$$
$$= 1.881$$

$$O_s = K_0 O_2 = 1.881 \times 110434.728 = 207727.723 \ (kg/d) = 8655.322 \ (kg/h)$$

好氧反应池平均时供气量为：

$$G_S = \frac{O_s}{0.28 E_A} = \frac{8655.322}{0.28 \times 21\%} = 147199.354 \ (m^3/h)$$

⑫ 空气管道系统计算　在相邻的两个廊道的隔墙上设一根干管，共 18 根干管，取立管间的间距为 6.0m，一条干管上设 16 对配气竖管，共 32 条配气竖管，如图 3-5 所示，全部曝气池共有 576 条配气竖管。

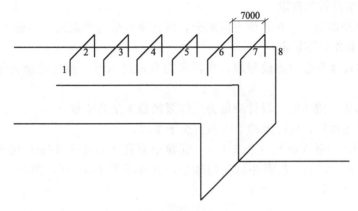

图 3-5　空气管道系统示意图

a. 最大供气量：$G_{Smax} = 1.4 G_S = 1.4 \times 147199.354 = 206079.096 \ (m^3/h)$。

每根立管的供气量：$q = \dfrac{G_{Smax}}{32 \times 18} = \dfrac{206079.096}{576} = 357.776 \ (m^3/h)$。

b. 每个扩散器的服务面积为 0.5m²，则所需数量为：$m = \dfrac{34567.901}{0.5} \approx 69136$，为安全计，本设计采用 69500 个。

c. 每条立管上安设的空气扩散器数：$m_0 = \dfrac{m}{32 \times 18} = \dfrac{69500}{576} \approx 121 \ （个）$。

d. 每个扩散器的配气量：$q_0 = \dfrac{q}{m_0} = \dfrac{206079.096}{69500} = 2.965 \ (m^3/h)$。

（4）A/O 工艺设备选型及设计

① 鼓风机的选型　选择型号 CM75L 鼓风机 14 台，12 用 2 备，该型号的鼓风机运转性能好，可靠性能高，它比一般离心风机的叶轮外径小 30%～40%，故转子转矩小，一般能满足要求，其主要性能参数见表 3-8。

表 3-8　鼓风机典型机组主要性能参数

型号	进口流量/(m³/min)	进口压力/MPa	排空压力/MPa	轴功率/kW	电机功率/kW
CM75L	1400	0.098	0.17	1750	2000

② 鼓风机房的设置　鼓风机房的平面尺寸：$L \times B = 50m \times 40m$。

风机出口风压：$p = h_1 + h_2 + h_3 + h_4 + \Delta h$

其中 $h_1 + h_2 = 0.2m$；曝气器淹没水头 h_3 取 4.8m；曝气器阻力 h_4 取 0.4m；富余水头 Δh 取 0.5m。则

$$p = 0.2 + 4.8 + 0.4 + 0.5 = 5.9 \ (m)$$

③ 微孔曝气器的选型　根据计算，拟采用 STEDCO 型橡胶膜微孔曝气器，具体参数见表 3-9。

表 3-9　STEDCO 型橡胶膜微孔曝气器主要性能参数

型号	规格/mm	水深/m	供气量/[m³/(h·个)]	服务面积/(m²/个)
STEDCO	Φ300	6	2~6	0.7~1.3
充氧能力/(kg/h)	氧利用率/%	理论动力效率/[kg/(kW·h)]	阻力损失/Pa	质量/(kg/个)
0.24~0.54	15~33	4.5~6.0	≤3200	1

3.2.4.4　沉淀池的设计

（1）设计基本参数的确定

① 沉淀池类型的确定　按水流方向划分，沉淀池可分为平流式、辐流式和竖流式 3 种。沉淀池的设计一般作以下规定。

a. 沉淀池的设计作分期建设考虑，当污水为自流进入时，设计流量为每期的最大设计流量；

b. 当污水为提升进入时，设计流量为工作泵的最大组合流量；

c. 对于城市污水厂，沉淀池的个数不应少于 2 座。

② 沉淀池的设计基本参数（表 3-10）　沉淀池直径不宜小于 16m；超高不少于 0.3m；缓冲层高采用 0.3~0.5m；贮泥斗斜壁的倾角，方斗不宜小于 60°，圆斗不宜小于 55°；排泥管直径不小于 200mm。

表 3-10　城市污水沉淀池的设计数据

类别	沉淀池位置	沉淀时间/h	表面负荷/[m³/(m²·h)]	污泥量（干物质）/[g/(人·d)]	污泥含水率/%	固体负荷/[kg/(m²·d)]	集水槽堰口负荷/[L/(s·m)]
初次沉淀池	单独沉淀池	1.5~2.0	1.5~2.5	16~36	95~97		≤2.9
	二级处理前	0.5~1.5	2.0~4.5	14~26	95~97		≤2.9
二次沉淀池	活性污泥法后	1.5~4.0	0.6~1.5	12~32	99.2~99.6	≤150	≤1.7
	生物膜法后	1.5~4.0	1.0~2.0	10~26	96~98	≤150	≤1.7

（2）设计计算草图　辐流式沉淀池结构见图 3-6。

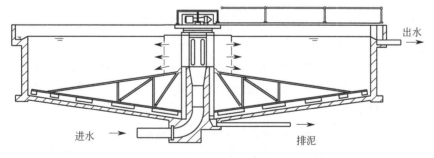

图 3-6　辐流式沉淀池

二沉池计算草图见图 3-7。

（3）沉淀池的设计计算

① 沉淀部分水面面积 A　设池个数 $n=16$ 个，表面负荷 $q=1.1\text{m}^3/(\text{m}^2\cdot\text{h})$，则

$$A=\frac{Q_{max}}{nq}=\frac{29167.2}{16\times1.1}=1657 \ (\text{m}^2)$$

式中，Q_{max} 为最大设计流量，m³/h；q 为表面负荷，m³/(m²·h)；n 为池的个数。

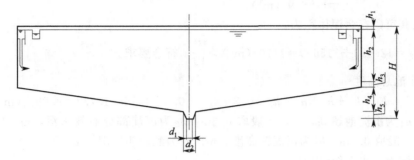

图 3-7 辐流式二沉池工艺计算简图

② 池子直径 D

$$D=\sqrt{\frac{4A}{\pi}}=\sqrt{\frac{4\times1657}{\pi}}=45.94 \ (\text{m})(\text{取} \ D=48\text{m})$$

③ 实际水面面积 A

$$A=\frac{\pi D^2}{4}=\frac{\pi\times48^2}{4}=1808.6 \ (\text{m}^2)$$

④ 实际表面负荷 q

$q=\dfrac{Q_{\max}}{nA}=\dfrac{29167.2}{16\times1808.6}=1.01 \ [\text{m}^3/(\text{m}^2\cdot\text{h})]$，在规定的 $0.6\sim1.5\text{m}^3/(\text{m}^2\cdot\text{h})$ 内，符合要求。

⑤ 沉淀部分有效水深 h_2 取沉淀时间 $t=4\text{h}$，则 $h_2=qt=1.01\times4=4.0 \ (\text{m})$。

径深比为 $48/4.0\approx12$，符合径深比为 $6\sim12$ 的设计要求。

⑥ 沉淀部分有效容积 V

$$V=\frac{\pi D^2}{4}h_2=\frac{\pi\times48^2}{4}\times4.0=7234.56 \ (\text{m}^3)$$

⑦ 污泥区容积 V'

污泥区容积按贮泥时间 1h 确定，则

$$V'=\frac{2T(1+R)QX}{(X+X_R)\times24}=\frac{2\times1\times(1+0.6)\times50\times10^4\times3750}{(3750+10000)\times24}=18181.818 \ (\text{m}^3)$$

单个沉淀池污泥区的容积：$\dfrac{V'}{16}=1136.364 \ (\text{m}^3)$

⑧ 校核堰口负荷 q'

单池设计流量 Q_0：$Q_0=\dfrac{Q_{\max}}{n}=\dfrac{29167.2}{16}=1822.95 \ (\text{m}^3/\text{h})$

$q'=\dfrac{Q_0}{3.6\pi D}=\dfrac{1822.95}{3.6\times\pi\times48}=3.36 \ [\text{L}/(\text{s}\cdot\text{m})]<4.34\text{L}/(\text{s}\cdot\text{m})$，符合要求。

⑨ 池底锥体尺寸计算 设泥斗上部半径 $r_1=2\text{m}$，下部半径 $r_2=1\text{m}$，泥斗坡度为 $60°$，泥斗高 $h_5=1.732\text{m}$。

泥斗容积：$V_1=\dfrac{\pi h_5}{3}(r_1^2+r_1r_2+r_2^2)=\dfrac{\pi\times1.732}{3}\times(2^2+2\times1+1^2)=12.690 \ (\text{m}^3)$。

设池底坡度 $i=0.08 \ (i=0.05\sim0.1)$。则圆锥部分高度：

$$h_4=(R-r_1)i=(24-2)\times0.08=1.76 \ (\text{m})$$

圆锥部分容积：$V_2=\dfrac{\pi h_4}{3}(r_1^2+r_1R+R^2)=\dfrac{\pi\times1.76}{3}\times(24^2+24\times2+2^2)$

$=1156.9$（m^3）。

沉淀池共可贮存污泥体积为：

$V_1+V_2=12.690+1156.9=1170$（$m^3$）$>\dfrac{V'}{16}$，符合要求。

⑩ 沉淀池总高度

$$H=h_1+h_2+h_3+h_4+h_5=0.3+4.0+0.3+1.76+1.732=8.092 \text{（m）}$$

式中，h_1 为沉淀池超高，m，一般取 0.3m；h_2 为沉淀部分有效水深，m；h_3 为缓冲层高度，m，一般取 0.3m；h_4 为污泥区高度，m；h_5 为贮泥斗高度，m。

（4）沉淀池进水系统设计

① 进水管计算　单池设计污水流量：$Q'_{max}=Q_{max}/16=1822.95$（$m^3/h$）$=0.506$（$m^3/s$）。

$$Q_{进}=(1+R)Q'_{max}=(1+0.6)\times1822.95=2916.72(\text{m}^3/\text{h})=0.810（\text{m}^3/\text{s}）$$

管径取 $D_1=800\text{mm}$，进水速度 $v_1=\dfrac{4Q_{进}}{\pi D_1^2}=\dfrac{4\times0.810}{3.14\times0.8^2}=1.612$（m/s）。

② 进水竖井　进水井径采用 $D_2=1.5\text{m}$，流速在 $0.1\sim0.2\text{m/s}$ 之间；出水口尺寸 $0.5\text{m}\times1.5\text{m}$，共 6 个，沿井壁均匀分布。

流速：$v_2=\dfrac{Q_{进}}{nBL}=\dfrac{0.810}{6\times0.5\times1.5}=0.18$（m/s），符合要求。

孔距：$l=\dfrac{\pi D_2-0.5\times6}{6}=0.285$（m）。

③ 稳定筒计算　筒中流速：

$$v_3=0.02\sim0.03\text{m/s}，取 0.03\text{m/s}。$$

过流面积：

$$f=\frac{Q_{进}}{v_3}=\frac{0.810}{0.03}=27 \text{（m}^2\text{）}$$

直径：

$$D_3=\sqrt{\frac{4f}{\pi}+D_2^2}=\sqrt{\frac{4\times27}{3.14}+1.5^2}=6.054 \text{（m）}$$

（5）沉淀池出水部分设计　采用两个环形集水槽，池周边一个，池中央一个，单池设计流量 $0.506\text{m}^3/\text{s}$。

① 环形集水槽内流量：

$$q_{集}=\frac{Q_{单}}{2}=\frac{0.506}{2}=0.253 \text{（m}^3/\text{s}）$$

② 环形集水槽设计

a. 池周边采用周边集水槽，单侧进水，每池只有一个总出水口。

集水槽宽度为：

$$b_1=0.9\times(k\cdot q_{集})^{0.4}=0.9\times(1.3\times0.253)^{0.4}=0.577 \text{（m）}（b_1 取 0.6\text{m}）$$

式中，k 为安全系数，取 $1.5\sim1.2$ 之间。

集水槽起点水深为：

$$h_{起点}=0.75b=0.75\times0.6=0.450 \text{（m）}$$

集水槽终点水深为：

$$h_{终点}=1.25b=1.25\times0.6=0.750 \text{（m）}$$

槽深取 $(0.450+0.750)\times\dfrac{1}{2}+0.3=0.900$（m），其中超高 0.3m。

b. 池中央采用双侧集水环形集水槽　槽宽取 $b_2 = 0.8m$，流速 $v_4 = 0.6m/s$。

槽内终点水深：

$$h_4 = \frac{q_集}{v_4 b_2} = \frac{0.253}{0.6 \times 0.8} = 0.527 \ (m)$$

槽内起点水深：

$$h_k = \sqrt[3]{\frac{a q_集^2}{g b_2^2}} = \sqrt[3]{\frac{1.0 \times 0.253^2}{g \times 0.8^2}} = 0.217 \ (m)$$

$$h_3 = \sqrt[3]{\frac{2 h_k^3}{h_4} + h_4^2} = \sqrt[3]{\frac{2 \times 0.217^3}{0.527} + 0.527^2} = 0.682 \ (m)$$

当水流增加一倍时，$q_集 = 0.506 \ (m^3/s)$，$v_4' = 0.8 \ (m/s)$。

$$h_4 = \frac{q_集}{v_4' b_2} = \frac{0.506}{0.8 \times 0.8} = 0.791 \ (m)$$

$$h_k = \sqrt[3]{\frac{a q_集^2}{g b_2^2}} = \sqrt[3]{\frac{1.0 \times 0.506^2}{g \times 0.8^2}} = 0.344 \ (m)$$

$$h_3 = \sqrt[3]{\frac{2 h_k^3}{h_4} + h_4^2} = \sqrt[3]{\frac{2 \times 0.344^3}{0.791} + 0.791^2} = 0.900 \ (m)$$

设计取环形槽内水深为 0.6m，集水槽总高度为 0.6+0.3（超高）=0.9（m）。采用 90°三角堰。计算如下：

③ 出水溢流堰的设计　采用出水三角堰（90°），堰上水头（即三角口底部至上游水面的高度）$H_1 = 0.05m$。

a. 每个三角堰的流量 Q_1

$$Q_1 = 1.343 H_1^{2.47} = 1.343 \times 0.05^{2.47} = 0.0008214 \ (m^3/s)$$

b. 三角堰个数 n

$$n = \frac{Q_单}{Q_1} = \frac{0.506}{0.0008214} \approx 616 \ 个，池周边和中央各一半，为 308 个。$$

三角堰的中心距（按池周边集水槽计算）：

$$L' = \frac{\pi(D - 2 b_1)}{233} = \frac{3.14 \times (49 - 2 \times 0.6)}{308} = 0.487 \ (m)$$

c. 集水槽直径设计　池周边集水槽外径与池径相等，内径 $D_1 = D - 2 b_1 = 49 - 2 \times 0.6 = 47.8$（m）。

池中央集水槽与池周边集水槽流量相同，令单位长度上的流量为 q_d，则

$$q_d \pi D_1 = q_d [\pi D_2 + \pi(D_2 - 2 b_2)]$$

得 $D_2 = 24.7m$，内径为 $D_3 = D_2 - 2 b_2 = 23.1$（m）。

d. 出水堰上负荷校核　池周边集水槽堰上负荷：$q_1 = \frac{q_集}{\pi D_1} = \frac{0.253 \times 1000}{3.14 \times 47.8} = 1.686$（m^3/s）< 1.7m^3/s。

池中央集水槽堰上负荷：$q_2 = \frac{q_集}{\pi(D_2 + D_3)} = \frac{0.253 \times 1000}{3.14 \times (24.7 + 23.1)} = 1.686$（m^3/s）< 1.7m^3/s。

均符合出水堰负荷设计规范规定。

e. 出水管计算　池周边设置 1 条，管径取 $D_4 = 800mm$，中央设置 2 条，管径取 $D_5 = 400mm$。

周边槽管内流速：$v_5 = \dfrac{4q_集}{\pi D_4{}^2} = \dfrac{4 \times 0.253}{3.14 \times 0.8^2} = 0.504$ （m/s）。

中央槽管内流速：$v_5' = \dfrac{2q_集}{\pi D_5^2} = \dfrac{2 \times 0.253}{3.14 \times 0.4^2} = 1.007$ （m/s）。

（6）排泥部分设计

① 单池污泥量　总污泥量为回流污泥量加剩余污泥量。

回流污泥量：$Q_R = QR = \dfrac{50 \times 10^4}{24} \times 0.6 = 12500$ （m^3/h）

$$Q_S = 9972.222 m^3/d = 415.509 \ (m^3/h)$$

总污泥量：

$$Q_{泥总} = Q_R + Q_S = 12500 + 415.509 = 12915.509 \ (m^3/h)$$

$$Q_{泥单} = \frac{Q_{泥总}}{16} = \frac{12915.509}{16} = 807.219 \ (m^3/h)$$

② 集泥槽沿整个池径为两边集泥，故其设计泥量为：

$$q = \frac{Q_{泥单}}{2} = \frac{807.219}{2} = 403.610 \ (m^3/h) = 0.112 \ (m^3/s)$$

集泥槽宽：

$$b = 0.9q^{0.4} = 0.9 \times 0.112^{0.4} = 0.375 \ (m)，取 \ b = 0.4m。$$

起点泥深：

$$h_1 = 0.75b = 0.75 \times 0.4 = 0.3 \ (m)，取 \ h_1 = 0.4m。$$

终点泥深：

$$h_2 = 1.25b = 1.25 \times 0.4 = 0.5 \ (m)，取 \ h_2 = 0.6m。$$

取槽深 $(0.4 + 0.6)/2 + 0.3 = 0.8$ （m）。

排泥管直径取 $D_6 = 300mm$，则污泥流速

$$v_6 = \frac{4Q_{泥单}}{\pi D_6^2} = 3.17 \ (m/s)$$

（7）沉淀池设备选型　根据设计需要，选用 W 公司 ZBGS 型周边传动刮泥机 16 台，刮泥机将污泥送至池中心，再由管道排出池外。其主要性能参数见表 3-11。

表 3-11　ZBGS45-55 刮泥机主要性能参数

型号	池径 D/m	池深 H/m	周边线速度/(m/min)	驱动功率/kW
ZBGS45-55	45～55	3.5～4.5	2.0	0.75×2

3.2.4.5　污泥浓缩池的设计

（1）设计基本参数的确定　剩余污泥进泥含水率 $P_1 = 99.2\%$，出泥含水率 $P_2 = 97\%$；污泥回流比 $R = 60\%$；设计流量 $Q_S = 9972.222 m^3/d$；固体通量 $M = 65 kg/(m^2 \cdot d)$；污泥浓缩时间 $T = 16h$；贮泥时间 $t = 6h$；池底坡度 $i = 0.05$；污泥斗上部半径为 $r_1 = 2m$，下部半径为 $r_2 = 1m$。

在无试验资料时可参照表 3-12。

表 3-12　重力浓缩池设计参数

污泥种类	进泥含水率/%	出泥含水率/%	水力负荷/[m³/(m²·d)]	固体通量/[kg/(m²·d)]	溢流TSS/(mg/L)
初沉池污泥	95～97	92～95	24～33	80～120(90～144)	300～1000
生物膜	96～99	94～98	2.0～6.0	30～50	200～1000
剩余污泥	99.2～99.6	97～98	2.0～4.0	10～35(30～60)	200～1000
混合污泥	98～99	94～96	6.0～10.0	25～80	300～800

浓缩时间大于 12h，小于 24h；浓缩池的有效水深不小于 3m，一般 4m 为宜；定期排泥间隔一般为 8h。

（2）设计计算草图　辐流式浓缩池计算简图如图 3-8 所示。

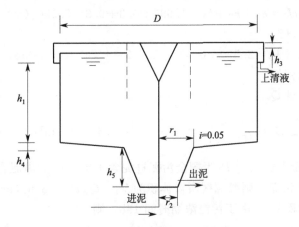

图 3-8　辐流式浓缩池计算简图

（3）浓缩池的设计计算

① 计算污泥浓度 C

$$P_1 = 99.2\%\ （污泥密度按 1000kg/m^3 计算）$$
$$C_1 = (1-P_1) \times 10^3 = (1-0.992) \times 10^3 = 8\ （kg/m^3）$$
$$P_2 = 97\%$$
$$C_2 = 30kg/m^3$$

② 浓缩池面积 A　采用 6 座辐流式圆形重力连续浓缩池，则浓缩池面积：

$$A = \frac{QC_1}{nM} = \frac{9972.222 \times 8}{6 \times 65} = 204.558\ （m^3）$$

式中，Q 为污泥量，m^3/d；C_1 为污泥固体浓度，kg/L；M 为污泥固体通量，$kg/(m^2·d)$；n 为池子的个数。

③ 浓缩池直径 D

$$D = \sqrt{\frac{4A}{\pi}} = \sqrt{\frac{4 \times 204.558}{3.14}} \approx 16.143\ （m）（取 17m）$$

式中，A 为单池面积，m^3/d。

④ 浓缩池深度的计算

a. 浓缩池有效水深 h_1

取 $T=16\text{h}$，则

$$h_1=\frac{TQ}{24A}=\frac{16\times9772.222}{24\times204.558\times16}=1.990\ (\text{m})$$

式中，T 为浓缩时间，$12<T<24$（h）；Q 为污泥量，m^3/d；A 为浓缩池面积，m^2。

b. 超高 $h_2=0.3\text{m}$；缓冲层 $h_3=0.3\text{m}$。

c. 坡地造成的深度 h_4

$$h_4=\frac{D}{2}i=\frac{17}{2}\times0.05=0.425\ (\text{m})$$

式中，D 为池子的直径，m；i 为池底坡度，根据排泥设备取 $0.003\sim0.01$，常用 0.05。

d. 污泥斗高度 h_5

$$h_5=(r_1-r_2)\tan\alpha=(2-1)\times\tan60°=1.732\ (\text{m})$$

式中，r_1 为污泥斗上半径，m；r_2 为污泥斗下半径，m；α 为泥斗坡度，(°)。

e. 有效水深 H_1

$$H_1=h_1+h_2+h_3=1.990+0.3+0.3=2.590\ (\text{m})$$

f. 浓缩池总高度 H

$$H=H_1+h_4+h_5=2.590+0.425+1.732=4.747\ (\text{m})>3\text{m}，符合要求。$$

（4）贮泥斗的设计计算

① 浓缩后污泥流量 Q_w

$$Q_w=\frac{100-P_1}{100-P_2}Q=\frac{100-99.2}{100-97}\times\frac{9772.222}{6}=434.321\ (\text{m}^3/\text{d})=18\ (\text{m}^3/\text{h})$$

式中，Q 为污泥量，m^3/d；P_1 为剩余污泥进泥含水率；P_2 为出泥含水率。

按 6h 贮泥时间计污泥，则贮泥区所需体积为 $V_1=Q_wt=108.6\ (\text{m}^3)$。

② 贮泥区所需容积 V_2　由于污泥浓缩时间 16h，则

$$V_2=\frac{16V_1}{24}=\frac{16\times72.016}{24}=48.011\ (\text{m}^3)$$

③ 污泥斗容积 V_3

$$V_3=\frac{\pi h_5}{3}(r_1^2+r_1r_2+r_2^2)=\frac{\pi\times1.732}{3}\times(2^2+1\times2+1^2)=12.690\ (\text{m}^3)$$

式中，h_5 为污泥斗高度，h；r_1 为污泥斗上部半径，m；r_2 为污泥斗下部半径，m。

④ 池底可存污泥容积 V_4

$$V_4=\frac{\pi h_4}{3}(r_1^2+r_1R+R^2)=\frac{\pi\times0.425}{3}\times(8.5^2+8.5\times2+2^2)=41.481\ (\text{m}^3)$$

式中，h_4 为坡地造成的深度，m；r_1 为污泥斗上部半径，m；R 为浓缩池半径，m。

⑤ 总贮泥容积 V

$$V=V_3+V_4=12.690+41.481=54.171\ (\text{m}^3)>V_2，满足设计要求。$$

（5）回流污泥泵房的设计

① 流量　回流量 $Q_R=QR=\frac{50\times10^4}{24}\times0.6=12500\ (\text{m}^3/\text{h})$，本设计设 10 台（8 用 2 备）回流污泥泵，每台污泥泵回流污泥量为 $1562.5\text{m}^3/\text{h}$。

② 设备选型　根据流量与扬程，回流污泥泵拟选用 500ZLB-70 型，其主要性能参数见表 3-13。

表 3-13 回流污泥泵主要性能参数

泵型号	流量		扬程/m	转速 /(r/min)	功率 P/kW		泵质量 /kg
	m^3/h	L/s			轴功率	配用功率	
500ZLB-70	1610	447	3.48	730	—	30	—

③ 污泥泵房的布置 共设计 2 座污泥回流泵房，每个泵房里设 4 台污泥回流泵，则根据需要，每个污泥泵房的平面尺寸为 $L \times B = 40m \times 15m = 600m^2$。

（6）贮泥池设计计算

① 设计参数 进泥量：经浓缩排出含水率 $P_2 = 97\%$ 的污泥，$6Q_w = 6 \times 432.099 \, (m^3/d) = 2592.594 \, (m^3/d)$，设贮泥池 12 座，贮泥时间 $T = 0.5d = 12h$。

② 设计计算

单座池容：

$$V = \frac{6Q_w T}{12} = \frac{432.099 \times 0.5}{2} = 108.025 \, (m^3)$$

设贮泥池为正方体，且长、宽、高均为 5m，则有效容积：

$$V = LBH = 125 \, (m^3)$$

③ 设备选型 选用 1PN 污泥泵 14 台（12 用 2 备），单台流量 Q：$7.2 \sim 16 m^3/h$，扬程 H：$14 \sim 12m$，功率 N：3kW。污泥泵主要性能参数见表 3-14。

表 3-14 污泥泵主要性能参数

型号	流量 $Q/(m^3/h)$	扬程 H/m	功率 N/kW	质量/kg
1PN	15	$14 \sim 12$	3	—

（7）污泥脱水设计

① 设计计算 污泥脱水的作用是利用污泥脱水机械对来自浓缩池的活性污泥进行脱水，使其含水率由 97% 降至 75% 以下，从而大大减少污泥体积，且便于运输。

脱水机房选用带式压滤机 5 台，设置高分子絮凝剂制备装置 1 套，并设置配套的絮凝剂投加装置，可以将配置好的聚合物加入到要进行脱水的污泥中混合絮凝，进行脱水，高分子絮凝剂（PAM）投加量约 2‰。

总进泥量为 $6 \times 432.099 = 2592.594 \, (m^3/d)$，含水率 97%；出泥含水率 ≤75%；则干污泥量：

$$G = \frac{Q_进 (1 - P_1)}{(1 - P_2)} = \frac{2592.594 \times (1 - 97\%)}{(1 - 75\%)} = 311.111 \, (m^3/d)$$

取其密度为 1000kg/m³，则干污泥饼：

$$G' = \rho V = 1000 \times 311.111 \, (kg/d) = 311.111 \, (t/d)$$

每天工作 16h，则在工作时间内的每小时污泥饼量为：

$$G'' = \frac{G'}{16} = \frac{311.111}{16} = 19.444 \, (t/h)$$

② 设备选型 采用带式压缩机，带式压缩机是连续运转的污泥脱水设备，污泥的含水率为 96%～98%，污泥经絮凝、重力压滤后，滤饼的含水率可达到 70%～80%。带式压缩机由于结构简单、出泥含水率低、稳定、能耗小、管理简单等特点，被广泛采用。

选用 DYL-3000 型带式压滤机。选用 5 台（4 用 1 备），每台工作 16h，其性能见表 3-15。

表 3-15　DYL 型带式压滤机主要性能参数

型号	滤带宽度/mm	滤带速度/(m/min)	主传动	进机污泥含水率/%	出机滤饼含水率/%
	3000	0.5～4	1.5kW	95～98	70～80
DYL-3000	泥饼厚度/mm	产量(干泥)/[kg/(m·h)]	投药比(纯药量/干泥量)/%	质量/t	外形尺寸(长×宽×高)/(mm×mm×mm)
	5～7	90～300	0.18～024	7	6500×3700×2120

③ 脱水间的布置　脱水间平面尺寸为 $L×B=15.0m×8.0m=120.0m^2$，内设值班室。脱水后，污泥通过无轴螺旋输送机 1 台送至污泥棚内的泥饼运输车，运出厂外处置。

④ 主要构筑物、设备一览表　主要构筑物见表 3-16。

表 3-16　主要构筑物一览表

序号	名称	规　　格	数量	设计参数	主要设备
1	粗格栅	$L×B=2.79m×10.06m$	4 座	设计流量 $Q=29167.2m^3/h$ 栅条间隙 $b=60.0mm$ 栅前水深 $h=1.0m$ 过栅流速 $v=0.9m/s$	RGS 三索式钢丝绳牵引式机械格栅 4 台
2	中格栅	$L×B=4.02m×12.86m$	4 座	设计流量 $Q=29167.2m^3/h$ 栅条间隙 $b=20.0mm$ 栅前水深 $h=1.0m$ 过栅流速 $v=0.9m/s$	参照粗格栅设备
3	调节池	$L×B×H=40m×25m×5.5m$	12 座	设计流量 $Q=29167.2m^3/h$ 有效水深 $h=5m$ 水力停留时间 $t=0.5h$	差流式调节池
4	A/O 池	$L×B×H=96m×30m×6m$	12 座	设计流量 $Q=29167.2m^3/h$ 进水 $BOD_5=200mg/L$ 出水 $BOD_5=20mg/L$ 进水 $NH_3-N=30\ mg/L$ 出水 $NH_3-N=15\ mg/L$ 污泥负荷 $N_S=0.18kgBOD_5/(kgMLSS·d)$ 污泥回流比 $R=60\%$ 有效水深 $H_1=6.0m$ 三廊道式推流式反应池，单廊道宽 $b=10m$	CM75L 鼓风机 14 台(12 用 2 备) 进口流量为 $1400m^3/min$ STEDCO 型橡胶模微孔曝气器
5	辐流式二沉池	$D×H=48m×8.092m$	16 座	设计流量 $Q=29167.2m^3/h$ 表面负荷 $q=1.1m^3/(m^2·h)$ 沉淀时间 $T=4h$ 池底坡度为 $i=0.08$ 泥斗坡度为 $60°$	ZBGS45-55 型周边传动刮泥机 16 台
6	污泥泵房	$L×B=40m×15m$	2 座	每个泵房设 4 台回流泵	500ZLB-70 型回流污泥泵 8 台
7	污泥浓缩池	$D×H=17m×4.737m$	6 座	进泥含水率 $P_1=99.2\%$ 出泥含水率 $P_2=97\%$ 污泥浓缩时间 $T=16h$ 固体通量 $M=65kg/(m^2·d)$ 设计流量 $Q_s=9972.222m^3/d$	采用周边驱动单臂旋转式刮泥机，并配置栅条以利于污泥的浓缩
8	贮泥池	$L×B×H=5m×5m×3m$	12 座	贮泥时间 $T=12h$ 处理能力 $2592.594m^3/d$	1PN 污泥泵 14 台(12 用 2 备)
9	脱水间	$L×B=15.0m×8.0m$	1 座	出泥含水率 75%	无轴螺旋输送机 1 台 DYL-3000 带式压滤机 5 台(4 用 1 备)

3.2.5　工艺流程与平面布置图

3.2.5.1　工艺流程图

工艺流程图纸参见本书 3.1.4 课程设计的图纸要求。流程图 1 张(2# 图纸)，见图 3-9。

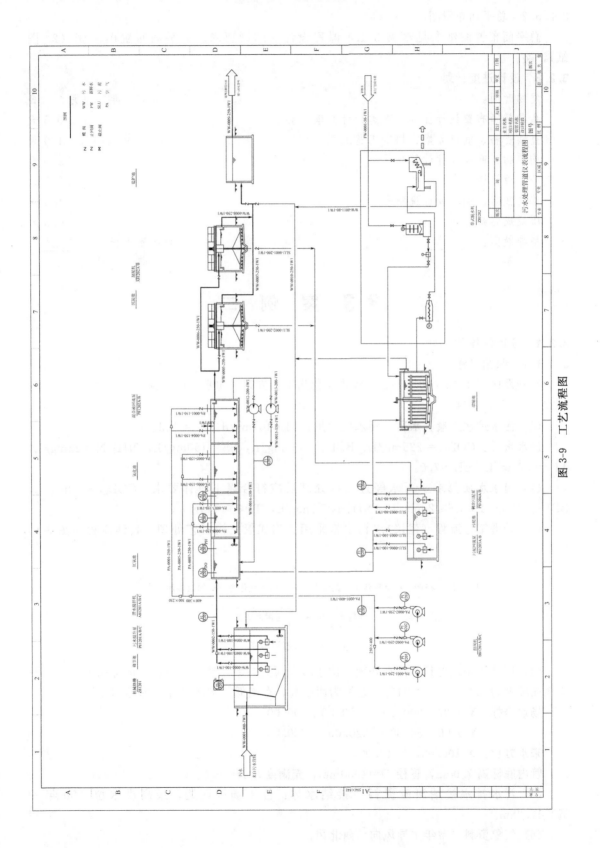

图 3-9 工艺流程图

3.2.5.2　总平面布置图

总平面布置图纸参见本书 3.1.4 课程设计的图纸要求。总平面布置图 1 张（2# 图纸），略。

3.2.6　设计进度计划

发题时间：	年　　月　　日
指导教师布置设计任务、熟悉设计原理、要求	0.5 天
查阅资料、制订方案、拟定工艺流程	1.0 天
构筑物、高程设计计算	2.0 天
绘制设计图	1.5 天
整理数据、编写设计说明书	1.5 天
质疑或答辩	0.5 天

指导教师：＿＿＿＿＿＿　　　　　　　　　　　　教研室主任：＿＿＿＿＿＿

年　　月　　日　　　　　　　　　　　　　　　　年　　月　　日

3.3　案　例　二

3.3.1　设计任务书

3.3.1.1　课题名称

某开发区污水 $13 \times 10^4 \mathrm{m}^3/\mathrm{d}$ 三沟式氧化沟工艺方案（初步）设计。

3.3.1.2　基础资料

（1）污水进水水量、水质　污水处理量：$13 \times 10^4 \mathrm{m}^3/\mathrm{d}$，$K = 1.3$。

进水水质：$COD_{Cr} = 225 \mathrm{mg/L}$，$BOD_5 = 130 \mathrm{mg/L}$，$SS = 150 \mathrm{mg/L}$，$NH_3\text{-}N = 22 \mathrm{mg/L}$，$TP = 9.7 \mathrm{mg/L}$，$pH = 7.0$。

（2）出水水质要求　污水经过二级处理后应符合以下具体要求：$COD_{Cr} \leqslant 40 \mathrm{mg/L}$，$BOD_5 \leqslant 15 \mathrm{mg/L}$，$SS \leqslant 20 \mathrm{mg/L}$，$NH_3\text{-}N \leqslant 3 \mathrm{mg/L}$，$TP \leqslant 0.5 \mathrm{mg/L}$。

（3）处理工艺流程（建议）　污水拟采用三沟式氧化沟工艺处理，具体流程如图 3-10 所示。

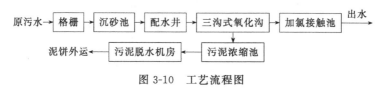

图 3-10　工艺流程图

（4）厂址及场地现状　污水处理厂位于城南河流东岸，地势平坦，地面标高 10.1m，平均地面坡度为 0.02% ～ 0.04%，地势为西南高，东南低。本次设计考虑远期发展。

场地坐标：X　0.00　　600.00　　-50.00　　600.00

　　　　　Y　0.00　　50.00　　320.00　　320.00

来水方位：X 100.00，Y 10.00。

管内底标高 7.00m，管径 $D = 1000 \mathrm{mm}$，充满度 $h/D = 0.6$。

（5）污水排水接纳河流资料　接纳水体：位于场区西边，最高洪水位（50 年一遇）12.38m。

（6）气象资料　常年主导风向：西北风。

气温：全年平均气温为 13.5℃，气温≤－10℃有 12d。

极端气温：最高为 42.0℃，最低为－10.6℃。

最大冻土深度：2.40m。

水文：全年平均最大日降雨量为 122.5mm。

3.3.1.3 课程设计的任务

某开发区拟新建一座二级污水处理厂，要求学生们根据所学专业知识提出一套切实可行的污水处理工艺方案，并进行比较选择；并对主要处理构筑物的工艺尺寸、主要高程进行设计计算，设计深度应符合初步设计深度要求。

① 依据水质情况，独立完成城市污水处理厂设计方案的制定，确定适宜的工艺流程；

② 主体构筑物、设备的设计计算和选型（格栅、沉砂池、三沟式氧化沟、污泥浓缩池、加氯接触池等）；主要处理构筑物设计计算，包括设计流量计算、参数选择、计算过程、计算草图；

③ 确定平面布置和高程布置的方案；

④ 绘制平面布置图和高程图；

⑤ 编写课程设计说明书。

3.3.1.4 课程设计的基本要求

见案例一中课程设计的基本要求。

3.3.2 工艺原理

3.3.2.1 氧化沟的基本原理

氧化沟（oxidation ditch）又名连续循环曝气池（continuous loop reactor），是活性污泥法的一种变型。氧化沟既具有推流反应的特征，又具有完全混合反应的优势，前者使其具有出水优良的条件，后者使其具有抗冲击负荷的能力。氧化沟的水力停留时间长，有机负荷低，其本质上属于延时曝气系统。

3.3.2.2 氧化沟工艺分类

基本形式氧化沟的曝气池呈封闭的沟渠形，而沟渠的形状和构造多种多样，沟渠可以呈圆形和椭圆形等形状。可以是单沟系统或多沟系统；多沟系统可以是一组同心的、互相连通的沟渠，也可以是相互平行、尺寸相同的一组沟渠。有与二次沉淀池分建的氧化沟，也有合建的氧化沟，合建的氧化沟又有体内式和体外式之分等。多种多样的构造形式，赋予了氧化沟灵活机动的运行性能，使它可以按照任意一种活性污泥的运行方式运行，并结合其他工艺单元，以满足不同的出水水质要求。

氧化沟工艺的改良过程大致可分为 4 个阶段，见表 3-17。

表 3-17 氧化沟工艺的改良过程

阶 段	型 式
初期氧化沟	1954 年，Pasveer 教授建造的 Voorshopen 氧化沟，间歇运行。分进水、曝气净化、沉淀和排水 4 个基本工序
规模型氧化沟	增加沉淀池，使曝气和沉淀分别在两个区域进行，可以连续进水
多样型氧化沟	考虑脱氮除磷等要求。著名的有 DE 型氧化沟、Carrousel 氧化沟及 Orbal 氧化沟等
一体化氧化沟	时空调配型（VR 型、D 型、T 型等），合建式（BMTS 式、侧沟式、中心岛式等）

3.3.2.3 三沟式氧化沟的工作原理

连续工作式氧化沟可分为合建式和分建式。交替工作式氧化沟又可分为单沟式、双沟式和三沟式，交替式氧化沟兼有连续式氧化沟和 SBR 工艺的一些特点，可以根据水量、水质的变化调节转刷的开停，既可以节约能源，又可以实现最佳的脱氮除磷效果。

三沟式氧化沟基本运行方式大体分为 6 个阶段，工作周期为 8h。它由自动控制系统根据其运行程序自动控制进出水的方向、溢流堰的升降以及曝气转刷的开动和停止。

三沟式氧化沟生物脱氮运行方式如表 3-18 所示。

表 3-18　三沟式氧化沟生物脱氮运行方式

运行阶段	A			B			C			D			E			F		
沟别	Ⅰ沟	Ⅱ沟	Ⅲ沟	Ⅰ沟	Ⅱ沟	Ⅲ沟	Ⅰ沟	Ⅱ沟	Ⅲ沟	Ⅰ沟	Ⅱ沟	Ⅲ沟	Ⅰ沟	Ⅱ沟	Ⅲ沟	Ⅰ沟	Ⅱ沟	Ⅲ沟
各沟状态	反硝化	硝化	沉淀	硝化	硝化	沉淀	沉淀	硝化	沉淀	沉淀	硝化	反硝化	沉淀	硝化	硝化	沉淀	硝化	沉淀
延续时间/h	2.5			0.5			1			2.5			0.5			1		

三沟式氧化沟工艺主要按下面 6 个阶段轮换运行，如图 3-11 所示。

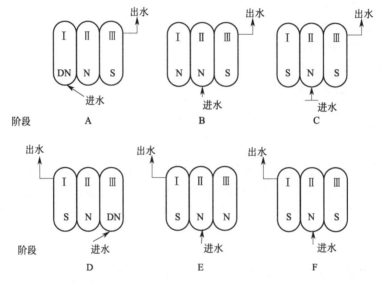

图 3-11　三沟式氧化沟工艺流程图
DN—反硝化；N—硝化；S—沉淀

阶段 A：污水经配水井进入沟Ⅰ，沟内转刷按低速运转，转速控制在仅能维持水和污泥混合并推动水流循环流动，但不足以供给微生物降解有机物所需的氧。此时，沟Ⅰ处于缺氧状态，沟内活性污泥利用水中的有机物作为碳源，活性污泥中的反硝化菌则利用前一段产生的硝酸盐中的氧来降解有机物，释放出氮气，完成反硝化过程。同时沟Ⅰ的出水堰自动升起，污水和污泥混合液进入沟Ⅱ，沟Ⅱ内的转刷以高速运行，保证沟内有足够的溶解氧来降解有机物，并使氨氮转化为硝酸盐，完成硝化过程，处理后的污水流入沟Ⅲ，沟Ⅲ中的转刷停止运转，起沉淀池的作用，进行泥水分离，由沟Ⅲ处理后的水经自动降低的出水堰排出。

阶段 B：污水从处于好氧状态的沟Ⅱ流入，并经沟Ⅲ沉淀后排出。同时沟Ⅰ中的转刷开始高速运转，使其从缺氧状态变为好氧状态，并使进入沟Ⅰ的有机物和氨氮得到好氧处理，待沟内的溶解氧上升到一定值后，该阶段结束。

阶段 C：污水仍然从沟Ⅱ注入，经沟Ⅲ排出。但沟Ⅰ中的转刷停止运转，开始进行泥水分离，待分离完成，该阶段结束。阶段 A、B、C 组成了上半个工作循环。

阶段 D：污水从沟Ⅲ流入，沟Ⅲ出水堰升高，沟Ⅰ出水堰降低，并开始出水。同时，沟Ⅲ中转刷开始低速运转，使其处于缺氧状态。沟Ⅱ则仍然处于好氧状态，沟Ⅰ起沉淀池作用。阶段 D 与阶段 A 的水流方向恰好相反，沟Ⅲ起反硝化作用，出水由沟Ⅰ排出。

阶段 E：进水从沟Ⅱ流入，沟Ⅰ仍然起沉淀作用，沟Ⅲ中的转刷开始高速运转，并从缺氧状态变为好氧状态。

阶段 F：沟Ⅱ进水，沟Ⅰ沉淀出水。沟Ⅲ中的转刷停止运转，开始泥水分离。至此完成整个循环过程。

在整个循环过程中，中间的沟始终处于好氧状态，而外侧两沟中的转刷则处于交替运行状态，当转刷低速运转时，进行反硝化过程，转刷高速运转时，进行硝化过程，而转刷停止运转时，氧化沟起沉淀池作用。

3.3.3 设计方案的比较和确定

3.3.3.1 工艺流程选择的原则

见本书 3.2.3 设计方案的比较和确定。

3.3.3.2 影响工艺流程选择的因素

见本书 3.2.3 设计方案的比较和确定。

3.3.3.3 污水处理工艺流程的比较和选择方法

（1）技术的合理性分析　根据《城市污水处理及污染防治技术政策》（建城［2000］124号），（10～20）×10^4 t/d 污水处理厂可以采用常规活性污泥法、氧化沟、SBR、AB 法等工艺，对脱氮除磷有要求的受纳水体，应采用二级强化处理，如 SBR 及其改良工艺、氧化沟工艺等，由于本课程设计对脱氮除磷有要求，故选取二级强化处理。可供选取的工艺有 AB 工艺、SBR 及其改良工艺，氧化沟工艺等。各种污水处理工艺优缺点比较如表 3-19 所示。

根据表 3-19，氧化沟工艺在保证稳定、高效处理效果的前提下，运行管理的工作量和复杂程度降至最低，使得设备维修、管理费用、折旧费用均较低，因此，便于开发区设立的污水处理厂管理，本设计优先选择氧化沟工艺。

表 3-19　各种污水处理工艺优缺点比较

	氧化沟	AB 法	SBR 法
优点	(1)处理流程简单，构筑物少，基建费用较省； (2)处理效果好，有较稳定的脱氮除磷功能； (3)对高浓度的工业废水有较大的稀释能力； (4)有抗冲击负荷能力； (5)能处理不易降解的有机物； (6)技术先进成熟，管理维护较简单； (7)国内工程实例多，容易获得工程管理经验	(1)曝气池的体积较小，基建费用相应降低； (2)污泥不易膨胀，达到一定的脱氮除磷效果； (3)抗冲击负荷的能力较强	(1)脱氮除磷的厌氧、缺氧和好氧不是由空间划分的，而是用时间控制的； (2)不需要回流污泥和回流混液，不设专门的二沉池，构筑物少； (3)占地面积小
缺点	(1)处理构筑物较多； (2)回流污泥溶解氧较高，对除磷有一定的影响； (3)容积及设备利用率不高	(1)构筑物较多； (2)污泥产生量较多	(1)容积及设备利用率较低(一般小于 50%)； (2)操作、管理、维护较复杂； (3)自控程度高，对工人素质要求较高； (4)国内工程实例少； (5)脱氮除磷功能一般

（2）技术经济的合理性分析　各种生物处理工艺动力消耗的比较，如图 3-12 所示。

根据图 3-12，氧化沟工艺的动力消耗一般。

（3）氧化沟类型的选择　目前应用较为广泛的氧化沟类型包括：帕斯韦尔氧化沟、卡鲁塞尔（Carrousel）氧化沟、奥尔伯氧化沟、T 型氧化沟（三沟式氧化沟）、DE 型氧化沟和一体化氧化沟。这些氧化沟由于在结构和运行上存在差异，因此各具特点。

图 3-13 为几种常见氧化沟的类型结构示意图。

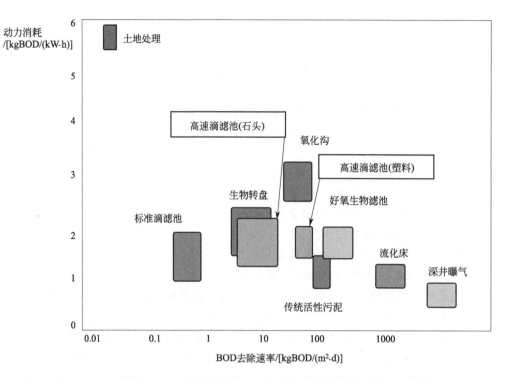

图 3-12　各种生物处理工艺动力消耗的比较

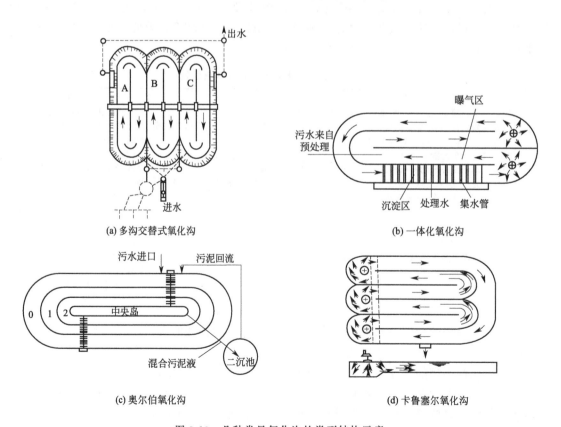

(a) 多沟交替式氧化沟

(b) 一体化氧化沟

(c) 奥尔伯氧化沟

(d) 卡鲁塞尔氧化沟

图 3-13　几种常见氧化沟的类型结构示意

影响 Carrousel 氧化沟除磷的因素主要是污泥龄、硝酸盐浓度、基质浓度。当总污泥龄为 8～10d 时，活性污泥中的最大磷含量为其干污泥量的 4%，为异养菌体质量的 11%，但当污泥龄超过 15d 时，污泥中最大含磷量明显下降，反而达不到最大除磷效果。高硝酸盐浓度和低基质浓度不利于除磷过程。

影响 Carrousel 氧化沟脱氮的主要因素是 DO、硝酸盐浓度、碳源浓度。氧化沟内存在溶解氧浓度梯度，即好氧区 DO 达到 3～3.5mg/L、缺氧区 DO 达到 0～0.5mg/L 是发生硝化反应及反硝化反应的前提条件。

Carrousel 氧化沟存在以下问题。

① 污泥膨胀问题：当废水中的碳水化合物较多时，N、P 含量不平衡，pH 值偏低，氧化沟中污泥负荷过高，溶解氧浓度不足，排泥不畅等，易引发丝状菌性污泥膨胀；非丝状菌性污泥膨胀主要发生在废水水温较低而污泥负荷较高时。微生物的负荷高，细菌吸取了大量营养物质，由于温度低，代谢速度较慢，积贮起大量高黏性的多糖类物质，使活性污泥的表面附着水大大增加，SVI 值很高，形成污泥膨胀。

② 泡沫问题：由于进水中带有大量油脂，处理系统不能完全有效地将其除去，部分油脂富集于污泥中，经转刷充氧搅拌，产生大量泡沫；泥龄偏长，污泥老化，也易产生泡沫。

③ 污泥上浮问题：当废水中含油量过大时，整个系统泥质变轻，在操作过程中不能很好控制其在二沉池的停留时间，易造成缺氧，产生腐化污泥上浮；当曝气时间过长时，在池中发生高度硝化作用，使硝酸盐浓度高，在二沉池易发生反硝化作用，产生氮气，使污泥上浮；另外，废水中含油量过大，污泥可能挟油上浮。

④ 流速不均及污泥沉积问题：在 Carrousel 氧化沟中，为了获得其独特的混合处理效果，混合液必须以一定的流速在沟内循环流动。最低流速应为 0.15m/s，不发生沉积的平均流速应达到 0.3～0.5m/s。氧化沟上部流速较大（约为 0.8～1.2m/s，甚至更大），而底部流速很小（特别是在水深的 2/3 或 3/4 以下，混合液几乎没有流速），致使沟底大量积泥（有时积泥厚度达 1.0m），大大减少了氧化沟的有效容积，降低了处理效果，影响了出水水质。

交替工作式氧化沟系统的特点：不单独设二沉池，在不同时段氧化沟系统交替作沉淀池使用；基建费用低，运行方便。交替工作式氧化沟有 A 型、VR 型、D 型和 T 型。

A 型氧化沟系单沟交替工作式氧化沟，A、B、C 3 个时段，氧化沟分别处于曝气、沉淀、排放 3 个工作状态。该氧化沟局限于水量较小，且间歇排放的情况。A、B、C 各工作时段持续时间的长短，具体取决于污水间歇排放的周期。

VR 型氧化沟是单沟交替工作式氧化沟，但可实现连续进水。其特点是将曝气沟渠分成容积基本相等的两部分，利用定时装置改变曝气转刷旋转方向，可以改变沟内水流方向，氧化沟交替作为曝气区和沉淀区，不需设二沉池。当沉淀区改变为曝气区，已沉淀下来的污泥会自动与进入的污水混合，不需另设污泥回流装置。通过曝气转刷的正反向运行和两道单向门、两道出水堰的交替启闭完成处理过程。

D 型氧化沟为双沟交替工作式氧化沟，由池容完全相同的两个氧化沟组成，两沟串联运行，交替地作为曝气池和沉淀池。在状态 I，A 沟作为曝气区，转刷开启，出水堰关闭；B 沟作为沉淀区，转刷停止，出水堰开启。在状态 II，B 沟为曝气区，A 沟为沉淀区。I 向 II 和 II 向 I 之间各有一个过渡轮换期，分别为 1h。在过渡轮换期内，转刷全部停止工作。在一个工作周期内，转刷实际利用率为 37.5%，利用率低，这是 D 型沟的缺点。

　　T 型氧化沟为三沟交替工作式氧化沟系统。在三沟中，有一沟一直作为曝气区使用，因而提高了转刷的利用率（达 59％左右）。T 型氧化沟较 VR 和 D 型氧化沟运转更加灵活。通过合理运行高度，可以有效地实现脱氮功能。

　　T 型氧化沟流程简单、构思巧妙，既有一般氧化沟工艺的处理效果好、耐冲击力强、处理设施少等优点，又具有 SBR 工艺的非稳态、适应性强的特性。

　　因此，本课程设计选择 T 型氧化沟即三沟交替工作式氧化沟作为主体工艺。

3.3.3.4　设计方案及工艺流程的确定

　　工艺流程如图 3-14 所示。

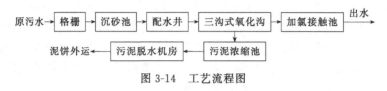

图 3-14　工艺流程图

3.3.4　处理单元的设计计算

3.3.4.1　格栅的设计

　　设计资料、计算公式和过程参见 3.2.4 格栅设计。

3.3.4.2　沉砂池的设计

　　（1）设计基本参数的确定

　　① 沉砂池类型的确定　沉砂池主要用于去除污水中粒径大于 0.2mm、密度大于 2.65t/m³ 的砂粒，以保护管道、阀门等设施免受磨损和阻塞。其工作原理是以重力分离为基础，沉砂池主要有平流沉砂池、曝气沉砂池、旋流沉砂池等。

　　② 沉砂池的设计基本参数　设计流量 $Q_{max}=1.956\text{m}^3/\text{s}$；最大停留时间不小于 30s，一般采用 30～60s，取水力停留时间 $t=30\text{s}$；最大流速为 0.3m/s，最小流速为 0.15m/s，取最大设计流量时流速为 $v=0.25\text{m/s}$；有效水深应不大于 1.2m，一般采用 0.25～1.0m，取设计有效水深 $h_2=1.0\text{m}$；池底坡度一般为 0.01～0.02；每格宽度不宜小于 0.6m。

　　（2）设计计算草图（见图 3-15）

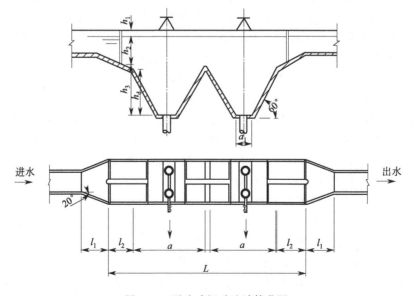

图 3-15　平流式沉砂池计算草图

（3）沉砂池的设计计算

① 沉砂部分的长度 L

设 $v=0.25\text{m/s}$，$t=30\text{s}$，则

$$L=vt=0.25\times30=7.5\ \text{（m）}$$

式中，v 为最大设计流量时的流速，m/s；t 为最大设计流量时的流行时间，s。

② 水流断面面积 A

$$A=\frac{Q_{\max}}{v}=\frac{1.956}{0.25}=7.82\ \text{（m}^2\text{）}$$

式中，$Q_{\max}$ 为最大设计流量，m³/s。

③ 池总宽度 B

$$B=\frac{A}{h_2}=\frac{7.82}{1.0}=7.82\ \text{（m）}$$

式中，h_2 为设计有效水深，m。

设有 5 格，每格宽度为 b，则

$$b=\frac{B}{5}=\frac{7.82}{5}=1.56\ \text{（m）}$$

④ 沉砂池所需容积 V

设 $T=2\text{d}$，城市污水沉砂量 X（m³/10⁶m³ 污水），一般采用 0.03L/m³ 污水，则

$$V=\frac{86400Q_{\max}TX}{1000K_Z}=\frac{86400\times1.956\times0.03\times2}{1000\times1.3}=7.80\ \text{（m}^3\text{）}$$

式中，X 为城市污水沉砂量，m³/10⁶m³ 污水；T 为清除沉砂间隔时间，d；K_Z 为污水流量总变化系数。

⑤ 每个沉砂斗容积 V_0 设每个分格有两个沉砂斗，共有 10 个沉砂斗，则

$$V_0=\frac{7.80}{10}=0.78\ \text{（m}^3\text{）}$$

⑥ 沉砂斗各部分尺寸（见图 3-16）

设斗底宽 $b_1=0.5\text{m}$，斗壁与水平面的倾角为 60°，斗高 $h_3'=0.8\text{m}$，砂斗上口宽为：

$$b_2=\frac{2h_3'}{\tan60°}+b_1=\frac{20.8}{\tan60°}+0.5=1.42\ \text{（m）}$$

沉砂斗容积：

$$V_1=\frac{1}{3}h_3'(S_1+S_2+\sqrt{S_1\cdot S_2})=\frac{h_3'}{3}(b_2{}^2+$$

$b_1b_2+b_1^2)=0.794\ \text{（m}^3\text{）}>0.780\ \text{m}^3$，符合要求。

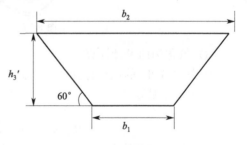

图 3-16 沉砂斗

⑦ 沉砂池高度 h_3 假设采用重力排砂，池底设为 6%坡度，坡向砂斗，沉砂池含两部分，一部分为沉砂斗，另一部分为沉砂池坡向沉砂斗的过渡部分，沉砂池的宽度为：

$$l_2=\frac{L-2b_2-b'}{2}=\frac{7.5-2\times1.42-0.2}{2}=2.23\ \text{（m）} \text{（}b'\text{为二沉砂斗之间隔壁厚，取 0.2m）}$$

$$h_3=h_3'+0.06l_2=0.8+0.06\times2.23=0.934\ \text{（m）}$$

⑧ 沉砂池的总高度 H 设超高 h_1 为 0.3m，则

$$H=h_1+h_2+h_3=0.3+1.0+0.934=2.234\ \text{（m）}$$

式中，h_1 为超高，m；h_3 为沉砂室高度，m。

⑨ 验证最小流速 在最小流量时，设只有一格工作（$n_1=1$），则

$$v_{\min} = \frac{Q_{\min}}{n_1 A_{\min}} = \frac{\frac{1}{5} \times 1.956}{1 \times 1 \times 1.56} = 0.25 \ (\text{m/s}) > 0.15\text{m/s}$$

式中，$Q_{\min}$ 为最小流量，m^3/s；n_1 为最小流量时沉砂池中的水流断面面积，m^2。

3.3.4.3 氧化沟的设计

（1）设计基本参数的确定　设计参数如表 3-20 所示。

表 3-20　设计参数表

项　　目	数　　值
污泥负荷率 $N_S/[\text{kgBOD}_5/(\text{kgMLSS·d})]$	0.03～0.15
水力停留时间 T/h	10～48
污泥龄 t_s/d	去除 BOD_5 时，5～8d；去除 BOD_5 并硝化时，10～20d；去除 BOD_5 并反硝化时，30d
污泥回流比 $R/\%$	50～200
污泥浓度 $X/(\text{mg/L})$	2000～6000

污泥浓度 $X=4000\text{mg/L}$，$K_d=0.05$，可生物降解的 VSS 占总 VSS 的比例 $f_b=0.63$，$Y=0.6$，$f=0.7$。

（2）设计计算草图（见图 3-17）

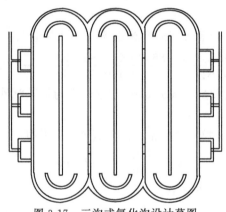

图 3-17　三沟式氧化沟设计草图

（3）氧化沟的设计计算

① 去除 BOD_5 的设计计算

a. 计算污泥龄

$$\theta_c = \frac{0.77}{K_d f_b} = \frac{0.77}{0.05 \times 0.63} = 24.4 \ (\text{d}) \ (\text{取 } 25\text{d})$$

b. 计算曝气池体积

$$X_V = \frac{Y\theta_c Q(S_0 - S_e)}{1 + K_d\theta_c} = \frac{0.6 \times 25 \times 130000 \times (0.13 - 0.015)}{1 + 0.05 \times 25} = 99666.7 \ (\text{kg/d})$$

式中，S_0、S_e 为进出水 BOD_5 浓度，mg/L；Y 为净污泥产率系数，kgMLSS/kgBOD_5。

取污泥浓度 $X=4000\text{mg/L}$，则 $V_1 = \dfrac{X_V}{Xf} = \dfrac{99666.7}{4 \times 0.7} = 35595 \ (\text{m}^3)$。

c. 校核污泥负荷

$$\frac{F}{M} = \frac{(130 - 15) \times 130000 \times 10^{-3}}{99666.7} = 0.15 \ [\text{kgBOD}_5/(\text{kgMLSS·d})]$$

在 0.03～0.15kgBOD$_5$/(kgMLSS·d) 内，符合要求。

② 碳氧化、氮硝化区容积 V_1 计算　$V_1 = 35595\text{m}^3$。

③ 反硝化区脱氮量 W 计算

$$W = 进水总氮量 - (剩余污泥排放的氮量 + 随水带走的氮量)$$
$$= Q(N_0 - N_e) - 0.124 Y Q S_r$$
$$= 130000 \times \left(\frac{22-3}{1000} - 0.124 \times 0.6 \times \frac{130-15}{1000} \right)$$
$$= 1358 \ (\text{m}^3/\text{d})$$

④ 反硝化区所需要的污泥量

$$G = \frac{W}{V_{DN}} = \frac{1358}{0.026} = 52231 \ (\text{kg})$$

式中，V_{DN} 为反硝化速率，$\text{kgNO}_3^- \text{-N}/(\text{kgMLSS} \cdot \text{d})$，在水温 8℃ 时，氧化沟中 $X = 4000\text{mg/L}$ 时，$V_{DN} = 0.026 \text{kgNO}_3^- \text{-N}/(\text{kgMLSS} \cdot \text{d})$。

⑤ 反硝化区容积

$$V_2 = \frac{G}{X} = \frac{52231}{4} = 13058 \ (\text{m}^3)$$

⑥ 氧化沟总体积 V

$$V = \frac{V_1 + V_2}{K} = \frac{35595 + 13058}{0.55} = 88460 \ (\text{m}^3)$$

氧化沟分 3 组，则每组三沟式氧化沟的容积为 $\frac{V}{3}$，即

$$V' = \frac{V}{3} = 29487 \ (\text{m}^3)$$

氧化沟水深取 $H = 3\text{m}$，则每条氧化沟的平面面积为：

$$A_1 = \frac{V'}{H} = 9829 \ (\text{m}^2)$$

3 条沟，每条沟的平均面积为：

$$A_{11} = \frac{A_1}{3} = 3276 \ (\text{m}^2)$$

取氧化沟为矩形断面，且单沟宽为 $B = 30\text{m}$，则单沟长为：

$$L_1 = \frac{A_{11}}{B} = 109.2 \ (\text{m}) \ (取 110\text{m})$$

⑦ 校核水力停留时间

$$t = \frac{24V}{Q} = \frac{24 \times 88460}{130000} = 16.3 \ (\text{h}) ， 在 10 \sim 48\text{h} 内，符合要求。$$

⑧ 剩余污泥量的计算

$$X_w = \frac{YQ(S_0 - S_e)}{1 + K_d \theta_c} = \frac{0.6 \times 130000 \times (0.13 - 0.015)}{1 + 0.05 \times 25} = 3987 \ (\text{kg/d})$$

湿泥量为：

$$Q_s = \frac{X_w}{(1-P) \times 1000} = \frac{3987}{(1-0.992) \times 1000} = 498 \ (\text{m}^3/\text{d})$$

⑨ 需氧量的计算

$$O_2 = a'QS_r + b'N_r - b'N_D - c'X_w$$
$$= a'Q(S_0 - S_e) + b'[Q(NK_0 - NK_e) - 0.12X_w] - b'[Q(NK_0 - NK_e - NO_e) - 0.12X_w] \times 0.56 - c'X_w$$
$$= 1.47 \times 130000 \times \frac{130-15}{1000} + 4.6 \times \left(130000 \times \frac{22-3}{1000} - 0.12 \times 3987 \right)$$

$$-4.6\times0.6\times\left(130000\times\frac{22-3-0}{1000}-0.12\times3987\right)-0.12\times3987$$

$$=25162.5\ (\text{kg/d})$$

（4）设备选型

① 氧化沟段　可提升式 QD250-4 型低速大叶片潜水推进器 4 台（每座 2 台）；单机功率 $N=4.0\text{kW}$，转速 $30\sim40\text{r/min}$，搅拌叶轮直径 2500mm。

采用 2 台倒伞形叶轮表曝器，单台曝气能力为 195kg/h，采用 DB400 倒伞曝气机，叶轮直径为 4000mm，电机功率 110kW。

② 厌氧段　可提升式 QD250-4 型低速大叶片潜水推进器 2 台（每座 1 台）；单机功率 $N=4.0\text{kW}$，转速 $30\sim40\text{r/min}$，搅拌叶轮直径 2500mm。

3.3.4.4 加氯接触池的设计

（1）设计基本参数的确定　加氯量通常根据经验确定，二级处理水排放时投氯量为 $5\sim10\text{mg/L}$，取投氯量 7mg/L，$Q=1505\text{L/s}$，则投氯流量为：

$$w=\rho_{max}Q=1505\times0.007=10.535\ (\text{g/s})=910.224\ (\text{kg/d})$$

本设计共设 2 座加氯接触池，设计最大流量 $Q=7043.4\text{m}^3/\text{h}$；设计水力停留时间 $T=0.5\text{h}$；设计投氯量 $\rho=7\text{mg/L}$；设计水深 $h=2.5\text{m}$；设计隔板间隔 $b=3\text{m}$。

（2）加氯接触池设计计算

① 接触池容积（V）

$$V=QT=1505\times0.5\times3600\div1000/2=1354.5\ (\text{m}^3)$$

② 池长 L　采用矩形隔板式接触池。设每座接触池的分格数为 4 格，取池水深 $h=2.5\text{m}$，单元格宽 $b=3\text{m}$；则池长 $L=18\times3=54$（m）；水流长度 $L'=72\times4=288$（m）。

③ 复核池容　由以上计算，接触池宽为 $B=4\times3=12$（m），长 $L=54\text{m}$，水深 $h=2.5\text{m}$，则

$$V_1=54\times12\times2.5=1620\ (\text{m}^3)>1354.5\text{m}^3，符合要求。$$

④ 加氯量　设计投氯量：$\rho=7.0$（mg/L），仓储量按 15d 计算。

设计最大投氯量：$G=\rho Q_{max}=7.0\times10^{-3}\times7043.4=49.30$（kg/h）。

贮氯量：$W=15G=15\times49.30\times24=17748$（kg）。

（3）设备选型　选 30 台 REGAL-220 型加氯机。选用贮氯量为 150kg 的液氯钢瓶，每日加氯量约为 7 瓶，共贮用 25 瓶，每座加氯池设加氯机 15 台，14 用 1 备，单台投氯量为 $2\sim3\text{kg/h}$。配置注水泵 4 台，2 用 2 备。

3.3.4.5 提升泵房的设计

（1）排污泵的选取　设计流量为 $7041.7\text{m}^3/\text{h}$，选用 6 台排污泵（5 用 1 备）；则单台流量为：

$$Q_1=\frac{Q_{max}}{5}=\frac{7041.7}{5}\approx1408\ (\text{m}^3/\text{h})$$

选用 WQB1440-17.5-110 型潜水排污泵，详细参数见表 3-21。

表 3-21　WQB1440-17.5-110 型潜水排污泵参数表

型　号	排出口径/mm	流量/(m³/h)	扬程/m	转速/(r/min)	功率/kW	效率/%
WQB1440-17.5-110	355	1440	17.5	960	110	78.7

（2）集水池　按一台泵最大流量时 6min 的出流量设计，则集水池的有效容积 V 为：

$$V=\frac{1408}{60}\times6=140.8\ (\text{m}^3)$$

① 集水池面积 F　取有效水深 H 为 3m，则面积 F 为：

$$F=\frac{V}{H}=\frac{140.8}{4}=35.2 \ （m^2）$$

② 集水池宽度 B　集水池长度 $L=5m$，则宽度 B 为：

$$B=\frac{F}{L}=\frac{35.2}{5}=7.04 \ （m），取 8m。$$

③ 集水池平面尺寸　集水池平面尺寸 $L×B=5m×8m$，保护水深为 1.2m，实际水深为 4.2m。

3.3.4.6　污泥处理系统的设计

设计资料、计算公式和过程参见本书 3.2.4 污泥处理系统设计。

3.3.4.7　主要构筑物、设备一览表

主要构筑物见表 3-22。

表 3-22　主要构筑物一览表

序号	名称	规格	数量	设计参数	主要设备
1	中格栅	$L×B=2.34m×0.49m$	8 座	栅条间隙 $b=30.0mm$ 栅前水深 $h=0.95m$ 过栅流速 $v=0.9m/s$ 安装倾角 $α=60°$	WQB1440-17.5-110 型潜水排污泵 螺旋式输送机（$φ300mm$）一台
2	平流式沉砂池	$L×B×H=7.5m×7.82m×2.234m$	1 座	设计流量 $Q=7043.4m^3/h$ 水力流速 $v=0.25m/s$ 水力停留时间 $t=30s$	
3	三沟式氧化沟	单沟尺寸 $L×B=110m×30m$	2 座	污泥龄 $θ_c=25d$ 污泥浓度 $X=4000mg/L$ $Y=0.6$	提升式 QD250-4 型低速大叶片潜水推进器 4 台（单机功率 $N=4.0kW$）； 倒伞形叶轮表曝器 2 台（单台曝气能力 195kg/h）； DB400 倒伞曝气机（叶轮直径为 4000mm，电机功率 110kW）； QD250-4 型低速大叶片潜水推进器 2 台（单机功率 $N=4.0kW$）
4	加氯接触池	$L×B×H=54m×12m×2.5m$	2 座	最大流量 $Q_{max}=7043.4m^3/h$ 水力停留时间 $T=0.5h$ 设计投氯量 $ρ=7mg/L$ 设计水深 $h=2.5m$ 设计隔板间隔 $b=3m$	REGAL220 型加氯机 30 台，28 用 2 备
5	污泥泵房	$L×B=30m×10m$	2 座	设计流量 $Q=7043.4m^3/h$ 污泥回流比为 100%	KQL300/375-55/6 型离心泵 10 台，8 用 2 备
6	污泥浓缩池	$D×H=14m×4.75m$	1 座	进泥含水率 $P_1=99.2%$ 出泥含水率 $P_2=97%$ 污泥浓缩时间 $T=16h$ 固体通量 $M=25kg/（m^2·d）$ 设计流量 $Q_w=598m^3/d$	采用周边驱动单臂旋转式刮泥机，并配置栅条以利于污泥的浓缩
7	贮泥池	$L×B×H=6m×5m×3m$	1 座	贮泥时间 $T=12h$ 处理能力 122.67m³/d	OMPGS160-15.0-2B1 潜水混合机 2 台
8	脱水间	$L×B=15m×10m$	1 座	出泥含水率 75%	无轴螺旋输送机 1 台，DYL-3000 带式脱水机 10 台（8 用 2 备）

3.3.5　工艺流程与平面布置图

3.3.5.1　工艺流程图

工艺流程图纸参见本书 3.1.4 课程设计的图纸要求。流程图 2 张（2# 图纸），见图3-18、图 3-19。

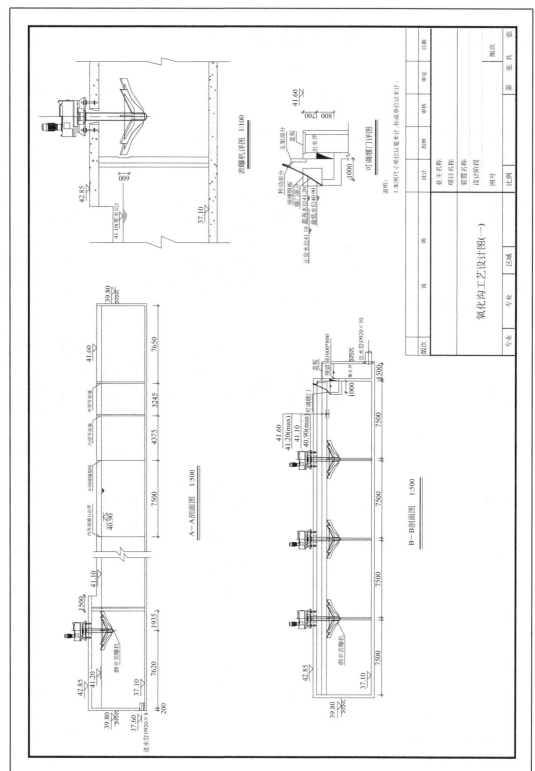

图 3-18 工艺流程图一

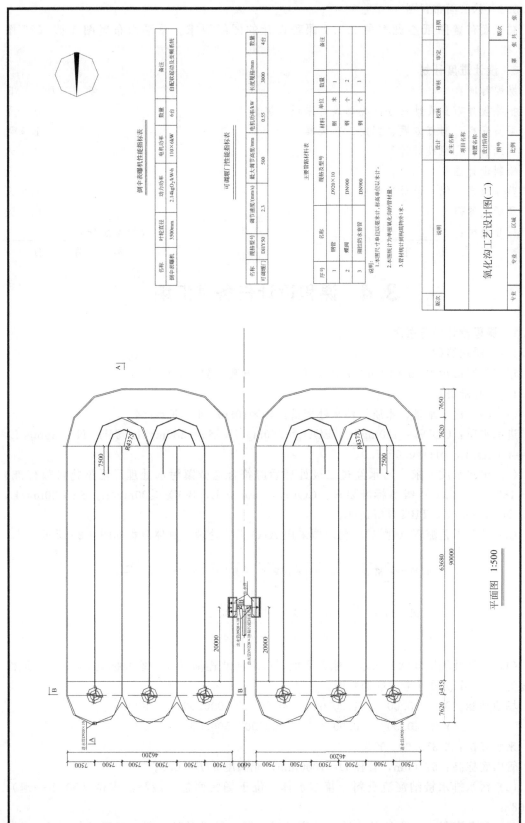

平面图 1:500

图 3-19 工艺流程图二

倒伞表曝机性能指标表

名称	规格型号	叶轮直径	动力功率	电机功率	数量	备注
倒伞表曝机		3500mm	2.14kgO₂·kWh	110×6kW	6台	自配软起动及变频系统

可调堰门性能指标表

名称	规格型号	调节速度(mm/s)	最大调节高度/mm	电机功率/kW	数量	备注
可调堰门	DHY50	2.3	500	0.55	4台	

主要容器材料表

序号	名称	规格及型号	材料	单位	长度规格/mm	数量	备注
1	钢管	DN20×10	钢	米	3000		
2	蝶阀	DN900	钢	个		1	
3	刚性防水套管	DN900	钢	个		2	
						1	

说明:
1. 本图尺寸单位以毫米计,标高单位以米计。
2. 本图统计为单侧氧化沟的管道材料。
3. 管材统计剖切构筑物均为1米。

氧化沟工艺设计图(二)

设计		校核		审核		审定		日期	
业主名称									
项目名称									
专业		区域		比例		图号		版次	第 张 共 张

3.3.5.2　总平面布置图

总平面布置图纸参见本书 3.1.4 课程设计的图纸要求。总平面布置图 1 张（2# 图纸），略。

3.3.6　设计进度计划

发题时间：	年	月	日
指导教师布置设计任务、熟悉设计原理、要求			0.5 天
查阅资料、制订方案、拟定工艺流程			1.0 天
构筑物、高程设计计算			2.0 天
绘制设计图			1.5 天
整理数据、编写设计说明书			1.5 天
质疑或答辩			0.5 天

指导教师：＿＿＿＿＿＿　　　　　　　　　　　教研室主任：＿＿＿＿＿＿

　　年　　月　　日　　　　　　　　　　　　　　　年　　月　　日

3.4　课程设计任务书汇编

3.4.1　课程设计任务书之一

3.4.1.1　课题名称

华东某城市污水 $40 \times 10^4 \, \mathrm{m^3/d}$ A/O 处理工艺方案（初步）设计.

3.4.1.2　基础资料

（1）污水进水水量、水质　污水处理量：$40 \times 10^4 \, \mathrm{m^3/d}$，$K = 1.4$.

进水水质：$COD_{Cr} = 400 \mathrm{mg/L}$，$BOD_5 = 250 \mathrm{mg/L}$，$SS = 280 \mathrm{mg/L}$，$NH_3\text{-}N = 35 \mathrm{mg/L}$，$TP = 4.0 \mathrm{mg/L}$，$pH = 6.0 \sim 7.0$。

（2）出水水质要求　污水经过二级处理后应符合《城镇污水处理厂污染物排放标准》（GB 18918—2002）一级 B 标准要求：$COD_{Cr} \leqslant 60 \mathrm{mg/L}$，$BOD_5 \leqslant 20 \mathrm{mg/L}$，$SS \leqslant 20 \mathrm{mg/L}$，$NH_3\text{-}N \leqslant 15 \mathrm{mg/L}$，$TP \leqslant 1.0 \mathrm{mg/L}$。

（3）处理工艺流程（建议）　污水拟采用 A/O 工艺处理，具体流程如图 3-20 所示。

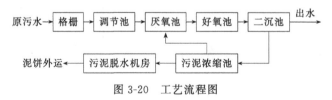

图 3-20　工艺流程图

（4）厂址及场地现状　污水厂地势平坦，自南向北逐渐升高，地面标高 60.00m，地面坡度为 5‰。本次设计考虑远期发展。

场地坐标：X　　0.00　　1000.00　　0.00　　1000.00

　　　　　Y　　0.00　　0.00　　500.00　　500.00

来水方位：X 350.00，Y 50.00。

管内底标高：57.00m，管径 $D = 1000 \mathrm{mm}$，充满度 $h/D = 0.6$。

（5）污水排水接纳河流资料　接纳水体：位于场区西边，最高洪水位（50 年一遇）：56.08m。

（6）气象资料　该市地处内陆中纬度地带，属大陆性季风气候。年平均气温为 24℃；

夏季主导风为东南风，台风最高达 9～10 级，10m 以上构筑物应考虑台风影响；历年平均降水量为 1520mm；历年平均相对湿度为 81％。

3.4.1.3 课程设计的任务

华东某城市拟新建一座二级污水处理厂，要求学生们根据所学专业知识提出一套切实可行的污水处理工艺方案，并进行比较选择；并对主要处理构筑物的工艺尺寸、主要高程进行设计计算，设计深度应符合初步设计深度要求。

① 依据水质情况，独立完成城市污水处理厂设计方案的制定，确定适宜的工艺流程；

② 主体构筑物、设备的设计计算和选型（格栅、调节池、A/O 池、沉淀池、污泥浓缩池等）；

③ 确定平面布置和高程布置的方案；

④ 绘制平面布置图和高程图；

⑤ 编写课程设计说明书。

3.4.1.4 课程设计的基本要求

① 在设计过程中，培养独立思考、独立工作能力以及严肃认真的工作作风。

② 课程设计的核心内容要求如下。

a. 方案选择应论据充分，具有说服力，尽量用数据论证；

b. 设计参数选择有根据，合理全面；

c. 计算所选用的公式依据充分，有参数说明，计算结果必须准确；

d. 说明书中必须列有处理构筑物、设备一览表：名称、型式（型号）、主要尺寸、数量、参数；

e. 图纸应正确表达设计意图，符合设计、制图规范，线条清晰、主次分明、粗细适当、数据标绘完整，并附有一定文字说明。

总平面布置图 1 张（2# 图纸）：包括处理构筑物、配水和集水等附属构筑物、污水污泥管渠、回流管渠、放空管、超越管渠、空气管路、厂内给水、污水管线、道路、绿化、图例、构筑物一览表、经济技术指标一览表等。

高程图 1 张（2# 图纸）：即污水处理高程纵剖面图，包括构筑物标高、水面标高、地面标高、构筑物名称。

③ 设计说明书格式参见本书 1.3.2 课程设计的成果要求，应内容完整、绘制计算草图、文字通顺、条理清楚、计算准确。

④ 说明书要求打印（1.0 万～1.5 万字），可用计算机绘图；参考文献按标准要求编写，必须在 15 篇以上。

3.4.1.5 计划进度

	年 月 日
发题时间：	
指导教师布置设计任务、熟悉设计原理	0.5 天
查阅资料、制订方案、拟定工艺流程	1.0 天
构筑物设计参数计算	2.0 天
绘制设计图	1.5 天
整理数据、编写设计说明书	1.5 天
质疑或答辩	0.5 天

指导教师：＿＿＿＿＿＿　　　　　　　　　　　教研室主任：＿＿＿＿＿＿

　　年　　月　　日　　　　　　　　　　　　　　年　　月　　日

3.4.2　课程设计任务书之二

3.4.2.1　课题名称

华南城市污水 $10 \times 10^4 m^3/d$ 处理工艺方案（初步）设计。

3.4.2.2　基础资料

（1）污水进水水量、水质　污水处理量：$10 \times 10^4 m^3/d$，$K=1.4$。

进水水质：$COD_{Cr}=330mg/L$，$BOD_5=220mg/L$，$SS=240mg/L$，$NH_3\text{-}N=23mg/L$，$TP=3.0mg/L$，$pH=6.0 \sim 7.0$。

（2）出水水质要求　污水经过二级处理后应符合《城镇污水处理厂污染物排放标准》（GB 18918—2002）一级 A 标准要求：$COD_{Cr} \leqslant 50mg/L$，$BOD_5 \leqslant 10mg/L$，$SS \leqslant 120mg/L$，$NH_3\text{-}N \leqslant 8mg/L$，$TP \leqslant 0.5mg/L$。

（3）处理工艺流程（建议）

污水拟采用氧化沟工艺处理，具体流程如图 3-21 所示。

图 3-21　工艺流程简图

（4）厂址及场地现状　该污水处理厂选址于东郊河流北岸与铁路交汇处的一块三角地带，场地地势平坦，由西北坡向东南，场地标高在 384.5～383.5m 之间，位于城市中心区排水管渠末端。厂址面积为 53557m²。

（5）厂址及场地现状　拟建污水处理厂场地较为平整，假定平整后厂区的地面标高为±0.00m，平均地面坡度为 3%。地势为东南高，西南低。本次设计考虑远期发展。

场地坐标：X　　0.00　　670.00　　　−50.00　　670.00

　　　　　Y　　0.00　　30.00　　　700.00　　700.00

来水方位：X 50.00，Y 170.00。

管内底标高：−5.50m，管径 $D=1000mm$，充满度 $h/D=0.65$。

（6）污水排水接纳河流资料　该污水厂的出水直接排入厂区外部的河流，其最高洪水位（50 年一遇）为 380.0m，常水位为 378.0m，枯水位为 375.0m。

（7）气象资料　该市地处内陆中纬度地带，属暖温带大陆性季风气候。年平均气温 9～13.2℃，最热月平均气温 21.2～26.5℃，最冷月−5.0～−0.9℃。极端最高气温 42℃，极端最低气温−24.9℃。年日照时数 2045h。多年平均降雨量 577mm，集中于 7～9 月，占总量的 50%～60%。受季风环流影响，冬季多北风和西北风，夏季多南风或东南风，市区全年主导风向为东北风，频率为 18%，年平均风速 2.55m/s。

3.4.2.3　课程设计的任务

华南某城市拟新建一座二级污水处理厂，要求学生们根据所学专业知识提出一套切实可行的污水处理工艺方案，并进行比较选择；并对主要处理构筑物的工艺尺寸、主要高程进行设计计算，设计深度应符合初步设计深度要求。

① 依据水质情况，独立完成城市污水处理厂设计方案的制定，确定适宜的工艺流程；

② 主体构筑物、设备的设计计算和选型（格栅、沉砂池、氧化沟、二沉池、污泥浓缩池等）；

③ 确定平面布置和高程布置的方案；

④ 绘制平面布置图和高程图；

⑤ 编写课程设计说明书。

3.4.2.4 课程设计的基本要求

见课程设计任务书之一。

3.4.2.5 计划进度

见课程设计任务书之一。

3.4.3 课程设计任务书之三

3.4.3.1 课题名称

某日用化学品厂 $2\times10^4\,\mathrm{m^3/d}$ 废水 SBR 处理工艺方案（初步）设计。

3.4.3.2 基础资料

（1）污水进水水量、水质 污水处理量：$2\times10^4\,\mathrm{m^3/d}$，$K=1.3$。

工业污水来自洗衣粉和肥皂生产车间，办公生活用水来自生活区、科研楼等。

进水水质：$COD_{Cr}=360\mathrm{mg/L}$，$BOD_5=180\mathrm{mg/L}$，$SS=150\mathrm{mg/L}$，$NH_3\text{-}N=35\mathrm{mg/L}$，pH＝7.0。

（2）出水水质要求

污水经过二级处理后应符合《污水综合排放标准》（GB 8979—1996）表 4 中一级标准要求：$COD_{Cr}\leqslant100\mathrm{mg/L}$，$BOD_5\leqslant30\mathrm{mg/L}$，$SS\leqslant70\mathrm{mg/L}$，$NH_3\text{-}N\leqslant15\mathrm{mg/L}$。

（3）处理工艺流程（建议） 污水拟采用 SBR 工艺处理，具体流程如图 3-22 所示。

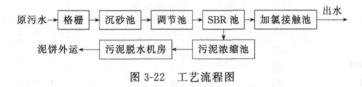

图 3-22 工艺流程图

（4）厂址及场地现状 拟建污水处理厂场地较为平整，假定平整后厂区的地面标高为±0.00m，平均地面坡度为 3‰。地势为东南高，西南低。本次设计考虑远期发展。

场地坐标：X 　　0.00　　270.00　　−50.00　　300.00

　　　　　Y 　　0.00　　30.00　　180.00　　168.00

来水方位：X 50.00，Y 170.00。管内底标高：−5.50m，管径 $D=1000\mathrm{mm}$，充满度 $h/D=0.65$。

（5）污水排水接纳河流资料 该污水处理厂的出水直接排入厂区外部的河流，其最高洪水位（50 年一遇）为−2.0m，常水位为−3.0m，枯水位为−4.0m。

（6）气象资料 见表 3-23。

表 3-23 气象资料

风向	全年主导风向为西北风，夏季主导风向为东南风
年平均风速	4.3m/s
温度	年平均 11℃，极端温度：最高 37.3℃，最低−21℃
土壤冰冻深度	0.6m
地下水位	地面下 2.0m

3.4.3.3 课程设计的任务

某日用化学品厂拟新建一座二级污水处理站，要求学生们根据所学专业知识提出一套切实可行的污水处理工艺方案，并进行比较选择；并对主要处理构筑物的工艺尺寸、主要高程进行设计计算，设计深度应符合初步设计深度要求。

① 依据水质情况，独立完成污水处理站设计方案的制定，确定适宜的工艺流程；

② 主体构筑物、设备的设计计算和选型（格栅、沉砂池、调节池、SBR 池、污泥浓缩池）等；

③ 确定平面布置和高程布置的方案；

④ 绘制平面布置图和高程图；

⑤ 编写课程设计说明书。

3.4.3.4　课程设计的基本要求

见课程设计任务书之一。

3.4.3.5　计划进度

见课程设计任务书之一。

3.4.4　课程设计任务书之四

3.4.4.1　课题名称

某氮肥厂 1200m³/d 废水二级生化处理工艺方案（初步）设计。

3.4.4.2　基础资料

（1）污水进水水量、水质　污水处理量：工业污水有炭黑废水 960m³/d，合成氨装置的 CO_2 洗涤水、尿素装置工艺冷凝液、生活污水等排放量为 240m³/d，K=1.35。

进水水质见表 3-24。

表 3-24　进水水质表

项　　目	COD/(mg/L)	Ni/(mg/L)	NH₃-N/(mg/L)	SS/(mg/L)
炭黑废水	320	42	33	≤820
合成氨装置的 CO_2 洗涤水	≤340	55	85	≤320
尿素装置工艺冷凝液	380	34	60	250
生活污水	≤300	0	25	220

（2）污水处理要求　污水经过二级处理后应符合以下具体要求：$COD_{Cr} \leqslant 100mg/L$，$BOD_5 \leqslant 20mg/L$，$SS \leqslant 20mg/L$，$NH_3\text{-}N \leqslant 15mg/L$，$TP \leqslant 0.5mg/L$。

（3）处理工艺流程（建议）　污水拟采用"物理＋化学＋生物"的工艺处理，具体流程如图 3-23 所示。

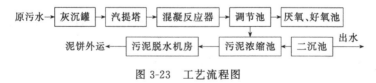

图 3-23　工艺流程图

（4）厂址及场地现状　拟建污水处理厂选址于东郊某河北岸，场地地势平坦，由西北坡向东南，场地标高在 384.5～383.5m 之间，平均地面坡度为 2%。本次设计考虑远期发展。

场地坐标：X　　0.00　　362.00　　40.00　　380.00

　　　　　　Y　　0.00　　−20.00　　220.00　　225.00

来水方位：X 20.00，Y 30.00。

管内底标高：380m，管径 D=1000mm，充满度 h/D=0.6。

（5）污水排水接纳河流资料　该污水厂的出水直接排入厂区外部的河流，其最高洪水位

（50 年一遇）为 380.0m，常水位为 378.0m，枯水位为 375.0m。

（6）气象资料

该市地处内陆中纬度地带，属暖温带大陆性季风气候。年平均气温 9～13.2℃，最热月平均气温 21.2～26.5℃，最冷月 -5.0～0.9℃。极端最高气温 42℃，极端最低气温 -24.9℃。年日照时数 2045h。多年平均降雨量 577mm，集中于 7～9 月，占总量的 50%～60%。受季风环流影响，冬季多北风和西北风，夏季多南风或东南风，市区全年主导风向为东北风，频率为 18%，年平均风速 2.55m/s。

3.4.4.3 课程设计的任务

某氮肥厂拟新建一座二级污水处理站，要求学生们根据所学专业知识提出一套切实可行的污水处理工艺方案，并进行比较选择；并对主要处理构筑物的工艺尺寸、主要高程进行设计计算，设计深度应符合初步设计深度要求。

① 依据水质情况，独立完成污水处理站设计方案的制定，确定适宜的工艺流程；

② 主体构筑物、设备的设计计算和选型（混凝反应器、调节池、厌氧好氧池、二沉池、污泥浓缩池等）；

③ 确定平面布置和高程布置的方案；

④ 绘制平面布置图和高程图；

⑤ 编写课程设计说明书。

3.4.4.4 课程设计的基本要求

见课程设计任务书之一。

3.4.4.5 计划进度

见课程设计任务书之一。

3.4.5 课程设计任务书之五

3.4.5.1 课题名称

某淀粉厂 1000m³/d 淀粉废水投药气浮-UASB-SBR 工艺方案（初步）设计。

3.4.5.2 基础资料

（1）污水进水水量、水质　进水水量：该淀粉厂废水主要来源于生产过程中的工艺废水（包括蛋白液、中间产品的洗涤水、各种设备的冲洗水等），总排放量为 1000m³/d，$K=1.3$。

进水水质：$COD_{Cr}=1200mg/L$，$BOD_5=6400mg/L$，$SS=800～1400mg/L$，$pH=4.0～5.0$。

（2）污水处理要求　污水经过二级处理后应符合以下具体要求：$COD_{Cr}≤100mg/L$，$BOD_5≤30mg/L$，$SS≤60mg/L$，$pH=6～9$。

（3）处理工艺流程（建议）　污水拟采用厌氧-好氧相结合的处理工艺，具体流程如图 3-24 所示。

（4）厂址及场地现状　拟建污水处理厂场地选址于东郊某河北岸，场地地势平坦，由西北坡向东南，场地标高在 384.5～383.5m 之间，平均地面坡度为 5%。本次设计考虑远期发展。

场地坐标：X　　0.00　　352.00　　40.00　　390.00

　　　　　Y　　0.00　　-25.00　　210.00　　220.00

来水方位：X 20.00，Y 30.00。

管内底标高：400m，管径 $D=1000mm$，充满度 $h/D=0.6$。

（5）污水排水接纳河流资料　该污水厂的出水直接排入厂区外部的河流，其最高洪水位（50 年一遇）为 300.0m，常水位为 250.0m，枯水位为 275.0m。

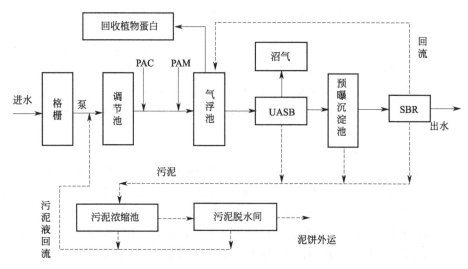

图 3-24　工艺流程图

（6）气象资料　该市地处内陆中纬度地带，属暖温带大陆性季风气候。年平均气温 9～13.2℃，最热月平均气温 21.2～26.5℃，最冷月－5.0～0.9℃。极端最高气温 42℃，极端最低气温－24.9℃。年日照时数 2045h。多年平均降雨量 577mm，集中于 7～9 月，占总量的 50%～60%。受季风环流影响，冬季多北风和西北风，夏季多南风或东南风，市区全年主导风向为东北风，频率为 18%，年平均风速 2.55m/s。

3.4.5.3　课程设计的任务

某淀粉厂拟新建一座二级污水处理站，要求学生们根据所学专业知识提出一套切实可行的污水处理工艺方案，并进行比较选择；并对主要处理构筑物的工艺尺寸、主要高程进行设计计算，设计深度应符合初步设计深度要求。

① 依据水质情况，独立完成污水处理站设计方案的制定，确定适宜的工艺流程；

② 主体构筑物、设备的设计计算和选型（格栅、调节池、气浮池、UASB、预曝沉淀池、SBR 等）；

③ 确定平面布置和高程布置的方案；

④ 绘制平面布置图和高程图；

⑤ 编写课程设计说明书。

3.4.5.4　课程设计的基本要求

见课程设计任务书之一。

3.4.5.5　计划进度

见课程设计任务书之一。

3.4.6　课程设计任务书之六

3.4.6.1　课题名称

某制药厂 220m³/h 脱盐水制备（初步）设计。

3.4.6.2　基础资料

（1）系统进水水量、水质

① 设计水源：当地自来水，水量为 220m³/h。

② 提供水源水温：5～20℃，正常为 17℃。

③ 水压：0.1MPa。

④ 系统进水水质分析资料如表 3-25 所示。

表 3-25 系统进水水质分析资料

项 目	单位	数值	项 目	单位	数值
TDS	mg/L	≤910	SS	mg/L	≤5
油	mg/L	≤2	pH		6～9
氯离子	mg/L	≤233			

（2）系统出水水质 见表 3-26。

表 3-26 系统出水水质资料

项 目	指 标
流量/(m³/h)	220
供水压力/MPa	按 0.44 设计
出水水质	电导率≤50μS/cm(25℃)

（3）脱盐水制备工艺拟采用超滤＋反渗透处理工艺，具体流程如图 3-25 所示（建议）。

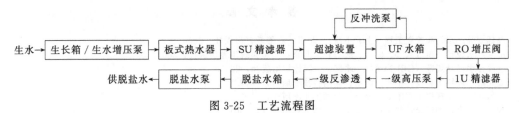

图 3-25 工艺流程图

（4）气象特征与环境条件 设备布置在室内，要求如下。

① 室内温度：5～25℃。

② 多年极端最低温度：41.4～－15.0℃。

③ 室外平均相对湿度：56%。

④ 地震烈度：6 度，7 度设防。

3.4.6.3 课程设计的任务

某制药厂拟新建一座脱盐水装置，要求学生们根据所学专业知识提出一套切实可行的污水处理工艺方案，并进行比较选择；并对主要处理构筑物的工艺尺寸、主要高程进行设计计算，设计深度应符合初步设计深度要求。

① 依据水质情况，独立完成设计方案的制定，确定适宜的工艺流程；

② 主体构筑物、设备的设计计算和选型（调节池、超滤、反渗透、监控系统等）；

③ 确定平面布置和高程布置的方案；

④ 绘制平面布置图和高程图；

⑤ 编写课程设计说明书。

3.4.6.4 课程设计的基本要求

见课程设计任务书之一。

3.4.6.5 计划进度

见课程设计任务书之一。

3.5 课程设计思考题

1. 概述水体污染控制的主要水质指标。

2. 污水处理方法与污染物粒径有何关系？试举例说明。

3. 气浮分离的基本原理是什么？必须满足哪些条件？按气泡产生的方式不同，气浮法可以分为几类？试述加压溶气气浮法有几种工艺流程。试述它们的工艺原理。

4. 细菌生长可划分为几个时期？哪一个时期净化废水的效果最好？为什么？

5. 什么是污水的可生化性？一般如何评价？

6. 在活性污泥处理系统中，哪几种微生物可作为污泥状况良好的指示生物？

7. 什么是活性污泥的驯化？驯化的方法都有哪些？

8. 什么条件下宜采用活性污泥法，什么条件下宜采用生物膜法？

9. 对含硫酸盐的有机废水生化处理的原理是什么？应注意哪些问题？

10. 污水处理厂（站）的工艺设计包含哪些重要内容？对于污水厂（站）设计的平面布置图应当考虑哪些问题？

11. 氧化沟为什么设置导流板和导流墙？如何设置？三沟式氧化沟的工作原理是什么？

12. 污水处理厂常用在线仪表有哪些？安装部位如何？

参 考 文 献

[1] 高廷耀等. 水污染控制工程（上、下册）. 北京：高等教育出版社，2000.
[2] 给水排水设计手册（1、5、6、7、9、11）. 北京：中国建筑工业出版社，2002.
[3] 室外排水设计规范（GBJ 14-87）. 北京：中国计划出版社，2003.
[4] 魏先勋. 环境工程设计手册. 湖南：湖南科技出版社，2002.
[5] 史惠祥. 实用环境工程手册. 北京：化学工业出版社，2002.
[6] 曾科. 污水处理厂设计与运行. 北京：化学工业出版社，2001.
[7] 彭党聪. 水污染控制工程实践教程. 北京：化学工业出版社，2001.
[8] 张自杰. 排水工程（上、下）. 第2版. 北京：中国建筑工业出版社.
[9] 全国通用给水排水标准图集（S1～S2）.
[10] 陈季华等. 废水处理工艺设计及实例分析. 北京：高等教育出版社，1990.
[11] 崔玉川等. 水处理工艺设计计算. 北京：水利电力出版社，1988.
[12] 陈耀宗等. 建筑给水排水设计手册. 北京：中国建筑工业出版社，2005.

4 环工原理课程设计及案例

4.1 环工原理课程设计的目的、意义和要求

4.1.1 环工原理课程设计的目的、意义

环工原理课程设计是环境工程专业的一门必修的学科基础课，主要学习环境污染治理工艺与工程中的单元操作，包括流体流动、离心泵、过滤、颗粒沉降、传热、吸收、精馏、萃取和干燥等过程的基本原理、工程设计计算及设备构造。而本课程的课程设计则是单元操作中工艺及设备的设计，如换热器、吸收塔、精馏塔、萃取设备及干燥设备等的设计，目的是培养学生的工程设计能力、动手能力及分析和解决工程设计问题的能力。

4.1.2 课程设计的要求

经过本课程设计的学习，要求学生能够掌握环境污染治理过程中主要工程设备的设计原则、步骤和方法。

本课程设计的主要任务是培养学生以下能力。

① 树立正确的设计思想，理论联系实际，具有创新思想；

② 提高综合运用所学的理论知识独立分析和解决问题的能力；

③ 学会运用工程设计的基本理论、基本知识和基本技能，掌握环境工程设备设计的一般规律，具有设计一般环境污染治理构筑物的能力；

④ 具有运用技术标准、规范，查阅技术资料的能力和分析计算能力，绘图能力，以及运用计算机绘图的能力。

4.1.3 课程设计的选题

本课程设计选题必须紧紧围绕环境污染治理单元操作这个主题，如换热器、吸收塔、精馏塔、萃取塔和干燥设备等。学生根据教学大纲要求、设计工作量及实际设计条件进行适当选题。选题要符合本课程的教学要求，应包括环境污染治理单元操作的设计计算和针对各种工艺流程的模拟。注意选题内容的先进性、综合性、实践性，应适合实践教学和启发创新，选题内容不应太简单，难度要适中；并且带有一定的前瞻性、系统性和实用性。

4.1.4 课程设计说明书和计算书的编写

课程设计说明书是学生设计成果的重要表现之一，设计说明书的重点是对设计计算成果的说明和合理性分析以及其他有关问题的讨论。设计说明书要力求文字通顺、简明扼要，图表要清楚、整齐，每个图、表都要有名称和编号，并与说明书中内容一致。课程设计说明书按设计程序编写，包括方案的确定、设计计算、设备选择和有关设计的简图等内容。课程设计说明书包括封面、目录、前言、正文、小结、致谢及参考文献等部分，文字应简明通顺、内容正确完整、书写工整、装订成册，合订时，说明书在前，附表和附图分别集中，依次放在后面。

4.1.5 课程设计的图纸要求

课程设计图纸应能较好地表达设计意图，图面布局合理、正确清晰、符合制图标准及有关规定。

每个学生应至少完成设计图纸1张，建议必绘环境污染治理单元操作设备图1张。设备

图应按比例绘制，标出设备、管件编号，并附明细表。如条件允许可附平面、剖面布置图或工艺流程图1～2张。图中设备管件需标注编号，布置图应按比例绘制，在平面布置图中应有方位标志（指北针）。

4.1.6　课程设计的内容与步骤

4.1.6.1　课程设计基本内容

（1）设计方案简介　对给定或选定的工艺方案或主要设备进行必要的介绍和论述。

（2）主要工艺和设备计算　包括工艺参数选定、工艺计算、物料衡算、热量衡算、主要设备工艺尺寸设计计算和结构设计等。

（3）主要辅助设备选型和设计　包括典型辅助设备的设计计算和结构设计、设备型号和规格确定等。

（4）工艺流程图、高程图或设备结构图绘制　标出主体设备和辅助设备的物料流向、流量、主要参数；设备图应包括工艺尺寸、技术特性表、接管表等。

完整的课程设计由设计说明书和图纸两部分组成，设计说明书是设计工作的核心部分、书面总结，也是后续设计和安装工作的主要依据，应包括以下内容：

① 封面（课程设计题目、专业、班级、姓名、学号、指导教师、时间等）；

② 目录；

③ 设计任务书；

④ 概述（设计的目的、意义）；

⑤ 设计条件或基本数据；

⑥ 设计计算；

⑦ 设备结构设计与说明；

⑧ 辅助设备设计和选型；

⑨ 设计结果汇总表；

⑩ 设计说明书后附结论和建议、参考文献、致谢；

⑪ 附图。

4.1.6.2　课程设计步骤

① 动员、布置设计任务；

② 阅读课程设计任务书，熟悉设计任务；

③ 收集资料，查阅相关文献；

④ 设计计算、绘图；

⑤ 编写设计说明书；

⑥ 考核和答辩。

4.1.7　课程设计的注意事项

① 选题可由指导教师选定，或由指导教师提供几个选题供学生选择；也可由学生自己选题，但学生选题需通过指导教师批准。课题应在设计周之前提前公布，并尽量早些，以便学生有充分的设计准备时间。

指导教师公布的课程设计课题一般应包括以下内容：课题名称、设计任务、技术指标和要求、主要参考文献等。

② 学生课程设计结束后，应向教师提交课程设计数据，申请指导教师验收。对达到设计指标要求的，教师将对其综合应用能力和工程设计能力进行简单的答辩考查，对每个学生设计水平做到心中有数；未达到设计指标要求的，则要求其调整和改进，直到达标。

③ 学生编写课程设计说明书和绘制图纸应认真、规范，数据真实可靠，格式正确。

4.2 案 例 一

4.2.1 设计任务书

4.2.1.1 课题名称

分离苯-甲苯的精馏塔设计。

4.2.1.2 操作条件与基础数据

(1) 操作压力　本设计用常压作为操作压力，即压力为 101.325kPa。

(2) 气液平衡关系及平衡数据　常压下苯-甲苯的气液平衡与温度关系见表 4-1。

表 4-1　常压下苯-甲苯的气液平衡与温度关系

液相苯的摩尔分数 x/%	气相苯的摩尔分数 y/%	温度 t/℃	液相苯的摩尔分数 x/%	气相苯的摩尔分数 y/%	温度 t/℃
0	0	110.6	59.2	78.9	89.4
8.8	21.2	106.1	70.0	85.3	86.8
20.2	37.0	102.2	80.3	91.4	84.4
30.0	50.0	98.6	90.3	95.7	82.3
39.7	61.8	95.2	95	97.9	81.2
48.9	71.8	92.1	100.0	100.0	80.2

(3) 处理量　3.6×10^4 t/a，含苯 30%（质量分数）。

(4) 要求　要求塔顶产品含苯 97%（质量分数），塔底产品含苯 3%（质量分数）。

(5) 泡点进料。

(6) 回流比　通常 $R = (1.1 \sim 2) R_{min}$，此设计取 $R = 1.2 R_{min}$。

其他参数根据有关参考文献自选。

4.2.1.3 设计任务（含计算、附件设计、绘图、论述等）

① 填料精馏塔设计计算；

② 编写设计说明书；

③ 绘制填料精馏塔设备图 1 张。

4.2.1.4 设计说明书内容

① 目录；

② 概述；

③ 工艺方案比选；

④ 操作条件及基本数据；

⑤ 精馏塔设计计算（包括物料衡算、热量衡算、塔径、塔高及压降计算、进出口管径计算等）；

⑥ 填料精馏塔的附件设计；

⑦ 塔主要尺寸一览表；

⑧ 设计小结、致谢；

⑨ 参考文献；

⑩ 附图。

4.2.1.5 设计要求

① 方案选择应论据充分，具有说服力；

② 设计参数选择有根据，合理全面；

③ 计算所选用的公式要有来源依据，计算应有足够的准确性；

④ 图纸应正确表达设计意图，符合制图要求；

⑤ 设计计算说明书应层次清楚，语言简练、书写工整、文字通顺，数据可靠；

⑥ 说明书要求打印（1.2 万～1.5 万字），可用计算机绘图；

⑦ 参考文献按标准要求编写，必须在 10 篇以上。

4.2.1.6　计划进度

发题时间	年　　　月　　　日
指导教师布置设计任务、熟悉设计要求	1 天
准备工作、收集资料及方案比选	1 天
设计计算	3 天
整理数据、编写说明书	2 天
绘制图纸	2 天
质疑或答辩	1 天

指导教师：_____　　　　　　　　　　　教研室主任：_____

　　年　　月　　日　　　　　　　　　　　　　　年　　月　　日

4.2.2　工艺原理

精馏原理是利用液体混合物中各组分挥发度不同将液体部分气化从而实现分离目的的单元操作。蒸馏按照其操作方法可分为：简单蒸馏、闪蒸、精馏和特殊精馏等。环工原理课程主要学习两组分的液体混合物系的精馏，在分析简单蒸馏的基础上，通过比较和引申，学习精馏的操作原理及其实现的方法，从而理解和掌握精馏与蒸馏的区别（包括原理、操作、结果等方面）。

精馏塔是实现精馏操作的一种塔式汽液接触装置，有板式塔与填料塔两种主要类型。根据操作方式又可分为连续精馏塔与间歇精馏塔。

蒸气由塔底进入，与下降液进行逆流接触，两相接触中，下降液中的易挥发（低沸点）组分不断地向蒸气中转移，蒸气中的难挥发（高沸点）组分不断地向下降液中转移，蒸气愈接近塔顶，其易挥发组分浓度愈高，而下降液愈接近塔底，其难挥发组分愈富集，达到组分分离的目的。由塔顶上升的蒸气进入冷凝器，冷凝的液体的一部分作为回流液返回塔顶进入精馏塔中，其余部分则作为馏出液取出。塔底流出的液体，其中一部分送入再沸器，热蒸发后，蒸气返回塔中，另一部分液体作为釜残液取出。

在环境污染治理中，经常需将液体混合物中的某个组分加以分离，其目的如下。

① 回收液体混合物中的有用物质；

② 提纯原料或产品；

③ 除去液体中的有害成分，使液体净化，以便进一步加工处理，或除去工业排放废液中的有害物质，以免污染地表水。

4.2.3　设计方案的比较和确定

精馏设备有多种形式，但以塔式最为常用。塔设备是炼油、化工、石油化工等生产中广泛应用的气液传质设备。根据塔内气液接触部件的结构型式，可分为板式塔与填料塔两大类。塔设备使气液两相之间进行充分接触，板式塔内设置一定数量塔板，气体以泡沫或喷射形式穿过板上液层进行物质和热传递，气液相组成呈阶梯变化，属逐级接触逆流操作过程。填料塔内装有一定高度的填料层，液体自塔顶沿填料表面下流，气体逆流向上与液相接触进行质热传递，气液相组成沿塔高连续变化，属微分接触操作过程。

对许多逆流接触的液体混合物分离过程，填料塔和板式塔都可以使用。各种塔型各具优劣，应根据分离要求和物系综合考虑选择。

① 填料塔操作范围较小，特别是对于液体负荷的变化更为敏感。

② 填料塔不宜于处理易聚合或含有固体悬浮物的物料。

③ 当气液接触过程中需要冷却以移出反应热或溶解热时，不适宜用填料塔。另外，当有侧线出料时，填料塔也不如板式塔方便。

④ 填料塔的塔径可以很小，但板式塔的塔径一般不小于 0.6m。

⑤ 板式塔的设计资料更容易得到而且更为可靠，安全系数可以取得更小。

⑥ 当塔径不很大时，填料塔的造价便宜。

⑦ 对于易起泡的物系，填料塔更合适。

⑧ 对于腐蚀性物系，填料塔更合适。

⑨ 对于热敏性物系，采用填料塔较好。

⑩ 填料塔的压降比板式塔小，更适于真空操作。

工业上对塔设备的主要要求：①生产能力大；②传质、传热效率高；③气流的摩擦阻力小；④操作稳定，适应性强，操作弹性大；⑤结构简单，材料耗用量小；⑥制造安装容易，操作维修方便；⑦不易堵塞、耐腐蚀等。

实际上，任何塔设备都难以满足上述所有要求，因此，设计者应根据塔型特点、物系性质、生产工艺条件、操作方式、设备投资、操作与维修费用等技术经济评价以及设计经验等因素，依矛盾的主次，综合考虑，选择适宜的塔型。

本次课程设计精馏设备选用填料塔进行操作。

4.2.4 处理单元的设计计算

4.2.4.1 精馏塔工艺计算

(1) 物料衡算

① 物流示意图（略）。

② 物料衡算：按年工作 300 天计。

已知：

$$F' = 3.6 \times 10^4 t/300d = \frac{36000 \times 1000}{300 \times 24} = 5000 \text{ (kg/h)}$$

$$M_{苯} = 78.11 kg/kmol, \quad M_{甲苯} = 92.13 kg/kmol$$

苯摩尔分率：

$$x_1 = \frac{30/78.11}{70/92.13 + 30/78.11} = 0.3358$$

甲苯摩尔分率：

$$x_2 = 1 - 0.3358 = 0.6642$$

进料液：

$$\overline{M} = M_{苯} x_1 + M_{甲苯} x_2$$
$$= 78.11 \times 0.3358 + 92.13 \times 0.6642 = 87.42 \text{ (kg/kmol)}$$

$$F = \frac{F'}{\overline{M}} = \frac{5000}{87.42} \approx 57.20 \text{ (kmol/h)}$$

根据物料衡算方程：

$$\begin{cases} F = D + W \\ Fx_F = Dx_D + Wx_W \end{cases}$$

$$x_F = x_1 = 0.3358, \quad x_D = \frac{97/78.11}{97/78.11 + 3/92.13} = 0.9744, \quad x_W = \frac{3/78.11}{3/78.11 + 97/92.13} = 0.0352$$

$$\begin{cases} 57.20 = D + W \\ 57.20 \times 0.3358 = D \times 0.9744 + W \times 0.0352 \end{cases}, \quad \begin{cases} D = 18.31 \text{ (kmol/h)} \\ W = 38.89 \text{ (kmol/h)} \end{cases}$$

由于泡点进料 $q = 1$，由气液平衡数据，用内差法求得进料液温度。

$$\frac{33.58 - 20.2}{59.2 - 20.2} = \frac{t_F - 102.2}{89.4 - 102.2}, \quad t_F = 97.81 \text{ (℃)}$$

此温度下，苯的饱和蒸气压 $P_A^0 = 159.99\text{kPa}$，甲苯饱和蒸气压 $P_B^0 = 73.33\text{kPa}$。则相对挥发度为：

$$\alpha = \frac{P_A^0}{P_B^0} = 2.18$$

最小回流比：　　　　$R_{min} = \frac{1}{\alpha-1} \times \left[\frac{x_D}{x_F} - \frac{\alpha \times (1-x_D)}{1-x_F} \right] = 2.39$

适宜回流比：　　　　$R = 1.2 R_{min} = 1.2 \times 2.39 = 2.87$

精馏段液相负荷：　　$L = RD = 2.87 \times 18.31 = 52.55$ （kmol/h）

提馏段液相负荷：$L' = L + qF = 52.55 + 1 \times 57.20 = 109.75$ （kmol/h）

提馏段气相负荷：　　$V' = V = 71.78$ （kmol/h）

③ 物料衡算表　物料衡算见表 4-2。

表 4-2　精馏塔物料衡算表

物料	流量/(kmol/h)	组成	物料	物流/(kmol/h)
进料 F	57.20	苯 0.3358	精馏段上升蒸气量 V	71.78
		甲苯 0.6642		
塔顶产品 D	18.31	苯 0.9744	提馏段上升蒸气量 V'	71.78
		甲苯 0.0256		
塔底残液 W	38.89	苯 0.0352	精馏段下降液体量 L	52.55
		甲苯 0.9648	提馏段下降液体量 L'	109.75

（2）热量衡算

① 热量衡算的物流示意图（略）　由气液平衡数据，用内差法可求塔顶温度 t_D、塔底温度 t_W。

$$\frac{97.44-90.3}{95.0-90.3} = \frac{t_D-82.3}{81.2-82.3} \qquad t_D = 80.63 \text{（℃）}$$

$$\frac{3.25-0}{8.8-0} = \frac{t_W-110.6}{106.1-110.6} \qquad t_W = 108.8 \text{（℃）}$$

式中，下标 1 为苯，下标 2 为甲苯。

t_D 温度下：　　　$C_{p1} = 25.70\text{kcal/(kmol·℃)} = 107.60\text{kJ/(kmol·K)}$

$C_{p2} = 31.60\text{kcal/(kmol·℃)} = 132.30\text{kJ/(kmol·K)}$

$\bar{C}_{p(D)} = C_{P1} x_D + C_{P2}(1-x_D)$

$= 107.60 \times 0.9744 + 132.30 \times (1-0.9744)$

$= 108.23 \text{［kJ/(kmol·K)］}$

t_W 温度下：　　　$C_{p1} = 27.8\text{kcal/(kmol·℃)} = 116.39\text{kJ/(kmol·K)}$

$C_{p1} = 33.95\text{kcal/(kmol·℃)} = 142.14\text{kJ/(kmol·K)}$

$\bar{C}_{p(W)} = C_{p1} x_W + C_{p2}(1-x_W)$

$= 116.39 \times 0.0352 + 142.14 \times (1-0.0352)$

$= 141.23 \text{［kJ/(kmol·K)］}$

查化工工艺设计手册，得以下数据。

t_D 温度下：　　　　$\gamma_1 = 95\text{kcal/kg} = 95.0 \times 4.1868 = 397.75$ （kJ/kg）

$\gamma_2 = 92.0\text{kcal/kg} = 385.19\text{kJ/kg}$

$\bar{\gamma} = \gamma_1 x_D + \gamma_2(1-x_D) = 397.75 \times 0.9744 + 385.19 \times (1-0.9744)$

$= 397.43$ （kJ/kg）

塔顶：$\overline{M} = M_1 x_D + M_2(1-x_D) = 78.11 \times 0.9744 + 92.13 \times (1-0.9744)$

$= 78.47$ (kg/kmol)

a. 塔顶以 0℃ 为基准，0℃ 时塔顶上升气体的熔值为 Q_V。

$Q_V = V\overline{C_p}t_D + V\gamma\overline{M} = 71.78 \times 108.23 \times 80.63 + 71.78 \times 397.43 \times 78.47$

$= 2864949.18$ (kJ/h)

$C_{p1} = 25.23\text{kcal/(kmol}\cdot\text{℃)} = 105.63\text{kJ/(kmol}\cdot\text{K)}$

$C_{p2} = 31.85\text{kcal/(kmol}\cdot\text{℃)} = 133.35\text{kJ/(kmol}\cdot\text{K)}$

所以 $\overline{C_p} = C_{p1}x_D + C_{p2}(1-x_D) = 105.63 \times 0.9744 + 133.35 \times (1-0.9744)$

$= 106.34 \ [\text{kJ/(kmol}\cdot\text{K)]}$

回流液的熔 Q_R：

$Q_R = L\overline{C_p}t_D = 52.55 \times 106.34 \times 80.63 = 450573.90$ (kJ/h)

b. 馏出液的熔 Q_D 因为馏出液与回流液组成一样，所以 $\overline{C_p} = 106.34\text{kJ/(kmol}\cdot\text{K)}$。

$Q_D = D\overline{C_p}\Delta t = 18.31 \times 106.34 \times 80.63 = 156993.50$ (kJ/h)

c. 冷凝器热负荷

$Q_C = Q_V - Q_R - Q_D = 2864949.18 - 450573.90 - 156993.50 = 2257381.78$ (kJ/h)

d. 进料带入热量 t_F 温度下：

$C_{p1} = 26.38\text{kcal/(kmol}\cdot\text{℃)} = 110.45\text{kJ/(kmol}\cdot\text{K)}$

$C_{p2} = 32.68\text{kcal/(kmol}\cdot\text{℃)} = 136.82\text{kJ/(kmol}\cdot\text{K)}$

$\overline{C_p} = C_{p1}x_F + C_{p2}(1-x_F) = 110.45 \times 0.3358 + 136.82 \times (1-0.3358)$

$= 127.96 \ [\text{kJ/(kmol}\cdot\text{K)]}$

所以 $Q_F = F\overline{C_p}t_F = 57.20 \times 127.96 \times 97.81 = 715901.91$ (kJ/h)

e. 塔底残液熔 Q_W

$Q_W = W\overline{C_p}t_W = 38.89 \times 141.23 \times 108.8 = 597576.90$ (kJ/h)

f. 再沸器热负荷 Q_B（全塔范围列衡算式） 设再沸器损失能量 $Q_{损} = 0.1Q_B$，则

$Q_B + Q_F = Q_C + Q_W + Q_损 + Q_D$

$0.9Q_B = Q_C + Q_W + Q_D - Q_F$

$= 2257381.78 + 597576.90 + 156993.50 - 715901.91$

$= 2296050.27$ (kJ/h)

所以再沸器热负荷：$Q_B = 2551166.97\text{kJ/h}$。

② 热量衡算表 精馏塔热量衡算见表 4-3。

表 4-3 精馏塔热量衡算表

项 目	进料	冷凝器	塔顶馏出液	塔底釜残夜	再沸器
平均比热/[kJ/(kmol·K)]	127.96	—	106.34	141.23	—
热量 Q/(kJ/h)	715901.91	2257381.78	156993.50	597576.90	2551166.97

（3）理论塔板的计算 虽然本设计采用填料塔，仍然需要计算理论板数，以便与填料塔对比。

塔顶温度下：$P_A^0 = 1.01 \text{ kgf/cm}^2$，$P_B^0 = 0.45 \text{ kgf/cm}^2$。

塔顶相对挥发度 $\alpha_D = \dfrac{P_A^0}{P_B^0} = \dfrac{1.01}{0.45} = 2.244$

塔底温度下：$P_A^0 = 2.09\text{kgf/cm}^2$，$P_B^0 = 1.03\text{kgf/cm}^2$。

塔底相对挥发度：$\qquad\alpha_W = \dfrac{2.09}{1.03} = 2.029$

全塔平均挥发度：$\quad\alpha_m = \sqrt{\alpha_D \times \alpha_W} = \sqrt{2.244 \times 2.029} = 2.134$

最小理论板数：

$$N_{\min} = \lg\left[\left(\frac{x_D}{1-x_D}\right)\left(\frac{1-x_W}{x_W}\right)\right]/\lg\alpha$$

$$= \lg\left(\frac{0.9744}{1-0.9744} \times \frac{1-0.0352}{0.0352}\right)/\lg 2.134 = 9.17$$

查吉利兰图得 $\dfrac{N-N_{\min}}{N+1} = 0.50$，解得 $N = 19.34$（含釜）。

进料的相对挥发度：$\alpha_F = 2.18$。

塔顶与进料的相对挥发度：$\alpha = \sqrt{\alpha_D \times \alpha_F} = \sqrt{2.244 \times 2.18} = 2.212$。

精馏段最小理论板数：$N_{\min} = \lg\left[\left(\dfrac{x_D}{1-x_D}\right)\left(\dfrac{1-x_F}{x_F}\right)\right]/\lg\alpha$

$$= 5.44$$

$$\frac{N-N_{\min}}{N+2} = 0.5 \text{ 得 } N = 12.88$$

取整数，精馏段理论板数 13 块，加料板位置从塔顶数第 14 层理论板，取整，全塔理论板数为 21 块。

4.2.4.2　精馏塔主要尺寸的设计计算

（1）物料衡算　苯和甲苯在不同温度下的密度见表 4-4。

表 4-4　苯和甲苯在不同温度下的密度

温度/℃	$t_D = 80.63$	$t_W = 108.80$	$t_F = 97.81$
甲苯密度/(g/mL)	0.810	0.782	0.750
苯密度/(g/mL)	0.815	0.784	0.752

注：以上数据为根据文献用内插法求得。

① 塔顶条件下的流量和物性参数

$$\overline{M} = 78.47\text{kg/kmol}$$

$$V_1 = \overline{M}V = 78.47 \times 71.78 = 5632.58 \text{ (kg/h)}$$

$$L_1 = \overline{M}L = 78.47 \times 52.55 = 4123.60 \text{ (kg/h)}$$

$$\frac{1}{\rho_L} = \frac{a_1}{\rho_1} + \frac{a_2}{\rho_2} = \frac{0.97}{0.815} + \frac{0.03}{0.810} = 1.2272 \text{ (mL/g)}$$

所以 $\qquad\qquad\qquad \bar{\rho}_L = 0.8149\text{g/mL} = 814.9\text{kg/m}^3$

$$\bar{\rho}_V = \frac{P\overline{M}}{RT} = \frac{101.325 \times 78.47}{8.314 \times (273.15 + 80.63)} = 2.703 \text{ (kg/m}^3)$$

② 塔底条件下的流量和物性参数

$$\overline{M} = M_1 x_W + M_2(1-x_W) = 78.11 \times 0.0352 + 92.13 \times (1-0.0352) = 91.64 \text{ (kg/kmol)}$$

$$\rho_V = \frac{PM}{RT} = \frac{101.325 \times 91.64}{8.314 \times (273.15 + 108.80)} = 2.924 \text{ (kg/m}^3)$$

$$\frac{1}{\rho_L} = \frac{a_1}{\rho_1} + \frac{a_2}{\rho_2} = \frac{0.02}{0.784} + \frac{0.98}{0.782} = 1.279$$

所以 $\qquad\qquad\qquad \rho_L = 0.7819\text{g/mL} = 781.9\text{kg/m}^3$

$$V_3' = 91.64 \times 71.78 = 6577.92 \text{ (kg/h)}$$
$$L_3' = \overline{M}L' = 91.64 \times 109.75 = 10057.49 \text{ (kg/h)}$$

③ 进料条件下的流量和物性参数

$$\overline{M} = M_1 x_F + M_2(1 - x_F) = 78.11 \times 0.3358 + 92.13 \times (1 - 0.3358) = 87.42 \text{ (kg/kmol)}$$

$$\rho_V = \frac{p\overline{M}}{RT} = \frac{101.325 \times 87.42}{8.314 \times (273.15 + 97.81)} = 2.872 \text{ (kg/m}^3)$$

$$\frac{1}{\rho_L} = \frac{a_1}{\rho_1} + \frac{a_2}{\rho_2} = \frac{0.30}{0.752} + \frac{0.70}{0.752} = 1.330$$

所以
$$\rho_L = 0.7519 \text{g/mL} = 751.9 \text{kg/m}^3$$
$$V_2' = V_2 = 71.78 \times 87.42 = 6275.01 \text{ (kg/h)}$$

精馏段：
$$L_2 = \overline{M}L = 87.42 \times 52.55 = 4593.92 \text{ (kg/h)}$$

提馏段：
$$L_2' = \overline{M}L' = 87.42 \times 109.75 = 9594.34 \text{ (kg/h)}$$

④ 精馏段的流量和物性参数

$$\rho_V = \frac{\rho_{v_1} + \rho_{v_2}}{2} = \frac{2.703 + 2.872}{2} = 2.788 \text{ (kg/m}^3)$$

$$\rho_L = \frac{\rho_{L_1} + \rho_{L_2}}{2} = \frac{814.9 + 751.9}{2} = 783.4 \text{ (kg/m}^3)$$

$$V = \frac{V_1 + V_2}{2} = \frac{5632.58 + 6275.01}{2} = 5953.80 \text{ (kg/h)}$$

$$L = \frac{L_1 + L_2}{2} = \frac{4142.60 + 4593.92}{2} = 4368.26 \text{ (kg/h)}$$

⑤ 提馏段的流量和物性参数

$$\rho_V = \frac{\rho_{v_2} + \rho_{v_3}}{2} = \frac{2.924 + 2.872}{2} = 2.898 \text{ (kg/m}^3)$$

$$\rho_L = \frac{\rho_{L_2} + \rho_{L_3}}{2} = \frac{781.9 + 751.9}{2} = 766.9 \text{ (kg/m}^3)$$

$$V = \frac{V_2' + V_3'}{2} = \frac{6275.01 + 6577.92}{2} = 6426.46 \text{ (kg/h)}$$

$$L = \frac{L_2' + L_3'}{2} = \frac{9594.34 + 10057.49}{2} = 9825.92 \text{ (kg/h)}$$

⑥ 体积流量

塔顶：$V_{S1} = \dfrac{\overline{V}_1}{\rho} = \dfrac{5632.58}{2.703 \times 3600} = 0.5788 \text{ (m}^3/\text{s)}$

塔底：$V_{S2} = \dfrac{\overline{V}_3'}{\rho} = \dfrac{6577.92}{2.924 \times 3600} = 0.6249 \text{ (m}^3/\text{s)}$

进料：$V_{S3} = \dfrac{\overline{V}_2}{\rho} = \dfrac{6275.01}{2.872 \times 3600} = 0.6069 \text{ (m}^3/\text{s)}$

精馏段：$\overline{V}_S = \dfrac{V_{S1} + V_{S2}}{2} = \dfrac{0.5788 + 0.6069}{2} = 0.5929 \text{ (m}^3/\text{s)}$

提馏段：$\overline{V}_S' = \dfrac{V_{S2} + V_{S3}}{2} = \dfrac{0.6249 + 0.6069}{2} = 0.6159 \text{ (m}^3/\text{s)}$

（2）塔径设计计算　苯和甲苯在不同温度下的密度见表 4-5。

表 4-5 苯和甲苯在不同温度下的密度

温度/℃	$t_D = 80.63$	$t_W = 108.80$	$t_F = 97.81$
甲苯密度/(g/mL)	0.810	0.782	0.750
苯密度/(g/mL)	0.815	0.784	0.752

① 精馏段

$$X = \frac{L}{V}\left(\frac{\rho_V}{\rho_L}\right)^{\frac{1}{2}} = \frac{4368.26}{5953.80} \times \left(\frac{2.788}{783.4}\right)^{\frac{1}{2}} = 0.0438$$

$$Y = 0.194$$

精馏段甲苯黏度见表 4-6。

表 4-6 甲苯黏度

温度/℃	$t_D = 80.63$	$t_W = 108.80$	$t_F = 97.81$
黏度/cp	0.312	0.235	0.280

所以

$$\mu_L = \frac{0.312 + 0.280}{2} = 0.296 \ (\text{MPa} \cdot \text{s})$$

各温度下水的密度见表 4-7。

表 4-7 水的密度

温度/℃	80	90	100
密度/(kg/m³)	971.8	965.3	958.4

$$\bar{t} = \frac{80.63 + 97.81}{2} = 89.22 \ (\text{℃})$$

内插法：$\dfrac{90-80}{89.22-80} = \dfrac{965.3-971.8}{\rho_\text{水}-971.8}$ 得 $\rho_\text{水} = 965.81 \text{kg/m}^3$

$$y = \frac{\varphi\psi\rho_L\mu_L^{0.2}}{g\rho_L}u_F^2 = 0.194，又因 \ \psi = \frac{\rho_L}{\rho_\text{水}} = \frac{782.9}{965.81} = 0.8106$$

$$u_F = \left(\sqrt{\frac{160 \times 0.8106 \times 2.788 \times (0.296)^{0.2}}{0.194 \times 9.81 \times 783.4}}\right)^{-1} = 2.293 \ (\text{m/s})$$

取

$$u = 0.6u_F = 0.6 \times 2.293 = 1.37 \ (\text{m/s})$$

塔径：

$$D = \sqrt{\frac{4V_s}{\pi \times u}} = \sqrt{\frac{4 \times 0.5929}{3.14 \times 1.376}} = 0.741 \ (\text{m})$$

圆整：$D = 800$mm。

② 提馏段

$$X = \frac{L}{V} \times \left(\frac{\rho_V}{\rho_L}\right)^{\frac{1}{2}} = \frac{9825.92}{6426.46}\left(\frac{2.898}{766.9}\right)^{\frac{1}{2}} = 0.094$$

$$Y = 0.158$$

$$\mu_L = \frac{0.235 + 0.280}{2} = 0.2575 \ (\text{mPa} \cdot \text{s})，\bar{t} = \frac{108.80 + 97.81}{2} = 103.30 \ (\text{℃})$$

内插法：$\dfrac{110-100}{951.0-958.4} = \dfrac{103.29-100}{\rho_\text{水}-958.4}$ 得 $\rho_\text{水} = 955.97 \ (\text{kg/m}^3)$

$$\psi = \frac{\rho_L}{\rho_\text{水}} = \frac{766.9}{955.97} = 0.802$$

由 $y = 0.158 = \dfrac{\varphi \times \psi \times \rho_V \times \mu_L^{0.2}}{g \times \rho_L} \times u_F^2$

$$u_F = \sqrt{\frac{0.158 \times 9.81 \times 766.9}{160 \times 0.802 \times 2.898 \times (0.2575)^{0.2}}} = 2.05 \text{ (m/s)}$$

取 $u = 0.6 u_F = 0.6 \times 2.05 = 1.23$ (m/s)

塔径：
$$D = \sqrt{\frac{4V_S}{\pi \times u}} = \sqrt{\frac{4 \times 0.6159}{3.14 \times 1.23}} = 0.799 \text{ (m)}$$

圆整：$D = 800$mm。

（3）填料层高度设计计算

① 等板高度设计计算

a. 精馏段：$F = u \times \sqrt{\rho_V} = 1.376 \times \sqrt{2.788} = 2.298$；单元理论板数 NTSM $=3.78$

精馏段等板高度 HETP $= \dfrac{1}{\text{NTSM}} = \dfrac{1}{3.78} = 0.265$ (m)；$Z_1 = 0.265 \times 13 = 3.445$ (m)。

b. 提馏段：$F = u \times \sqrt{\rho_V} = 1.23 \times \sqrt{2.898} = 2.094$；NTSM $=3.82$

提馏段等板高度 HETP $= \dfrac{1}{\text{NTSM}} = 0.262$ (m)；$Z_2 = 0.262 \times 8 = 2.096$ (m)。

$$Z = Z_1 + Z_2 = 3.445 + 2.096 = 5.541 \text{ (m)}$$

② 填料层压降计算

a. 精馏段压降　由前述计算知道：$\rho_L = 782.9$kg/m³，$\rho_V = 2.788$kg/m³，$\mu_V = 0.296$mPa・s，$\mu_L = 1$mPa・s，$\psi = 0.8106$，$u_F = 2.293$m/s，$\varphi = 160$m^{-1}，$u = 0.6 u_F = 1.376$m/s，则

$$Y = \frac{u^2 \times \psi \times \varphi}{g} \times \left(\frac{\rho_V}{\rho_L}\right) \times \left(\frac{\mu_V}{\mu_L}\right)^{0.2} = \frac{1.38^2 \times 160 \times 0.8106}{9.81} \times \frac{2.788}{783.4} \times \left(\frac{0.296}{1}\right)^{0.2} = 0.070$$

$$X = \frac{L}{V}\left(\frac{\rho_V}{\rho_L}\right)^{0.5} = \frac{4368.26}{5953.08} \times \left(\frac{2.788}{783.4}\right)^{0.5} = 0.044$$

查表知：$\Delta P = 58.1$mmH₂O/m。

b. 提馏段压降　由前面计算可知：$\rho_V = 2.898$kg/m³，$\rho_L = 766.9$kg/m³，$\mu_L = 1$mPa・s，

$$\mu_V = 0.2575 \text{mPa・s}, \quad \psi = 0.802, \quad \varphi = 160$$
$$u_F = 2.05 \text{m/s}, \quad u = 0.6 u_F = 1.23 \text{m/s}$$

$$Y = \frac{u^2 \times \varphi \times \psi}{g} \times \frac{\rho_L}{\rho_V} \times \left(\frac{\mu_V}{\mu_L}\right)^{0.2} = \frac{(1.23)^2 \times 160 \times 0.802}{9.81} \times \frac{2.898}{766.4} \times \left(\frac{0.2575}{1}\right)^{0.2} = 0.057$$

$$X = 0.094$$

查表知：$\Delta P = 49.1$mmH₂O/m。

4.2.4.3　附属设备及主要附件的选型计算

（1）冷凝器　假设最高月平均气温 $t_1 = 35$℃；冷却剂选用深井水，冷却水出口温度一般不超过 40℃，否则易结垢；取 $t_2 = 38$℃；泡点回流温度 $t_D' = 79.67$℃，塔顶蒸气温度 $t_D = 80.63$℃。

① 计算冷却水流量

$$G_C = \frac{Q_C}{C_p \times (t_2 - t_1)} = \frac{2257381.78}{1 \times (38 - 35)} = 752460.59 \text{ (kg/h)}$$

② 冷凝器的计算与选型　因为冷凝器选择列管式，逆流方式。

$$\Delta t_m = \frac{(t_D' - t_1) - (t_D - t_2)}{\ln\left[(t_D' - t_1)/(t_D - t_2)\right]} = 43.64 \text{ (℃)}$$

$$K = 400 \text{ [kJ/(m}^2 \cdot \text{h} \cdot \text{℃)]}$$

$$Q_C = 2257381.78 \text{kJ/h} \text{ 且 } Q_C = KA\Delta t_m$$

$$A = \frac{Q_C}{K \times \Delta t_m} = \frac{2257381.78}{400 \times 43.64} = 129.32 \text{ （m}^2\text{）}$$

操作弹性为 1.2，$A' = 1.2A = 155.18$ （m²）。

冷凝器具体参数见表 4-8。

表 4-8 冷凝器参数

公称直径 D_g	管程数 N	管规格 /mm×mm	排数	管程流道面积 /m²	计算传热面积/m² （管长 6000mm）
700mm	1	$\Phi25 \times 2.5$	355	0.1115	165.1

（2）再沸器　选择 150℃ 的饱和水蒸气加热，温度为 150℃ 的饱和水蒸气冷凝潜热 506.0kcal/kg。

① 间接加热蒸气量

$$G_B = \frac{Q_B}{\gamma} = \frac{2551492.28}{506.0 \times 4.1868} = 1204.37 \text{ （kg/h）}$$

② 再沸器加热面积　$t_{w1} = 108.8℃$，为再沸器液体入口温度。

$t_{w2} = 108.8℃$，为回流汽化为上升蒸气时的温度。

$t_1 = 150℃$，为加热蒸气温度。

$t_2 = 150℃$，为加热蒸气冷却为液体的温度。

用潜热加热可节省蒸气量从而减少热量损失。

$$\Delta t_1 = t_1 - t_{w1} = 150 - 108.80 = 41.20 \text{ （℃）}$$
$$\Delta t_2 = t_2 - t_{w2} = 150 - 108.80 = 41.20 \text{ （℃）}$$
$$\Delta t_m = 41.20 \text{ （℃）}$$

取 $K = 800 \text{kJ/(m}^2 \cdot \text{h} \cdot ℃)$，$Q_B = KA\Delta t_m$，$A = \frac{2551166.97}{800 \times 41.20} = 77.40$ （m²）。

（3）接管，液体分布器，支撑板，群座，入孔和封头

① 接管的计算

a. 塔顶蒸气管：从塔顶至冷凝管的蒸气导管，必须为合适尺寸，以免产生过大压力降，特别在减压过程中，过大压降会影响塔的真空度。

$$u = 1.4 \text{m/s}$$

$$S = \frac{V_s}{u} = \frac{0.5788}{1.4} = 0.413 \text{ （cm}^2\text{）}$$

公称直径 D_g/mm	外径/mm	壁厚/mm	内孔截面积/cm²
225	245	7	419.10

b. 回流管：冷凝器安装在塔顶时，回流液在管道中的流速一般不能过高，否则冷凝器高度也要相应提高。

$$u_R = 1.5 \text{m/s}$$

$$d_R = \sqrt{\frac{4L}{3600\pi \times u_R \times \rho_L}} = \sqrt{\frac{4 \times 4195.79}{3600 \times 3.14 \times 1.5 \times 814.9}} = 0.0349 \text{ （m）}$$

$$S = \frac{\pi}{4} \times d_R^2 = \frac{1}{4} \times 3.14 \times 3.49^2 = 9.56 \text{ （cm}^2\text{）}$$

公称直径 D_g/mm	外径/mm	壁厚/mm	内孔截面积/cm²
32	38	3.5	7.55

② 液体分布器

a. 回流口处液体分布装置的选择

选择筛孔盘式分布器。

塔径/mm	分布器直径/mm	圆环高度/mm	液体负荷范围/[m³/(m·h)]
800	700	175	0.70~35.0

ⅰ. 孔数的计算　当 $D=400mm$ 时，每 $30cm^2$ 设一个喷淋点。

$$S=\frac{\pi\times D^2}{4}=\frac{1}{4}\times 3.14\times 0.4^2=1256\ (cm^2)$$

孔数：$n=\frac{S}{30}=42$ 个。

ⅱ. 孔径的计算　取 $h=120mm$，$c_0=0.6$。

$$L_S=\frac{\pi}{4}\times d_0^2\times n\times c_0\times\sqrt{2gh}$$

$$L_S=\frac{V_L}{\rho}=\frac{4195.79}{814.9\times 3600}=1.43\times 10^{-3}\ (m^3/s)$$

$$d_0=\sqrt{\frac{4L_S}{\pi\times n\times c_0\times\sqrt{2gh}}}=\sqrt{\frac{4\times 1.43\times 10^{-3}}{3.14\times 42\times 0.6\times\sqrt{2\times 9.81\times 0.12}}}=0.0069\ (m)=6.9\ (mm)$$

圆整：$d_0=7mm$。

b. 液体喷淋密度

$$S=\frac{\pi\times D^2}{4}=\frac{\pi}{4}\times 0.36^2=0.102\ (m^2),\ L=\frac{L_S}{S}=\frac{1.43\times 10^{-3}}{0.102}=0.014\ (m/s)$$

c. 塔釜出料管

已知：$u_W=0.75m/s$。

$$d_W=\sqrt{\frac{4W}{3600\times\pi\times u_W\times\rho_L}}=\sqrt{\frac{4\times 10141.80}{3600\times 3.14\times 0.75\times 781.9}}=0.0782\ (m)$$

$$S=\frac{\pi\times d_W^2}{4}=\frac{1}{4}\times 3.14\times 0.0782^2=48.0\ (cm^2)$$

公称直径 D_g/mm	外径/mm	壁厚/mm	内孔截面积/cm²
65	76	4	36.32

d. 进料口液体分布装置的选择

ⅰ. 型号与孔数同前。

ⅱ. 孔径的计算

$$L_S=\frac{V_L}{\rho}=\frac{2780}{3600\times 750.8}=1.03\times 10^{-3}\ (m^3/s)$$

$$d_0=\sqrt{\frac{4L_S}{\pi\times n\times C_0\times\sqrt{2gh}}}=\sqrt{\frac{4\times 1.03\times 10^{-3}}{3.14\times 42\times 0.6\times\sqrt{2\times 9.81\times 0.12}}}$$
$$=5.83\times 10^{-3}\ (m)=5.83\ (mm)$$

圆整：$d_0=6mm$。

ⅲ. 液体喷淋密度

$$L=\frac{L_S}{S}=\frac{1.03\times 10^{-3}}{0.102}=1.01\times 10^{-2}\ (m/s)$$

③ 支撑板

$$D=240mm$$

封头、群座等其他部件尺寸型号见流程图（图略）。

（4）精馏塔的高度设计

① 塔釜计算

$$L'=10057.49kg/h,\ \rho_L=781.9kg/m^3$$

$$L'_s=\frac{L'}{\rho_L}=\frac{10057.49}{781.9\times3600}=0.0036\ （m^3/s）$$

a. 塔釜内液体体积

取液体在釜内停留 15min。

$$V'=L'_s\times t=0.0036\times15\times60=3.24\ （m^3）$$

b. 塔釜体积

取装料系数为 0.5，$V=\dfrac{V'}{0.5}=\dfrac{3.24}{0.5}=6.48\ （m^3）$。

c. 塔釜直径与高度　取 $h:D=2:1$，所以 $V=6.48=\dfrac{\pi}{4}\times D^2\times h$，$\dfrac{\pi\times D^3}{2}=6.48$，$D=$ 1.60m。

圆整：$D=1600mm$，故 $h=\dfrac{D}{2}=800mm$。

② 塔高的计算　精馏塔塔高计算表见表 4-9。

表 4-9　精馏塔塔高计算表

部件	尺寸/mm	部件	尺寸/mm
塔顶接管封头	275	提馏段填料层	2096
回流分液器部分	1200	鞍式支座	200
精馏段填料层	2915	塔釜高度	800
进料液器部分	1000		

塔高＝275+1200+2915+1000+2096+200+800=8486（mm）

所以，实际塔高取 8.5m。

4.2.5　工艺流程图与设备图

（1）工艺流程图　工艺流程图纸参见本书 4.1.5 课程设计的图纸要求。流程图 1 张（2# 图纸），见图 4-1。

（2）设备图　设备图纸参见本书 4.1.5 课程设计的图纸要求。设备图 1 张（2# 图纸），见图 4-2。

4.2.6　设计说明书和计算书的编写

课程设计说明书全部采用计算机打印（1.2 万～1.5 万字），图纸可用计算机绘制。说明书应包括以下部分。

① 目录；

② 概述；

③ 工艺方案比选；

④ 操作条件及基本数据；

⑤ 精馏塔设计计算（包括物料衡算、热量衡算、塔径、塔高及压降计算、进出口管径计算等）；

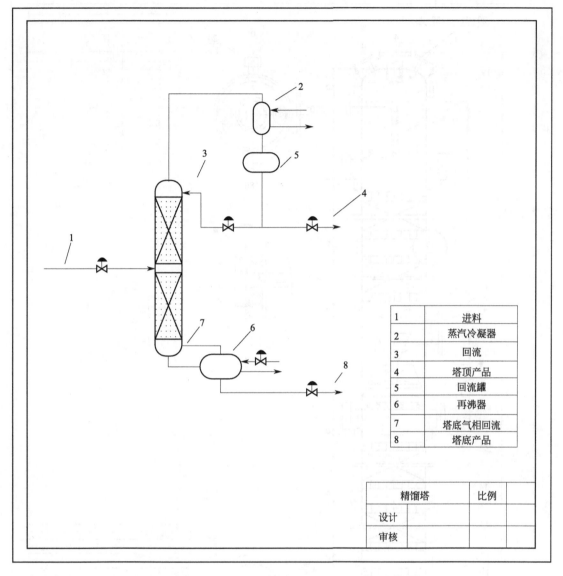

图 4-1 填料精馏塔流程图

⑥ 填料精馏塔的附件设计；

⑦ 塔主要尺寸一览表；

⑧ 设计小结、致谢；

⑨ 参考文献；

⑩ 附图。

其中③～⑥可参考本章中的 4.2.1～4.2.5 节，由于篇幅有限，其余部分学生应根据课程设计内容和要求进行编写，用语科学规范，详略得当。

主要设备一览表应包括名称、型式（型号）、主要尺寸、数量、参数等；图纸为冷凝器结构图 1～2 张（2#图纸），应包括主图、剖面图，按比例绘制、标出尺寸并附说明，图签应规范。

参考文献按标准要求编写，不少于 10 篇。

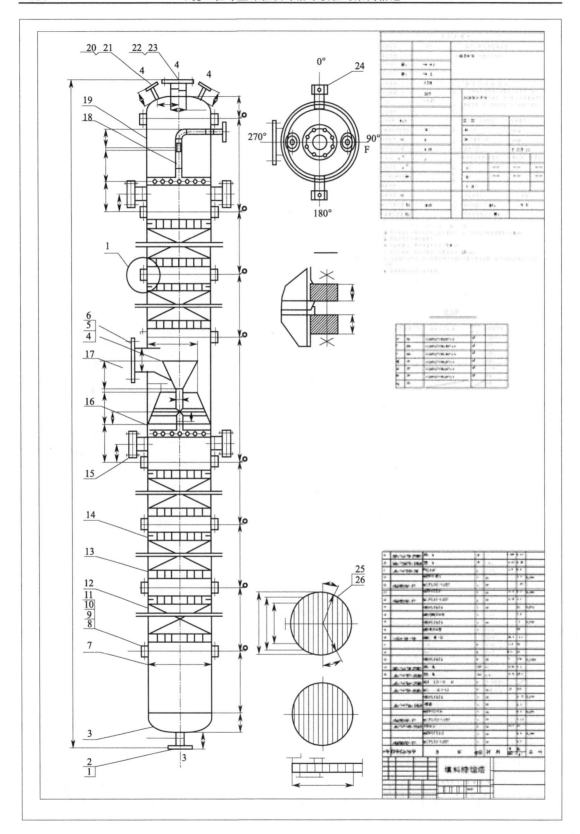

图 4-2　填料精馏塔设备图

4.3 案 例 二

4.3.1 设计任务书

4.3.1.1 课题名称

乙醇-水精馏塔塔顶产品冷凝器设计。

4.3.1.2 设计条件与基本数据

(1) 实际条件

① 塔顶冷凝气相产品量　　　　　$6 \times 10^4 \, t/a$；

② 气体中乙醇浓度　　　　　　　95%（重）；

③ 冷凝器操作压力　　　　　　　常压；

④ 冷却介质　　　　　　　　　　水（$P = 294.3 \, kPa$；进口温度 30℃，出口温度 40℃）。

(2) 基本数据

① 一年以 365d 计，除去检修 30d，生产时间为 335d；

② 冷却水定性温度按进出口平均值计算，其密度、黏度、比热、导热系数等从有关参考文献查阅；

③ 塔顶蒸气冷凝潜热、密度、泡点、冷凝后液体密度等从有关参考文献查阅；

④ 冷凝器操作压力常压和冷却水压力 294.3kPa 均为表压；

⑤ 冷凝蒸气一侧污垢热阻设为 0。

4.3.1.3 设计任务

设计一台冷凝器，将精馏塔顶乙醇-水气相产品全部冷凝。课程设计工作要求进行冷凝器设计计算、初选冷凝器并进行核算、冷凝器结构设计及说明，撰写设计说明书，绘制冷凝器装配图。

(1) 设计计算书、说明书

① 设计任务；

② 设计资料；

③ 初选冷凝器并进行核算；

④ 冷凝器结构设计及说明；

⑤ 设计说明书后附结论和建议、参考文献、致谢。

(2) 设计图纸　精馏塔流程图以及塔顶乙醇-水气相产品冷凝器装配图各 1 张。

4.3.1.4 设计说明书内容

① 目录；

② 概述；

③ 工艺方案；

④ 操作条件及基本数据；

⑤ 设计计算（初选结构、传热计算及核算）；

⑥ 冷凝器结构设计及说明；

⑦ 设计小结；

⑧ 参考文献；

⑨ 附图。

4.3.1.5 计划进度

发题时间　　　　　　　　　　　　　　　　　　　　　　　年　　月　　日

指导教师布置设计任务、熟悉设计要求　　　　　　　　　　　　　1 天

准备工作、收集资料及方案比选　　　　　　　　　　　　　　　　1 天

设计计算　　　　　　　　　　　　　　　　　　　　　　　　　　3 天

整理数据、编写说明书　　　　　　　　　　　　　　　　　　　　2 天

绘制图纸　　　　　　　　　　　　　　　　　　　　　　　　　　2 天

质疑或答辩　　　　　　　　　　　　　　　　　　　　　　　　　1 天

指导教师：_____　　　　　　　　　　　　教研室主任：_____

　　年　　月　　日　　　　　　　　　　　　　　　　年　　月　　日

4.3.2　工艺原理

冷凝是在一定外压下，将气体或气体混合物的温度降至其平均沸点以下使之变为液体的过程。将气体全部冷凝成液体的设备称为全凝器；如果根据混合物各组分之间沸点不同而部分冷凝，则称为分凝器。当采用冷却剂将气体温度逐渐降低达到其中某一气体沸点以下时，该气体即变为液体，而另外的气体仍然呈气态，从而可分离气体混合物。

4.3.3　设计方案的比较和确定

4.3.3.1　方案确定的原则

确定设计方案，总的原则是在考虑可行性、经济性、先进性、安全性等的基础上，尽量采用技术上最先进、经济上最合理、生产中可行的设备，符合优质、高产、安全、低消耗的原则。

（1）方案的可行性

① 设计方案应充分考虑符合国情和因地制宜原则，设备结构不应超出一般机械加工能力。

② 满足工艺和操作的要求。即所设计出来的设备，首先必须保证产品达到任务规定的要求，而且质量要稳定。其次，所定的设计方案需要有一定的操作弹性，流量应能在一定范围内进行调节，必要时传热量也可进行调整。

（2）方案的经济性

① 应对市场情况作适当的综合分析，估计产品目前和将来的市场需求；

② 设计应符合能量充分有效合理利用和节能原则，符合经常生产费用和设备投资费用的综合核算最经济原则。

（3）方案的安全性　对易燃、易爆、有腐蚀性的物料，在设计时应格外注意，都应采用相应的设备与操作参数以确保安全。

（4）方案的可靠性和稳定性　现代化生产应优先考虑运行的安全可靠和操作的稳定易控这一原则。不得采用缺乏可靠性的不成熟技术和设备，不得采用难以控制或难以保证安全生产的技术和设备。

4.3.3.2　冷凝器性能比较

冷凝器按其冷却介质不同，可分为水冷式、空气冷却式、蒸发式 3 大类。这里只介绍水冷式冷凝器。水冷式冷凝器是以水作为冷却介质，靠水的温升带走冷凝热量。冷却水一般循环使用，但系统中需设有冷却塔或凉水池。水冷式冷凝器按其结构形式又可分为壳管式冷凝器和套管式冷凝器两种，常见的是壳管式冷凝器。

（1）立式壳管式冷凝器　立式冷凝器有以下几个特点。

① 由于冷却流量大、流速高，故传热系数较高，一般 $K = 600 \sim 700 \text{kcal}/(\text{m}^2 \cdot \text{h} \cdot \text{K})$。

② 垂直安装占地面积小，且可以安装在室外。

③ 冷却水直通流动且流速大，故对水质要求不高，一般水源都可以作为冷却水。

④ 管内水垢易清除，且不必停止制冷系统工作。

⑤ 但因立式冷凝器中的冷却水温升一般只有 2～4℃，对数平均温差一般在 5～6℃左右，故耗水量较大。且由于设备置于空气中，管子易被腐蚀，泄漏时容易被发现。

（2）卧式壳管式冷凝器　它与立式冷凝器有相类似的壳体结构，主要区别在于壳体的水平安放和水的多路流动。卧式冷凝器不仅广泛地用于氨制冷系统，也可以用于氟利昂制冷系统，但其结构略有不同。卧式冷凝器传热系数较高，不易积气，检修和安装方便，但占地面积大，为减薄液膜厚度，安装时应有 1/100 左右坡度，或将管束斜转一个角度。

综上所述，本次乙醇-水蒸馏塔塔顶产品冷凝器的设计中，采用的就是卧式管壳式冷凝器。

4.3.4　处理单元的设计计算

4.3.4.1　冷凝器选型

（1）初选结构

设计原始数据见表 4-10。

表 4-10　原始数据表

项目及数据	备　注
冷却水进口温度　　$t_1 = 30°$	
冷却水出口温度　　$t_2 = 40℃$	
冷却水工作压力　$P_2 = 294.3\text{kPa}$	表中压力均为表压
饱和蒸气冷凝操作压力 $P_1 = 101.3\text{kPa}$	
冷凝蒸气乙醇质量含量　　含乙醇 95%	

（2）物性参数计算

① 乙醇蒸气

a. 摩尔分数

$$y = [(95/46)/(95/46 + 5/18)] \times 100\% = 88.14\%$$

b. 冷凝蒸气的泡点

$$\text{泡点 } t_s = 78.2℃$$

c. 冷凝液体密度

$$\rho_2 = 804.52\text{kg/m}^3$$

d. 冷凝蒸气的流量　一年以 365d 计，除去一月 30d 大修时间，则

$$G_1 = 60000 \times 10^3/(335 \times 24 \times 3600) = 2.073 \text{ (kg/s)}$$

e. 蒸气的气化潜热

$$r_1 = 946.75\text{kJ/kg} \text{（冷凝水出口温度接近 } t_s\text{）}$$

f. 蒸气的密度

$$\rho_1 = 1.5\text{kg/m}^3 \text{ } (P = 1.013 \times 10^5 \text{Pa})$$

数据总结如表 4-11 所示。

表 4-11　乙醇蒸气物性参数

符号	计算项目	单位	数值	备　注
y	摩尔分数		88.14%	依公式计算
t_s	冷凝蒸气的泡点	℃	78.2	查物性表
ρ_1	液体密度	kg/m³	804.52	查物性表
G_1	冷凝蒸气的流量	kg/s	2.073	依公式计算
r_1	蒸气的气化潜热	kJ/kg	946.75	查物性表（冷凝水出口温度接近 t_s）
ρ_1	蒸气的密度	kg/m³	1.5	查物性表

② 水　计算过程：定性温度 $t_n = (t_1 + t_2)/2 = (30+40)/2 = 35$（℃）。

普朗特数：$Pr_2 = C_{\rho_2} \mu_2 / \lambda_2 = 4.174 \times 10^3 \times 0.7274 \times 10^{-3}/0.626 = 4.82$

冷却水物性表见表 4-12。

表 4-12　水的物性参数表

符号	计算项目	单位	数值	来源	备注
t_n	水的定性温度	℃	35	$(t_2 + t_2)/2$	出入口温差不大
ρ_2	水的密度	kg/ m³	994	查物性表	
C_{ρ_2}	水的比热	kJ/(kg·℃)	4.174	查物性表	定压重量比热
λ_2	水的导热系数	W/(m·℃)	0.626	查物性表	
μ_2	水的黏度	Pa·S	727.4×10^{-6}	查物性表	
Pr_2	水的普朗特指数		4.82	查物性表或计算	$C_{\rho_2} \mu_2 / \lambda_2$

注：t_1 为进水温度，℃；t_2 为出水温度，℃。

（3）物料衡算

$$Q_0 = q_{m1} r_1 = q_{m1} C_{\rho_2} (t_2'' - t_2')$$

设计传热量：

$$Q_0 = q_{m1} r_1 = G_1 r_1 = 2.073 \times 946.75 \times 10^3 = 1.963 \times 10^6 \text{（W）}$$

冷却水流量：

$$G_2 = q_{m2} = Q_0 / [C_{\rho_2}(t_2 - t_1)] = 1.963 \times 10^6 / [4.174 \times (40-30)] = 47.02 \text{（kg/s）}$$

（4）平均温度差（逆流）

$$\Delta t_m = (\Delta t_1 - \Delta t_2)/\ln(\Delta t_1/\Delta t_2) = [(78.2-30)-(78.2-40)]/\ln[(78.2-30)/(78.2-40)]$$
$$=43.01$$

（5）壁温的确定　由于蒸气冷凝一侧的对流传热系数较水侧的小得多，故内壁温度接近于水的温度。同时，由于管壁的热阻也很小，故管外壁温度比较接近于内壁温度，故可设 $t_w = 58$℃，则冷凝蒸气的液膜平均温度 $t_m = 1/2(t_w + t_s) = 1/2(78.2+58) = 68$（℃），此即冷凝液膜的定性温度。由此得：冷凝液膜的导热系数 $\lambda_1 = 0.177 \text{W}/(\text{m}^2 \cdot ℃)$，黏度 $\mu_1 = 0.54 \times 10^{-3} \text{Pa} \cdot \text{s}$。

4.3.4.2　设 K_0 初选冷凝器

① 在进行换热器的计算时，需先估计冷、热流体的传热系数，工业换热器中传热系数的大致范围如表 4-13 所示。

表 4-13　管壳式换热器的 K 值大致范围

进行换热的流体	传热系数 K		进行换热的流体	传热系数 K	
	W/(m²·℃)	4cal/(m²·h·℃)		W/(m²·℃)	4cal/(m²·h·℃)
由气体到气体	12~35	10~30	由冷凝蒸气到油	60~350	50~300
由水到水	800~1800	700~1500	由冷凝蒸气到沸腾油	290~870	250~750
由冷凝蒸气到水	29~4700	250~4000	由有机溶剂到轻油	120~400	100~340

由表 4-12 可见，一般管壳式冷凝器的传热系数 K 范围为 290~4700W/(m²·℃)。故可初设 $K_0 = 650 \text{W}/(\text{m}^2 \cdot ℃)$，公式：

$$Q_0 = K_0 A_0' \Delta t_m \rightarrow A_0' = Q_0 / K_0 \Delta t_m$$

故初步设计其传热面积 $A_0' = 1.963 \times 10^6 / (650 \times 43.01) = 70.2$（m²）。

② 选用 $\Phi25\text{mm} \times 2.5\text{mm}$ 碳钢管，设冷却水流速为 $u_2 = 0.8\text{m/s}$。

单程管数：$N_t' = G_2 / (u_2 \pi d_2 \rho_2 / 4) = 47.02 / (0.8 \times 0.785 \times 0.0004 \times 994) = 188$（根）。

单程管长：$L' = A_0' / N_t' \pi d_1 = 70.2 / (188 \times 3.14 \times 0.025) = 4.76$（m）。

选定换热管长：$L = 6\text{m}$。

则管程数 N_p 为：

$$N_p'=L'/L=4.76/6=0.79$$

取 $N_p=1$，则总管数 $N_t=N_p\times N_t'=188$（根）。

③ 初选冷凝器 根据 $A_0'=70.2m^2$，$N_p=1$，查列管式固定管板换热器的基本参数，直径 500mm 的标准规格中管根数只有 174 根，因此使用后水流速比 0.81m/s 大，这正是所希望的。初步选择的冷凝器型号为 G500-1-25-80 列管换热器。其具体参数如下。

公称直径：$D_g=500mm$。

公称传热面积：$S=80m^2$。

管数：$N_t=174$。

管子规格：$\Phi25mm\times2.5mm$。

公称压力：$P_g=2.5\times10^6Pa$。

管程数：$N_p=1$。

管长：$L=6m$。

管心距：$a=32mm$。

管内径：$d_1=20mm$。

管子外径：$d_2=25mm$。

管子壁厚：$b=2.5mm$。

管子排列方式：正三角形排列。

管子的平均直径：$d_m=(d_1-d_2)/\ln(d_1/d_2)=22.4$（mm）。

④ 计算换热器的外表面积：$A_1=N_t\pi d_m L=3.14\times0.025\times174\times6=82$（$m^2$）。

4.3.4.3 传热计算

（1）管程换热系数 α_2

① 管程流通截面积 A_2 查表可得 $A_2=d_2^2 N_t\pi/4=0.0556$（$m^2$）。

管程流速 $u_2/(m/s)$：

$$u_2=G_2/(\rho_2 A_2)=47.02/(994\times0.0556)=0.85 \text{（m/s）}$$

冷却水水速一般最低不小于 0.8m/s，易结垢河水管程流速应大于 1m/s，这样冲刷加强且不易结垢，但因为控制热阻在冷凝蒸汽侧，水速稍低是允许的。

② 管程雷诺数 Re_2

$$Re_2=\rho_2 d_2 u_2/\mu_2=994\times0.02\times0.85/(727.4\times10^{-6})=2.32\times10^4 \text{（Pa·S）}>4000Pa·s$$

所以，冷却水流型为湍流。

③ 管程的传热系数 α_2

当流体被加热时，$n=0.4$。

$$\alpha_2=0.023 Re_2^{0.8}Pr_2^{0.4}\lambda_2/d_1=0.023\times(2.32\times10^4)^{0.8}\times4.847^{0.4}\times0.626/0.02$$
$$=4205.8 [W/(m^2·℃)]$$

（2）壳程传热系数 α_1

设壳程蒸气为层流

$$\alpha_1=1.13[(r_1\rho_1^2 g\lambda_1^3)/(\mu_1 L\Delta t)]^{1/4}$$
$$=1.13\times\{804.52^2\times9.81\times946.75\times10^3\times0.177^3/[0.54\times10^{-3}\times6\times(78.2-58)]\}^{1/4}$$
$$=955.7 [W/(m^2·℃)]$$

检验 $Re_1=4\alpha_1 L\Delta t/r_1\mu_1=4\times955.7\times6\times20.2/(946.75\times10^3\times0.54\times10^{-3})=906.26<$ 2000，故假设层流正确 $\alpha_1=955.7W/(m^2·℃)$。

（3）污垢热阻与传导热阻

① 冷凝蒸气热　查表知乙醇蒸气的污垢热阻为 0，即 $R_1 = 0$。

② 传导热阻　查表得到金属材料钢的平均导热系数 $\lambda = 45$ [W/(m² · ℃)]。

以换热管的外表面积为基准的传导热阻为：

$$R_m = (b/\lambda) \times (d_1/d_m) = 0.0025 \times 0.025/(45 \times 0.0225) = 0.000062 \text{（m² · ℃/W）}$$

③ 水的污垢热阻　本设计冷却剂选用的河水是一般河水，由参考文献可知，当热流体温度 ≤115℃，水温 ≤50℃，水速 ≤1m/s，其结垢热阻 R_2 为主要热阻，属于控制热阻。因此，如果直接用一般河水来做冷却介质，则会大大影响传热系数 K 值大小，使传热效率大大降低。

我们可设计一方案来澄清河水，使其污垢热阻减小。通过文献查阅，查得洁净河水的结垢热阻在同一条件下为 $R_2 = 0.21 \times 10^{-3}$ m² · ℃/W，这样，主要热阻则集中在冷凝蒸气侧，与我们最初的设想相符。

（4）传热校核

① 计算总传热系数 K_i [W/(m² · ℃)]

$$K_i = 1/(1/\alpha_1 + \delta d_1/\lambda d_m + d_1/\alpha_2 d_2 + R_1 + R_2 d_1/d_2)$$
$$= 1/[1/954.6 + 6.2 \times 10^{-5} + 25/(4205.8 \times 20) + 0 + 0.21 \times 10^{-3} \times 25/20]$$
$$= 599.1 \text{ [W/(m² · ℃)]}$$

② 校核 t_w

$$t_w = T - K_i \Delta t_m/\alpha_1 = 78.2 - 600 \times 43.01/955.7 = 51.2 \text{（℃）}$$

与假设值 $t_w = 58$℃ 相比较差 6.8℃，认为计算合理。

（5）冷凝器传热面积校核　所需传热面积：$A = Q/K_i \Delta t_m = 1.963 \times 10^6/(599.1 \times 43.01) = 76.2$（m²）。

安全系数为 $A_1/A = 82/76.2 = 1.07$，此值在 1.05～1.30 之间，表示所选冷凝器符合要求。

（6）管束与壳温差的计算　根据对流传热速率可得：$Q_0 = \alpha_2 A (t'_w - t_m)$

所以 $t'_w = Q_0/\alpha_2 A + t_m = 41.1$（℃）。

则管束的平均温度为：

$$t_{mg} = (t'_w + t_w)/2 = (41.1 + 58)/2 = 49.6 \text{（℃）}$$

所以壳体与管束的平均温差为：

$$\Delta t = t_s - t_{mg} = 78.2 - 49.6 = 28.6 \text{（℃）} < 50℃$$

上述计算表明，所选型号的冷凝器符合工艺要求。

4.3.4.4　压降计算

实际流体在流动过程中因克服内摩擦而消耗机械能，流体通过水平的直管时产生的压力降是阻力损失的直观表现。同时，通过弯管、阀门等局部阻力也会引起机械能损耗。我们要计算压降，是要以此来选择泵、鼓风机等动力装置，以此为基础来选择高位槽以及评价能量损耗问题。压降是有一定范围的，如果 ΔP 太大，泵功率消耗则会增加。而且流体对传热面的冲蚀加剧等不利影响致使我们必须选择合理的压降。

管壳式换热器压力降允许范围见表 4-14。

表 4-14　管壳式换热器允许压力降范围

工艺物流的压力/Pa	允许压力降/Pa
$< 9.8 \times 10^4$	9.8×10^3
$(9.8～16.7) \times 10^4$	$3.9 \times 10^3 ～ 3.3 \times 10^4$
$> 16.7 \times 10^4$	$\geqslant 3.3 \times 10^4$

由表 4-13 可知，低压运行的合理压降 ΔP 为 $9.8 \times 10^3 \, \text{Pa}$，设计中应尽量减小管路系统中的各种局部流阻，使有条件提高器内流速，从而降低换热器造价。

（1）管程压降计算

管程总阻力损失 H_{f_t} 应是各程直管损失 h_{f1} 与每程回弯阻力 h_{f2} 和进出口等局部损失 h_{f3} 之和，与 h_{f2} 和 h_{f1} 相比，h_{f3} 可忽略不计，则管程损失公式为：

$$H_{f_t} = (h_{f1} + h_{f2}) f_t N_p$$

式中，f_t 为管程结垢后的矫正系数，三角形排列为 1.5，正方形排列为 1.4。

压降计算公式：$\Delta P = (\lambda L/d + 3) f_t N_p \rho u_i^2 / 2$。

（2）求 λ　水的 $\text{Re} = 23388 > 4000$，为湍流；取碳钢粗糙度 $\varepsilon = 0.15 \text{mm}$，则

$$\varepsilon/d_2 = 0.15/20 = 0.0075$$

查摩擦系数 λ 与雷诺数 Re 及相对粗糙度 ε/d 的关系图，可知 $\lambda = 0.038$。

则 $\Delta P_1 = (\lambda L/d + 3) f_t N_p \rho u_i^2 / 2$

　　　　$= (0.038 \times 6/0.02 + 3) \times 1.5 \times 1 \times 994 \times 0.85^2 / 2$

　　　　$= 7756.2 \, (\text{Pa})$

（3）壳程压降计算　蒸气冷凝壳程压降很小，可不进行压降核算，可忽略。

4.3.4.5　结构设计

传热计算与冷凝器选型以后的工作就是进行零部件的设计与选用。一般来说，零部件都是按国家标准制定的，我们必须有合理的依据才能选用到科学、合理的部件，使换热器完全发挥其作用，所以，结构设计仍是较为重要的部分内容。

（1）冷凝器的安装与组合

① 卧式冷凝器传热系数较高，不易积气，检修和安装方便，但占地面积大。为减薄液膜厚度，安装时应有 1/100 左右坡度，或将管束斜转一个角度 α，角度按下式估算：

$$\alpha = 30° - \sin^{-1}(d_0/2A)$$

式中，d_0 为管子外径；A 为管心距。

这样，上层积累的凝液仅包住下层管周的 1/4 左右，当管子上下层数很多时，也可考虑水平分隔，以引出上层凝液。

② 随着蒸气的冷凝，其通道截面积可逐渐缩小，以保持必要的气速，并改善分布，消除死角，蒸气中混有不凝气时，这一措施的效果更为显著。

③ 冷凝器设计中，组合方式有单台大型、多台并联、多台串联等基本形式，我们只用一台单型。

④ 由传热计算可知，传热系数 K 的主要矛盾在冷凝侧，我们可限制冷凝负荷，达到提高 K 的目的。

当液膜处于湍流状态时，此时冷凝侧的 α_1 是随蒸气冷凝负荷的增大而增大的，但此时冷凝侧的 α_1 值本来较大，不是主要热阻，因而也无必要将蒸气冷凝负荷提得很高。

我们不用折流挡板是因为壳程一侧走的是蒸气，它的湍流程度与它的 α_1 提高并无很大关系，而且我们已设置了 10% 的面积余量，可不必再设折流挡板。

壳程的 α_1 只与管外壁的液膜有关，即与液膜的层次、湍流有关。在通入蒸气前必须有一排气管先排放出空气和一些不凝性气体，冷凝过程中要关闭并防止泄漏。

（2）管设计　传热管的形状、尺寸和布置对换热器性能和经济影响很大，管子设计内容包括管形、管径、管长、管束排列方式及管材等。

① 管子外形有光管、翅片管或螺纹管两类常见形式，一般情况应尽量采用光管，以求

经济易得和安装、检修、清洗方便。

② 管径的标准尺寸：我国列管式换热器标准中无缝钢管规格有（外径×壁厚）$\Phi 19mm \times 2mm$、$\Phi 25mm \times 2.5mm$、$\Phi 38mm \times 2.5mm$、$\Phi 57mm \times 2.5mm$ 等，我们采用的管径为 $\Phi 25mm \times 2.5mm$。小管径能强化传热，且单位体积传热面大，结构紧凑，金属耗量少，传热系数也高。但管径太小流阻大，且不便于清洗，易结垢阻塞，所以不选太小的 $\Phi 19mm \times 2mm$ 的管子。

③ 管子的长度应以经济性和稳定性两方面为依据，在壳径 500mm 下的管长有 3m、4.5m、6m，本设计选用的 6m 的金属耗量要少，而传热面积也大。

④ 管子在管板上的排列方式，应力求均布、紧凑，并考虑清扫和整体结构的要求。

我们选用最常用的等边三角形式，其一边与流向垂直，在水平管稍微倾斜的情况下，管子以正三角形错列，管外的冷凝液将下面的管子润湿的机会就变少，这样可保持较高的传热系数，并且正三角形排列法在一定的管板面积上可以配置较多的管子数，且由于管子间的距离都相等，在管板加工时便于划线与钻孔。

我们所设计的管子数为 174 根，层数大于 6，则其最外层管子和壳体之间弓形部分也应配置上附加的管子，这样不但可以增加排列管数，增大传热面积，而且清除了管外空间这部分不利于传热的地方。

（3）管间距的设计

① 管子在管板上的固定　管子在管板上的固定方法，必须保证管子和管板连接牢固，不会在连接处产生泄漏，否则将会给操作带来严重的故障。目前广泛采用的连接方法有胀接和焊接两种。

② 胀接　利用胀管器挤压伸入管板孔中的管子端部，使管端发生塑性变形，管板孔同时产生弹性变形，当取去胀管器后，管板弹性收缩，管板与管子之间就产生一定的挤紧压力，紧紧地贴在一起，达到密封固紧连接的目的。

③ 焊接　当温度高于 300℃ 或压力高于 $40kgf/cm^2$ 时，一般采用焊接法。

④ 管心距　管心距就是指管板上两管子中心的距离。管心距的决定要考虑管板的强度和清洗管子外表面时所需的空隙，它与管子在管板上的固定方法有关。当管子采用焊接方法固定时，相邻两根管的焊缝太近，就会互相受到影响，使焊接质量不易保证，而采用胀接法固定时，过小的管心距会造成管板在胀接法时由于在挤压力的作用下发生变形，失去了管子与管板之间的连接力，因此管心距必须有一定的数值范围。

根据生产实践经验，最小的管心距 S_{min} 一般采用以下数据。

焊接法：$S_{min} = 1.25d_0$。

胀接法：$S_{min} \geqslant 1.25d_0$。

式中，d_0 为管子外径。

但管心距 S 最小不能小于 $(d_0 + 6)mm$，对于直径小的管子，S/d_0 的数值应大些。最外层列管中心至壳体内表面的距离不应小于 $(1/2d_0 + 10)mm$。

本设计采用胀接法，管心距取 32mm。

（4）管板设计

① 管板的作用是固定作为传热面的管束，并作为换热器两端的间壁将管程和壳程流体分隔开来。管板上的孔数、孔径、孔间距、开孔方式及与管子的连接方式等都要与管子设计一并决定。

② 管板直径与壳体直径应一致，管板厚度与材料强度、介质压力、温差和压差以及管

子和外壳的固定方式和受力状况因素有关。对于连接管板最小厚度，此时管板厚度 $b=3/4d$，可查有关文献。

③ 固定管板式的管板与壳体的连接采用不可拆式，两端管板直接焊在外壳上并伸出壳体圆圈之外兼作法兰。拆下顶盖可检修接口或清扫管内。

④ 管板厚度取 40mm。

⑤ 管程数的确定

$$N_p' = L'/L = 4.75/6 = 0.79 \qquad \text{所以取管程数 } N_p = 1$$

（5）壳体的厚度计算　壳体的内径为 500mm，一般用钢板卷制。

外壳厚度可用有关公式计算，也可直接查阅参考文献选取。

公称直径：$D_g = 500$mm，厚度：10mm。

1m 高筒节钢板质量：125kg。

由此来选支撑板和支座。

（6）封头设计　管箱封头有平板形、椭圆形、碟形等型式，换热器以前两种型式居多。

椭圆形力学性能好，所需壁厚小，受力状况仅次于球形封头，且有专用模具冲压，加工简单，所以我们选用国家标准的椭圆形封头。

封头公称直径以内径为 500mm，其厚度与壳体厚度相一致为 10mm，由参考文献查得，直边高度 $h_2 = 40$mm，质量 $G = 27.1$kg，曲面高度 $h_1 = 125$mm。

封头选用：$D_g = 500 \times 10$（标准 JB 1154—73）。

（7）管程进出口管设计

① 进出口管径设计　水的流速为 0.85m/s，这是指管程内部，水在泵出口或管路中的流速范围为 1.5～3m/s，我们取管内流速为 2.68m/s，已知 $\rho_水$、冷凝水流量 G_2，则管路截面积 A_3：

$$A_3 = G_2/\rho_水 u_水 = 47.02/(994 \times 2.68) = 0.0177 \ (\text{m}^2)$$

由于 $S = \pi d_0^2/4$，所以 $d_0 = 150$mm，d_0 为内径。

可查参考文献，选用的无缝钢管 $D_g = 150$mm，其外径 $d_H = 159$mm，壁厚为 4.5mm。

② 管方位设计　实践证明，表面水平布置的进、出口管不利于管程流体的均匀分布，使部分传热管不能很好地发挥作用，甚至因流速太低而被堵塞，进、出口管布置在换热器底部和顶部使流体向上流动，比布置在两侧水平流动为佳。故设置在封头的相对位置。

进、出口管方位示意图见图 4-3。

（8）壳程进出口管设计

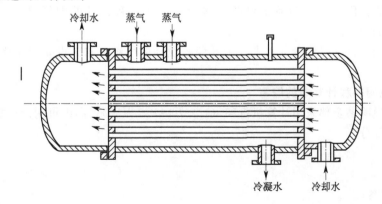

图 4-3　进、出口管方位示意图

① 出口管径（冷凝液） 流速在 $1.5 \sim 3 m/s$ 的范围内，选用 $D_g = 40mm$，外径为 45mm 的管子，已知冷凝液流量为 $2.073 kg/s$，$u = G_1/(\rho_1 \times \pi d_0^2/4)$。

管壁厚 3.5mm，内径 $d_0 = 45 - 2 \times 3.5 = 38$ （mm），所以 $u = 2.27 m/s$。

则此标准管子可选用 $\Phi 40mm \times 3.5mm$。

② 蒸气入口管径的设计 蒸气质量流量仍为 $2.073 kg/s$，其密度为 $1.5 kg/m^3$，要使其流速在规定的 $20 \sim 30 m/s$ 范围内，由参考文献知，圆筒开孔最大直径 $d \leqslant 1/2 D_i$，当 $D_i = 520mm$ 时，最大开孔外径为 260mm，查标准管径系列表，只能选 $d_H = 245mm$，厚度 $= 7mm$，内径 $d_0 = 231mm$，故核算流速如下：

$$U = G_1/(\rho \times \pi d_0^2/4) = 2.073/(1.5 \times 3.14 \times 0.231^2/4) = 33 \text{ （m/s）}$$

此流速过大，我们可设计如下方案，即选取两个入口管，从壳体上侧入口，这样，质量流量减半，管径可变小。

我们选用标准钢管 $\Phi 200mm \times 6mm$。流速核算：

$$d_0 = d_H - 2S = 219 - 12 = 207 \text{ （mm）}$$

$$U = G_1/2/(\rho \times \pi d_0^2/4) = 2.073/2/(1.5 \times 3.14 \times 0.207^2/4) = 20.5 \text{ （m/s）}$$

流速符合要求，但因管径外径较大，我们还必须考虑补强问题。由参考文献知，我们可选用国家标准来补强。

③ 蒸气管方位设计 我们设计的是冷凝器，其蒸气与冷却水的顺、逆流无区别，故蒸气可以从筒壳体上部两管进入，然后冷凝液从下部低面流出，总体来说保证逆流形式，相对错流。

（9）法兰 选用标准法兰，其公称直径与管子公称直径一致。

由参考文献可查得蒸气介质易燃，其接管法兰选用甲型平焊法兰：Y2.5-200 和 Y2.5-40。

冷却水压力为 294.3kPa，压力较高，选用 Y6-150。

（10）支座 化工设备上的支座是支持设备重量和固定设备位置用的一种不可或缺的部件，在某些场合下，支座还可以承受设备操作时的振动、地震载荷、风雪载荷等。支座的结构形式和尺寸往往决定于设备的形式、载荷情况及构造材料。最常用的有悬挂式支座、支撑式支座和鞍式支座。

此次设计的换热器为卧式设备，常用鞍式支座支撑，且采用双支座，一个 Ⅰ 型，一个 Ⅱ 型。

JB-1167-81，$D_g 500$-BIM-300   1 个

JB-1167-81，$D_g 500$-BⅡM-300   1 个

（11）其他 均可根据容器设计规范取用或计算，一般均采用国家标准。

4.3.5 工艺流程与设备图

（1）工艺流程图 工艺流程图纸参见本书 4.1.5 课程设计的图纸要求。流程图 1 张（2$^\#$ 图纸），见图 4-4。

（2）设备图 设备图纸参见本书 4.1.5 课程设计的图纸要求。设备图 1 张（2$^\#$ 图纸），见图 4-5。

4.3.6 设计说明书和计算书的编写

课程设计说明书全部采用计算机打印（1.2 万～1.5 万字），图纸可用计算机绘制。说明书应包括以下部分。

① 目录；

② 概述；

③ 工艺方案；

④ 操作条件及基本数据；

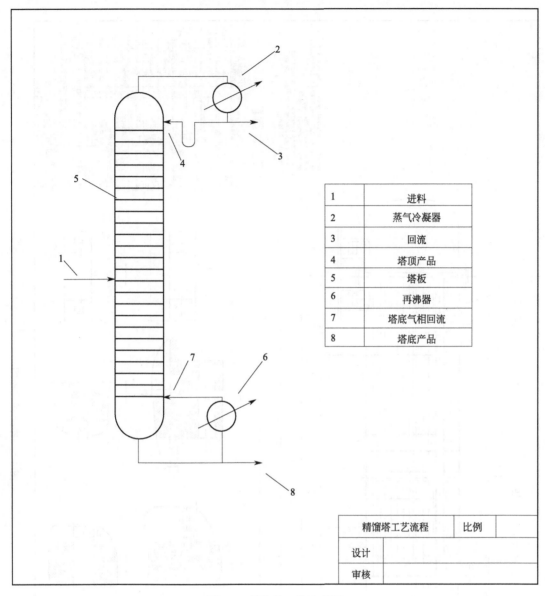

1	进料
2	蒸气冷凝器
3	回流
4	塔顶产品
5	塔板
6	再沸器
7	塔底气相回流
8	塔底产品

精馏塔工艺流程	比例	
设计		
审核		

图 4-4 精馏塔工艺流程图

⑤ 设计计算（初选结构、传热计算及核算）；

⑥ 冷凝器结构设计及说明；

⑦ 设计小结；

⑧ 参考文献；

⑨ 附图。

其中③～⑥可参考本章中的 4.3.1～4.3.4，由于篇幅有限，其余部分学生应根据课程设计内容和要求进行编写，用语科学规范，详略得当。

主要设备一览表应包括名称、型式（型号）、主要尺寸、数量、参数等；图纸为精馏塔流程图和冷凝器结构图 2 张（2# 图纸），应包括主图、剖面图，按比例绘制、标出尺寸并附说明，图签应规范。

参考文献按标准要求编写，不少于 10 篇。

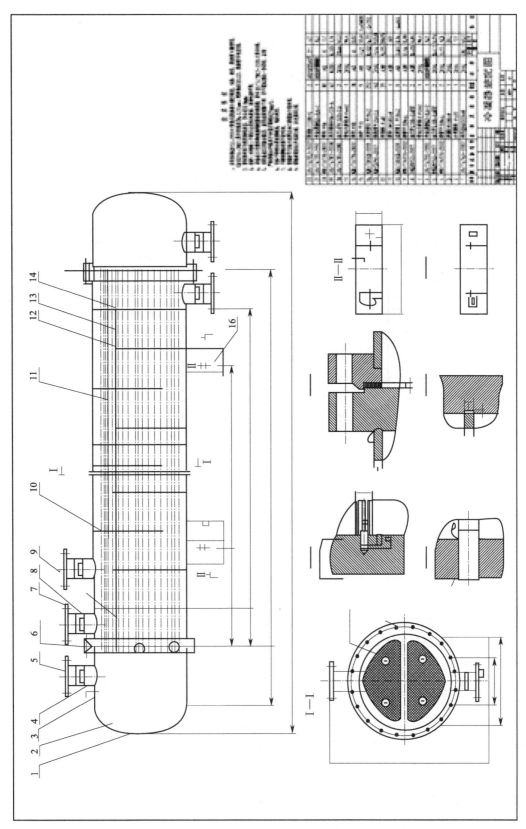

图 4-5　冷凝器装配图

4.4 课程设计任务书汇编

4.4.1 课程设计任务书之一

4.4.1.1 课题名称

填料吸收塔的设计。

4.4.1.2 课题条件

处理气量 1000m³/h，空气混合气体中含有乙醇 2%（摩尔分数）。采用纯水吸收，吸收率为 95%。操作条件：压力 101.3kPa；温度 25℃，液气比为最小液气比的 1.5 倍；总传质系数 $k_{ya}=0.028kmol/(m \cdot s)$

4.4.1.3 任务（含计算、绘图、论述等内容）

① 填料吸收塔设计计算；

② 编写设计说明书；

③ 吸收塔设备图 1 张。

4.4.1.4 设计说明书内容

① 概述；

② 工艺流程；

③ 操作条件及基本数据；

④ 塔径、塔高及压降计算；

⑤ 塔的附件设计；

⑥ 吸收塔主要尺寸；

⑦ 设计小结；

⑧ 参考文献；

⑨ 附图。

4.4.1.5 设计进度计划

发题时间	年　　月　　日
指导教师布置设计任务、熟悉设计要求	1 天
准备工作、收集资料及方案比选	1 天
设计计算	3 天
整理数据、编写说明书	2 天
绘制图纸	2 天
质疑或答辩	1 天
指导教师：_____	教研室主任：_____
年　　月　　日	年　　月　　日

4.4.2 课程设计任务书之二

4.4.2.1 课题名称

乙醇-水板式精馏塔设计。

4.4.2.2 设计条件与基本数据

（1）实际条件

① 塔顶产品乙醇含量不小于 93%（质量分数）；

② 进料中乙醇含量为 38%（质量分数）；

③ 塔釜残液中乙醇含量不高于 0.02%（质量分数）；

④ 生产能力 5000t/a，年开工 7200h。

（2）基本数据

① 间接蒸气加热；

② 塔顶压强 101.3kPa；

③ 进料热状态：泡点进料；

④ 回流比为 5；

⑤ 单板压降 75mm 液柱。

4.4.2.3 设计任务

设计一座板式精馏塔分离乙醇，要求进行设计方案论证、精馏塔物料衡算和热量衡算、主体设备计算和说明、附属设备设计说明等，撰写设计说明书，绘制精馏塔装配图。

（1）设计计算书、说明书

① 设计任务；

② 设计资料；

③ 设计方案论证；

④ 精馏塔物料衡算；

⑤ 精馏塔热量衡算；

⑥ 主体设备计算和说明（塔高、塔径以及塔盘设计，压力降，流体力学，负荷性能图等）；

⑦ 附属设备设计说明；

⑧ 结论和建议；

⑨ 参考文献、致谢。

（2）设计图纸 精馏塔流程图以及装配图各 1 张。

4.4.2.4 设计说明书内容

① 目录；

② 概述；

③ 设计方案论证；

④ 操作条件及基本数据；

⑤ 主体设备设计计算；

⑥ 附属设备设计及说明；

⑦ 设计小结；

⑧ 参考文献；

⑨ 附图。

4.4.2.5 计划进度

	年 月 日
发题时间	
指导教师布置设计任务、熟悉设计要求	1 天
准备工作、收集资料及方案比选	1 天
设计计算	3 天
整理数据、编写说明书	2 天
绘制图纸	2 天
质疑或答辩	1 天

指导教师：＿＿＿＿＿＿＿　　　　　　　　　教研室主任：＿＿＿＿＿＿＿

　　年　　月　　日　　　　　　　　　　　　年　　月　　日

4.4.3　课程设计任务书之三

4.4.3.1　课题名称

喷雾干燥器的设计。

4.4.3.2　课题条件

采用压力式喷雾干燥器干燥某悬浮液，干燥介质为热空气，热源为蒸气。选用热风-雾滴并流向下的操作方式。

料液压力：4MPa；

料液处理：500kg/h；

料液含水率：70％（湿基，质量分数）；

产品含水率：2％（湿基，质量分数）；

料液密度：1200kg/m³；

产品密度：920kg/m³；

热风入塔温度：300℃；

热风出塔温度：90℃；

料液入塔温度：25℃；

产品出塔温度：90℃；

产品平均粒径：130μm；

干物料比热：2.5kJ/(kg·℃)；

加热蒸气压力：400kPa。

4.4.3.3　任务（含计算、绘图、论述等内容）

① 压力式喷雾干燥器设计计算；

② 编写设计说明书；

③ 流程图和设备图各 1 张。

4.4.3.4　设计说明书内容

① 概述；

② 设计方案论证；

③ 工艺流程；

④ 操作条件及基本数据；

⑤ 工艺设计计算（物料衡算、热量衡算、喷雾干燥器尺寸确定、干燥塔尺寸确定等）；

⑥ 干燥器附属设备设计和选型；

⑦ 设计小结；

⑧ 参考文献；

⑨ 附图。

4.4.3.5　设计进度计划

发题时间	年　月　日
指导教师布置设计任务、熟悉设计要求	1 天
准备工作、收集资料及方案比选	1 天
设计计算	3 天
整理数据、编写说明书	2 天
绘制图纸	2 天

质疑或答辩 1 天

指导教师：_____ 教研室主任：_____

年 月 日 年 月 日

4.4.4 课程设计任务书之四

4.4.4.1 课题名称

列管式换热器的设计。

4.4.4.2 设计条件与基本数据。

（1）实际条件

① 热流体为柴油，入口温度 120℃，出口温度 35℃，处理能力 $15×10^4$ t/a；

② 冷却介质为工业用水，入口温度 25℃，出口温度 40℃，压力为 202.6kPa；

③ 换热器操作压力为常压；

④ 换热器允许压力降为 100kPa。

（2）基本数据

① 一年以 365d 计，除去检修 35d，生产时间为 330d；

② 柴油定性温度下物性：密度 825kg/m³、黏度 $7.2×10^{-4}$ Pa·s、比热 2.22kJ/（kg·℃）、导热系数 0.14W/（m²·℃）。

4.4.4.3 设计任务

设计一台列管式换热器将柴油冷却到指定温度，课程设计工作要求进行换热器设计计算、初选换热器并进行核算、换热器结构设计及说明，撰写设计说明书，绘制换热器装配图。

（1）设计计算书、说明书

① 设计任务；

② 设计资料；

③ 初选换热器并进行核算；

④ 换热器结构设计及说明；

⑤ 设计说明书后附结论和建议、参考文献、致谢。

（2）设计图纸 列管式换热器装配图 1 张。

4.4.4.4 设计说明书内容

① 目录；

② 概述；

③ 设计方案论证；

④ 操作条件及基本数据；

⑤ 设计计算（初选结构、传热计算及核算）；

⑥ 换热器结构设计及说明；

⑦ 设计小结；

⑧ 参考文献；

⑨ 附图。

4.4.4.5 计划进度

发题时间 年 月 日

指导教师布置设计任务、熟悉设计要求 1 天

准备工作、收集资料及方案比选 1 天

设计计算 3 天

整理数据、编写说明书	2 天
绘制图纸	2 天
质疑或答辩	1 天

指导教师：＿＿＿＿＿＿＿＿　　　　　　　　　　教研室主任：＿＿＿＿＿＿＿

年　　　月　　　日　　　　　　　　　　　年　　　月　　　日

4.4.5 课程设计任务书之五

4.4.5.1 课题名称

二氧化硫填料吸收塔及附属设备的设计。

4.4.5.2 设计任务（含计算、绘图、论述等内容）

设计一座填料吸收塔用于脱除废气中二氧化硫，进行填料吸收塔机附属设备设计计算，编写设计说明书，绘制吸收塔工艺流程及设备装配图各 1 张。

要求完成工艺方案确定、相关衡算、主要设备工艺计算、主要设备结构设计及核算、附属设备设计及选型。绘制填料吸收塔装配图。

4.4.5.3 基础数据

处理气量 $1000 m^3/h$，进口气体中含有二氧化硫 9%（摩尔分数）。采用纯水逆流吸收，吸收率为 94.5%。操作条件：压力 101.3kPa；温度 30℃。液气比为最小液气比的 1.5 倍。

4.4.5.4 设计说明书内容

① 概述；

② 工艺流程；

③ 设计方案论证；

④ 操作条件及基本数据；

⑤ 塔径、塔高及压降计算；

⑥ 塔的附属设备设计；

⑦ 吸收塔主要尺寸；

⑧ 设计小结；

⑨ 参考文献；

⑩ 附图。

4.4.5.5 设计进度计划

发题时间	年　　　月　　　日
指导教师布置设计任务、熟悉设计要求	1 天
准备工作、收集资料及方案比选	1 天
设计计算	3 天
整理数据、编写说明书	2 天
绘制图纸	2 天
质疑或答辩	1 天

指导教师：＿＿＿＿＿＿＿＿　　　　　　　　　　教研室主任：＿＿＿＿＿＿＿

年　　　月　　　日　　　　　　　　　　　年　　　月　　　日

4.5　课程设计思考题

1. 何为单元操作？环境污染治理中的单元操作主要有哪些？

2. 何为吸收？何为物理吸收？何为化学吸收？

3. 何为精馏？精馏塔有哪几种类型？

4. 何为萃取？举例说明在环境污染治理中萃取用于哪些地方？

5. 何为吸附？吸附有哪几种类型？

6. 环境工程中干燥用于哪些地方？根据什么原理？

7. 除尘方法有哪几种类型？各根据什么原理？

8. 重力除尘器如何设计长、宽、高？

9. 管道内流体流动有哪几种流型？判断依据是什么？

10. 污水处理厂管道流动阻力损失如何计算？污水处理厂高程如何计算？

11. 传热的推动力是什么？阻力是什么？

12. 换热器有哪几种类型？如何选择换热器类型？

13. 换热器传热面积如何计算？

14. 说出换热器选型的具体步骤。

15. 换热器污垢热阻如何确定？

16. 吸收塔主要有哪几种类型？主要区别和优缺点是什么？

17. 气体净化对吸收设备有哪些基本要求？论述影响吸收效果的主要因素。

18. 填料吸收塔高度如何计算？如何设计整个塔高？

19. 精馏塔塔板数如何计算？

20. 如何校核精馏塔塔板压力降？

21. 如何设计精馏塔进出口管径？

22. 如何计算精馏塔气液相负荷？塔板开孔率如何确定？

23. 精馏塔塔盘有哪些形式？如何选择精馏塔塔盘？

24. 影响精馏效果有哪些因素？如何提高精馏效果？

25. 萃取设备如何设计？需要哪些主要资料和数据？

26. 吸附设备有哪几种类型？举例说明如何根据实际情况选择吸附器。

27. 固定床吸附器的吸附剂用量如何确定？

28. 吸附物质如何解吸？影响脱附的因素有哪些？

29. 吸附床穿透时间和保护作用时间如何计算？

30. 工业上主要采用的固体吸附剂有哪些？各有何主要优缺点？

31. 如何选择曝气池的风机？

32. 如何选择污水处理厂提升泵房的水泵？

33. 环境领域常用废气、废水处理方法中采用了哪些单元操作？举例说明。

参 考 文 献

[1] 陈敏恒等. 化工原理（上、下册）. 北京：化学工业出版社，2000.
[2] 刘道德等. 化工设备的选择与工艺设计. 长沙：中南工业大学出版社，1992.
[3] 化学工程手册编委会. 化学工程手册. 第1篇. 北京：化学工业出版社，1980.
[4] 聂清德. 化工设备设计. 北京：化学工业出版社，1991.
[5] 罗辉等. 环保设备设计与应用. 北京：高等教育出版社，1997.
[6] 刘乃鸿. 工业塔规整填料应用手册. 天津：天津大学出版社，1993.
[7] 刘道德等. 化工设备的选择与工艺设计. 长沙：中南工业大学出版社，1992.
[8] 谭天恩等. 化工原理. 北京：化学工业出版社，1990.
[9] 朱思明等. 化工设备机械基础. 上海：华东化工学院出版社，1991.
[10] 幡野佐一等. 换热器. 北京：化学工业出版社，1987.
[11] 魏崇关，郑晓梅. 化工工程制图. 北京：化学工业出版社，1995.

5 环境影响评价课程设计及案例

我国的环境影响评价制度是在借鉴国外，结合我国的实际情况上逐步发展起来的。1969年，美国首先提出"环境影响评价"这个概念，并在《国家环境政策法》（National Environmental Policy Act，NEPA）中将它定为制度，随后西方各国陆续将这项制度推广开来。1973年8月，以北京召开的第一次全国环境保护会议为标志，揭开了中国环境保护事业的序幕。1979年中国第一次颁布了《中华人民共和国环境保护法》（试行），其中规定扩建、改建、新建工程必须提出环境影响报告书，从此中国正式实施环境影响评价制度。在这个阶段，对环境影响评价的理论和实施进行了探讨，并以环境保护法为依据，颁布了许多关于环境影响评价的法规和法规性文件。1986年颁布的《建设项目环境保护管理办法》及1998年11月颁布的《建设项目环境保护管理条例》，对环境影响评价制度作了修改、补充及更明确的规定，从而在我国确立了环境影响评价制度。2002年10月28日第九届全国人民代表大会常务委员会第三十次会议通过《环境影响评价法》，于同日以中华人民共和国主席令第77号发布，自2003年9月1日起施行。《环境影响评价法》的颁布，标志着环境影响评价制度和"三同时"环境保护管理制度的执行进入了一个新的阶段，对促进可持续发展，具有十分重要的意义。2004年2月，人事部、原国家环保总局据全国环境影响评价系统建立环境影响评价工程师职业资格制度。实践证明，环境影响评价制度在社会和经济发展中起到了积极的作用。

5.1 环境影响评价课程设计的目的、意义和要求

5.1.1 课程设计的目的和意义

课程设计是增强工程观念、培养提高学生独立工作能力的有益实践。"环境影响评价课程设计"是与"环境影响评价"相配套的一个重要的实践性教学环节。教学目标是在学生对环境影响评价有一定的理论基础之上，将理论基础与实践相结合，将书本知识运用到实际的项目环评当中，从而进一步掌握环境影响评价的工作程序，以及如何通过调研和综合分析研究，编写环境影响评价报告书/表。

通过课程设计，要求学生能综合运用本课程和前修课程的基本知识，进行融会贯通的独立思考，在规定的时间内完成指定的设计任务，具有实践教学课程特有的意义。例如通过分组分工合作，能够加强学生的团结意识，养成良好的团队观念；通过调研，能够锻炼学生的资料搜集和沟通能力。

5.1.2 课程设计的选题

根据课程内容，结合生产实际进行选题。设计题目均来自指导教师的科研项目，体现出科研与教学相结合的精神。指导老师在此领域进行了多年细致深入的研究，积累了较好的经验和第一手资料数据，取得了比较好的成果，为学生课程设计的开展奠定了良好的基础。

5.1.3 课程设计报告及要求

5.1.3.1 课程设计包括的内容

本课程设计完成后须包括以下内容。

① 设计报告必须包括设计说明书、图纸、总结等；

② 设计说明书必须内容完整，条理清晰，书面清洁，字迹工整；

③ 资料与数据来源必须可靠准确，计算要求方法正确，误差小于设计要求，计算公式和所用数据必须注明出处；

④ 图表简洁，能体现出计算和分析的结果；

⑤ 总结须认真翔实，科学严谨。

5.1.3.2　设计说明书

设计说明书应包括与设计有关的阐述说明和计算内容，内容系统完整，计算正确，文理通畅，草图和表格不得徒手草绘，图中各符号应有文字说明，线条清晰，大小适宜，书写完整，装订整齐。编排顺序如下。

① 封面（课程设计题目、班级、姓名、指导教师、时间）；

② 设计任务书；

③ 目录；

④ 摘要（中英文）；

⑤ 设计方案简介（含选题与设计要求）；

⑥ 设计内容及计算结果（建设项目环境影响报告书/表）；

⑦ 附图或附表；

⑧ 参考文献；

⑨ 主要符号说明；

⑩ 设计评述或总结（即设计者对本次设计的评述以及本次设计的收获体会）。

5.1.4　课程设计的图纸要求

课程设计图纸应基本达到技术设计深度，较好地表达设计意图。要求布局美观，图面整洁，图表清楚，尺寸标识准确，各部分线形必须符合制图标准及有关规定。

5.1.5　课程设计的内容与步骤

① 针对"环境影响评价课程设计"的特点，选取几个比较典型的工程项目，供学生分组选题。将选课学生按每组 10～12 人分组，每组推选一名负责人，并由其细化组内成员分工。

② 现场踏勘并查阅文献，初步了解项目所在地环境现状及工程概况，完成建设项目所在地自然环境、社会环境简况部分的填写。

③ 依托相关监测部门的数据，确定项目环境质量调查的结果，查阅相关资料，完成环境质量现状及其评价标准的编写。

④ 各小组列出需要调查的内容，到相关部门进行调研。完成报告表中建设项目基本情况、建设项目工程分析、环境影响分析、污染物排放分析及其建设项目拟采取的防治措施及预期治理效果的填写。

⑤ 在对环境现状以及建设项目有了充分的了解之后，完成污染物增减情况、生态影响分析及结论与建议的编写。

⑥ 提交课程设计成果，即设计说明书。针对每组成员的查阅文献、调研、总结分析以及最终成果的质量给出成绩。

5.1.6　课程设计的注意事项

① 课程设计前学生必须预先准备好资料，包括：手册、图册、绘图工具、计算工具、图纸、说明书纸、档案袋等。

② 课程设计前学生应对原始资料进行认真阅读和消化，明确课程设计的要求再进行工作。原始资料包括：项目概况、投资与产品方案、环境功能分区与敏感目标、企业工艺流程及相关图纸、设备与原辅材料、"三废"排放情况、能源消耗情况、污染治理措施及设施等。

③ 教师应提供相关案例，引导学生进行分析，指出设计过程的难点和重点。设计过程随时答疑，并在中期进行阶段性总结，对不明确部分进行指导和审核。设计说明书和图纸须审阅后再进行装订和答辩。

5.2 案 例 一

5.2.1 设计任务书

5.2.1.1 课题名称

殷家坪矿区 100 万吨/年磷矿采矿项目环境影响报告书。

5.2.1.2 课题条件

在进行本次课程设计前，学生已完成《环境影响评价》课程的学习，对环境影响评价的理论基础、程序、方法均有一定了解，有助于顺利完成设计。

设计所需的基础资料如下。

① 企业基本资料：项目概况、投资与产品方案、环境功能分区与敏感目标、企业工艺流程及相关图纸、设备与原辅材料、"三废"排放情况、能源消耗情况、污染治理措施及设施等。

② 环境影响评价的程序和方法：参考环境影响评价的教材和设计手册等。

③ 设计内容和相关计算：根据分组，由指导教师安排。

5.2.1.3 设计任务与目的

根据指导教师提供的资料或数据，编制一份较完整的环境影响评价报告书。

通过本次课程设计，要求学生了解和熟悉环境影响评价报告书/表编制的基本程序、方法和技巧；通过具体的案例培养学生的工程意识，训练学生发现问题、解决问题的能力，培养学生搜集、处理数据、撰写报告书的能力。

5.2.1.4 设计说明书内容

① 封面（课程设计题目、班级、姓名、指导教师、时间）；

② 设计任务书；

③ 目录；

④ 摘要（中英文）；

⑤ 前言：选题与设计要求；

⑥ 主体：建设项目环境影响评价报告书；

⑦ 附图或附表；

⑧ 参考文献；

⑨ 使用符号说明；

⑩ 总结。

5.2.1.5 设计成果

完整的设计说明书一份。

5.2.1.6 计划进度

发题时间   ×××× 年 ×× 月 ×× 日

准备及收集资料   × 天

现场踏勘并查阅文献	×天
到相关部门进行调研	×天
数据整理、分析、计算	×天
编写说明书	×天
答辩	×天
共计	××工作日（×周）

指导教师：_____　　　　　　　　　　　　　　教研室主任：_____

　年　月　日　　　　　　　　　　　　　　　　　　　　年　月　日

5.2.2　总论

5.2.2.1　任务由来

殷家坪矿业有限公司系××集团的全资子公司，负责××市殷家坪矿区磷矿的开发与开采工作。2009 年 1 月，殷家坪矿业有限公司委托化工部长沙设计研究院编制《××省××市××区殷家坪矿区资源开发利用方案》（以下简称《开发利用方案》），拟建设 100 万吨/年磷矿采矿项目。

按照《中华人民共和国环境影响评价法》和国务院令第 253 号《建设项目环境保护管理条例》的要求，本项目需编制环境影响评价报告书。殷家坪矿业有限公司于 2009 年 2 月书面委托××××大学承担该项目的环境影响评价工作。接受委托后，评价方组织专业技术人员到现场进行了实地踏勘和资料收集工作，根据《环境影响评价技术导则》、相关的法律法规文件和技术文件要求，编制完成了《殷家坪矿区 100 万吨/年磷矿采矿项目环境影响报告书》（送审稿）。2009 年 6 月 6 日省环保局在××市主持召开了报告书技术评估会，现将修改完善后的《殷家坪矿区 100 万吨/年磷矿采矿项目环境影响报告书》（报批本）提交给殷家坪矿业有限公司呈报省环保厅审批。

5.2.2.2　编制依据

① 政策、法规；

② 评价技术规范；

③ 技术文件；

④ 委托文件。

5.2.2.3　评价原则与要求

① 认真贯彻国家和地方环保法律、法规及有关规定；

② 坚持达标排放、总量控制、清洁生产和污染防治与生态保护并重的原则；

③ 坚持客观、公正、科学、实用的原则；

④ 坚持充分利用现有资料、实地踏勘、现场调查、现状监测相结合的原则；

⑤ 坚持对改扩建项目改扩建期、生产期及服务期满进行全过程分析、评价的原则。

5.2.2.4　环境影响因素识别及评价因子筛选

（1）环境影响因素识别　由表 5-1 可以看出，拟建工程各单项环境因子对地表水水质、声环境、大气环境质量等均有一定负面影响，就工程整体行为而言，对矿产资源的合理开发与利用、发展区域经济、提高人民生活水平等都将产生积极的作用。

（2）评价因子的筛选　筛选结果见表 5-2。

5.2.2.5　评价标准

（1）环境质量标准　包括环境空气指标、地表水指标、地下水指标、噪声指标等。

（2）污染物排放标准　包括废气指标、废水指标、厂界噪声指标、施工噪声指标等。

表 5-1　主要环境影响要素识别矩阵

环境因素 \ 工程行为		废气排放	废水排放	废渣排放	噪声	运输	工程整体行为
自然环境	地质地貌						○
	局地气候						
	大气质量	○		○			○
	地表水水质		◇	○			○
	水文						
	地下水水质		○				
	声学环境				○	○	○
	植被						
	土壤		○				○
	水生生物		○				
	水土流失						
社会环境	区域经济						◆
	农业生产						
	人群健康				○		
	风景	○	○			○	○
	生活水平						●
	区域交通						
资源	水资源		◇	○			
	土地资源		◇	○			
	旅游资源					○	
	矿产资源						●

注：◆为长期或中等影响有利影响；●为短期或轻微影响有利影响；◇为长期或中等影响不利影响；○为短期或轻微影响不利影响。

表 5-2　评价因子一览表

评价因子 \ 环境要素	现状评价因子	环境影响评价因子
环境空气	TSP、SO$_2$、NO$_2$、氟化物	TSP、NO$_2$
地表水	COD、BOD$_5$、NH$_3$-N、pH、SS、总磷、氟化物、硫化物、总铅、总砷、石油类	SS、磷酸盐、氟化物
声环境	L_{Aeq}	L_{Aeq}、振动
生态环境	植被、动物、土壤、土地利用现状	植被和土地破坏、开采沉陷、水土流失、珍稀动植物、景观完整性、居民饮用水和住宅的影响等

5.2.2.6　评价工作等级及评价范围

（1）评价工作等级　根据环境影响评价技术导则的评价等级划分原则，依据工程污染分析结果，列出各环境要素单项评价等级划分。包括：环境空气、地表水、噪声、生态环境、风险评价。这里仅以环境空气为例。

根据工程分析，大气污染物源强见表 5-3。

表 5-3　大气污染物源强表

序号	污染源	污染物	排放量/(t/a)	排放方式	源的性质	源　参　数
1	矿石堆场	粉尘	5.24	无组织排放	面源	面源长度：180m 面源宽度：150m 面源有效高度：3.5m
2	通风井	粉尘	7.88	无组织排放	点源	内径=2m
		NO$_2$	2.94	无组织排放	点源	内径=2m

根据《环境影响评价技术导则 大气环境》（HJ/T 2.2—2008），大气评价工作等级采用估算模式计算各污染物的最大影响程度和最远影响范围，然后按评价工作分级判据进行分级。根据工程分析的计算结果计算最大地面浓度占标率 P_i 与占标率 10% 的最远距离 $D_{10\%}$，其中 P_i 定义为：

$$P_i = \frac{C_i}{C_{0i}} \times 100\%$$

式中，P_i 为第 i 个污染物的最大地面浓度占标率，$\%$；C_i 为采用估算模式计算出的第 i 个污染物的最大地面浓度，mg/m^3；C_{0i} 为第 i 个污染物的环境空气质量标准（1h 平均值），mg/m^3。

采用 HJ/T 2.2—2008 推荐的 SCREEN3 模型计算，计算结果见表 5-4。

表 5-4 大气评价等级计算结果表

序号	污染源	污染物	C_i	最大地面浓度在下风向的距离	C_{0i}	P_i
1	矿石堆场	粉尘	0.0873	100 m	0.9	9.7%
2	通风井	粉尘	0.0057	300 m	0.9	0.634%
3	通风井	NO$_2$	0.00056	700 m	0.24	0.16%

注：因《大气环境质量标准》（GB 3095—1996）中 TSP 二级标准无 1h 平均值，故取日平均浓度限值的 3 倍值。

由表 5-4 可知，本项目最大地面浓度占标率 $P_{max} = 9.7\%$。根据《环境影响评价技术导则 大气环境》（HJ/T 2.2—2008），该项目大气环境影响评价等级为三级。

(2) 评价范围（表 5-5）

表 5-5 工程评价范围一览表

环境要素	评 价 范 围
环境空气	以排放源为中心,沿主导风向主轴边长 5km,垂直于主导风向边长 2km 的矩形范围
水环境	工程排水口上游 500m 至下游 1000m 河段
噪声	该工程所在厂址及厂界周围 200m 内区域
生态环境	拟建工程及周边 2km 的生态环境包括主体工程、辅助设施及周边环境
环境风险	评价范围同环境空气与水环境

5.2.2.7 评价阶段、评价内容及评价重点

① 评价阶段：包括建设期、运营期和闭坑期。主要评价运营期，对建设期环境影响作一般分析，对闭坑期重点是生态恢复措施。

② 评价内容：分析拟建工程污染源，明确拟建工程投产后各污染源污染物排放量及排放浓度；环境质量现状调查与评价；环境影响预测及评价；环境风险分析；污染防治措施及可行性分析；清洁生产分析；项目建设合理合法性分析；环境经济损益分析；公众参与。

③ 评价重点：见表 5-6。

表 5-6 评价重点一览表

评价阶段	评价重点
施工期	废石堆放对生态环境的影响 施工噪声对附近居民的影响 矿山施工造成的水土流失
生产期	采矿工程对生态环境的影响 矿山开采与排水对周边地表水系的影响 开采沉陷以及爆破振动对地表居民的影响 矿石运输对沿线居民的影响
闭坑期	开采沉陷对生态环境的影响 矿山生态恢复措施

5.2.2.8 环境保护目标

评价区域内无风景名胜区、文物古迹以及古树名木，故本项目环境保护目标主要为矿区范围内及矿界周边的居民点、水环境、声环境及生态环境，报告编写人员对各居民点应用 GPS 接收机进行卫星定位，坐标系统采用 WGS-84 的大地坐标系。

5.2.3 建设项目概况

5.2.3.1 拟建工程概况

项目名称：殷家坪矿区 100 万吨/年磷矿采矿项目。

建设性质：新建。

建设单位：××××殷家坪矿业有限公司。

建设地点：该项目场址位于樟村坪镇羊角山村、殷家坪村及兴山县水月寺镇树崆坪村、水井湾村境内，矿区面积 13.416km²。

建设内容：主要为井巷工程与地面工程。

投资：35165.44 万元。

项目组成、工艺流程、原料消耗等。

5.2.3.2 拟建项目组成及主要设备

(1) 主要建设内容 项目为新建 100 万吨/年磷矿开采工程，建设内容主要为井巷工程与地面工程。矿山建设井巷工程量 18200m/236600m³，其中：开拓工程 13820m/198020m³，采切工程 4380m/38580m³。地面工程主要包括采矿工业场地、生活辅助设施、进场道路以及废石场等。

(2) 厂区平面布置 经现场踏勘、选择比较，主要工业场地宜设置在店子河河岸，任家村小学以西约 300m 地形较平缓处，坑口地面主要布置储矿设施、坑口变电站、仓储维修车间、生活和办公等设施。废石场选址位于工业场地以东 500m 的店子上（属殷家坪村 3 组），近南北走向的斜坡沟谷中。花果树选矿厂位于工业场地的东南约 5km 处，矿区工业场地与选厂已有矿山公路相连接，交通较为方便。厂区平面布置及废石场位置见附图。

(3) 工程占地 项目地面工程占用土地隶属于××市××区樟村坪镇，土地为集体所有，土地性质为农用地（灌木林）和未利用地（荒草地），灌木林不属于重点林区。

(4) 主要生产设备 (见表 5-7)

表 5-7 项目主要生产设备一览表

序号	设备名称	设备型号	单位	使用	备用	合计
1	铲运机	2.0m³	台	14	4	18
2	液压凿岩台车	浅孔单臂或双臂	台	14	2	16
3	坑内卡车	载重量 20t	台	8	2	10
4	局扇	JK55-2No4	台	14	4	18
5	凿岩机	YT-27	台	2	2	4
6	空压机	6m³	台	2		2
7	变频给水设备	BHOL24/3-1.08	台	2		2
8	风机	DK40-8-No23	台	2		2
		Y132S2-2	台	1		1
9	电机	Y315L2-8	台	7		7
10	离心泵	D6-25×4	台	1	1	2
11	消防泵	IS65-40-200	台	1		1

(5) 原辅材料及能耗 (见表 5-8)

表 5-8　项目主要原辅材料及能耗一览表

序号	项　　目	单位	年总消耗
一	磷矿石	$\times 10^4 t/a$	100
二	辅助材料		
1	炸药	t/a	368
2	雷管	发/a	456000
3	钎钢	kg/a	16667
4	钻头	kg/a	1200
5	钢材	kg/a	52500
6	钢绳	kg/a	44444
三	燃料及动力		
1	电	kW·h/a	6900000
2	水	t/a	472800
3	汽油	kg/a	71984
4	柴油	kg/a	110925

5.2.3.3　配套工程及公用工程

废石场、电源、供电、给排水、内外部运输等。

5.2.4　工程分析

5.2.4.1　矿区及矿床地质特征

包括：区域地质概况、矿区地质、矿床地质特征、磷矿石特征、有益有害组分及共生矿产。

5.2.4.2　采矿工程分析

① 开采方式：矿区属中山地貌类型，山高谷深，地形陡峻。东侧、北侧原矿层露头地段大多为其他小型矿山开采区，形成一定规模的采空区或塌陷区。矿体为缓倾斜薄矿体，上覆岩层厚度大，矿层浅部露头大多为原有采空区，因此开采方式只宜采用地下开采。

② 开拓运输方案：采区划分、开采期划分、开拓运输方案比选、开拓系统简述。

③ 采矿方法：该地区的矿山使用房柱法多年，生产实践经验丰富，工艺成熟，经实践证明，房柱法作业更安全可靠，生产工作组织简单，易于管理，更适合当地磷矿的赋存特征，根据矿体赋存条件和当地磷矿类似矿山多年的生产经验，并综合考虑生产安全性，确定采用脉内开拓盘区浅孔落矿房柱采矿法。

④ 采矿过程产污环节：见图 5-1。

根据本项目的开采方案分析，生产期对周围环境的主要影响因素如下。

a. 大气污染源：开采过程中凿岩、爆破产生的废气（主要为 NO_2）、粉尘，矿石堆卸、运输过程产生的粉尘；

b. 水污染源：矿井涌水、矿区职工的生活污水；

c. 噪声污染源：井下开采机械噪声、空压机运行噪声、矿石装卸噪声、爆破产生的噪声与振动、交通运输噪声；

d. 固体废物：采矿废石与职工生活垃圾。

⑤ 总物料平衡：见表 5-9，图 5-2。

⑥ 水平衡：见图 5-3。

⑦ 土石方平衡：见表 5-10，图 5-4，图 5-5。

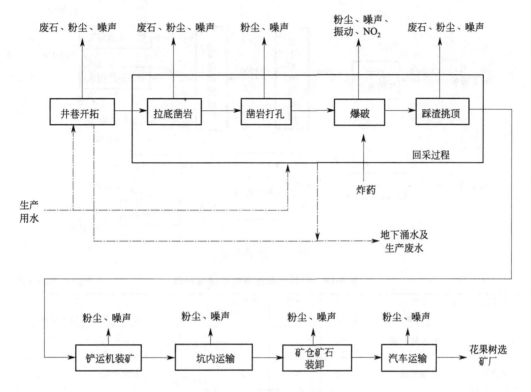

图 5-1　工艺流程及排污节点

表 5-9　拟建项目总物料平衡表

序号	工段名称	投　入		产　出		
		原料名称	耗量/(t/a)	产物名称	产量/(t/a)	去向
1	矿开采	山体磷矿	1051513.12	矿石	1000005.24	去矿仓
				废石	51500	废石场堆存或回填采空区
				粉尘 G_1	7.88	无组织排放
2	矿仓矿石装卸	矿石	1000005.24	矿石	1000000	去选厂
				粉尘 G_2	5.24	无组织排放

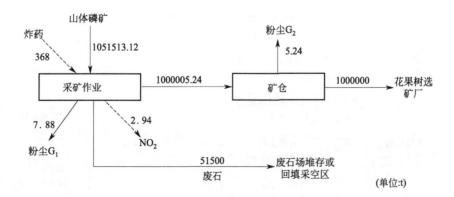

图 5-2　拟建项目总物料衡算图

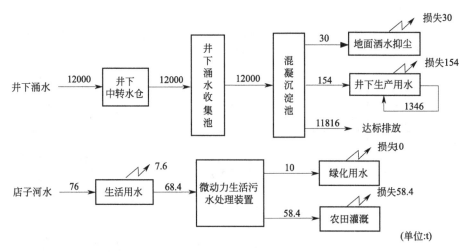

图 5-3　水平衡图

表 5-10　项目土石方平衡数量统计表　　　　　　单位：×10⁴m³

服务期	工程区	挖方	填方	利用方	弃方	备注
基建期 （2009～2011）	工业场地	1.15	1.15	0	0	运行期充井下填采空区
	废石堆放场	0.96	0	0	0.96 （剥离表土）	去表土场
	运输道路区	0.13	0	0	0.13 （剥离表土）	去表土场
	井巷工程	24.71			7.05	去废石场
				3.37		用于地面工程建设
				14.29		副产矿石
	小计	26.95	1.15	17.66	8.14	
生产期 （2011～2040）	地下开采区	12045	0	11920		矿石去矿仓
					125	废石场堆存或回填采空区
	工业场地	0	0	0	0	
	废石堆放场	0	0	0	0	
	运输道路区	0	0	0	0	
	小计	12045	0	11309	736	
合计		12071.95	1.15	11326.66	744.14	复垦后弃方全部利用

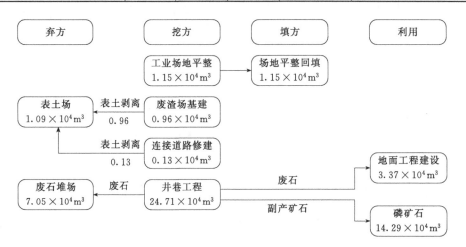

图 5-4　建设期土石方平衡图

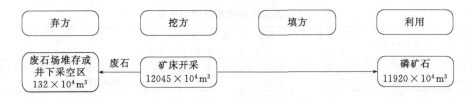

图 5-5　运营期土石方平衡图

5.2.4.3　建设期主要污染源及污染物分析

（1）建设内容与工程量　建设内容主要为井巷工程与地面工程。矿山建设井巷工程量 18200m/236600m³，其中：开拓工程 13820m/198020m³，采切工程 4380m/38580m³。地面工程主要包括采矿工业场地、生活辅助设施、进场道路以及废石场等。

（2）大气污染分析　平硐开拓过程中凿岩、爆破产生的废气、粉尘；平整坑口工业场地产生的扬尘；废石堆卸、运输过程产生的粉尘。

（3）废水污染分析　主要为矿坑涌水和职工生活污水。建设期矿坑涌水量随施工的进行而增大，难以计算。矿坑涌水的主要污染物为 SS，采用混凝沉淀的方法处理达标后排放至店子河。建设期施工人员总数按 300 人计算，取用水系数 85L/(d·人)，排污系数 0.9，则拟建项目建设期日生活用水量为 25.5m³，日生活污水产生量为 22.95m³，建设期两年内总产生量为 1.38×10⁴m³，主要污染物为 COD、SS、NH₃-N 等。施工期生活污水拟采用旱厕处理后用于农田灌溉，不外排。

（4）噪声污染分析　主要来源于建筑噪声和交通噪声。

建筑噪声是指施工期间，由建筑机械（如搅拌机、振动棒等）产生的噪声的通称。搅拌机、振动棒产生的噪声在 90～110dB 之间，施工场地边界噪声受距离远近、物体阻挡等因素的影响其值不等，但大多数处于超标状态，边界噪声在 80～90dB 左右，未超标的施工场地建筑噪声尚不多见。

交通噪声与路段、行驶车辆、车速等多种因素有关。类比同类矿山情况，其噪声监测值昼间在 64～71dB（A）之间，夜间在 57～59dB 之间。白天略有超标，夜间全部超标。

（5）固体废物分析　主要为井巷工程产生的废石与施工人员的生活垃圾。

建设期共产生废石约 7.05×10⁴m³，合 19.74×10⁴t。建设期部分废石用于工程建设，余下的送工业场地东侧的店子上废石场堆存。废石的主要成分为白云岩和硅质岩，不属于危险废物，废石场对周围水体的影响甚微。项目总施工时间为 24 个月，施工人员 300 人左右，施工人员在此生活期间每天产生一定量的生活垃圾，按平均每人每天的生活垃圾产生量为 0.8kg 计算，预计在施工期的生活垃圾产生量为 172.8t 左右。生活垃圾集中收集后采用坑埋-自然腐化堆肥，作为农林肥料，不外排。

5.2.4.4　生产期主要污染源及污染物分析

（1）大气染源及污染物分析（见表 5-11）

表 5-11　拟建项目废气排放一览表

内容　　类型	排放源	污染物名称	排放量/(t/a)
大气污染物	井下爆破	NO₂	2.94
	矿井通风	粉尘	7.88
	矿石堆场	粉尘	5.24

（2）水污染源和污染物分析（见表 5-12）

表 5-12　废水污染物排放情况一览表

水污染源	主要污染物	产生浓度 /(mg/L)	产生量 /(t/a)	排放浓度 /(mg/L)	排放量 /(t/a)	去　　向
矿坑涌水 (11816m³/d)	SS	1000	3545	70	248.14	处理后部分用于生产,其余达标排放
	磷酸盐	0.1226	0.44	0.1226	0.44	
生活污水 (68.4m³/d)	COD	400	8.20	—	0	处理后用于厂区绿化和农田灌溉,不外排
	SS	220	4.51	—	0	
	NH₃-N	18	0.37	—	0	

(3) 噪声污染分析 (见表 5-13)

表 5-13　主要噪声源一览表

噪声源	数量	源强/[dB(A)]	排放方式	所在位置
空压机	2	100	间歇	井下
载重汽车		95	间歇	公路
凿岩机	3	100	连续	井下
通风机	1	85	连续	井下
泵类	3	85	连续	井下
爆破		140	间歇	井下

(4) 固体废物分析 (见表 5-14)

表 5-14　固体废物产生及排放情况一览表

固废种类	产生量/(t/a)	排放量/(t/a)	备　　注
采矿废石	51500	0	前5年运送至废石场堆放,之后的废石用于填充采空区
生活垃圾	345	0	堆肥处理

5.2.4.5　"三废"排放汇总 (见表 5-15)

表 5-15　"三废"排放一览表

类别	污染源名称	主要污染物名称	产生浓度 /(mg/L)	产生量 /(t/a)	排放浓度	排放量 /(t/a)	排放去向
废气	采矿通风 (3.94×10⁹m³/a)	工业粉尘	—	—	2mg/m³	7.88	无组织排放
		NO₂	—	—	0.2mg/m³	0.773	无组织排放
	矿石堆场	工业粉尘	—	—	—	5.24	无组织排放
废水	生活污水 (68.4m³/d)	COD	400	8.20	—	0	经微动力生活污水处理装置处理后用于绿化和农田灌溉,不外排
		SS	220	4.51	—	0	
		NH₃-N	18	0.37	—	0	
	矿坑涌水 (11816m³/d)	色度	—	—	<3倍	—	部分用于井下生产,其余处理后外排
		SS	1000	3545	70mg/L	248.14	
		磷酸盐	0.1226	0.44	0.1226mg/L	0.44	
固废	井下开采	采矿废石		51500		0	生产期前5年的废石运送至废石场堆放,之后的废石用于填充井下采空区
	职工生活区	生活垃圾		345		0	堆肥处理

5.2.5　建设项目区域环境概况

5.2.5.1　自然环境概况

5.2.5.2　社会经济概况

5.2.5.3　区域主要环境问题

① 区域开采现状;

② 主要环境问题：地质灾害、废渣、废水、废气、噪声等。

5.2.6 环境质量现状调查与评价

5.2.6.1 环境空气质量现状监测与评价

(1) 监测项目、方法及布点　监测项目：监测项目为 TSP、SO_2、NO_2、氟化物日均值，连续监测 5 天。

监测方法：按 1990 年原国家环保局规定的《空气和废气监测分析方法》进行。

监测点布设：根据拟建工程污染特征及当地地理、气象条件，在矿区设置 3 个监测点位。

(2) 监测频次及质量控制　于 2009 年 3 月 15 日～3 月 19 日连续采样 5 天。对 SO_2、NO_2、TSP、氟化物均测定日平均浓度。质量保证和质量控制均按《环境监测技术规定》、《环境监测质量保证管理规定（暂行）》及《环境影响评价技术导则　大气环境》中有关技术要求执行。

(3) 监测结果及评价　根据有关文件及本项目所在区域环境质量要求，评价标准执行《环境空气质量标准》（GB 3095—1996）二级标准。评价方法采用单因子指数法。根据所得数据，各监测点位的 TSP、SO_2、NO_2、浓度值均远低于《环境空气质量标准》（GB 3095—1996）中的二级标准限值。

5.2.6.2 地表水环境质量现状监测与评价

(1) 监测项目、方法与布点　监测项目：COD、BOD_5、NH_3-N、pH、SS、总磷、氟化物、硫化物、总铅、总砷、石油类。监测布点按相关规范。

监测时间及频率：连续采样 3 天，每天采样 2 次。

监测分析方法：采样及分析方法均按《环境影响评价技术导则　地面水环境》、（HJ/T 2.3—93）《环境监测技术规范（水质部分）》及《水和废水监测分析方法》（第四版）进行。

(2) 监测结果与评价　水环境质量现状评价：单因子指数法。

本次地表水监测项目中，pH、SS、COD、BOD_5、总磷、氟化物、氨氮、硫化物、砷、铅、石油类 11 个指标在 11 个监测点中全部达到《地表水环境质量标准》（GB 3838—2002）Ⅲ类标准要求。

5.2.6.3 地下水环境质量现状监测与评价

(1) 地下水环境质量现状监测与调查　监测点布设：在矿区取一个山泉水采样点。

采样方法：用特制小水桶提取水样，每个样品采集 2000mL。

监测内容：监测项目为 pH、SS、磷酸盐、氟化物、硫化物、石油类、Cd、Cu、Pb、Cr 共 10 项，监测方法与地表水监测方法相同。

监测时段：连续监测 3 天，每天 2 次。

(2) 监测结果及评价　该项目地下水监测项目中主要环境质量指标按《地下水环境质量标准》（GB/T 14848—93）Ⅲ类标准评价。由监测结果统计可知，项目区地下水的水质较好，各监测项目均满足《地下水环境质量标准》（GB/T 14848—93）Ⅲ类标准。

5.2.6.4 声环境质量现状监测与评价

(1) 监测内容与点位

(2) 环境噪声监测因子和监测方法　监测因子：昼间和夜间的等效连续 A 声级。

(3) 监测时间和频率　2009 年 3 月 19 日～3 月 20 日，昼夜各监测一次。

(4) 监测结果与评价　评价标准以等效 A 声级作为评价量，对噪声现状进行分析评述。评价标准采用《声环境质量标准》（GB 3096—2008）1 类标准。由监测结果可知，各监测点位的噪声监测值均达到《声环境质量标准》（GB 3096—2008）1 类标准。

5.2.6.5 生态环境现状调查与评价

① 区域生态环境现状调查与评价：包括调查方法、区域植被与土壤现状调查、区域森林植被生态现状评价、区域陆生动物现状调查、区域动物资源现状评价等。

② 矿区的生态环境现状调查与评价：包括矿区土地利用现状、矿区植被现状、矿区动物现状等。

5.2.7 环境影响预测及评价

5.2.7.1 环境空气环境影响分析

① 大气污染源调查：主要为矿石堆场（面源）与通风井（点源）。

② 区域污染气象特征分析：包括地面风向风速、污染系数、大气稳定度、风向、风速、稳定度联合频率、混合层高度等。

③ 采矿工程环境空气影响分析：本项目环境空气评价工作等级为三级，根据《环境影响评价技术导则 大气环境》（HJ/T 2.2—2008），三级评价可不进行大气环境影响预测工作，直接以估算模式的计算结果作为预测与分析的依据。

5.2.7.2 地表水环境影响预测与评价

（1）水污染源调查

① 生产废水：主要为矿坑涌水。主要污染物为 SS、磷酸盐、氟化物，SS 产生浓度较高，可达 $1000mg/m^3$。

② 生活污水：主要污染物为 COD、SS、NH_3-N 等。生活污水经微动力生活污水处理装置处理达标后，部分用作厂区绿化用水，余下的用作周边农田灌溉用水，不外排。

（2）水文背景　境内所包含的河流的名称；总流域面积；地表径流总量；收纳水体的名称；径流深度；年径流总量；枯水期的平均流量、平均水深、平均河宽；丰水期的平均流量、平均水深、平均流量、流速等。

（3）地表水环境影响预测及评价（见表 5-16）

表 5-16　水环境影响预测结果　　　　　　　　　　单位：mg/L

预测因子 预测值	SS	磷酸盐	氟化物
枯水期	46.23	0.14	0.42
丰水期	13.7	0.17	0.18
标准值	80	0.2	1.0

据表可知，正常排放的矿坑涌水与店子河完全混合后，在枯水期与丰水期，SS 的预测浓度值为 46.23mg/L、13.7mg/L，低于《农田灌溉水质标准》（GB 5084—2005）（水作）标准限值；磷酸盐的预测浓度值分别 0.14mg/L、0.17mg/L，氟化物的预测浓度值分别为 0.42mg/L、0.18mg/L，达到《地表水环境质量标准》（GB 3838—2002）Ⅲ类标准。因此，落实矿坑涌水污染防治措施后，正常情况下矿坑涌水的排放不会影响店子河的水质功能。

（4）非正常排放条件下地表水环境影响评价　非正常排放情况下，丰水期店子河中 SS 预测值可以达到《农田灌溉水质标准》（GB 5084—2005）（水作）标准。而枯水期店子河中 SS 预测值均超过《农田灌溉水质标准》（GB 5084—2005）（水作）标准值，超标 2.64～7.44 倍，说明矿坑涌水的非正常排放会影响纳污河流的农田灌溉功能。因此，在生产中必须严加管理，加强管线巡检，杜绝生产废水不经处理外泄。

5.2.7.3 地下水环境影响分析

（1）疏排矿坑水对地下水环境的影响 随着开发矿业工作的不断进行，矿坑水亦将不断排放，净储量将会逐渐被疏干，矿区内地下水位下降和一些泉水被逐渐疏干的现象将不可避免。与此同时，又由于岩体变形开裂问题的出现，原来各含水层间被隔水或相对隔水层分隔的问题，将不复存在，从而也使矿坑水的水量明显增加，这种情况尤以顶板张裂带出现初期或中期为突出，并有可能在坑道穿越导水断层带及遇工业磷层直接顶板 Zbd13 的岩溶发育带时，出现矿坑涌水量剧增甚至突水事故的可能性较大。

（2）矿山排水对居民生活饮用水的影响 据调查，矿区范围内的居民饮用水水源来自于矿区山泉水，地下水位下降和水资源枯竭将对当地居民的生活与生产的正常供水造成影响。矿区周围地表水水系发达，对因矿山开采造成用水困难的地区，企业应帮助当地居民采用引、蓄结合措施，妥善解决缺水农户的生活饮用水源问题。

5.2.7.4 声环境与爆破振动影响预测及评价

（1）声环境影响预测及评价 评价因子与评价标准：采用连续等效声级 L_{eq}，其单位为 dB（A）。预测模式采用《环境影响评价技术导则 声环境》（HJ/T 2.4—1995）推荐的环境噪声衰减预测模式。

拟建工程产生的噪声对周围住户的影响是很有限的，但是本项目建成后仍要采取相应的降噪措施，严格执行项目设计中有关噪声防治的相关措施，加强作业噪声的管理和设备的日常维护，最大程度地降低对周围环境的影响。

（2）爆破振动影响分析 由预测结果可知，只有当建筑物距离爆破点 45m 外，其建筑结构才可免于爆破振动的影响。根据矿体赋存标高以及地表屋场标高，几个屋场距爆源中心均大于 45m，因此生产期的爆破振动不会对地表屋场产生破坏性影响。基建期井巷开拓阶段在地表附近爆破或生产过程中，若发现爆破点与附近屋场的距离小于爆破安全距离，应采取减少装药量等措施控制爆破振动强度，或采取搬迁措施以保障居民安全。

5.2.7.5 固体废物环境影响分析

（1）固体废物种类、数量及来源 本项目运营过程中产生的固体废物主要包括掘进产生的废石、职工生活垃圾。生产期废石量约 5.15×10^4 t/a，合 3.13×10^4 m³/a；基建期废石量约 7.5×10^4 m³，则矿山服务年限内废石产生总量为 132×10^4 m³。生活垃圾年产生量为 345t。

（2）固体废物环境影响分析

① 废石对环境的影响分析：采矿过程中，尽可能地将废石填充采空区，可有效减轻废石对环境的影响。

② 生活垃圾对环境的影响分析：生活垃圾量较小，可采取就地堆肥，腐化成熟后用于周边农田、林地。

5.2.7.6 生态环境影响分析

① 地表沉陷影响分析：地表形态、土壤、植被、住宅用地。

② 景观完整性分析：主要是前期施工活动引发的环境问题，如采矿开挖、地面配套工程建设的基础开挖、道路交通建设等；运行期环境问题主要是废石堆放场所占土地的地表植被遭到永久性破坏，对矿区生态环境有一定的影响。

③ 景观生态学影响分析：在充分利用地形地貌进行科学规划布局、考虑环境协调性设计的情况下，不会对现有景观的完整性造成破坏。

④ 动植物影响分析

5.2.7.7 矿石运输环境影响分析

交通流量较大。若只允许昼间运输，且运输时间限制在 10h，根据项目的年运输量可计算得平均交通量为 48 辆/h。矿石运输过程中，不可避免地将产生扬尘与噪声污染。

5.2.7.8 施工期环境影响分析

（1）施工期环境影响特征　采矿场地的施工主要对自然环境和生态环境产生负面影响，而其中又以固体废物对生态环境的影响较大，另外施工噪声、施工扬尘等对自然环境也造成一定影响。

（2）施工期环境影响分析

① 施工废气影响分析：施工活动产生的废气污染物主要为地面扬尘、施工机械和汽车尾气中的 HC、NO_2、CO 等，以及土方工程扬尘。

② 施工废水影响分析：施工期废水对水环境影响较小。

③ 施工噪声影响分析：实施居民搬迁后，工业场地周围 100m 内无居民，因此施工期间不会造成噪声扰民。

④ 施工废渣影响分析：废石场与表土库复垦后，对周围环境产生的影响较小。

⑤ 生态环境影响分析：场地服务期满后即进行复垦，生态环境将得到恢复。

5.2.7.9 闭坑期环境影响分析

矿山退役期主要对废石场、采矿工业场地等采取土地复垦和生态恢复措施。

5.2.8 水土保持

5.2.8.1 水土流失防治责任范围

5.2.8.2 水土流失预测

本次预测将项目区划分为工业场地防治区、废石堆放场防治区、连接道路防治区 3 个预测单元。时段划分为建设期（包括施工准备期、施工期）、自然恢复期和生产期。根据本项目可能造成的水土流失特征，确定水土流失预测的主要内容如下：扰动原地貌、破坏土地和植被面积；弃土、石、渣量；损坏水土保持设施的面积；可能造成的水土流失量，包括项目建设区原地貌侵蚀量、施工期新增土壤侵蚀量、运行期水土流失量等；可能造成的水土流失危害分析。

5.2.8.3 水土流失预测结果

扰动地表面积、弃土、弃石、弃渣量，损坏水土保持设施面积和数量，可能造成的水土流失量，生产期水土流失分析，可能造成的水土流失危害。

5.2.8.4 预测结果综合分析

通过工程水土流失预测可以看出，本项目的兴建对当地水土流失的影响主要表现在施工过程中场地平整对地面的扰动，在一定程度上改变、破坏了原有地貌、植被，形成的人工地貌土层松散、表土层抗蚀能力减弱，使土壤失去了原有的固土防风的能力，从而增加了一定量的水土流失。生产期由于矿山开采破坏了原有的地表植被，岩石裸露以及临时堆放的弃渣如不进行有效防治，遇到不利的降雨条件，易造成水土流失。

5.2.8.5 水土流失防治方案

略。

5.2.9 环境风险评价

包括：事故源项分析与风险因素识别；爆炸事故环境风险；炸药运输环境风险；废石场挡土墙垮塌环境风险分析；环境地质风险分析；风险应急预案等。

5.2.10 污染治理与生态保护修复措施（见表 5-17）

包括：大气污染防治措施、水污染防治措施、噪声与振动影响防治措施、固体废物处置措施、生态环境保护措施、施工期污染防治措施、居民搬迁计划及影响分析、排污口规范化措施等。

表 5-17　拟建项目污染防治措施一览表

类别	污染源	防治对象	防治措施	治理效果
废气	通风井	粉尘、NO₂	湿式凿岩、爆破堆喷雾洒水、定期巷壁清洗、井下每 50m 安装一道净化水幕、矿石、废石溜井口喷雾除尘等	保证工作场所粉尘浓度不得超过 2mg/m³。外排废气达到《环境空气质量标准》（GB 3095—1996）二级标准；削减粉尘排放量
	矿石堆场废石堆扬	粉尘	喷雾洒水、表面覆盖织物、挡风网	
		粉尘		
废水	矿坑涌水	SS	排水平硐内建混凝沉淀池和事故池	出水达到《污水综合排放标准》（GB 8978—1996）一级排放标准
	生活污水	COD、SS、氨氮	微动力污水处理装置	
固废	采矿废石	废石	前 5 年内产生的送废石场堆放，之后产生的废石全部回填采空区	无固体废物排放
	生活垃圾	垃圾	收集后采用坑埋-自然腐化处理，处理后用作农林肥料	
噪声	空压机、凿岩机、通风机、泵类、爆破、载重汽车	噪声	隔声、消声、减振、距离衰减等；对载重汽车应安装消声器和禁用高音喇叭、避免夜间运输	减轻噪声对敏感点的影响
生态环境	工业场地	水土流失、粉尘、植被破坏	修筑截排水设施并对厂区进行绿化	水土流失总治理度达到 95.2%，拦渣率 100%；林草植被恢复率 99%，林草覆盖率 28%
	废石场		根据 GB 18599—2001 要求修筑挡土墙、截排水沟、沉砂池等设施	
	运输道路		厂内道路两侧条带地段及场地边坡绿化、修筑截排水沟与沉砂池	

5.2.11　清洁生产与总量控制

5.2.11.1　清洁生产分析

从磷矿开采生产过程的以下几个方面对拟建项目清洁生产水平进行评述：合理布局、节省用地；采矿工艺；资源综合利用；装备情况；污染物排放。

5.2.11.2　总量控制

（1）总量控制因子　工业粉尘和工业固体废物。

（2）污染物排放总量的确定

① 工业粉尘：本项目大气污染物主要是通风排放的粉尘和矿石堆场扬尘，排放量为 13.12t/a，但均属无组织排放的大气污染物，不纳入总量控制管理范围，因此，本项目大气污染物排放总量控制指标为零。

② 工业固体废物：该项目工业固体废物主要为废石，基建期巷道掘进产生的废石共计 19.74×10⁴t；营运期废石年产生量为 5.15×10⁴t/a，前 5 年内产生的送废石场堆放，之后产生的废石全部回填采空区。因此，本工程废石排放量为零。

（3）总量指标来源　××市环保局未对该项目下达总量控制指标。

5.2.12　项目建设合理合法性分析

5.2.12.1　产业政策

略

5.2.12.2　区域规划

略

5.2.12.3　环境功能区划

根据环境现状监测资料和项目环境影响分析可知，项目实施前后，当地地表水、环境空气及噪声环境均既能满足相应质量标准要求，又能满足项目建设的需要。故该项目建设符合区域环境功能区划要求。

5.2.12.4　选址合理性分析

略

5.2.12.5　环境敏感点

① 居民点：未来开采过程中应做好地质灾害防治工作，对处于矿山地质环境影响严重区的居民实施搬迁，其他区域若发现居民建筑出现轻微损坏，企业应帮助修缮，损坏严重的则应将居民搬迁；若因地下开采引起矿区居民饮水困难，企业应帮助居民解决饮水问题。为减轻扬尘对附近居民的影响，矿石堆场卫生防护距离内的居民以及废石场500m范围内的居民应实施搬迁。实施居民搬迁后，项目的建设对附近居民影响较小。

② 其他环境敏感点：选址周围没有自然保护区、风景游览区、名胜古迹、生态脆弱敏感区。

5.2.12.6　与饮用水水源保护相关规定的符合性分析

5.2.12.7　环境容量

该项目建设区域产业类型以农业为主，目前周围无大的工业污染源，因而评价区范围内空气质量良好。评价区大气TSP、SO_2、氟化物的环境容量较大，能够满足拟建项目的需要。

根据相关监测数据，项目区地表水和地下水的水质状况较好。根据地表水环境影响预测结果，本项目产生的废水处理后排入店子河，污染物贡献值较小，不会影响店子河的Ⅲ类水体的使用功能。因此，区域水环境容量能满足本项目要求。

5.2.12.8　环境防护距离

5.2.13　环境经济损益分析

5.2.13.1　环保投资估算

环保投资估算：环保建设投资、环保运行费。

5.2.13.2　工程效益分析

（1）环境效益　本次项目实施后，改变了原有多年来磷矿"采富弃贫"的开采模式，最大限度地利用了当地的磷矿产资源，实现了矿石全层开采、贫富兼采，回采率达到81%以上，大幅提高了磷矿资源的利用率。

（2）经济效益　经计算，年均产品销售收入256620万元，年均利润总额52796万元，年均所得税后利润总额39597万元，投资利润率9.96%，投资利税率12.42%，所得税后全部投资财务内部收益率15.37%，税后投资回收期8.66年，超过行业基准收益率，经济效益较好。

（3）社会效益　本项目的运营，能使国家的矿藏资源得到合理的开发和利用，防止因盲目开采不顾国家利益、矿工生命安全的恶性事故的发生，符合国家的产业政策。项目的建设不仅能满足企业需要和提高企业竞争能力，还将为项目所在地区提供大量的就业机会，带动社会经济发展，对增加当地群众收入、提高生活水平有着积极的促进作用，因此本项目建设具有显著的良好的社会效益。

小结：项目投产后，在保证经济效益的同时，具有显著的社会、环境效益；落实各项污染防治措施后，可确保污染物达标排放，满足环境保护的要求。从环境经济损益的角度而言，项目建设是可行的。

5.2.14　公众参与

5.2.14.1　公众参与的目的

5.2.14.2　公众参与方式和方法

5.2.14.3　公众参与内容（见表 5-18）

表 5-18　殷家坪矿区 100 万吨/年磷矿采矿项目公众意见调查表

调查人员：　　　　　　　　　　　　　　　　　　　　　　调查时间：　　　年　　　月　　　日

姓名		性别	民族	年龄	职业	文化程度

住址(工作单位)

您家相对于工程选址的方位、距离(m)

<table>
<tr><td rowspan="1">建设项目简介</td><td>

　　殷家坪矿区 100 万吨/年磷矿采矿项目厂址位于樟村坪镇羊角山村、殷家坪村及兴山县水月寺镇树崆坪村、水井湾村境内，矿区面积 13.416km²。项目总投资 35165.44 万元。项目主要利用当地的磷矿资源，年采掘磷矿石 100 万吨，将采掘的磷矿石送到××集团矿业公司花果树选矿厂生产磷精矿。在采矿工业场地相应设置有矿石堆场、废石场、职工生活设施等建(构)筑物。

　　根据工程初步分析，拟建项目的主要污染源是采矿区产生的粉尘污染和水污染以及噪声影响等；项目产生的非污染生态影响主要是采矿造成的植被破坏、土地占用以及水土流失等。项目设计中拟对粉尘、废水、噪声采取控制和污染削减措施，使各项污染物做到达标排放；采取工程和生物措施减少植被破坏和控制水土流失，减轻对生态环境的影响。

　　在采取相应的污染防治措施后，其环境影响控制在环境标准之内，但仍会对附近居民产生一定影响，就此进行公众意见征询。

</td></tr>
</table>

调查内容(请以"√"选项)

1. 您对本项目是否了解？
　　□全面了解　　　　　□部分了解　　　　　□不了解
2. 您认为本项目将对您的生活有何影响？
　　□有正面影响　　　□有可承受负面影响　　　□有不可承受负面影响
3. 您对本项目的态度：□支持　　　　　□反对
　　您若反对本项目，请说明您的理由：_____
4. 您认为项目对该地区自然环境有何影响？
　　□有正面影响　　　□有可逆负面影响　　　□有不可逆负面影响　　　□无影响
5. 您认为项目的建设将会产生哪些方面的作用？
　　□有利于发挥当地的资源优势　　　□增加就业机会　　　□提高当地人民生活水平
　　□降低生活质量　　　　　　　　　□对当地环境产生严重污染
6. 您认为项目对周围带来最突出的环境影响是：
　　□大气污染　　　□水污染　　　□噪声污染　　　□固废(废石等)污染
　　□植被破坏　　　□水土流失　　　□地质灾害　　　□其他(例如：_____)
7. 您对项目地区环境质量是否满意？
　　□很满意　　　　　□较满意　　　　　□不满意
8. 如若不满意，您认为项目地区存在的主要环境问题是：
　　□大气污染　　　□水污染　　　□噪声污染　　　□植被破坏　　　□水土流失
9. 您生活的地方有哪些珍稀物种？
　　珍稀植物(包括药材)：_____　　珍稀动物：_____

其他问题、意见和建议：

5.2.14.4　调查结果统计分析

5.2.14.5　公众参与结论及建议

　　公众参与调查结果表明：大部分调查对象了解该项目，并支持该项目的建设，大多数调查对象认为该项目的建设可以提高人民生活水平，促进当地的经济发展，增加就业机会。多数调查对象担心的主要问题是项目可能造成固废污染。根据公众调查意见，评价建议在项目生产和建设过程中，企业应加强生产管理，注重生产安全，严格落实各项环保措施，降低"三废"与噪声污染，避免或减轻生态破坏，同时加强环境保护和污染防治工作的宣传，消除群众顾虑。

5.2.14.6　对公众参与采纳情况的说明

由公众调查结果可知，公众对该项目的主要意见为加强生态保护和污染防治措施。建设单位将积极采纳公众意见，加强生产管理，严格落实本报告提出的各项环保措施，避免或减轻生态破坏，降低"三废"与噪声污染。

5.2.14.7　公示及反馈意见

5.2.15　环境管理与环境监测计划

① 环境管理与监测的目的。

② 环境管理：环境管理机构建设；机构职责；环境管理制度及计划。

③ 环境监测：环境监测机构职责；生产期监测点位及项目；监测数据报送制度。

④ 环保"三同时"竣工验收清单（见表 5-19）。

表 5-19　环保"三同时"竣工验收清单

类别	项目名称	环保设施	数量/套	主要控制因子	效果及要求	预计投资/万元
废气	矿井废气	井下喷雾洒水系统、湿式凿岩作业、湿式出矿和出碴、井下每 50m 安装一道净化水幕等	1	工业粉尘 NO₂	《大气污染物综合排放标准》（GB 16297—1996）表 2 二级标准	40
	矿石堆扬尘	喷雾洒水系统	1	工业粉尘		
	汽车运输二次扬尘	洒水设备	1			
废水	矿坑涌水	638 m³ 二级沉淀池、2500m³ 事故池	4	SS	《污水综合排放标准》（GB 8978—1996）中的一级标准	35
	生活污水	微动力生活污水处理装置	1	COD、SS、氨氮		
固废	采矿废石	废石场、废石回填采空区			固废全部得到有效处置，不外排	100
生态环境	工业场地与矿石堆场	浆砌石挡墙长 170m，体积 340m³，截排水沟长 679m，沉砂池 6 个，爬山虎 170 株，播撒草籽 0.85hm²			水土保持工程按《开发建设项目水土保持技术规范》（GB 50433—2008）以及××省水利厅批复的水土保持方案执行	885
	废石场	挡土墙长 100m，截排水沟长 450m，沉砂池 4 个，浆砌石 7868m³，覆土 11270m³				
	连接道路	截排水沟长 1600m，沉砂池 16 个，开挖土方 527m³，砖砌 50m³				
噪声	空压机、各类风机等	选购低噪声设备；空压机、风机进气口加装消声器；建设空压机房、风机房隔声			厂界噪声达到 GB 12348—2008 的 1 类标准，噪声不扰民	100
	矿石装卸	矿仓周围建围墙隔声				
	矿石运输	隔声墙、道路两侧植树等				

5.2.16　结论

5.2.16.1　工程概况

5.2.16.2　项目建设的环境可行性

① 建设项目产业政策相符性：不属于国家《产业结构调整指导目录》（2005 年）中明令禁止和限制类的项目，符合国家及地方当前产业政策及矿山生态环境保护与污染防治技术政策，属于国家和××省、××市鼓励开发的建设项目。

② 建设地点规划相符性：符合区域规划，具有较大的经济价值和社会意义。

③ 建设地点环境质量现状 各监测点位的 TSP、SO_2、NO_2 浓度值均远低于《环境空气质量标准》（GB 3095—1996）中的二级标准限值，评价区范围内空气质量良好。

矿区周围地表水体的 COD、BOD_5、NH_3-N、pH、SS、总磷、氟化物、硫化物、总铅、总砷、石油类 11 个指标在 7 个监测点中全部达到《地表水环境质量标准》（GB 3838—2002）Ⅲ类标准要求。

各监测点位的噪声监测值均达到《声环境质量标准》（GB 3096—2008）1 类标准，矿区声环境质量较好。

整个评价区生物群落内在异质化程度较高，具有一定的自调节能力，区域内生态系统的稳定性较强，从生态完整性的角度可以认为工程所在地生态环境质量良好。

④ 环境影响预测结果 该项目采矿通风排尘对周围大气环境影响较小；在采取抑尘措施后，矿石堆场扬尘对环境空气的影响较小；爆破废气对周边环境影响较小。

落实矿坑涌水污染防治措施后，正常情况下矿坑涌水的排放不会影响店子河的水质功能。矿坑涌水的非正常排放会影响纳污河流的农田灌溉功能。

在实施居民搬迁后，出矿坑口 100m 内无居民，因此工程产生的噪声对周围住户的影响是很有限的，但是本项目建成后仍要采取相应的降噪措施，严格执行项目设计中有关噪声防治的相关措施，最大程度地降低对周围环境的影响。

该项目产生的固废主要为废石，基建期和营运期前 5 年内产生的废石送废石场堆放，之后产生的废石全部回填采空区。废石场的建设将改变所在地自然状态，对当地的生态环境和自然景观产生一定的影响。生活垃圾集中收集后采用坑埋-自然腐化堆肥，作为农林肥料，不外排，对环境影响较小。

⑤ 环境风险评价 落实本报告提出的风险防范措施后，该项目的环境风险在可接受范围内。

⑥ 采取的环保措施及达标分析 大气污染防治措施；水污染防治措施；噪声；固体废物；生态恢复。

⑦ 清洁生产水平 本项目采矿工艺成熟，资源利用率较高，装备先进，经过采取相关的环保措施后，污染物可达标排放，本项目与同类磷矿开采项目相比，清洁生产水平较高。

⑧ 总量控制 本项目大气污染物排放总量控制指标为零，废石排放量为零。××市环保局未对该项目下达总量控制指标。

⑨ 公众参与 根据公众调查意见，建议建设单位和地方政府在项目建设运营过程中，加强生产管理，注重生产安全，严格落实各项环保措施，避免或减少生态破坏，减轻环境污染，同时加强环境保护和有关污染防治工作的宣传，消除部分群众的顾虑。

⑩ 项目选址合理性分析 在落实本报告书所提出的各种污染防范措施的条件下，项目选址是可行的。

5.2.16.3 评价总结论

殷家坪矿区 100 万吨/年磷矿采矿项目的建设具有较好的经济和社会效益。项目的建设符合国家和地方的产业政策及区域规划；项目选址合理，能满足环境保护要求。企业在全面落实本报告书中提出的各污染防治措施和风险防范措施的前提下，污染物排放能达到国家规定的标准，污染物排放总量满足当地环境保护主管部门下达的控制指标，环境风险能控制在可接受范围内，从环境保护角度而言，项目在拟建地建设是可行的。

5.3 案　例　二

5.3.1　设计任务书

5.3.1.1　课题名称

××置业有限公司××××项目环境影响报告表。

5.3.1.2　课题条件

在进行本次课程设计前，学生已完成"环境影响评价"课程的学习，对环境影响评价和理论基础、程序、方法均有一定了解，有助于顺利完成设计。

已知参数和设计要求：详见附件。

5.3.1.3　学生应完成的工作

① 收集并整理与建设项目相关的产业政策、区域规划等资料。要求熟悉资料来源和通道，了解项目概况。

② 收集并整理建设项目区域相关资料。要求熟悉并掌握有关资料的收集方法。

③ 根据相关数据，对建设项目的区域环境质量现状进行分析。确定环境容量和保护目标。

④ 对建设项目进行工程分析，明确工程概况，了解工艺路线与生产方法及产污环节，筛选确定的主要污染源与污染因子，判定清洁生产水平，提出环保措施与方案、可能产生的事故特征与防范措施建议。

5.3.1.4　目前资料收集情况

①《环境影响评价技术导则（大气环境、水环境、声环境）》，国家环境保护标准。

②《环境影响评价》。

③《建设项目环境影响评价分类管理名录》，环境保护部。

5.3.1.5　课程设计的工作计划

1. 收集并整理资料　　　　　　　　　　　　　　　　　　　　　　　　　×天
2. 环境质量现状分析　　　　　　　　　　　　　　　　　　　　　　　　×天
3. 工程分析　　　　　　　　　　　　　　　　　　　　　　　　　　　　×天
4. 编制报告表　　　　　　　　　　　　　　　　　　　　　　　　　　　×天

任务下达日期××××年×月×日　　　　　　　　完成日期××××年×月×日

指导教师　　　　　　（签名）　　　　　　学　生　　　　　　（签名）

5.3.2　建设项目基本情况

项目名称	××置业有限公司××××项目				
建设单位	××置业有限公司				
法人代表	××		联系人		××
通讯地址					
联系电话		传真		邮政编码	
建设地点					
立项审批部门	××市城市综合开发管理办公室			批准文号	
建设性质	新建 ■　改扩建 □　技改 □			行业类别及代码	房地产业 J7200
占地面积(平方米)	7472			绿化面积(平方米)	2391
总投资(万元)	7100	其中:环保投资(万元)	180	环保投资占总投资比例	2.54%
评价经费(万元)		投产日期		××××年×月竣工	

5.3.2.1 工程内容及规模

（1）评价任务由来

（2）编制依据

① 委托文件：环境影响评价委托书；

② 相关文件、资料；

③ 法律、法规；

④ 环境功能区划及技术导则。

（3）项目概况及工程内容

① 概况　开发单位简况、项目地理位置。

② 主要工程内容和建设规模　项目组成及建设规模、项目投资、总建设周期、总体布局、给水排水、电气设计、通风空调设计、消防设计等。

5.3.2.2 产业政策符合性分析

本建设工程属第三产业的民用建筑开发项目，符合《××市住房发展"十一五"规划纲要》精神要求。根据中华人民共和国国家发展和改革委员会第 40 号令《产业结构调整指导目录（2005 年版)》，本建设项目不属于限制类和淘汰类，项目的建设符合产业政策和居住、经济发展的需要。

5.3.2.3 城市总体规划相容性分析

项目的建设和选址是与《××市城市总体规划》相容的。

5.3.2.4 与本项目有关的原有污染情况及主要环境问题

该项目为新建，且原用地范围内为居民住宅，因此不存在原有污染情况问题。

5.3.3 建设项目所在地自然环境、社会环境简况

5.3.3.1 自然环境简况（地形、地貌、地质、气候、水文、植被、生物多样性等）

（1）气象特征　××市属亚热带季风气候，常年气候特点是热富水丰，雨热同季，四季分明。年平均气温 16.7℃，极端最高气温 38.6℃（市区达 41.0℃）。以北风为主，平均风速 1.6～2.8m/s。

（2）地形、地貌　建设项目位于××市××地区，属××平原的残丘性河湖冲积平原，山丘、湖泊、平陆相间为地形的主要特征。项目所在地属长江漫滩阶地，地基地土质均属全新世地层，由上至下依次为亚黏土、黏土、粉砂土和卵砾石，部分沿江地段亦有厚度不等的淤泥质黏、亚黏土土层存在，海拔高度 20～30m。

（3）地质、水文　××市区属长江 I 级阶地，场区地层自上而下依次为：杂填土层、黏土、淤泥质土、淤泥质土夹粉土、淤泥质土夹粉砂、粉土夹粉砂、粉砂夹粉土、粉砂、细粉砂、砂卵石层、强风化泥岩、中风化泥岩和微风化泥岩。项目处在××污水处理厂的服务范围内。项目污水经隔油、格栅处理后排入市政污水管道，进入××污水处理厂处理达标后，尾水经沙湖由罗家港排入长江。长江是流经××市的最大水体，全长约 60km。江段河道基本走向由东北向东南，江面宽 1000～3000m。多年平均流量为 23500m³/s，平均流速为 1.16m/s。年均径流量为 7411×10⁸m³，其径流量在年内各月份变化很大，汛期（5～10 月）径流量约占全年径流量的 73%。

（4）植被、生物多样性　常绿阔叶林和落叶阔叶林组成的混交林是全市典型的植被类型。建设用地内无珍稀保护动植物。

5.3.3.2 社会环境简况（社会经济结构、教育、文化、文物保护等）

建设项目所在地××区是××市老城区之一，位于长江南岸，是××省重要的政治、文

化和信息中心。全区总面积 81.22km²，户籍总人口 943258 人。区辖 14 个行政街道、198 个社区居民委员会。

××区 2006 年完成国内生产总值 36.24 亿元，比上年增长 15.8%。区内有普通中等专业学校 8 所，在校学生 1416 人；普通中学 58 所，在校学生 61343 人；职业学校 10 所，在校学生 5077 人；小学 69 所，在校学生 53893 人；幼儿园 93 所，在园幼儿 15623 人，小学、初中在校生无辍学。有文化事业机构 16 个，各类医疗卫生机构 391 个。

2006 年，××区职工年平均工资 10125 元，比上年增长 18.4%。城区居民人均可支配收入 8609.6 元，城区居民人均生活费支出 7052.75 元。全年城区居民享受最低生活保障补贴共 216277 户，计 566771 人。

项目所在地附近无自然保护区及文物古迹。

5.3.4 环境质量状况

5.3.4.1 建设项目所在地区域环境质量现状及主要环境问题（环境空气、地面水、地下水、声环境、生态环境等）

（1）环境空气质量状况 项目所在地靠近××市环境空气质量常规监测监测点。2007年 9 月监测点监测统计结果见表 5-20。

表 5-20 监测点环境空气质量监测结果表

监测点	样品数	项目	日平均浓度范围/(mg/m³)	超标率/%	备 注
常规	30	SO_2	0.0285~0.1185	0	
		PM_{10}	0.0405~0.192	6.7	
		NO_2	0.0204~0.0816	0	

由表 5-20 可以看出，评价区内部分时段环境空气质量已受到可吸入颗粒物的轻度污染。

（2）地表水质量状况 建设项目污水最终受纳水体为长江。根据××市监测中心发布的《2007 年 9 月份××市地表水环境质量简报》显示：长江××段入境断面纱帽、控制断面杨泗港所测项目均符合地表水环境质量Ⅲ级标准，水质现状为Ⅲ类，其水质满足《地表水环境质量标准》（GB 3838—2002）中Ⅲ类标准要求。出境断面白浒山因粪大肠菌群超标，水质为Ⅴ类；长江××段水质现状为Ⅳ类。与去年 9 月相比，长江××段水质有所下降。

（3）声环境质量状况 根据本项目用地位置和周围声环境状况，现状监测按东、南、西、北 4 个方位进行布点，对环境噪声进行了一次性监测。监测结果表明，项目所在东、南、西三侧区域昼夜间环境噪声现状满足《城市区域环境噪声标准》（GB 3096—93）中 2类标准限值要求，工程北侧昼、夜间噪声均超过评价标准。超标主要是受交通噪声、建筑施工和区域个别建材商店材料切割噪声综合影响所致。

5.3.4.2 主要环境控制和保护目标（列出名单及保护级别）

（1）环境空气控制目标 保护目标为项目所在地的环境空气质量，目标为达到《环境空气质量标准》（GB 3095—1996）中二级标准要求。

（2）地表水环境控制目标 该项目水环境保护目标为长江，其水质应满足《地表水环境质量标准》（GB 3838—2002）中Ⅲ类标准要求。

（3）声环境控制 保护目标为项目所在地附近的声环境质量，其声环境质量目标为《城市区域环境噪声标准》（GB 3096—93）中 2 类标准。

（4）区域环境保护目标分布情况 项目位于××市中南一路，区域人口密集，拟建工程与周围环境关系图见附图。环境保护目标汇总表具体见表 5-21。

表 5-21　各环境要素保护目标一览表

保护对象	与项目方位关系	距工程边界最近距离/m	影响因子	目标
长江	W	3500	废水	GB 3838—2002 中的Ⅲ类
郑铁局××勘测设计院	NW	60	废气 噪声	GB 3095—1996 及修改单中的 2 级 GB 3096—93 中 2 类
××小区(在建)	NE	50	废气 噪声	GB 3095—1996 及修改单中的 2 级 GB 3096—93 中 2 类
××省建筑总公司居民宿舍(二期开发用地)	E、S	10	废气 噪声	GB 3095—1996 及修改单中的 2 级 GB 3096—93 中 2 类
××省标准建筑设计院宿舍	E	100	废气 噪声	GB 3095—1996 及修改单中的 2 级 GB 3096—93 中 2 类
物质贸易公司居民宿舍	W	10	废气 噪声	GB 3095—1996 及修改单中的 2 级 GB 3096—93 中 2 类

5.3.5　评价适用标准

5.3.5.1　环境功能分区

根据省、市各文件的要求，建设项目厂址所在地环境功能区划为以下类别。

① 大气环境：拟建项目所在地区大气环境质量执行《环境空气质量标准》（GB 3095—1996）中二级标准。

② 水环境：污水最终受纳水体为长江，水环境质量执行《地表水环境质量标准》（GB 3838—2002）中Ⅲ类标准。

③ 声环境：项目所在区域声环境质量执行《城市区域环境噪声标准》（GB 3096—93）中 2 类标准。

5.3.5.2　环境质量标准

建设项目所在地执行的环境质量标准详见表 5-22。

表 5-22　本项目所在地执行的环境质量标准

环境要素分类	标准名称	适用类别	标准限值		评价对象
			参数名称	浓度限值	
环境空气	《环境空气质量标准》(GB 3095—1996)	二级	SO_2　日平均	$0.15mg/m^3$	评价区域内环境空气
			PM_{10}　日平均	$0.15mg/m^3$	
			NO_2　日平均	$0.12mg/m^3$	
地表水环境	《地表水环境质量标准》（GB 3838—2002）	Ⅲ类	pH	6～9	长江
			COD_{Cr}	20mg/L	
			NH_3-N	1.0mg/L	
			溶解氧	5mg/L	
声环境	《城市区域环境噪声标准》(GB 3096—93)	2 类	等效连续声级 L_{eq}	昼间 60dB(A) 夜间 50dB(A)	评价区声环境

5.3.5.3　污染物排放标准

具体详见表 5-23。

5.3.5.4　方法标准

《环境影响评价技术导则　总则》（HJ/T 2.1—93）。

《环境影响评价技术导则　大气环境》（HJ/T 2.2—93）。

《环境影响评价技术导则　水环境》（HJ/T 2.3—93）。

《环境影响评价技术导则　声环境》（HJ/T 2.4—1995）。

表 5-23　项目执行的污染物排放标准

类别	污染源	适用标准		污染物	标准值		备注
废气	厨房	《饮食业油烟排放标准》（GB 18483—2001）		油烟	≤2mg/m³		
废水	生活污水	《污水综合排放标准》表 4 中三级（GB 8978—1996）		pH	6～9		排入设置二级污水处理厂的城镇排水系统的污水执行三级标准
				SS	400mg/L		
				COD$_{Cr}$	500mg/L		
				氨氮	—		
				BOD$_5$	300mg/L		
				动植物油	100mg/L		
噪声	《工业企业厂界噪声标准》（GB 12348—90）	Ⅱ类		等效 A 声级	昼：60dB(A) 夜：50dB(A)		
	《建筑施工场界噪声标准》（GB 12523—90）	—	等效连续 A 声级 L_{eq}	施工阶段	主要噪声源	昼间	夜间
				土石方	推土机、挖掘机、装载机等	75dB	55dB
				打桩	各种打桩机等	85dB	禁止
				结构	混凝土搅拌机、振捣棒、电锯等	70dB	55dB

5.3.5.5　总量控制指标

项目排放废水纳入××市水务集团××污水处理厂进行处理，其 COD$_{Cr}$、NH$_3$-N 总量已经纳入污水处理厂总量控制范围内，故不对本项目 COD$_{Cr}$、NH$_3$-N 确定总量控制指标。

5.3.6　建设项目工程分析

5.3.6.1　工艺流程简述

××××建设项目施工期和运营期的主要污染识别如图 5-6。

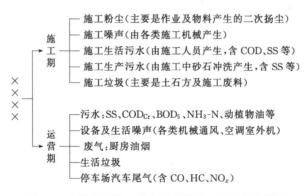

图 5-6　建设项目施工期和运营期的主要污染识别图

5.3.6.2　主要污染工艺

（1）项目运营期污染因子分析

① 项目运营期污染源分布（见表 5-24）

② 营运期污染物产生情况

污水：见表 5-25。

废气：营运期的主要废气污染源为停车场机动车尾气和各户厨房油烟（见表 5-26）。

表 5-24　运营期主要污染源分布情况

污染源分类	污染源名称	分布情况	主要污染物
污水	生活污水	居民楼	含 COD_{Cr}、NH_3-N、SS、动植物油等
废气	汽车尾气	停车场	含 CO、H_mC_n、NO_x 等
噪声	设备噪声	建筑物内	—
	空调设备	建筑物	—
	车辆噪声	停车场、道路	—
固体废物	生活垃圾	居民	果皮、纸屑、残余食物等

表 5-25　工程所排污水中主要污染物产生情况

污水种类	主要污染物		
	名　称	排放浓度范围/(mg/L)	排放浓度平均值/(mg/L)
生活污水 (421m³/d)	化学需氧量(COD_{Cr})	150~250	200
	悬浮物(SS)	100~200	150
	动植物油类	30~70	50
	氨氮(NH_3-N)	20~40	30

表 5-26　项目停车场汽车废气污染物产生情况

地块	泊位/个	日车流量(辆/日)	污染物排放量/(t/a)		
			CO	HC	NO_2
停车场	127	254	0.238	0.032	0.009

住宅厨房油烟总产生量约 2.78t/a，而各户家用厨房油烟废气产生量较少，对周围环境影响很小。

噪声：见表 5-27。

表 5-27　项目主要噪声源强值　　　　　　　　　单位：dB（A）

噪声类型	位　置	源强值
车辆噪声	地下和地上停车场	65~75
其他设备噪声	地下层	65~80
空调设备	室外机	75~85

固体废物：主要是住宅居民和商铺人员所产生的生活垃圾。生活垃圾产生量按每人每天 0.5kg 计，居住小区按 1520 人计，本项目生活垃圾产生量约 277.4t/a，其中废旧电池、日光灯管等危险固废产生量约占生活垃圾总量的 1/1000，约 0.28t/a。

（2）项目施工期污染工序分析

① 施工期主要污染源分布（见表 5-28）

② 项目施工期污染物产生情况

施工扬尘：无组织排放，主要含 HC、NO_2、CO 等、土方等物料运输过程产生的地面扬尘、施工场地作业面产生的扬尘等。

施工污水：包括施工生产污水和施工人员生活污水两部分。经测算，该工程施工期外排施工污水约 60m³/d，其中生产污水 36m³/d，主要为设备清洗以及建筑养护排水，污水中石油类浓度范围为 10~30mg/L，悬浮物浓度 100~300mg/L；施工生活污水量约 24m³/d，污水中化学需氧量 100~150mg/L，NH_3-N 10~30mg/L。

施工噪声：见表 5-29。

表 5-28　拟建项目施工期主要污染源分布情况一览表

施工活动	产生情况说明
基础施工 （含清理场地及地基施工）	1. 废气：①挖掘、运输等施工机械产生的尾气，主要含 HC、NO_2、CO 等； ②土方等物料运输过程产生的地面扬尘
	2. 噪声：施工机械噪声、交通运输噪声等
	3. 污水：①雨水冲刷产生地面径流，主要有 SS； ②施工人员生活污水，主要含 COD_{Cr}、BOD_5、动植物油等
主体结构施工	1. 废气：物料运输产生的尾气及地面扬尘
	2. 噪声：运输设备、升降电梯等以及金属物料施工场地内转运时相互碰撞产生
	3. 污水：①建筑物面养护产生；②施工设备清洗产生清洗水；③施工人员产生生活污水
	4. 固废：主要为建筑垃圾
工程装修 设备安装	1. 噪声：施工用砂轮锯、电钻、吊车、切割机等设备产生的噪声
	2. 污水：施工人员产生生活污水
	3. 固废：各种装修用废材料以及设备外包装材料等

表 5-29　主要施工机械声级值范围一览表

施工阶段	施工机械	声级值范围
土石方工程	挖掘机、装载机等	85～95dB(A)
基础施工		85～100dB(A)
结构阶段	运输设备、吊车、运输平台等	70～90dB(A)
装饰阶段	砂轮锯、电钻、电梯、材切割机等	70～80dB(A)

施工垃圾：基坑开挖阶段所产生的挖掘土方可根据相关建筑资料类比，约 1900m³（基坑深度约 3m）；各类建筑材料产生量按每万平方米 500t 计算，约 2240t（44815m²）；生活垃圾按每人每天 0.5kg 计算，施工期生活垃圾产生量为 60kg/d（施工人数按 120 人计算）。

5.3.6.3　总量控制方案

建设项目运营期产生的生活污水全部由市政污水管网进入××污水处理厂，总量控制纳入××污水处理厂指标范围。本项目没有产生国家总量控制规定的废气污染物；生活垃圾全部清运处理。因此，建设项目总量控制指标为零。

5.3.7　项目主要污染物产生及预计排放情况

建设项目主要污染物排放情况如表 5-30 所示。

表 5-30　建设项目污染物排放情况汇总表

类型	排放源（编号）	污染物名称	处理前产生浓度及产生量		排放浓度及排放量	
			产生浓度	产生量	排放浓度	排放量
大气污染物	停车场汽车尾气	CO	—	0.238t/a	—	0.238t/a
		HC	—	0.032t/a	—	0.032t/a
		NO_2	—	0.009t/a	—	0.009t/a
	住户厨房	油烟	—	2.78t/a	—	2.78t/a
水污染物	生活污水 (153665m³/a)	pH	6～9		6～9	
		SS	350mg/L	53.78t/a	150mg/L	23.05t/a
		COD_{Cr}	300mg/L	46.10t/a	200mg/L	30.73t/a
		NH_3-N	35mg/L	5.37t/a	30mg/L	4.61t/a
		动植物油	55mg/L	8.45t/a	50mg/L	7.68t/a
固体废物	住户	生活垃圾	277.4t/a		0	
噪声	施工期主要来源于施工机械如挖、推土机、车辆运输等噪声，源强 70～100dB(A) 营运期主要来源于项目噪声源，主要为设备噪声、空调室外机噪声和车辆噪声等，设备噪声源强 65～80dB(A)，车辆噪声源强 65～75dB(A)，空调机噪声源强 75～85dB(A)					
其他						

主要生态影响有以下几点。

① 主要体现在项目建设期。施工过程中会产生一定的施工废水、废气、废渣和噪声，会对生态环境造成一定影响，但随着施工的结束，上述污染影响将停止。

② 运营期产生的生活污水将会对受纳水体带来微弱的影响，其污水经化粪池预处理后，通过城市下水道等排水系统进入××污水处理厂，通过二级生化处理后，可以满足达标排放要求，不会对受纳水体长江及其他水体带来变化影响。

③ 产生的噪声源通过建筑隔声、吸声等治理后，不会对生态环境造成影响。

④ 在建设期内，产生的主要固体废物分为建筑废物和生活垃圾。通过有效处置后项目产生的固体废物不会对生态环境造成影响。

5.3.8 环境影响分析

5.3.8.1 施工期环境影响简要分析

（1）环境空气影响分析　利用某典型施工现场及其周边的粉尘监测资料，分析可知，在项目施工期间，施工粉尘将对施工现场周围的大气环境产生一定影响，影响范围可至距施工现场约50m处，由于评价确定的保护目标××省建筑总公司居民宿舍和××物质贸易公司居民宿舍距项目施工场地较近，因此，对上述两环境敏感点将会产生一定的影响。而采取洒水、围挡等污染缓解措施后可有效减小其影响范围和影响程度。

（2）地表水环境影响分析　项目施工期所产生的污水主要有基础施工中的泥浆水、车辆出入冲洗水等施工污水和施工人员所产生的生活污水等。施工污水中主要含有悬浮物、石油类等污染物，生活污水中主要含有 BOD_5、COD_{Cr}、动植物油等污染物。因此，项目施工期间，对施工场地所产生的污水，不得以漫流方式排放，应加强管理、控制，所排放的污水应设置专门沟渠，经格栅、沉淀池处理后再排入市政排水管网。采取上述有效措施后施工期污水对受纳水体影响很小。

（3）声环境影响分析　根据施工计划和施工设备等资料，现将施工中使用较频繁的几种主要机械设备的噪声值分别代入相应预测模式进行计算，预测单台机械设备的噪声值。现场施工时具体投入多少台机械设备无法预测，本次评价假设有5台设备同时使用，将所产生的噪声叠加后预测对某个距离的总声压级。

① 施工期单台机械设备的噪声预测值：见表5-31。

表 5-31　单台机械设备的噪声预测值　　　　　单位：dB（A）

机械类型	噪声预测值									
	5m	10m	20m	40m	50m	100m	150m	200m	300m	400m
推土机	87	81	75	69	67	61	57.5	55	51.4	48.9
车载起重机	96	90	84	78	76	70	66.5	64	60.4	57.9
液压挖土机	85	79	73	67	65	59	55.5	53	49.3	46.9
卡车	91	85	79	73	71	65	61.5	59	55.4	52.9
混凝土搅拌机	91	85	79	73	71	65	61.5	59	55.4	52.9

② 施工期多台机械设备同时运转的噪声预测值：见表5-32。

表 5-32　多台机械设备同时运转的噪声预测值

距离/m	5	10	20	40	50	100	150	200	300	400
噪声预测值/dB（A）	98.6	92.6	86.6	80.7	78.6	72.5	69.1	66.6	63.3	60.5

从上述两表预测结果可知，多台机械设备同时运转时，昼间距离噪声源 150m 左右才能达到建筑施工场界噪声限值，在施工场地至外围约 150m 范围内的环境将受到不同程度的影响，假若在夜间施工，则更不能满足建筑施工场界噪声限值。部分时段施工噪声对周围居民区的影响超标，特别是对周围居民的影响较大。

（4）固体废物环境影响分析　　在施工过程中有挖掘土方量约 1900m³。弃土直接运往某地正在进行场地平整施工的另一房地产项目，用作地面回填，施工弃土得到有效利用。施工期间的生活垃圾产生量约有 0.06t/d，在施工场地内集中存放，由环卫部门定期清理。建设项目各施工阶段的固体废物只要及时清运，将不会对周围环境产生影响。

（5）施工对交通的影响　　建设项目对外交通比较顺畅。在施工期间，有一定量的物料由××路、××路等道路运输到工地，会产生一定的车流量，由于项目材料运输基本在晚间，加之该地区道路等城市基础设施比较完善，不会对评价区内的交通带来明显影响。

5.3.8.2　营运期环境影响分析

（1）地表水环境影响分析　　建设项目营运期产生的废水全部为生活废水，废水量约为 421m³/d，经化粪池处理后排入市政管网。其排放废水的污染物浓度均可以达到《污水综合排放标准》（GB 8978—1996）表 4 中三级标准限值要求，不会对城市下水道造成堵塞、腐蚀等影响。排水最终经××污水处理厂二级生化处理后排入长江，不会对受纳水体产生明显污染影响。

（2）环境空气影响分析　　该项目停车场分为地上和地下，总停车位 127 个，其中地下停车位 94 个。地上停车位由于为露天停车场，扩散条件好，地下停车场应加强换气次数和强制通风，并由专用排气孔排放，不会对项目周围环境敏感点带来显著的污染影响。各户厨房烹饪采用强制排气后，由建筑物屋顶高空排放，其排放浓度可以达到《饮食业油烟排放标准（试行）》（GB 18483—2001）中的标准限值要求，不会对评价区环境空气造成明显污染影响。

（3）噪声环境影响分析　　项目建成营运后，噪声源主要来自设备房的通风设备、水泵、空调设备和停车场机动车噪声，其运行时的噪声值在 60～80dB(A) 范围内，设备房位于地下车库内。

（4）固体废物环境影响分析　　该项目产生的生活垃圾应进行定点分类收集，小区内应设置进行回收废旧电池、废日光灯管的专门垃圾桶，并在垃圾桶外标识清楚。由环卫部门定期清运，不会对环境造成污染影响。

（5）外环境对项目的影响　　根据项目建设位置，其用地周边基本为单位职工宿舍、事业性单位和新建商品房生活居住小区，因此，外环境对本建设项目没有影响。

5.3.9　建设项目拟采取的防治措施及预期治理效果

建设项目拟采取的防治措施及预期治理效果如表 5-33 所示。

5.3.9.1　主要生态保护措施及预期效果

在加强污染源控制、全面积极地采取污染防治措施条件下，各污染物能够稳定达标排放。在总体建筑分布上合理布局，人车分流。项目绿化用地 7472m²，绿化率达 32%，满足有关绿化设计标准要求，可以保持当地现有生态环境状况。

5.3.9.2　污染防治措施及环保投资情况

（1）施工期污染防治措施

（2）运营期污染防治措施

（3）环保投资

表 5-33　建设项目拟采取的防治措施及预期治理效果

内容类型	排放源(编号)	污染物名称	防治措施	预期治理效果
大气污染物	停车场汽车尾气	CO HC NO$_2$	增加地下停车场换气次数、专用排气装置和排气筒	较好
	住户厨房	油烟	专用烟道井	满足排放标准要求
水污染物	废水排放	COD$_{Cr}$ SS NN$_3$-N 动植物油	生活污水经化粪池处理	出水排放符合《污水综合排放标准》(GB 8978—1996)表4中三级标准限值要求
固体废物	各住户	生活垃圾	小区内物业部门应设置危险废物专用垃圾桶,对其进行分类收集,定期环卫部门清运	无固体废物排放
噪声	各建筑物	噪声	加压水泵房、消防泵房、电梯机房内设备设独立基础,管道之间采用柔性接头等措施;各建筑物空调室外机安装采取减振措施;采用噪声小的换气设备;停车场禁止鸣笛	较好
其他	绿化率 32%			

5.3.9.3　环保"三同时"验收

5.3.10　结论与建议

5.3.10.1　结论

(1) 环境空气现状评价结论　按 GB 3095—1996 中二类标准评价,评价区内部分时段受到可吸入颗粒物的轻度污染。

(2) 地表水环境现状评价结论　根据《地表水环境质量标准》(GB 3838—2002),长江××段入境断面所测项目均符合地表水环境质量Ⅲ级标准,水质现状为Ⅲ类,其水质满足《地表水环境质量标准》(GB 3838—2002) 中Ⅲ类标准要求。出境断面因粪大肠菌群超标,水质为Ⅴ类;长江××段水质现状为Ⅳ类。

(3) 声环境现状评价结论　根据监测结果,项目所在东、南、西三侧区域昼夜间环境噪声现状满足《城市区域环境噪声标准》(GB 3096—93) 中 2 类标准限值要求,工程北侧昼、夜间噪声均超过评价标准。

(4) 工程分析评价结论

① 项目施工期:会给所在区域空气环境、地表水环境、声环境造成不同程度的影响,将对工程东、西和南向的居民产生一定的不利影响,采取本评价提出的洒水、加高围墙高度等防治措施后,影响基本可降低到可接受的程度。

② 项目运营期

废气:项目地下停车场采用通风系统,地上停车场由于为露天停车场,扩散条件好,不会对项目周围环境敏感点带来明显的污染影响。业主入住后,各住户排放油烟能够满足《饮食业油烟排放标准》(GB 18483—2001) 中 2mg/m³ 限值要求。

噪声:主要来自停车场机动车噪声以及位于地下车库内的公用设备噪声等,源强范围在 60~80dB(A)。项目通过选用新型低噪声级设备和换气装置,并采取建筑隔声、减振、管道之间设置柔性接头等措施后,同时受地下室楼板的建筑隔声作用,上述噪声不会对小区内外环境带来超标污染影响。

废水：主要来源于居民生活污水，污水排放总量为421t/d，经高效化粪池处理后，排入城市下水道。项目排放的污水中主要污染物均能满足《污水综合排放标准》（GB 8978—1996）中三级标准限值要求。

固体废物：主要来自各住户产生的生活垃圾，其产生量约为277.4t/a。各类生活垃圾及时清运交环卫部门进行无害化处理，不会对周围环境产生不良影响。

（5）污染防治对策结论

（6）项目"三同时"验收

（7）项目建设环境可行性结论

综上所述，项目在建设中和建成运行以后将对环境产生一定影响，建设单位在严格执行"三同时"制度，全面落实项目建设内容和《报告表》所规定的各项污染防治措施后，项目对周围环境的影响可以控制在国家有关标准和要求的允许范围内。该项目符合国家产业政策，项目选址符合××城市总体规划，建设项目有利于改善市民的居住环境和条件，具有良好的社会与经济效益。符合经济效益、社会效益、环境效益同步增长的原则，可以在拟定位置实施本项目。

5.3.10.2　建议

5.4　课程设计任务书汇编

5.4.1　课程设计任务书之一

5.4.1.1　课程设计要求

（1）设计目的和要求　目的：通过对某项目进行环境影响评价设计，从而掌握环境影响评价的一般性方法。

要求：调查收集某项目的资料，整理分析，完成环境影响评价。

方式：室内讲解与现场踏勘相结合。

（2）设计的主要内容　收集指定区域的某建设项目概况、环境质量现状情况、污染源排污情况、环境容量等方面的资料，对该区域进行环境影响预测和评价环境影响，编制该项目的环境影响评价报告书或报告表，或者针对某专项进行评价（大气环境影响评价、地表水环境影响评价等）。

（3）题目　题目另发，每5～8人分组。

（4）考核办法　编制环境影响评价报告书或报告表。

5.4.1.2　工作安排　资料收集、整理分析×天，现场踏勘×天，讨论指导×天，编制报告×天。

5.4.1.3　编制要求

（1）环境影响评价工作程序

① 应遵循的原则：目的性、整体性、系统性、层次性、相关性、主导性、等衡性、动态性、随机性、社会经济性、公众参与原则等。

② 环境影响评价的分级

环境影响报告书：新建或扩建工程对环境可能造成重大的不利影响，需编写。

环境影响报告表：新建或扩建工程对环境可能造成不利影响，需编写。

环境影响登记表：新建或扩建工程对环境不产生不利影响或影响极小，需填报。

③ 工作程序

a. 一般分 3 个阶段：准备阶段、正式工作阶段、报告书编制阶段。

b. 工作程序：委托→前期工作→编写大纲→大纲评审→大纲报批→签订评价合同→开展评价工作→编写报告书→报告书评审→报告书报批。

c. 工作等级的确定：一般分为三级，一级评价最详细，二级评价次之，三级评价较简略。划分依据：建设项目的工程特点、项目所在地的环境特征、国家或地方政府颁布的有关法规。

d. 环境影响评价大纲的编写：环境影响评价大纲是环境影响评价的总体设计和行动指南，应在开展评价工作之前编制，是具体指导环评的技术文件，是检查报告书内容和质量的主要判据。应在充分研读有关文件、进行初步的工程分析和环境现状调查后形成。评价大纲内容应包括：总则、建设项目概况、拟建项目区域环境简况、建设项目工程分析、环境现状调查、环境影响预测与评价、评价工作成果清单、评价工作的组织、计划安排、经费概算等。

(2) 环评报告书/表的主要内容及格式

5.4.1.4　参考书目

5.4.2　课程设计任务书之二

5.4.2.1　课程设计名称

环境影响评价课程设计。

5.4.2.2　课程设计时间

×周。

5.4.2.3　设计依据的技术规范

《环境影响评价技术导则》。

5.4.2.4　设计工作内容

① 以××省作为地域背景，以现时作为时间背景，完成报告书的修改稿。

② 提出进一步修改所需资料清单。

5.4.2.5　"修改稿"的具体要求

(1) 项目设计背景　该项目在××省建设；项目建设方为"××纸业有限公司"；环评工作始于××××年×月×日，评价工作单位为"××大学环境咨询中心"，具有环境影响评价乙级资质；承担环境监测工作的单位为"××大学测试中心"，环境监测工作于××××年×月完成，环境监测符合相关技术规范的要求，报告书初稿于××××年×月完成，现需要修改。

(2) 内容要求　认真阅读本报告书，对照相关导则，结合讲课中提出的技术要求，修改报告书。

(3) 形式要求

① 报告书名称：××纸业有限公司利用废纸和商品浆造纸项目环境影响报告书（修改稿）。

② 要求在 word 修订格式下修改，并在修订格式下打印提交作业，并附修改格式的电子稿。

5.4.2.6　资料清单具体要求

在修改过程中，对于需要修改但是缺乏资料的问题，或者尚需调研但是没有条件的问题，提出需要补充调研的资料清单，并说明一旦获取该资料后如何开展评价工作，例如，项目周围敏感目标情况，需要了解项目周围敏感目标（环境保护目标）的方位、距离、规模，通过现场查看的方式获取该项资料。获取资料后，编制环境保护目标表。

5.4.2.7 关于设计工作成果

（1）需要提交的成果

① 设计成果的 A4 纸质打印版。注意：须经老师审阅修改后方可打印。

② 设计材料装订顺序：封面、任务书、报告书正文。

③ 设计成果的电子版。

（2）设计成绩由两部分组成 平时和最终。如遇以下情况，成绩判为不及格。

① 抄袭和被抄袭；

② 所提交成果不是修订格式。

5.4.3 课程设计任务书之三

5.4.3.1 目的和任务

（1）目的 课程设计是环境影响评价教学中一个重要的实践环节，要求综合运用所学的有关知识，在设计中掌握解决实际问题的能力，并进一步巩固和提高理论知识。

（2）任务

① 进行现场踏勘，确定环评的形式；

② 拟定环评工作程序；

③ 列出环评所需的资料清单；

④ 收集项目所在地的自然和社会环境资料，进行污染源的情况调查；

⑤ 编写环境影响评价大纲；

⑥ 编制环境影响报告表或总论、环境现状评价、工程分析、大气、水、噪声的专项评价及环保措施可行性论证、公众参与等章节。

5.4.3.2 课程设计的内容和要求

编制环境影响评价大纲和环境影响报告表或总论、环境现状评价、工程分析、大气、水、噪声的专项评价及环保措施可行性论证、公众参与、项目建设可行性分析等章节。内容包括以下各项。

① 概述环评工作程序；

② 环评所需的资料清单；

③ 环境影响评价大纲；

④ 环境影响报告表或环境影响报告书中总论、环境现状评价、工程分析、大气、水、噪声的专项评价及环保措施可行性论证、公众参与等章节。

5.4.3.3 设计资料

（1）项目基本情况 ××市××加油站，法人为×××，注册资金为××万元，预计每年销售柴油×××吨，汽油×××吨。该项目拥有员工×人，实行 8h/d 工作制，三班倒。项目周边情况需现场调研。

项目的具体内容及其主要技术经济指标分别见表 5-34、表 5-35。

（2）生产工艺流程 该加油站工作流程如下：油罐车卸油→油罐→暗管→加油机→机动车。

主要机器设备为加油机和油罐。

（3）环境质量现状 项目所在地区域空气质量状况以优、良为主。PM_{10}、SO_2、NO_2 年日均浓度分别为 $0.035mg/m^3$、$0.017mg/m^3$、$0.010mg/m^3$。

表 5-34　项目的具体内容

内　容		单　位	数　量
经营范围		—	零售方式经营,主营汽油、柴油(以上经营范围凡涉及国家专营规定的从其规定),兼营润滑油
占地面积		m²	
油罐容量	汽油	m³	
	柴油		
加油量	汽油	t/a	×××
	柴油		×××
加油机	汽油	台	
	柴油		
员工	总人数	人	×
	住宿人数		×

表 5-35　项目主要技术经济指标

经济指标		单　位	数　量
占地面积		m²	
总建筑面积		m²	
建筑构筑物占地面积		m²	
其中	站房(2层)	m²	
	加油棚(1层)	m²	
建筑密度		%	
容积率		—	
绿地率		%	
油罐容量	汽油	m³	
	柴油	m³	

项目所在地区域的水质:pH 值 7.00,溶解氧 8.67mg/L,高锰酸盐指数 1.19mg/L,BOD$_5$ 0.88mg/L,氨氮 0.012mg/L,石油类 0.003mg/L,总磷 0.013mg/L,挥发酚 0.001mg/L。

项目区域噪声现状监测布局及结果分别见图 5-7 和表 5-36。

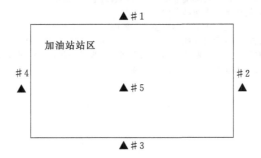

图 5-7　项目区域噪声现状监测布局
▲为噪声监测点位

表 5-36　站区及环境噪声监测结果　　　单位:dB(A)

时间 \ 测点	1	2	3	4	5
昼间	57.5	60.2	68.5	60.5	68.6
夜间	57.1	56.6	43.6	49.4	51.5

5.4.3.4　主要参考文献（略）

5.5 课程设计思考题

1. 工程分析中的物料平衡，包括哪些方面的计算？其目的是什么？

2. 技改项目与新建工程的工程分析的主要区别是什么？

3. 改扩建工程如何做好"以新带老"及厂址附近区域环境综合整治工作？

4. 分析建设项目非正常排污工况，重点何在？

5. 《锅炉大气污染物排放标准》（GB 13271—2001）与《火电厂大气污染物排放标准》（GB 13223—2003）适用条件的区别是什么？

6. 针对火电厂锅炉烟气排放，大气环境影响预测的主要内容是什么？

7. 水环境影响的主要评价因子包括哪些？

8. 水电工程水环境环境影响应重点考虑哪些方面？

9. 噪声超标治理的措施一般有哪几种？

10. 如果声环境评价为一级，其工作基本要求有哪些？

11. 垃圾填埋场建设项目评价的重点是什么？

12. 垃圾填埋场建设项目现状调查的主要内容是什么？

13. 危险废物处置工程选址的环境可行性应从哪几个方面进行充分的论证？

14. 如何通过环境风险防范措施确保任何情况下事故排放（尤其是事故废水）不污染环境？

15. 开展清洁生产的环境技术指标分析和评价时，需要对哪些指标进行计算和评估？

16. 污水处理厂建设项目的公众参与中，应给出哪几方面的环境影响信息？

17. 生态环境整治项目环境影响评价需要注意哪些问题？

参 考 文 献

[1]　陆书玉.环境影响评价.北京：高等教育出版社，2001.
[2]　中华人民共和国环境保护部.建设项目环境影响评价分类管理名录.2008.
[3]　陆雍森.环境评价.上海：同济大学出版社，2005.
[4]　周国强.环境影响评价.武汉：武汉理工大学出版社，2009.
[5]　何德文.环境影响评价.北京：科学出版社，2008.
[6]　环境保护部.全国环境影响评价工程师职业资格考试系列参考教材.北京：中国环境科学出版社.
[7]　环境保护部.环境影响评价技术导则（HJ/T 2.1—2.4）.

6 固体废物处理与处置课程设计及案例

6.1 固体废物处理与处置课程设计的目的、意义和要求

6.1.1 课程设计的目的和意义

固体废物处理与处置课程设计是为配合环境工程专业核心课程《固体废物处理与处置》学习而单独设立的设计性实践课程，是对固体废物从产生到分类、收集、运输、中间处理、最终处置及资源化技术的工程设计，是课程教学的重要组成部分，是培养学生工程设计能力和创新能力的重要实践教学环节。作为环境工程专业的一门专业必修课，教学目的是在课程设计过程中，使学生学习固体废物全过程管理中的基本原理、固体废物收运工艺设施的工作原理和特性、固体废物处理与处置工程的设计步骤及建、构筑物计算方法、主要设备或治理工艺的图纸绘制等，培养学生调查研究、文献查阅及资料收集、比较确定设计方案、工程设计计算、图纸绘制与技术文件编写的能力。

通过课程设计达到以下目的。

① 培养学生正确的设计思想、严谨的科学态度和良好的工作作风；

② 巩固、加强和深化学生所学的理论知识和专业技能，培养学生的工程设计能力，包括设计计算和计算机绘图的能力；

③ 通过课程设计实践，培养综合运用固体废物处理与处置设计课程和其他先修课程的理论与专业知识来分析和解决固体废物处理与处置设计问题的能力；

④ 学习固体废物处理与处置设计的一般原则、方法和步骤，掌握固体废物处理与处置设计的一般规律；

⑤ 进行固体废物处理与处置设计基本技能的训练，如培养查阅资料和手册的能力，掌握设计计算、设计说明书的编制以及设计图的绘制等基本方法，掌握工程设计的相关标准和技术规范；

⑥ 引导学生发挥其主观能动性和创造性，既培养学生的团队协作精神，又严格要求学生独立完成所规定的课程设计任务，将提高学生的工程素质始终贯彻在整个课程设计中。

6.1.2 课程设计的选题

本课程设计选题必须紧紧围绕固体废物处理与处置的主要内容，包括固体废物的收运工艺，生活垃圾的填埋、焚烧和堆肥等处理/处置工艺。学生根据教学大纲要求，设计工作量及实际设计条件进行适当选题。选题要符合本课程的教学要求，应包括固体废物处理与处置技术的设计计算和针对各种工艺流程的模拟。注意选题内容的先进性、综合性、实践性，应适合实践教学和启发创新，选题内容不应太简单，难度要适中，并且带有一定的前瞻性、系统性和实用性。

6.1.3 课程设计说明书和计算书的编写

课程设计说明书是学生设计成果的重要表现之一，设计说明书的重点是对设计计算成果的说明和合理性分析以及其他有关问题讨论。设计说明书要力求文字通顺、简明扼要，图表要清楚整齐，每个图、表都要有名称和编号，并与说明书中内容一致。课程设计说明书按设

计程序编写，包括方案的确定、设计计算、设备选择和有关设计的简图等内容。课程设计说明书包括封面、目录、前言、正文、小结及参考文献等部分，文字应简明通顺、内容正确完整，书写工整、装订成册，合订时，说明书在前，附表和附图分别集中，依次放在后面。

6.1.4　课程设计的图纸要求

课程设计图纸应能较好地表达设计意图，图面布局合理、正确清晰、符合制图标准及有关规定。

每个学生应至少完成设计图纸1张，建议并绘固体废物处理与处置系统总图1张。系统图应按比例绘制、标出设备、管件编号，并附明细表。如条件允许可附系统平面、剖面布置图或工艺设备图1～2张。图中设备管件需标注编号，编号与系统图对应。布置图应按比例绘制。在平面布置图中应有方位标志（指北针）。

6.1.5　课程设计的内容与步骤

6.1.5.1　课程设计的目的

（1）生活垃圾填埋场设计　通过课程设计进一步消化和巩固本课程的基本知识，培养学生独立完成垃圾处理方案的比较、垃圾填埋场选址的步骤、对所选场址的评析以及填埋场工程设计的能力。通过设计，使学生掌握垃圾填埋场设计的一般原则、步骤和方法，了解如何查阅有关资料、手册以及规范，培养学生掌握垃圾填埋场主体工程的设计方案，进行设计计算、绘制工程图、使用技术资料、编写设计说明书的能力。

（2）生活垃圾堆肥化处理设计　通过课程设计培养学生运用所学理论知识进行生活垃圾好氧堆肥化处理设计的初步能力。通过设计，了解工程设计的内容、方法及步骤，使学生掌握垃圾堆肥化处理主体工程的设计以及设计说明书的编制和设计图的绘制等基本方法。

（3）城市生活垃圾焚烧厂设计　通过对城市生活垃圾焚烧系统的工艺设计，初步掌握城市生活垃圾焚烧系统设计的基本方法。培养利用已学理论知识综合分析问题和解决实际问题的能力、绘图能力，以及正确使用设计手册和相关资料的能力。

6.1.5.2　设计说明书内容

以生活垃圾卫生填埋场设计为例，根据所提供的资料，完成生活垃圾卫生填埋场的方案设计，内容包括原始资料的分析、垃圾处理工艺的选择、垃圾填埋场选址和库容计算、垃圾渗滤液的产生和收集、垃圾填埋场终场处理的工程的设计等几部分。

（1）垃圾处理工艺的选择　根据所提供资料和城市生活垃圾的基本性质，通过焚烧、堆肥、卫生填埋几种处理方案比较，选择卫生土地填埋为该市城市生活垃圾处理工艺。

（2）垃圾填埋场选址和库容计算　根据垃圾填埋场选址的基本原则，结合备选场址条件，综合考虑工程因素、社会环境因素以及经济因素等方面，确定垃圾填埋场场址。在确定垃圾填埋场场址的前提下，进行填埋场库容和面积等尺寸的设计计算。

（3）垃圾渗滤液的产生和收集　根据所提供资料，估算垃圾渗滤液的产生量和产生速率；根据垃圾渗滤液产生量和设计处理规模，计算收集系统中调节池的尺寸。

（4）垃圾填埋场终场处理　包括垃圾填埋场封场后终场覆盖系统、填埋气体收集与处理系统、地表水收集与导排系统的设计和土地利用的考虑。

此外，设计内容还包括环境保护措施和环境监测等。

6.1.6　课程设计的注意事项

① 选题可由指导教师选定，或由指导教师提供几个选题供学生选择；也可由学生自己选题，但学生选题需通过指导教师批准。课题应在设计周之前提前公布，并尽量早些，以便学生有充分的设计准备时间。

指导教师公布的课程设计课题一般应包括以下内容：课题名称、设计任务、技术指标和要求、主要参考文献等。

② 学生课程设计结束后，应向教师提交课程设计数据，申请指导教师验收。对达到设计指标要求的，教师将对其综合应用能力和工程设计能力进行简单的答辩考查，对每个学生设计水平做到心中有数；未达到设计指标要求的，则要求其调整和改进，直到达标。

③ 学生编写课程设计说明书和绘制图纸应认真、规范，数据真实可靠，格式正确。

6.2 案　　例

6.2.1　设计任务书

6.2.1.1　设计名称

设计名称：某城市生活垃圾卫生填埋场设计。根据相关规划，拟在某城市建立一个服务人口为 10 万人的垃圾卫生填埋场，垃圾填埋场的设计服务年限为 10 年。

6.2.1.2　设计原始资料

① 该城市服务人口 260 万人，现状垃圾产量 1.0～1.5kg/(人·d)，垃圾压实密度 800kg/m³。

② 气象资料：该城市位于我国南方，属亚热带季风气候，季风明显，降水充沛，四季分明，无霜期长。该市多年平均气温 17℃，多年平均降水量 1577mm，日最大降雨量达 160mm，该城市年主导风向为偏北风。

③ 场址概况：填埋场库区周围汇水面积 0.6km²。场底表土厚度 0.5～4.6m 不等，平均 2.2m。土壤渗透系数为 6.0×10^{-4} m/s。场址地下水稳定水位埋深 0.8m。

6.2.1.3　课程设计的任务

本次设计的目标是对某城市生活垃圾卫生填埋场进行设计，其主要内容包括以下几个方面。

① 垃圾处理工艺的选择；

② 工程内容，包括工程组成和工程概要；

③ 垃圾填埋库区主体工程，包括填埋场库容计算，防渗工程、垃圾渗滤液产生量和收集系统（调节池），填埋气体产生量和导气系统；

④ 填埋场封场系统的设计、计算。

此外还包括填埋场地的环境保护和监测以及其他辅助设施的设计。

6.2.1.4　基本要求

① 在设计过程中，培养学生独立思考、独立工作能力以及严肃认真的工作作风。

② 通过本课程设计使学生具有初步的综合运用知识的能力，收集资料和使用技术资料的能力，方案比较分析、论证的能力，设计计算的能力等，从而提高学生的工程素质和综合素质。

③ 设计说明书应内容完整、计算准确、论述简洁、文字通顺、条理清晰。

④ 设计图纸应能较好地表达设计意图，图面布局合理、图签规范、线条清晰、主次分明、粗细适当、数据标绘完整，符合制图标准及有关规定，并附有一定文字说明。

6.2.2　生活垃圾概述

6.2.2.1　城市生活垃圾定义与特点

固体废物是指在生产、生活和其他活动中产生的丧失原有利用价值或者虽未丧失利用价值但被抛弃或放弃的固态、半固态和置于容器中的气态的物品、物质以及法律、行政法规规定纳入固体废物管理的物品、物质。固体废物有多种分类方法，依据《中华人民共和国固体废物污染环境防治法》（以下简称《固废法》），将固体废物分为生活垃圾、工业固体废物和危险废物3类。

生活垃圾，是指在日常生活中或者为日常生活提供服务的活动中产生的固体废物以及法律、行政法规规定视为生活垃圾的固体废物。根据该定义，生活垃圾包括城市生活垃圾和农村生活垃圾。

城市生活垃圾又称为城市固体废物，是指在城市居民日常生活中或为城市日常生活提供服务的活动中产生的固体废物，主要成分包括厨余物、废纸、废塑料、废织物、废金属、废玻璃陶瓷碎片、庭园废物、砖瓦渣土，以及废旧家具器皿、废旧电器、废旧办公用品、废日杂用品、给水排水污泥等。城市生活垃圾主要产自城市居民家庭、城市商业、餐饮业、旅馆业、旅游业、服务业、市政环卫系统、城市交通运输、文教卫生团体和行政事业单位、工矿企业单位等。城市生活垃圾的主要特点是成分复杂，有机物含量高。表6-1列出了根据国家发达程度对垃圾的密度、含水率和热值的比较。

表6-1　3种类型国家垃圾的密度、含水率和热值

国家类型	垃圾密度/(kg/m³)	含水率/%	垃圾热值/kJ
发达国家	100～150	20～40	6300～10000
中等收入国家	200～400	40～60	≤4200
低收入国家	250～500	40～70	

6.2.2.2　城市生活垃圾的管理原则

我国的《固废法》中明确指出，"国家对固体废物污染环境的防治，实行减少固体废物产生、充分合理利用固体废物和无害化处置固体废物的原则"，即减量化、资源化、无害化的"三化"原则。

减量化是指通过采用合理的管理和技术手段，减少固体废物的产生量和排放量，以最大限度地合理开发资源和能源。减量化是防止固体废物污染环境的首先要求和措施。目前，我国城市生活垃圾的产生量十分巨大，超过 $1 \times 10^8 \, t/a$，如果采取措施，尽可能减少城市生活垃圾的产生和排放，就可以从源头上直接减少城市生活垃圾对人体健康的危害，最大限度地合理开发利用资源和能源。

资源化是指采取管理和工艺措施从固体废物中回收物质和能源，加速物质和能量的循环，创造经济价值的广泛的技术方法。从城市生活垃圾管理的角度，资源化的定义包括3个范畴：物质回收，即从处理的城市生活垃圾中回收一定的二次物质，如纸张、玻璃、金属等；物质转换，即利用废弃物制取新形态的物质，如利用废玻璃和废橡胶生产建筑材料；能量转换，即从废物处理过程中回收能量，以生产热能或电能，如通过城市生活垃圾的焚烧处理回收热量，用于供热或发电。

无害化是指对已产生又无法或暂时尚不能综合利用的固体废物，经过物理、化学或生物方法，进行对环境无害或低危害的安全处理、处置，达到废物的消毒、解毒或稳定化，以防止并减少固体废物的污染危害。

6.2.2.3　城市生活垃圾的处理处置方法

城市生活垃圾的处理与处置主要有生物处理、热处理和卫生填埋3种方法。

（1）生物处理　城市生活垃圾的生物处理是指通过微生物的好氧或厌氧作用，使其中的可降解有机物组分转化为稳定的产物、能源或其他有用物质的处理技术。城市生活垃圾的生物处理包括堆肥化、厌氧消化等，其中，堆肥化作为大规模处理城市生活垃圾的生物处理技术得到了广泛应用。

堆肥化是在控制条件下，利用自然界广泛分布的细菌、放线菌、真菌等微生物，促进来源于生物的有机废物发生生物稳定作用，使可被生物降解的有机物转化为稳定的腐殖质的生物化学过程。堆肥化系统的分类：按温度分为中温堆肥和高温堆肥；按技术分为露天堆肥和机械密封堆肥。

（2）热处理 城市生活垃圾的热处理是在装有城市生活垃圾的设备中通过高温使其中的有机物分解并深度氧化，从而改变其物理、化学或生物组成和特性的处理技术。

城市生活垃圾的热处理技术包括焚烧、热解、熔融、烧结和湿式氧化等，其中，焚烧是城市生活垃圾最常用的热处理技术，焚烧是以一定量的过剩空气与被处理的生活垃圾中的有机废物在焚烧炉内进行氧化燃烧反应，使有机物转换为无机物，同时减少废物体积。

（3）卫生填埋 卫生填埋是通过采取防渗、铺平、压实、覆盖，对城市生活垃圾进行处理和对气体、渗滤液、蝇虫等进行治理的垃圾处理方法。

几种处理方法中，现代卫生填埋技术作为城市生活垃圾的最终处置技术，在世界范围内得到了广泛应用。即使在发达国家，如美国、英国、德国等大多数工业化国家，目前仍有70%～95%的城市生活垃圾采用卫生填埋。我国作为发展中国家，卫生填埋在城市生活垃圾最终处理处置技术中所占的比例更高。

6.2.3 填埋场的选址

6.2.3.1 填埋场选址的基本原则

场址的选择是卫生填埋场全面设计规划的第一步。影响选址的因素很多，主要应从工程学、环境学、经济学、法律和社会学等方面来考虑。这些选择要求相辅相成。主要遵循两条原则：一是从防止环境污染角度考虑的安全原则，二是从经济角度考虑的经济合理原则。

安全原则是选址的基本原则。维护场地的安全性，要防止场地对大气的污染、地表水的污染，尤其是要防止渗滤水释放对地下水的污染。因此，防止地下水的污染是场地选择时考虑的重点。

经济原则对选址也有相当大的影响。场地的经济问题是一个比较复杂的问题，它与场地的规模、容量、征地费用、运输费、操作费等多种因素有关。合理的选址可充分利用场地的天然地形条件，尽可能减少挖掘土方量，降低场地施工造价。

6.2.3.2 选址的考虑因素

填埋场的选址总原则是应以合理的技术、经济方案，尽量少的投资，达到最理想的经济效益，实现保护环境的目的。必须加以考虑的因素有：运输距离、场址限制条件、可以使用的土地容积、入场道路、地形和土壤条件、气候、地表和水文条件、当地环境条件以及填埋场封场后场地是否可被利用。

6.2.3.3 选址的条件

填埋场选址时应考虑以下因素。

① 填埋场场址设置应符合当地城市建设总体规划要求，符合当地城市区域环境总体规划要求，符合当地城市环境卫生事业发展规划要求；

② 填埋场对周围环境不应产生污染或对周围环境影响不超过国家相关现行标准的规定；

③ 填埋场应与当地的大气防护、水资源保护、大自然保护及生态平衡要求相一致；

④ 填埋场应具备相应的库容，使用年限宜10年以上，特殊情况下不应低于8年。

选址的限制条件包括：①填埋场场址不应选在城市工农业发展规划区、农业保护区、自然保护区、风景名胜区、文物（考古）保护区、生活饮用水水源保护区、供水远景规划区、矿产资源储备区、军事要地、国家保密地区；②填埋场场址不应设在洪泛区、淤泥区，距居民居住区或人畜供水点500m以内的地区，直接与河流和湖泊相距50m以内的地区，活动的坍塌地带、地下蕴矿区、灰沿坑及岩洞区。

6.2.3.4 场址确定

该地区主导风向为偏北风，因此生活和管理设施宜集中布置并处于夏季主导风向的上风向，即垃圾填埋场的偏北角，以减少填埋场对居民生产生活的影响。

6.2.3.5 填埋库容计算

该填埋场采用平原型填埋，每年所需的场地体积为：

$$V_n = 填埋垃圾量 + 覆盖土量 = (1-f) \times \frac{365 \times W}{\rho} + \frac{365 \times W}{\rho} \times \varphi$$

式中，V_n 为第 n 年垃圾填埋容量，m^3；f 为体积减小率，与垃圾组分有关，一般取 $0.15 \sim 0.25$；W 为每日计划填埋废物量，kg/d；φ 为填埋时覆土体积占废物的比率，取 $0.15 \sim 0.25$；ρ 为垃圾压实后的平均容重，kg/m^3。

每日计划填埋废物量 W：

$$W = w \times P = 1.2 \times 1 \times 10^5 = 1.2 \times 10^5 \ (kg/d)$$

式中，w 为垃圾产生率，$kg/(d \cdot 人)$，取 $1.2kg/(d \cdot 人)$；P 为城市人口。

据上式，f 值取 0.2，ρ 取 $800 \ kg/m^3$，φ 取 0.16，则第一年填埋的固体废物体积 V_1 为：

$$V_1 = (1-0.2) \times \frac{365 \times 1.2 \times 10^5}{800} + \frac{365 \times 1.2 \times 10^5}{800} \times 0.16 = 52560 \ (m^3)$$

设该城市生活垃圾的年增长速率为 8%，则第一年至第十年废物体积的计算结果见表 6-2。

表 6-2 垃圾填埋场历年所需的场地体积

年度	第一年	第二年	第三年	第四年	第五年
废物体积 m^3	52560.0	56764.8	61306.0	66210.5	71507.4
年度	第六年	第七年	第八年	第九年	第十年
废物体积/m^3	77228.0	83406.3	90078.8	97285.1	105067.9

（1）该卫生填埋场总的场地体积 V_t

$$V_t = \sum_{n=1}^{N} V_n = V_1 + V_2 + \cdots + V_{10} = 52560.0 + 56764.8 + \cdots + 105067.9 = 761415(m^3)$$

（2）填埋场总面积 A

$$A = \kappa \times \frac{V}{H}$$

式中，H 为垃圾填埋深度，m；κ 为修正系数，取值范围 $1.05 \sim 1.20$。

填埋场预计填埋深度取 10m，κ 取 1.1，则

$$A = 1.1 \times \frac{761415}{10} = 83756 \ (m^2)$$

$$A = L \times B$$

式中，L 为填埋场长度，m；B 为填埋场宽度，m。

（3）填埋场宽度 B 设 L 取 300m，则

$$B = \frac{A}{L} = \frac{83756}{300} = 279.2 \approx 280 \ (m)$$

6.2.4 填埋场基础工程与防渗

6.2.4.1 场底基础工程

根据《生活垃圾卫生填埋技术规范》（CJJ 17—2004）的规定，卫生填埋场底地基应是具有承载能力的自然土层或经过碾压、夯实的平稳层，且不应因填埋场垃圾的沉陷而使场底变形、断裂。场底基础表面经碾压后，方可在其上贴铺人工衬里。

《生活垃圾卫生填埋技术规范》还规定场底应有纵、横向坡度。纵横坡度宜在 2% 以上，以利于渗滤液的导流。由于填埋场长度达到 300m，如按 2% 坡度进行设计，则场区两端高差达 6m。受地下水埋深土方平衡及整体设计的影响，场区两端高差过大会造成较大的困难。实际设计建设中，垃圾卫生填埋场场底纵向主要坡度取 1.3%，以保证渗滤液排放顺畅。

为确保填埋场安全，考虑到该填埋场土体条件较差，需要对其整形，对坑底及周围进行平整，取土同时作为坑四壁局部填土、每日覆盖用土和最终覆盖用土。填埋区底部按设计高程完成基底工程以后，底部要求平整，以利于防渗膜的铺设。

6.2.4.2 场区防渗工程

根据《生活垃圾卫生填埋技术规范》的规定，"填埋场必须进行防渗处理，防止对地下水和地表水的污染，同时还应防止地下水进入填埋区"。防渗工程是卫生填埋场的重要工程，主要作用有：①将填埋场内外隔绝，防止渗滤液进入地下水；②阻止场外地表水、地下水进入垃圾填埋场以减少渗滤液的产生量；③有利于填埋气体的收集和利用。防渗一般分为天然防渗和人工防渗。

（1）天然防渗　天然防渗是指在填埋场填埋库区，具有天然防渗层，其隔水性能完全达到填埋场防渗要求，不需要采用人工合成材料进行防渗。天然防渗的填埋场场地一般位于黏土和膨润土的土层中。《生活垃圾卫生填埋场防渗系统工程技术规范》（CJJ 113—2007）对天然防渗的要求：天然黏土类衬里及改性黏土类衬里的渗透系数不应大于 1.0×10^{-7} cm/s，且场底及四壁衬里厚度不应小于 2m。

（2）人工防渗　根据《生活垃圾卫生填埋技术规范》的规定，"填埋场必须防止对地下水的污染，不具备自然防渗条件的填埋场和因填埋垃圾可能引起污染地下水的填埋场，必须进行人工防渗，即场底及四壁用防渗材料作防渗处理"。当填埋场不具备黏土类衬里或改良土衬里的防渗要求时，需采用人工合成材料进行防渗的方式。《生活垃圾卫生填埋场防渗系统工程技术规范》对人工防渗的要求：在填埋库区底部及四壁铺设高密度聚乙烯（HDPE）土工膜作为防渗衬里时，膜厚度不应小于 1.5mm，并应符合填埋场防渗的材料性能和现行国家相关标准的要求。

① 防渗材料　防渗材料有多种类型，目前常用的主要有两类：黏土与人工合成材料。黏土除天然黏土外，还有改良膨润土等；人工合成材料种类很多，如高密度聚氯乙烯（HDPE）膜、低密度聚氯乙烯（LDPE）膜、聚氯乙烯（PVC）膜等，但近 20 年来，国内外填埋场最常用的是高密度聚氯乙烯（HDPE）膜。实际上，大部分填埋场所选用的防渗层材料均是黏土和 HDPE 膜。压实黏土与 HDPE 膜的特点和性能见表 6-3。

表 6-3　压实黏土与 HDPE 膜的特点和性能

材料＼类型	渗透系数 k/(m/s)	对库容的影响	抗穿刺能力	应用范围
HDPE 膜	$10^{-13} \sim 10^{-14}$	较小	较差	整个基底层防渗
压实黏土	$10^{-6} \sim 10^{-7}$	较大	较好	场底防渗

② 防渗系统构造　根据《生活垃圾卫生填埋场防渗系统工程技术规范》的规定，防渗

结构的类型应分为单层防渗结构和双层防渗结构。

　　单层防渗结构的层次从上至下为：渗滤液收集导排系统、防渗层（含防渗材料及保护材料）、基础层、地下水收集导排系统。单层防渗结构的设计包括 4 种类型：HDPE 膜＋压实土壤复合防渗结构（图 6-1）、HDPE 膜＋GCL 复合防渗结构（图 6-2）、压实土壤单层防渗结构（图 6-3）和 HDPE 膜单层防渗结构（图 6-4）。

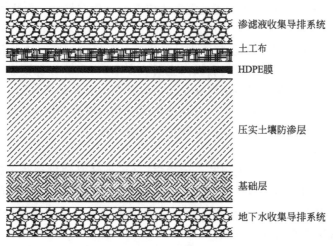

渗滤液收集导排系统

土工布

HDPE膜

压实土壤防渗层

基础层

地下水收集导排系统

图 6-1　HDPE 膜＋压实土壤复合防渗结构示意图

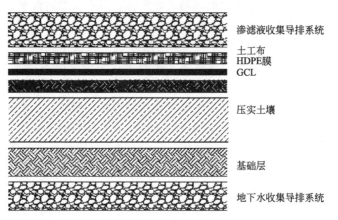

渗滤液收集导排系统

土工布
HDPE膜
GCL

压实土壤

基础层

地下水收集导排系统

图 6-2　HDPE 膜＋GCL 复合防渗结构示意图

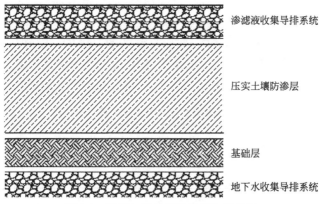

渗滤液收集导排系统

压实土壤防渗层

基础层

地下水收集导排系统

图 6-3　压实土壤单层防渗结构示意图

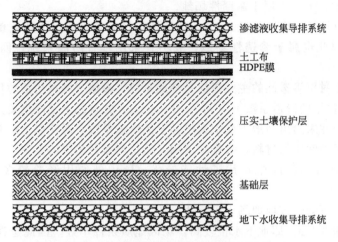

图 6-4　HDPE 膜单层防渗结构示意图

双层防渗结构的层次从上至下为渗滤液收集导排系统、主防渗层（含防渗材料及保护材料）、渗漏检测层、次防渗层（含防渗材料及保护材料）、基础层、地下水收集导排系统。双层防渗结构的设计如图 6-5 所示。

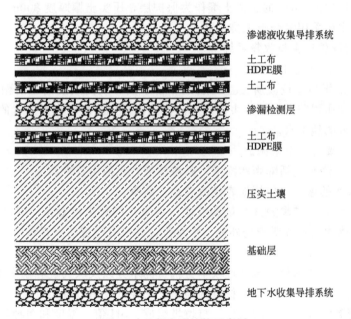

图 6-5　双层防渗结构示意图

③ 场地水平防渗系统方案比选　《生活垃圾卫生填埋场防渗系统工程技术规范》规定，防渗层设计应符合下列要求。

a. 能有效地阻止渗滤液透过，以保护地下水不受污染；

b. 具有相应的物理力学性能；

c. 具有相应的抗化学腐蚀能力；

d. 具有相应的抗老化能力；

e. 应覆盖垃圾填埋场场底和四周边坡，形成完整的、有效的防水屏障。

由本设计中根据所给的原始资料可以知道：土壤渗透系数为 $6.0 \times 10^{-4}\,\mathrm{m/s}$，故 $k=$

$6.0×10^{-4}$m/s＞10^{-5}m/s，属于渗漏性场地。

场区地下水位较低，离地面仅0.8m，此填埋场没有独立的水文地质单元，也无不透水层或弱透水层，因此也属于渗透性场地，故不宜采用垂直防渗系统，而应采用水平防渗系统。

由于度量黏土衬层渗透性的主要指标是渗透系数，根据《城市生活垃圾卫生填埋技术规范》，天然黏土类衬里的渗透系数不应大于10^{-7}cm/s，并且黏土层厚度要≥2m。

因原始资料中并未给出当地土层中天然黏土的渗透系数，对比以上所介绍的3种防渗材料性能并考虑施工中常用的材料，故排除了用天然材料作衬垫层的方案，而选择了人工合成防渗膜。在人工合成防渗膜中选用了性能较优、国内外使用经验较多的高密度聚乙烯（HDPE）防渗膜。

根据原始资料可知，该填埋场土壤渗透系数为$6.0×10^{-4}$m/s，大于10^{-5}cm/s，地下水稳定水位平均埋深0.8m，即地下水位较高，场区地质条件不好，因此选择了双层衬里的防渗系统。

防渗结构中，主防渗层和次防渗层均采用厚度2.0mm的HDPE膜作为防渗材料；主防渗层HDPE膜上均采用面密度为600g/m²的非织造土工布作为保护层，HDPE膜下采用非织造土工布作为保护层；次防渗层HDPE膜上采用非织造土工布作为保护层，HDPE膜下采用渗透系数≤$1×10^{-7}$m/s的压实土壤作为保护层，压实土壤厚度800mm；主防渗层和次防渗层之间的排水层采用复合土工排水网。

6.2.5　垃圾渗滤液的产生与收集系统

6.2.5.1　垃圾渗滤液概念和来源

垃圾渗滤液是指超过垃圾所覆盖土层饱和蓄水量和表面蒸发潜力的雨水进入填埋场地后，沥经垃圾层和所覆盖土层而产生的污水。渗滤液还包括垃圾自身所含的水分、垃圾分解所产生的水及浸入的地下水。

垃圾渗滤液主要有以下来源。

① 降水入渗　降水包括降雨和降雪，是渗滤液产生的主要来源。

② 外部地表水的渗入　包括地表径流和地表灌溉。

③ 地下水的渗入　与渗滤液数量和性质与地下水同垃圾接触量、时间及流动方向等有关；当填埋场内渗滤液水位低于场外地下水水位，并没有设置防渗系统时，地下水就有可能渗入填埋场内。

④ 垃圾本身含有的水分　包括垃圾本身携带的水分以及从大气和雨水中吸附的水分。

⑤ 覆盖材料中的水分　与覆盖材料的类型、来源以及季节有关。

⑥ 垃圾在降解过程中产生的水分　与垃圾组成、pH值、温度和菌种等有关，垃圾中的有机组分在填埋场内分解时会产生水分。

6.2.5.2　垃圾渗滤液的水质特征

垃圾渗滤液主要来源于降水和垃圾本身的内含水以及分解产生的水。垃圾渗滤液的主要污染成分有：有机物、氨氮和重金属等。其种类和浓度与垃圾类型、组分、填埋方式、填埋时间、填埋地点的水文地质条件、不同的季节和气候等密切相关，其水质主要呈现以下特征。

① 有机物浓度高：对于新建的垃圾填埋场，大量挥发性酸的存在可能会产生高的COD_{Cr}和BOD_5。

② BOD_5与COD_{Cr}比值变化大：BOD_5/COD_{Cr}值的高低与渗滤液处理工艺方法的选择密切相关。渗滤液BOD_5/COD_{Cr}值还与垃圾填埋场的使用年限有关，对"年轻"填埋场而言，

其渗滤液多具有良好的可生化性，可采用生物方法加以处理。而对于"年老"填埋场，渗滤液的处理，必须考虑其可生化性随时间的变化。

③ 金属含量高：垃圾渗滤液中含有 10 多种金属（重金属）离子，由于物理、化学、生物等的作用，垃圾中的高价不溶性金属被转化为低价的可溶性金属离子而溶于渗滤液中，在处理过程中必须考虑对金属，尤其是重金属的去除。

④ 营养元素比例失调，氨氮的含量高：随着填埋场使用年限增加，当进入产甲烷阶段后，渗滤液中的 NH_4^+ 浓度不断上升。另外，渗滤液中还存在溶解性磷酸盐不足、碱度较高、无机盐含量高的问题。

6.2.5.3　渗滤液收集系统

（1）收集系统的作用　渗滤液收集系统应保证在填埋场使用年限内正常运行，收集并将填埋场内渗滤液排至场外指定地点，避免渗滤液在填埋场底部蓄积。渗滤液的蓄积会引起下列问题：a. 场内水位升高导致垃圾体中污染物强烈浸出，从而使渗滤液中污染物浓度增高；b. 底部衬层上的静水压增加，导致渗滤液更多地渗漏到地下水-土壤系统中；c. 填埋场的稳定性受到影响；d. 渗滤液有可能扩散到填埋场外。

（2）收集系统的构造　渗滤液收集系统主要由渗滤液调节池、泵、输送管道和场底排水层组成。

① 排水层：场底排水层位于底部防渗层上面，由砂或砾石构成。当采用粗砂砾时，厚度为 30～100cm，必须覆盖整个填埋场底部衬层，其水平渗透系数不应大于 0.1cm/s，坡度不小于 2%。

② 管道系统：一般穿孔管在填埋场内平行铺设，并位于衬层的最低处，且具有一定的纵向坡度，通常为 0.5%～2.0%。

③ 防渗衬层：由黏土或人工合成材料构筑，有一定厚度，能阻止渗滤液下渗，并具有一定坡度，通常为 2%～5%。

④ 集水井、泵、检修设施以及监测和控制装置等。

6.2.5.4　渗滤液的计算

（1）渗滤液产生量的计算　渗滤液产量的计算比较复杂，目前国内外已提出多种方法，主要有水量平衡法、经验公式法和经验统计法 3 种。水量平衡法综合考虑产生渗滤液的各种影响因素，依水量平衡和损益原理而建立，该法准确但需要较多的基础数据，而我国现阶段相关资料不完整的情况限制了该法的应用；经验统计法是以相邻相似地区的实测渗滤液产生量为依据，推算出本地区的渗滤液产生量，该法不确定因素太多，计算的结果较粗糙，不能作为渗滤液计算的主要手段，通常仅用来作为参考，不用作主要计算方法；经验公式法的相关参数易于确定，计算结果准确，在工程中应用较广。

渗滤液产生量的经验模型：

$$Q=\frac{1}{1000}CIA$$

式中，Q 为渗滤液水量，m^3/a；I 为降雨强度，mm；C 为浸出系数；A 为填埋面积，m^2。

由于填埋场中填埋施工区域和填埋完成后封场区域的地表状况不同，因此浸出系数也有较大差异。考虑填埋区和封场区的渗滤液产生量 Q：

$$Q=Q_1+Q_2=\frac{I(C_1A_1+C_2A_2)}{1000}$$

式中，Q_1 为填埋区渗滤液年产生量，m^3/a；Q_2 为封场区渗滤液年产生量，m^3/a；I 为降雨强度，mm；C_1 为填埋区浸出系数，一般取 0.4～0.7；A_1 为填埋区汇水面积，m^2；C_2 为封场区浸出系数，$C_2 = 0.6C_1$；A_2 为封场区汇水面积，m^2。

填埋库区分 3 块，分别进行填埋。因填埋场的服务年限为 10 年，3 块填埋区的服务年限分别为 4 年、3 年和 3 年。

① 第一块填埋区的渗滤液产生量　第一块填埋区面积 A_1：

$$A_1 = \kappa \times \frac{\sum_{n=1}^{4} V_n}{H} = 1.1 \times \frac{236841.3}{10} = 26052.5 \, (m^2)$$

C_1 取 0.5，$C_2 = 0.6C_1 = 0.3$，则第一块填埋区填埋期间的渗滤液产生量 Q_1：

$$Q_1 = \frac{IC_1A_1}{1000} \times 4 = \frac{1577 \times 0.5 \times 26052.5}{1000} \times 4 = 82169.6 \, (m^3)$$

第一块填埋区封场期间的渗滤液产生量 Q_2：

$$Q_2 = \frac{IC_2A_1}{1000} \times 6 = \frac{1577 \times 0.3 \times 26052.5}{1000} \times 6 = 73952.6 \, (m^3)$$

第一块填埋区总的渗滤液产生量 Q_f：

$$Q_f = Q_1 + Q_2 = 82169.6 + 73952.6 = 156122.2 \, (m^3)$$

② 第二块填埋区的渗滤液产生量　第二块填埋区面积 A_2：

$$A_2 = \kappa \times \frac{\sum_{n=1}^{4} V_n}{H} = 1.1 \times \frac{232141.7}{10} = 25535.6 \, (m^2)$$

C_1、C_2 分别取 0.5 和 0.3，则第二块填埋区填埋期间的渗滤液产生量 Q_1：

$$Q_1 = \frac{IC_1A_2}{1000} \times 3 = \frac{1577 \times 0.5 \times 25535.6}{1000} \times 3 = 60404.5 \, (m^3)$$

第二块填埋区封场期间的渗滤液产生量 Q_2：

$$Q_2 = \frac{IC_2A_2}{1000} \times 3 = \frac{1577 \times 0.3 \times 25535.6}{1000} \times 3 = 36242.7 \, (m^3)$$

第二块填埋区总的渗滤液产生量 Q_s：

$$Q_s = Q_1 + Q_2 = 60404.5 + 36242.7 = 96647.2 \, (m^3)$$

③ 第三块填埋区的渗滤液产生量　第三块填埋区面积 A_3：

$$A_3 = \kappa \times \frac{\sum_{n=1}^{4} V_n}{H} = 1.1 \times \frac{292441.8}{10} = 32168.6 \, (m^2)$$

则第三块填埋区填埋期间的渗滤液产生量 Q_1：

$$Q_1 = \frac{IC_1A_3}{1000} \times 3 = \frac{1577 \times 0.5 \times 32168.6}{1000} \times 3 = 76094.8 \, (m^3)$$

因 Q_2 为零，因此，第三块填埋区总的渗滤液产生量：

$$Q_t = Q_1 = 76094.8 \, (m^3)$$

渗滤液总产生量 Q：

$$Q = Q_f + Q_s + Q_t = 156122.2 + 96647.2 + 76094.8 = 328864.2 \, (m^3)$$

渗滤液的年均产生量 Q_a：

$$Q_a = \frac{Q}{10} = 32886.4 \, (m^3)$$

（2）渗滤液调节池设计

最小调节池容积的由下式确定：

$$V \geqslant (Q_{max} - Q) \times 5$$

式中，V 为调节池有效容积，m^3；Q_{max} 为设计最大渗滤液产生量，m^3/d；Q 为渗滤液处理规模，m^3/d。

第一块填埋区填埋期间的渗滤液最大日产量 Q_{m1}：

$$Q_{m1} = \frac{IC_1A_1}{1000} = \frac{160 \times 0.5 \times 26052.5}{1000} = 2084.2 \ (m^3/d)$$

第二块填埋区填埋期间的渗滤液最大日产量 Q_{m2}：

$$Q_{m2} = Q_1 + Q_2 = \frac{IC_2A_1}{1000} + \frac{IC_1A_2}{1000}$$

$$= \frac{160 \times 0.3 \times 26052.5}{1000} + \frac{160 \times 0.5 \times 25535.6}{1000} = 3293.4 \ (m^3/d)$$

第三块填埋区填埋期间的渗滤液最大日产量 Q_{m3}：

$$Q_{m3} = Q_1 + Q_2 + Q_3 = \frac{IC_2A_1}{1000} + \frac{IC_2A_2}{1000} + \frac{IC_1A_3}{1000}$$

$$= \frac{160 \times (0.3 \times 26052.5 + 0.3 \times 25535.6 + 0.5 \times 32168.6)}{1000}$$

$$= 5049.7 \ (m^3/d)$$

因此，Q_{max} 取 5049.7m^3/d。

渗滤液处理规模 $Q = 800 m^3/d$，则 $V = (Q_{max} - Q) \times 5 = (5049.7 - 800) \times 5 = 21248.5 \ (m^3)$，取 21250$m^3$。

调节池的有效水深 H 取 5m，超高 0.5m，则调节池的表面积 A：

$$A = \frac{V}{H} = \frac{21250}{5.5} = 3863.6 \ (m^2)，取 3864 m^2。$$

又调节池表面积 A：$A = LB$。

调节池的宽度 B 为 50m，则调节池的长度 L：

$$L = \frac{A}{B} = \frac{3864}{50} = 77.3 \ (m)，取 80m。$$

调节池的实际尺寸：$L \times B \times H = 80m \times 50m \times 5.5m$。

6.2.6　填埋气体的产生与收集处理

城市生活垃圾中含有大量的有机物，在垃圾卫生填埋过程中发生生物降解，降解过程最终产生的气体称作填埋气体。

填埋场气体的生成是一个生物化学过程，在此过程中微生物将垃圾中的有机物分解产生二氧化碳（CO_2）、甲烷（CH_4）和其他气体。填埋场气体主要分为两类，一类是主要气体，另一类是微量气体。填埋场主要气体由生活垃圾中的有机组分通过生化分解产生，主要含有 CH_4、CO_2、N_2、O_2、H_2S、NH_3、H_2 和 CO 等。填埋场微量气体中许多是挥发性有机物（VOCs）。填埋气体的典型组成见表 6-4。

表 6-4　填埋气体的典型组成（体积分数）

填埋气体	CH_4	CO_2	N_2	O_2	H_2S	NH_3	H_2	CO	微量组分
组成/%（干重）	45~50	40~60	2~5	0.1~1.0	0~1.0	0.1~1.0	0~0.2	0~0.2	0.01~0.6

填埋气体的典型特征为：温度约 43~49℃，相对密度约 1.02~1.06，水蒸气含量达到

饱和，高位热值范围 $15630\sim19537\text{kJ/m}^3$。

6.2.6.1 填埋产气量的预测

利用产气速率模型计算填埋气体的实际产生速率和气体产生量。产气速率是指在单位时间内产生的填埋场气体总量，一般采用一阶产气速率动力学模型（Scholl Canyon 模型）计算填埋场产气速率。

第 t 年填埋场气体的产气速率：

$$q(t)=kY_0\mathrm{e}^{-kt}$$

式中，$q(t)$ 为单位气体产生速率，$\text{m}^3/(\text{t}\cdot\text{a})$；$Y_0$ 为垃圾的实际产气量，m^3/t；k 为产气速率常数，a^{-1}。

垃圾的实际产气量可表示为：

$$Y_0=M_tL_0$$

式中，M_t 为第 t 年所填垃圾量，t；L_0 为气体产生潜力，m^3/t。

L_0 和 k 的取值范围见表 6-5。

表 6-5　填埋场气体产气速率常数和气体产生潜力取值范围

参　数	范　围	建　议　值		
		潮湿气候	中湿度气候	干旱气候
k/a^{-1}	$0.003\sim0.4$	$0.10\sim0.35$	$0.05\sim0.15$	$0.002\sim0.10$
$L_0/(\text{m}^3/\text{t})$	$0\sim312$	$140\sim180$		

L_0 取 $160\text{m}^3/\text{t}$，第一年生活垃圾的产气量：

$$Y_1=\frac{800\times52560}{1000}=42048 \text{（m}^3)$$

气体产气常数 k 取 0.10，则第一年填埋气体的产气速率：

$$q(t)=kY_0\mathrm{e}^{-kt}=0.1\times42048\times\mathrm{e}^{-0.1}=3804.4 \text{（m}^3/\text{a)}$$

第一年至第十年的产气量和产气速率计算结果汇总于表 6-6。

表 6-6　填埋场填埋气体产气量和产气速率

年度	产气速率/(m^3/a)	产气量/m^3	累计产气量/m^3
第一年	3804.4	42048	
第二年	7913.2	45411.8	87459.8
第三年	12350.7	49044.8	136504.6
第四年	17143.1	52968.4	189473.0
第五年	22319.0	57205.9	246678.9
第六年	27909.0	61782.4	308461.3
第七年	33946.1	66725.0	375186.3
第八年	40466.2	72063.0	447249.3
第九年	47508.7	77828.1	525077.4
第十年	55113.7	84054.3	609131.7

6.2.6.2 填埋场气体收集系统的设计与计算

填埋气体收集系统的作用是控制填埋气体在无控状态下的迁移和释放，以减少填埋气体向大气的排放量和向地层的迁移，并为填埋气体的回收利用做准备。

填埋气体收集系统可分为主动集气系统和被动集气系统。

被动集气系统包括排气井、水平管道等设施，被动集气系统利用填埋场内气体产生的压力进行迁移，无须外加动力系统，具有结构简单、投资少的特点，适用于垃圾填埋量少、填埋深度浅、产气量低的小型垃圾填埋场。主动集气系统由抽气井、气体收集管、水汽凝结器和泵站、真空源、气体处理站、气体监测装置等组成。主动集气系统采用抽真空的方法来控制气体运动，适用于大、中型卫生填埋场气体的收集。

本设计采用主动集气系统对填埋场气体进行收集。

填埋场气体收集系统设计的第一步是对抽气井进行初步布置。抽气井的间隔是抽气是否有效的关键，抽气井的间隔应使各抽气井的影响区域重叠。最有效的抽气井布置通常为正三角形布置，正三角形布置抽气井井距可用下式来计算：

$$X = 2r\cos30°$$

式中，X 为三角形布置井的间距；r 为影响半径。

本设计为采用主动集气系统，根据规范井距为 90～100m，取 90m，则

$$r = \frac{X}{2 \times \cos30°} = \frac{90}{2 \times \cos30°} = 51.96(\text{m}) \approx 52\text{m}$$

6.2.7 垃圾填埋场终场处理

根据《生活垃圾卫生填埋场封场技术规程》的规定，填埋场填埋作业至设计终场标高或不再受纳垃圾而停止使用时，必须实施封场工程。垃圾填埋场在封场后，一般要 30～50 年才能完全稳定，达到无害化。该垃圾填埋场设计使用年限为 10 年，到期后需进行规范的封场覆盖、场址修复和严格的封场管理，以保障填埋场的安全运行。

填埋场封场工程应包括地表水径流、排水、防渗、渗滤液收集处理、填埋气体收集处理、堆体稳定、植被类型及覆盖等内容。

6.2.7.1 堆体整形与处理

垃圾堆体整形作业过程中，采用斜面分层作业法。堆体整形与处理后，垃圾堆体顶面坡度不应小于 5%；边坡坡度大于 10% 时采用台阶式收坡，坡度每升 2m 建一台阶，坡度大于20% 而小于 33% 时，根据实际情况适当增加台阶。台阶宽度取 2m，高差为 4m。

6.2.7.2 终场覆盖

填埋场终场覆盖系统的基本功能是将垃圾与环境分离，减轻感官上的不良印象，避免为小动物或细菌提供滋生的场所，便于设备的使用和车辆的行驶，为植被的生长提供土壤，同时控制填埋气体的迁移扩散，并使地表水的渗入量最小化，从而减少渗滤液的产生。

《生活垃圾卫生填埋场封场技术规程》规定，填埋场封场必须建立完整的封场覆盖系统；封场覆盖系统结构由垃圾堆体表面至顶表面顺序应为：排气层、防渗层、排水层、植被层，如图 6-6 所示。

（1）排气层 排气层的作用是控制填埋场气体，将其导入填埋气体收集设施进行处理或利用。排气层采用粒径为 25～50mm、渗透系数 $>1 \times 10^{-2}$ cm/s 的粗砂或砾石，厚度为30cm。气体导排层选用与导排性能等效的土工复合排水网或土工布。

（2）防渗层 防渗层的作用是防止入渗水进入填埋废物，并防止填埋气体逸离填埋场。防渗层选用由土工膜和压实黏性土组成的复合防渗层，其中，压实黏性土层的厚度为 30cm，渗透系数 $<1 \times 10^{-5}$ cm/s；土工膜选择厚度不应小于 1mm 的高密度聚乙烯（HDPE）或线性低密度聚乙烯土工膜（LLDPE），渗透系数 $<1 \times 10^{-7}$ cm/s。土工膜上下表面设置土工布。

（3）排水层 排水层的作用是排泄入渗的地表水等，降低入渗水对下部防渗层的水压力。排水层顶坡采用渗透系数 $>1 \times 10^{-2}$ m/s 的粗砂或砾石，厚度为 45cm；边坡采用土工复合排水网，材料应有足够的导水性能，保证施加于下层衬垫的水头小于排水层厚度。排水层

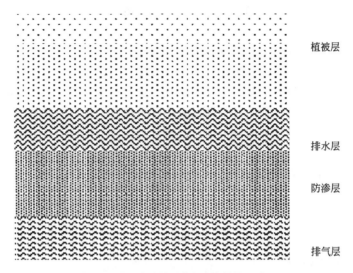

图 6-6　填埋场封场覆盖系统结构示意图

与填埋库区四周的排水沟相连。

（4）植被层　植被层为填埋场最终的生态恢复层，由营养植被层和覆盖支持土层组成。营养植被层选用有利于植被生长的土壤或其他天然土壤，厚度为 20cm；覆盖支持土层由渗透系数 $>1 \times 10^{-4}$ cm/s 的压实土层构成，厚度为 50cm。植被层选择浅根系植物。

6.2.7.3　填埋气体收集与处理

对填埋气体采用填埋气体收集管（聚乙烯管）统一收集后用密封火炬就地燃烧处理，结构如图 6-7 所示。

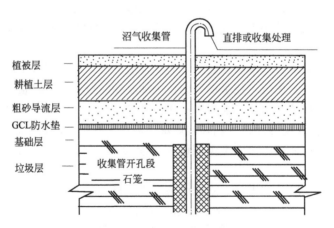

图 6-7　封场填埋气体收集管结构示意图

竖管长度一般为垃圾堆体深度的 2/3，本设计中取 6m，直径 100mm，梅花型开孔，孔径 10mm。竖管穿孔段外填充直径 25~55mm 的厚卵石层，卵石外包裹钢丝网，将卵石与管道固定在一起，以防止垃圾堵塞孔洞。

填埋场终场覆盖后，需要排除覆盖层表面的降水径流以及周边山体进入场区的水流，以减少由于降水入渗增加垃圾渗滤液的产生量。地表水收集与导排系统的设计基于填埋场封场后的地形地貌，填埋场截洪沟采用梯形断面设计，并根据截洪沟所在位置的不同采用不同的结构，如图 6-8 所示。

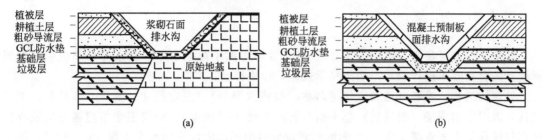

图 6-8 截洪沟结构示意图

6.2.7.4 垃圾渗滤液的收集与处理

渗滤液收集井用穿孔的预制钢筋混凝土管制作（梅花型开孔，孔径150mm），收集井穿孔段外填充直径180~200mm的厚卵石层，填充厚度400mm。

6.2.7.5 填埋场封场后的土地回用

填埋场的稳定化程度直接决定其土地回用的可能性，不同的回用目的对填埋场的稳定性要求也不同。判断填埋场的稳定化指标主要有填埋场表面沉降速度、渗滤液水质、释放气体的质和量、垃圾体的温度、垃圾矿物化的程度等。但是，到目前为止还没有填埋场稳定化的定量标准。

6.2.8 填埋场环境监测

填埋场环境监测是填埋场管理的重要组成部分，是确保填埋场正常运行和进行环境评价的重要手段。填埋场环境监测包括垃圾渗滤液监测、地表水监测、地下水监测和气体监测等内容。

（1）垃圾渗滤液监测　利用填埋场的每个集水井进行水位和水质监测，监测频率为1次/月。

（2）地表水监测　地表水监测的目的是通过对填埋场附近的地表水体监测，以确定水体是否受到填埋场污染。地表水监测对象主要是填埋场附近的河流和湖泊等，采样频率和监测项目取决于场地的监测计划和环保部门的要求。

（3）地下水监测　填埋场地下水井布设应满足：在填埋场上游设置一眼对照井，在下游设置三眼监测井。监测频率为：填埋场运行的第一年，采样频率为1次/月；其他年份，采样频率为1次/季度。

（4）气体监测　气体监测包括大气监测和填埋气体监测，目的是了解填埋气体的排出情况以及周围大气的质量状况。填埋场运行期间，填埋场气体监测频率为1次/月。

6.2.9 设计说明书的编写

课程设计说明书全部采用计算机打印（1.2万~1.5万字），图纸可用计算机绘制。说明书应包括以下部分。

① 目录；

② 概述；

③ 设计任务（或设计参数）；

④ 工艺原理及设计方案比选；

⑤ 处理单元设计计算；

⑥ 构筑物或主要设备一览表；

⑦ 结论和建议；

⑧ 参考文献；

⑨ 致谢；

⑩ 附图。

其中③～⑥可参考本章中的 3.2.1～3.2.8 节，由于篇幅有限，其余部分学生应根据课程设计内容和要求进行编写，用语科学规范，详略得当。

处理构筑物、设备一览表应包括名称、型式（型号）、主要尺寸、数量、参数等；图纸包括垃圾卫生填埋场（封场后）总平面布置图 1 张（2#图纸）、垃圾卫生填埋场渗滤液收集填埋气输导平面布置图 1 张（2#图纸）和垃圾卫生填埋库区纵剖面图 1 张（3#图纸）。图纸应包括主图、剖面图，按比例绘制、标出尺寸并附说明，图签应规范。

参考文献按标准要求编写，不少于 10 篇。

6.2.10 课程设计进度计划

课程设计进度计划见表 6-7。

表 6-7 课程设计进度计划表

教学程序	学时/天	教 学 内 容
讲课	0.5 天	老师讲解课程设计的目的、内容、任务和要求
答疑	0.5 天	针对课程设计，学生就不懂之处和关心的地方向老师提问
设计计算	4 天	学生进行课程设计，编写设计说明书
讨论	1 天	学生就课程设计过程中出现的问题和老师讨论
设计	1 天	学生修改、完善并提交课程设计
答辩	1 天	

指导教师：＿＿＿＿＿＿＿   教研室主任：＿＿＿＿＿＿＿

年　月　日   年　月　日

6.3 课程设计任务书汇编

6.3.1 某大学校园垃圾收集路线设计

6.3.1.1 设计任务和目的

任务：某大学校园垃圾收集路线设计。

目的：通过本课程设计，使学生掌握调查研究、文献查阅及资料收集、进行城市生活垃圾收集路线设计、比较确定设计方案，提高工程设计计算、图纸绘制、技术文件编写的能力。

6.3.1.2 设计资料

本大学创建于 1972 年 6 月，是××省省属高校中实力较强、水平较高、特色鲜明的多科性教学型大学。学校现设有 14 个学院、1 个部、1 个研究设计院，另有 1 个独立学院。有工学、理学、管理学、经济学、文学、法学 6 个学科门类，学校现有在职教职工 1803 人，其中专职教学科研人员 1034 人，专任教师 1007 人。学校现有两个校区，共占地 1657 亩；校舍建筑面积 $81 \times 10^4 \, m^2$；固定资产 10.5 亿元。建有 400m 标准田径运动场 3 个，标准游泳池 2 个，篮、排、羽、网球场 68 个；多媒体教室 50 个（9998 个座位），数字化语言实验室 17 个，教学实验室 47 个。目前，全日制在校生 19866 人，其中研究生 1141 人，本科生 16779 人，国际学院学生 562 人，专科生 1384 人。

6.3.1.3 设计内容

① 计算垃圾收集设计总量。

② 垃圾收集布置、方案和路线设计。

6.3.1.4　设计成果

① 编写设计说明书 1 份（包括封面、前言、正文、结论和建议、参考文献等部分），字数不少于 6000 字；

② 垃圾收集路线设计图 1 张。

6.3.2　规模 200t/d 的某城市生活垃圾分选系统

6.3.2.1　设计任务和目的

任务：规模 200t/d 的某城市生活垃圾分选系统。

目的：通过本课程设计，使学生掌握调查研究、文献查阅及资料收集、比较确定城市生活垃圾分选系统设计方案、进行垃圾储料仓设计计算、系统各设备选型计算、图纸绘制、技术文件编写的能力。

6.3.2.2　设计资料

垃圾主要成分见表 6-8。

表 6-8　垃圾成分设计参数取值

垃圾组分	有机物	无机物	纸类	金属	塑料	玻璃	其他
含量/%	55.5	32.3	3.4	1.4	4.1	1.2	2.1

有机物组分包括：食品残余、果皮、植物残余等。

无机物组分包括：砖瓦、炉灰、灰土、粉尘等。

垃圾平均容重为 $450kg/m^3$，含水率 51.6%。

垃圾中塑料以超薄型塑料袋为主，废纸以卫生间的废纸为主。

垃圾热值：1923kJ/kg。

分选系统工作量为 250t/d；日工作时间为 10h。

6.3.2.3　设计内容

① 垃圾分选系统设计方案的分析确定；

② 垃圾储料仓设计计算；

③ 分析系统各设备选型计算：确定选择性破碎机、滚筒筛、简易风选机的型号和规格，并确定其主要运行参数。

6.3.2.4　设计成果

① 编写设计说明书：设计说明书按设计程序编写，包括方案的确定、设计计算、设备选型计算和有关简图等内容。

② 图纸

a. 垃圾分选系统工艺流程及高程图 1 张。流程图按比例绘制，标出设备、管件编号及标高，并附明细表。

b. 分选系统平面、剖面布置图 1～2 张，图中设备、管件标注编号，图纸按比例绘制，能够表明建筑外形和主要结构形式。在平面布置图中有方位标志。

6.3.3　规模 65t/d 的城市生活垃圾堆肥化处理

6.3.3.1　设计任务和目的

任务：规模 65t/d 的城市生活垃圾堆肥化处理。

目的：通过本课程设计，使学生掌握调查研究、文献查阅及资料收集、对城市生活垃圾堆肥工艺进行比选确定、进行发酵仓与发酵设备的设计计算、图纸绘制、技术文件编写的能力。

6.3.3.2　设计资料

该城市生活垃圾容重 $500kg/m^3$，含水率 45％，灰分 18％。

垃圾主要成分见表 6-9。

表 6-9　垃圾成分设计参数取值

垃圾组分	有机物	无机物	纸类	金属	塑料	玻璃	其他
含量/％	55.5	32.3	3.4	1.4	4.1	1.2	2.1

6.3.3.3　设计内容

① 堆肥工艺的比选确定；

② 发酵仓设计与设置；

③ 发酵设备的设计计算。

6.3.3.4　设计成果

① 编写设计说明书 1 份（包括封面、前言、正文、结论和建议、参考文献等部分），字数不少于 8000 字。

② 堆肥系统平面、剖面布置图 1～2 张，图中设备、管件标注编号，图纸按比例绘制，能够表明建筑外形和主要结构形式。在平面布置图中有方位标志。

6.4　课程设计思考题

1. 城市生活垃圾常用的处理处置方法有几种？各有何特点？

2. 卫生填埋场选址应考虑哪些因素？填埋场库容如何设计计算？

3. 垃圾埋场渗滤液是怎样产生的？其主要成分和性质如何？其产生量是怎样确定的？

4. 垃圾填埋场气体的产生和种类有哪些？产气量如何计算？

5. 填埋场封场工程包括哪些内容？

参 考 文 献

[1] 张小平．《固体废物污染控制工程》．第 2 版．北京：化学工业出版社，2010.
[2] 赵由才，牛冬杰，柴晓利等．固体废物处理与资源化．北京：化学工业出版社，2006.
[3] 聂永丰．三废处理工程技术手册．北京：化学工业出版社，2000.
[4] 郭殿福．废弃物通用手册——处理、处置、资源化．北京：科学出版社，2004.
[5] 钱学德，郭志平，施建勇等．现代卫生填埋场的设计与施工．北京：中国建筑工业出版社，2001.
[6] 中华人民共和国建设部．《城市生活垃圾卫生填埋技术规范》（CJJ 17—2004）．2004.
[7] 中华人民共和国建设部．《生活垃圾卫生填埋场防渗系统工程技术规范》（CJJ 113—2007）．2007.
[8] 中华人民共和国建设部．《生活垃圾卫生填埋场封场技术规范》（CJJ 112—2007）．2007.
[9] 中华人民共和国环境保护部．《生活垃圾填埋场污染控制标准》（GB 16889—2008）．2008.
[10] 中华人民共和国建设部．《生活垃圾填埋场环境监测技术标准》（CJ/T 3037—1995）．1995.
[11] 中华人民共和国建设部．《生活垃圾填埋场环境监测技术要求》（GB/T 18772—2008）．2008.

7 清洁生产课程设计及案例

本章以清洁生产审核为主要内容,在介绍清洁生产审核的基本步骤与方法的基础上,配备了相关案例,包括清洁生产审核的大纲、目录以及具体的审核报告案例,由浅入深,使得学生逐步明白和掌握清洁生产审核的步骤和相关方法。本章最后附有课程设计实训的案例并提出了具体的任务要求,任务分为需要独立完成和需要分工协作完成两种,旨在培养学生独立思考和团结协作的能力。课后的思考题是本章的重、难点问题的体现。通过本章的学习和训练能使学生具备基本清洁生产审核的能力。

7.1 清洁生产课程设计概述

7.1.1 课程设计的目的和意义

清洁生产(cleaner production)是一个双目标优化系统,它追求的是经济与环境的整体最优,是我国工业可持续发展的必由之路,是实现经济与环境协调发展、转变我国经济增长方式的必然选择。作为一种全过程的污染防治策略,已成为 21 世纪新的环保理念和战略,它着眼于从根本上解决环境问题,实现经济、社会可持续发展。清洁生产强调废物的"源削减",即在废物产生之前即予以防止,企业从产品设计、原料选择、工艺改革、技术进步和生产管理等环节着手,最大限度地将原材料和能源转化为产品,减少资源的浪费,并使生产过程中排放的污染物及其环境影响最小化。通过对企业进行清洁生产审核,真正做到节能、降耗、减污和高产出,在生产过程中即可控制大部分污染、消灭工业污染的来源,从根本上解决资源浪费、环境污染与生态破坏问题,并取得经济效益和环境效益。

通过本课程设计,使学生对清洁生产审核的程序、方法、作用等理论知识有更深入的了解,做到完全掌握清洁生产审核的 7 个过程和 35 个步骤,同时能将理论知识运用到企业的清洁生产实践过程当中。

7.1.2 课程设计的基础条件

在进行本课程设计前,学生已完成《清洁生产》课程相关内容的学习,对清洁生产的概念、清洁生产审核的程序、方法均有一定了解,有助于顺利完成设计。

设计所需的基础资料如下。

① 企业概况:企业的地理位置及气象资料、固定资产及产值和经济效益、产品产量及质量、工艺流程及主要设备情况、组织机构、员工构成及人数、管理制度、厂区总图布置及平面布局等。

② 能源消耗及环保概况:近 3 年原辅材料和能源消耗、三废产生及处理工艺设施、危险废物产生及综合利用情况、环境监测及排放达标情况等。

7.1.3 课程设计的选题

各行各业都存在清洁生产的机会和潜力,因此选题不局限某一行业,学生可以根据指导老师提供的素材,也可以自行联系工矿企业进行调研选题。

7.1.4 课程设计的图纸要求

当需要用到图纸时,要求同前面的章节。

7.1.5　课程设计的主要目标与工作步骤

下面将清洁生产审核的工作阶段、每一阶段的工作步骤以及通过课程设计学生需要达到的目标和参加的人员等总结如下，具体见表7-1。

表 7-1　清洁生产课程设计各阶段的主要目标与工作步骤

序号	工作阶段	主要目标	工作步骤	学时	参加人员(参考)
1	接收任务	明确任务书的内容、目的和要求	1. 确定选题； 2. 明确任务； 3. 熟悉初步资料	2	全部
2	任务分割	分工合作，各负其责，培养团体意识和责任意识等	1. 按人数进行分组； 2. 确定组长和组员以及具体任务和完成时间	2	全部
3	熟悉并收集材料	1. 初步了解企业的机构设置、产品工艺流程，能初步发现主要环保问题； 2. 熟悉收集该行业相关资料的途径和方法，熟悉行业的最新技术进展； 3. 熟悉现场调查的方法以及内容	1. 熟悉老师提供的基本素材，自行调研的确定调研计划； 2. 补充资料：通过现场调查或文献调查补充资料，例如行业相关法律法规、行业的国内外清洁生产先进水平等； 3. 收集整理资料	8	全部
4	筹划和组织	1. 掌握如何与企业高层沟通的技巧，熟悉如何建立清洁生产审核工作小组及职责的分配； 2. 熟悉清洁生产审核宣传手册和培训大纲的编写； 3. 熟悉宣传发动、克服障碍、转变观念的方式方法； 4. 熟悉审核计划表的编写	1. 提出清洁生产审核工作机构的组成； 2. 编制宣传手册； 3. 编制培训大纲及培训计划； 4. 编写审核工作计划	16	责任组 1
5	预评估	1. 熟悉生产现状调查的方法； 2. 能根据初步资料发现问题和提出初步建议，熟悉常见的无/低费方案； 3. 能看懂物料能源消耗汇总表，熟悉物料平衡的计算方法； 4. 掌握确定审核重点的方法以及如何设置清洁生产目标； 5. 根据现状能提出补充监测的方案	1. 编制或研究主要产品的生产工艺流程图； 2. 分析全厂产污现状，提出需要补充的数据和监测资料； 3. 初步分析全厂原、辅料、动力(水、电、煤、蒸气)消耗情况，初步编制相应的物料平衡、水平衡、电平衡、蒸气平衡图； 4. 确定审核重点及设置清洁生产目标	16	责任组 2
6	评估	1. 掌握对审核重点进行监测分析的方法； 2. 熟悉实测输入、输出物料的方法以及物料平衡衡算方法； 3. 根据已掌握情况能分析废弃物产生的可能原因； 4. 熟悉如何发动群众开展合理化建议的活动，能主导提出污染源削减方案； 5. 结合实际能提出和督促企业实施无/低费方案	1. 编制审核重点的输入、输出物料平衡图； 2. 分析审核重点三废产生的原因； 3. 列出合理化建议表	8	责任组 3
7	方案产生与筛选	1. 总结和讨论前阶段方案实施情况，能提出可行性污染源削减方案； 2. 根据物料平衡分析结果，能研制清洁生产方案； 3. 熟悉通过其他各种途径产生方案； 4. 掌握如何对清洁生产方案进行分类筛选； 5. 督促企业继续实施无/低费方案	1. 汇总无/低费方案的实施效果； 2. 分析物料平衡结果，研制清洁生产方案及进行分类筛选； 3. 编制清洁生产中期审核报告	12	全部

序号	工作阶段	主要目标	工作步骤	学时	参加人员（参考）
8	方案可行性分析	1. 掌握对方案进行技术、环境和经济评估的方法； 2. 推荐出最优的清洁生产方案	1. 对方案进行技术、环境和经济评估； 2. 推荐最优的清洁生产方案	4	全部
9	方案实施	1. 建议企业根据实际情况实施方案； 2. 熟悉无/低费清洁生产方案实施情况评估的方法	1. 协助实施中高费方案； 2. 评估中高费方案的实施效果	4	全部
10	持续清洁生产，编写清洁生产审核报告	1. 熟悉如何完善清洁生产组织； 2. 熟悉如何建立和完善清洁生产管理制度； 3. 能制定持续清洁生产的计划； 4. 熟悉如何编写清洁生产审核报告	1. 制定持续清洁生产计划； 2. 编写清洁生产审核报告	12	各小组分工合作不同章节

7.1.6　课程设计的注意事项

（1）切忌清洁生产审核走过场

（2）切忌不自己动手，抄袭应付

（3）注意团结合作、集思广益

（4）必须坚持的原则［摘自《工业企业清洁生产审核技术导则》（GB T 25973—2010）］

① 真实性　清洁生产审核应以客观的信息和真实有效的数据为基础。

② 整体性　应分别从资源和能源、工艺技术、设备、过程控制、产品、废物、管理和人员 8 个方面开展清洁生产审核。

③ 预防性　在清洁生产审核中应识别出潜在的能耗高、物耗高、效率低、污染重的环节，并提出预防措施。

④ 持续性　为持续提高资源、能源利用效率、减少污染物的产生与排放，企业应在完成本轮审核之后，继续开展清洁生产活动。

7.2　清洁生产审核相关示例

7.2.1　清洁生产审核报告目录示例

下面是一个完整的清洁生产审核报告的目录，也是我们撰写报告的提纲，按清洁生产审核的程序分为 7 个章节，每一章一般是两级标题或三级标题，根据具体不同的企业进行必要的调整。具体示例如下。

清洁生产审核报告目录

前言

1　审核准备

1.1　审核小组

1.2　审核工作计划

1.3　宣传和培训

2　预审核

2.1　企业概况

7.2.2　清洁生产审核报告大纲示例

　　启动清洁生产审核工作之后，必须进行清洁生产审核报告大纲的编写，大纲中涉及审核小组成员及分工、审核计划、克服障碍的方法、需要调研的数据、原因的分析途径、方案的产生办法、需要计算的数据等具体的图表内容，因此大纲是进行清洁生产审核的行动纲领。

　　清洁生产审核报告大纲及主要图表示例如下。

7.2.2.1　筹划和组织

　　（1）审核小组　为便于审核工作的开展，成立清洁生产审核小组，审核小组人员组成及分工根据公司实际情况确定，具体示例见表 7-2。

表 7-2 审核小组人员及分工

成 员	职 务	审核小组职务	职 责
×××		组长	主持全盘工作,协调小组活动
×××		副组长	协助组长,协调总图、公用工程及技改基建等
×××		副组长	协助组长,协调工艺、质检等方面的工作
×××		副组长	协助组长工作,负责技术工作
×××		成员	负责生产现场管理的审核
×××		成员	负责生产技术工艺的审核
×××		成员	负责环保方面的审核
×××		成员	负责劳动、安全、卫生方面的审核
×××		成员	负责设备方面的审核
×××		成员	负责节能、计量方面的审核
×××		成员	协助做好工艺方面的审核
×××		成员	协助做好车间管理的审核

(2) 审核工作计划　为了顺利完成清洁生产审核工作,成立审核小组后一般要制定审核工作计划,列出每一阶段的工作内容、完成时间以及责任部门,并通知到相关人员,以便进行必要的准备工作,审核工作计划示例见表 7-3。

表 7-3 清洁生产审核工作计划

阶 段	工 作 内 容	时 间	负责部门
宣传动员	学习清洁生产资料,提高环保意识,取得高层领导的支持与参与,认真组织清洁生产审核小组,制定清洁生产审核大纲,开展宣传教育,克服障碍	1～2 周	审核小组、宣传教育科
预评估	现场考察各类资料收集与汇总,绘制生产车间工艺流程图,确定审核重点,设置清洁生产目标,面向全厂征集无/低费方案	2～3 周	审核小组
评估	全面分析审核重点,跟踪生产过程,确定物料的输入与输出,建立物料衡算并形成分析报告,实施无/低费方案	4～6 周	审核小组以及各工段车间
方案的产生与筛选	废物产生原因分析,全面系统地产生方案并准备方案可行性分析的前期工作,形成中/高费方案	4～6 周	审核小组
可行性研究	现场讨论,对方案进行环境、技术、经济的分析与评估,编写可行性研究报告	4 周	审核小组及技术专家
方案实施	营造方案实施的氛围,汇总无/低费方案实施的效果,形成相应的报告,验证中/高费方案的效果	3～4 个月	审核小组
持续清洁生产	建立和完善企业清洁生产体制,制定长期清洁生产计划,制定相应的考核目标与奖惩制度	3～4 周	审核小组
完成终期报告	编写清洁生产审核报告,并组织专家验收	4～5 周	审核小组

(3) 克服各种障碍　在审核工作中,或多或少会碰到一些工作困难,这时必须动员所有力量、想尽办法去克服障碍,否则审核工作无法进行下去,表 7-4 列出了开展清洁生产审核工作的障碍及解决方法示例。

7.2.2.2 预评估

审核小组应通过现状调查,收集和整理如下资料。

(1) 企业基本概况　企业简述一般包括主要产品及生产规模、生产工艺、主要生产设备及年销售收入、收益、人员、公用工程、现有环保措施等概况,具体样表见表 7-5。

表 7-4　开展清洁生产障碍汇总及解决方法示例

障碍类型	问　题　表　现	解　决　方　法
观念认识障碍	认为环保是末端治理的问题，对生产过程的污染控制认识不足；认为清洁生产方案实施的投入较大，而经济效益并不明显，与生产和企业效益提高是矛盾的	宣传教育，认识推行清洁生产与环境效益、经济效益的关系；职工培训，提高对清洁生产的认识
机构障碍和技术障碍	缺乏足够的分析测试人员以及仪器仪表设备，存在跑、冒、滴、漏问题；对生产过程的物耗及废物排放无法取得确切的数字，预防污染缺乏可行性技术	组织和调配各部门人员和设备，在正常生产情况下实测各种数据与理论计算进行核实；加强管理，指派专人管理，改进设备装置，提高维修质量
经济障碍	工厂资金紧张，无力实施清洁生产项目	申请多渠道资金贷款，提出和实施无/低费方案，从中获得实际效益
管理和制度障碍	部门独立性强，协同困难；现行管理制度对于清洁生产的要求不够	由厂长直接参与，给审核小组相应权力；充分总结清洁生产经验，促进和实施一些先进的管理制度和方法
政策法规障碍	企业对适用法律不够了解	宣传《中华人民共和国清洁生产促进法》以及其他适用法规，充分了解法规要求

表 7-5　企业简述样表

制表人		审核人		填表日期		第　　页
企业名称			所属行业：			
企业类型			法人代表：			
地址及邮政编码						
联系人			电话及传真：			
主要产品、设计产量及实际产量：						
生产工艺：						
主要生产设备：						
年末职工总数			技术人员总数			
固定资产总值						
企业年总产值			年总利税			
建厂日期			投产日期			

（2）产污和排污现状分析　产污和排污现状包括国内外情况对比、产污原因初步分析以及企业的环保执法情况等，并予以初步评价。

（3）设置清洁生产目标

① 近期目标　通过与国内同类型生产的消耗定额和排污量的对照，以及通过生产全过程预评估找出的清洁生产方案，设置近期清洁生产目标。

② 设置最终目标。

（4）实施明显、简单易行的清洁生产方案　审核小组通过现场考察可以发现很多无/低费方案，一般方案示例见表 7-6，但具体以实际考察情况为准。

表 7-6　清洁生产方案示例

序号	方　案　内　容	序号	方　案　内　容
1	对原料贮存、计量、损失做好记录，以便掌握煤耗	6	杜绝长流水，定期对用水单位进行考核
2	原料加工后分类堆放，计量生产	7	加强仪表可靠性，定期进行维修保养
3	选择高质量设备装置，减少跑、冒、滴、漏	8	加强电器方面的维护、检查工作
4	设备故障及时维修保养	9	加强用电管理，杜绝长明灯
5	增强爱护设备意识，提高设备运转率	10	加强工艺管理，提高正常运转率

此阶段一般需要编制的图表如下。

① 企业平面布置简图；

② 企业组织机构图；

③ 企业主要工艺流程图；

④ 企业输入物料汇总表；

⑤ 企业产品汇总表；

⑥ 企业主要废弃物特性表；

⑦ 企业历年废弃物量情况表；

⑧ 企业废弃物产生原因分析表；

⑨ 清洁生产目标一览表。

7.2.2.3 评估

（1）列出主要产品的单元操作及功能

（2）编制审核重点的工艺流程

（3）物料输入情况　生产物料输入情况，特别是生产用水情况。

（4）物料输出情况

① 生产物料输出情况；

② 废水排放量情况；

③ 废气排放量情况；

④ 废渣排放量情况；

⑤ 废物循环利用水平。

（5）物料平衡　汇总单元操作的输入与输出，形成物料平衡图表。

（6）评估

① 原材料方面评估；

② 生产工艺方面评估；

③ 运行与维护方面评估；

④ 工艺过程优化评估。

（7）废物产生原因分析

① 原材料和水投入；

② 生产工艺技术方面；

③ 工艺过程优化方面；

④ 设备管理维护方面；

⑤ 循环利用方面。

7.2.2.4 备选方案的产生和筛选

① 明显的清洁生产方案；

② 方案总体分析；

③ 方案筛选；

④ 对备选方案的初步评估。

7.2.2.5 推荐方案实施

① 方案的实施；

② 资金筹措方案。

7.2.2.6 持续清洁生产

① 进一步在广大职工中克服概念性的障碍。

② 巩固清洁生产审核的各项低/无费方案的成果，把清洁生产的管理方法用到全过程的控制中去，包括备品备件的管理、原料的分类管理及混配、生产过程各工序的管理和状态控制等，使生产管理和环境管理处于最优化状态。

③ 建立持续清洁生产计划（示例见表7-7），进一步降低物耗、能耗，逐步实施生产过程中各种能量的回收利用等，搞好生产，同时保护环境，不断研究，把清洁生产持续稳定地进行下去。

表 7-7　企业持续清洁生产计划

计划分类	主要内容	开始时间	结束时间	负责部门
拟实施方案执行计划	继续实施本轮清洁生产审核中提出的拟实施方案以及其他方案			工作小组
新一轮清洁生产审核工作计划	(1)确定新一轮的审核重点，提出新的清洁生产目标； (2)新一轮的清洁生产审核程序安排			工作小组
清洁生产新技术的研究与开发计划	追踪前沿科学技术，研究开发新的清洁生产技术			科研项目组
职工的清洁生产培训计划	(1)宣讲清洁生产概念和方法，提高清洁生产理论水平； (2)结合已取得的清洁生产成果，培养全体职工发现、分析、解决清洁生产的能力	一般每季度一次		安保部 人事部 综合部

7.3　清洁生产审核案例

7.3.1　食品行业案例

7.3.1.1　企业概况

某酒业公司成立于 1992 年，是以生产白酒、保健酒和饮料等产品为主的生产企业，现有员工 3000 余人，管理人员 100 人，其中工程师 30 人，大专及大专以上学历 80 人。整个组织架构由综合管理办公室、工艺科、质量科、设备科、提取车间、勾兑车间、包装一车间、包装二车间、包装三车间、饮品车间、动力车间等 12 个部门组成。公司位于××市，占地面积 120 余亩，年生产综合能力达 6 万吨，拥有现代化的提取大楼和大型灌装车间，设有配制酒、白酒、纯净水、饮品、果酒等生产业务，其产品主要包括：35°和38°白酒系列、纯谷酒、纯净水、花之露果酒等。自 2003 年以来，公司各项经济指标年均递增 30% 以上，一直保持了健康、稳定、持续的发展速度。2003 年销售额突破 10 亿元人民币，上交税金近 1.3 亿元人民币。

公司一贯重视环境保护工作，建立了健全的企业环境管理组织机构，目前公司设有专职的环保管理小组，由公司副总裁亲自担任组长，公司生产运营中心设立了专职环保管理员，各生产厂设有环保科和污水处理站，三废均能稳定达标排放，总体上企业环保管理网络比较健全，人员配置齐全。在环保管理体系建设方面，公司在 2000 年通过了 ISO9001 质量管理体系认证的基础上，2005 年通过了 ISO14001 环境管理体系认证，2009 年被评为市级"最佳清洁生产企业"，2010 年被评为"最具有节能减排成效企业"及"最具有社会责任感企业"。

7.3.1.2　企业的主要产品和生产工艺

公司主要生产原料为高粱，主要产品为小曲白酒（纯谷酒），年产量约 3 万吨。生产工艺主要由泡粮、蒸酿工序、培菌糖化工序、发酵工序、蒸馏工序几大工艺组成。生产工艺及排污示意图见图 7-1。

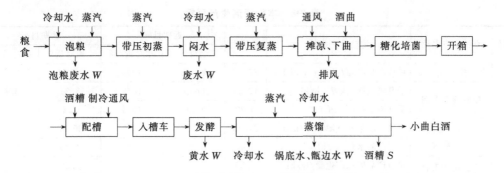

图 7-1 生产工艺及排污示意图

工艺流程简述如下。

(1) 原料预处理 高粱经 70～75℃ 热水浸泡后，水量以高出粮面 12～15cm 为宜，浸泡时间 20h 左右，使原料吸水达 40%～45%。

(2) 蒸煮糊化 蒸煮糊化采用压力旋转 (360°) 蒸粮锅先通过 0.10MPa 压力作用下进行粮食初蒸，为了使粮食吸水膨胀，利用蒸馏过程中的冷却水（水温 45℃）作为粮食闷粮的使用水，俗称闷水；再用 0.05MPa 压力作用下进行二次复蒸，使原材料完全糊化、柔熟，为摊凉、下曲作好准备。

(3) 摊凉、下曲 蒸煮糊化好的粮食通过旋转锅倒入摊凉机进行控温，待温度控制在 35℃ 左右，通过定量加曲机下曲，使粮食与酒曲混合均匀，最终粮食温度达到 28℃ 左右，通过皮带机送入恒温恒湿糖化箱床。

(4) 培菌糖化 为了保证粮食水分不损失，确保粮食正常培菌糖化，在粮食糖化过程中，糖化箱床采用定时恒温恒湿，不受外界环境因素影响，定时时间为 24h 培菌糖化。

(5) 配糟发酵 配糟要用新鲜糟（蒸完酒后预留部分酒糟），酒糟通过开启电动开关倒入摊糟机进行降温，温度要求控制在 15℃ 左右。然后将恒温恒湿电动控制糖化箱场上的粮食与降温的鲜糟进行均匀混合，粮食与酒糟的混合比例为 1:1，混合过程中不添加辅料谷壳。在混合的过程中开启制冷风机，将混合后的粮醅温度控制在 12℃ 左右，满足工艺要求后，通过皮带运输机运送至不锈钢槽车内。经过整理后送入恒温发酵室发酵（采用恒温循环通风系统）。

(6) 蒸馏 蒸馏设备采用电动控制不锈钢酒甑，甑体底部设计为宽大的蒸汽室，底部安装排水阀，能迅速排放甑底水，另外，配置高效节水冷却器，人工上甑；上甑过程中要求蒸汽均匀、见汽压汽、装得要松、缓汽蒸馏、中温流酒、大汽追尾。

7.3.1.3 企业的审核过程概述

在公司领导的大力支持下，按照清洁生产审核的程序要求，公司于 2008 年 3 月成立了清洁生产审核推进领导小组和清洁生产审核执行小组，推进领导小组由运营副总裁担任组长，组员由管理总监以及各车间主要负责人、技术人员等组成。另外各部门、厂区也配置了相应的推进执行干事。同时聘请清洁生产专家对企业人员进行了系统的清洁生产知识培训，并制订了清洁生产审核计划。

公司主要产物和消耗部门为生产车间、空压机房和污水站，因此备选审核重点主要确定为生产车间、空压机房和污水处理站。经过各生产单元及辅助生产单元对比分析，确定本次清洁生产审核的重点是提取调配车间、空压站、能源资源消耗和污染物的排放，同时还设置了本轮清洁生产目标，见表7-8。

表7-8 本轮清洁生产目标

序号	审核重点名称	清洁生产指标	现状值	近期目标		远期目标	
				绝对量	相对量/%	绝对量	相对量/%
1	空压站	单位产品电耗/(kW·h/kL)	22.27	20.08	10%	17.84	20%
2	提取调配车间	千升酒电耗/(kW·h/kL)	12.65	11.40	10%	8.24	35%
		千升酒水耗/(t/kL)	0.22	0.189	10%	0.147	30%
3	全公司能源资源消耗	单位产品电耗/(kW·h/kL)	87.75	78.98	10%	65.82	25%
		单位产品水耗/(t/kL)	5.46	4.93	10%	4.38	20%
4	全公司污染物的排放	单位产品废水产生量/(t/kL)	4.15	3.33	20%	2.08	50%
		单位产品COD产生量/(kg/kL)	20.82	16.65	20%	12.51	40%

审核小组通过对各车间各生产作业区进行现场调查，收集了原辅材料消耗数据及产出数据、技术工艺资料、过程控制记录、设备台账及维护维修记录、排污数据等资料进行了详细分析。在此基础上，审核小组除通过广泛收集国内外同行业先进技术、组织行业专家进行技术咨询等方式产生方案外，还广泛发动员工积极提出清洁生产方案，共提出清洁生产方案76项，其中无/低费方案71项，按照"边审核、边实施、边见效"的"三边"原则，71项无/低费方案已全部实施。中高费清洁生产方案5项已列入持续清洁生产计划。通过本轮清洁生产审核后，清洁生产近期的目标指标均已实现，详见表7-9。

表7-9 酒厂清洁生产目标指标完成情况

序号	审核重点名称	清洁生产指标	现状值	近期目标		审核后	
				绝对量	相对削减/%	实际值	相对削减/%
1	空压站	单位产品电耗/(kW·h/kL)	22.27	20.08	10	18.24	18.6
2	提取调配车间	千升酒电耗/(kW·h/kL)	12.65	11.40	10	8.74	31.4
		千升酒水耗/(t/kL)	0.22	0.189	10	0.157	26.3
3	全公司能源资源消耗	单位产品电耗/(kW·h/kL)	87.75	78.98	10	67.82	22.6
		单位产品水耗/(t/kL)	5.46	4.93	10	4.88	11.7
4	全公司污染物的排放	单位产品废水产生量/(t/kL)	4.15	3.33	20	2.28	45.6
		单位产品COD产生量/(kg/kL)	20.82	16.65	20	12.61	34.6

7.3.1.4 清洁生产审核的方案及效益

（1）典型的清洁生产方案 表7-10是涉及7个方面的代表性方案13项。

（2）清洁生产审核的效益 根据公司已实施清洁生产方案及绩效统计表，实施方案后可量化的绩效汇总如下。

① 已实施清洁生产方案可量化的减排成果

a. 削减废水：合计减少废水排放 9.23×10^4 t/a。

b. 削减废气：减少沼气排放 60.6×10^4 m³/a。

② 已实施清洁生产方案可量化的节能、降耗成果

a. 节电：32.94×10^4 kW·h/a。

b. 节天然气：38.82×10^4 m³/a。

表 7-10 典型的清洁生产方案

方案分类	编号	方案名称	预计投资/万元	预计环境/经济效益	投资分类
原辅材料和能源	F1	仓库用电控制	0	节约电力	无费
	F5	制定原辅料消耗定额	0	节省原辅料	无费
工艺技术改进	F8	取消一期制水二级反渗透	0.25	节水、减少废水排放	低费
设备	F14	推广使用节能灯具	0.5	节约电力	低费
	F18	蒸汽管道并网改造	0.5	节约蒸汽、减少废气排放	低费
	F26	活塞式空压机就地无功补偿	1.8	节约电力、提高功率因数、减少线损	低费
过程控制	F30	完善计量器具	15	节约能、资源，减少污染物排放	高费
	F34	减少送酒管道中间环节，优化送酒管道	0	减少酒气挥发，节约原料	无费
废弃物回收和处置	F42	污水站沼气利用	10.3	减少沼气等废气排放，节约蒸汽	高费
	F46	高浓度废水酒精回收及废水处理工艺优化	50	节约资源、降低废水中 COD、降低成本	高费
	F53	酒罐溢出气体吸附回收	10	减少酒损、节约原料、减少废气排放	高费
管理	F70	蒸汽管道设备维护	0.45	减少蒸汽泄漏损耗	低费
员工	F76	制定清洁生产奖惩制度	0	提高员工的清洁生产积极性，减少浪费	无费

c. 节水：7.93×10^4 t/a。

d. 节机油：240kg/a。

e. 回收酒角：34t/a。

f. 节约其他各类原料辅料量难以量化。

③ 已实施清洁生产方案的经济效益成果　本轮清洁生产审核共计投入资金 56.5 万元，产生经济效益 195.92 万元/年。

7.3.2 化工行业案例

7.3.2.1 企业概况

贵州某化工有限公司专业从事矿物质饲料、工业、食品、肥料级等磷酸盐系列产品研发、生产、销售与服务。公司距离市区 5km，始建于 2002 年 9 月，于 2003 年 1 月 20 日投入试生产。2003～2006 年累计实现工业总产值 9 亿元，实现税收 3000 余万元，其中 2006 年实现总产值 3.09 亿元，税收 1100 余万元，安置就业人员 1100 余人（90% 为当地下岗职工、农民工、大中专学生）。

几年来，公司产品出厂合格率达 100%，品牌及规模在国内领先，尤其是磷酸二氢钙的技术水平、品牌、产销量近年来一直保持国内第一，已经成为中国水产饲料界的第一品牌。目前，公司累计完成固定资产投资近 1.5 亿元，形成了如下装置能力：硫黄制硫酸 10×10^4 t/a，湿法磷酸 15×10^4 t/a（以 100% P_2O_5 计）、浓缩湿法磷酸 5×10^4 t/a、净化湿法磷酸 5×10^4 t/a、饲料级磷酸氢钙 20×10^4 t/a、饲料级磷酸二氢钙 10×10^4 t/a、肥料级磷酸氢钙 4×10^4 t/a 和工业磷铵 3×10^4 t/a。

7.3.2.2 企业的主要产品和生产工艺

(1) 主要产品及产能　公司产品主要为饲料级磷酸氢钙、磷酸二氢钙，主要产品产能为饲料级磷酸氢钙（DCP）20×10⁴t/a、磷酸二氢钙（MCP）10×10⁴t/a。

（2）生产工艺　公司主要生产工艺原理是利用液体硫黄在焚硫炉里与经干燥的空气中的氧气燃烧生成SO_2，再在催化剂作用及一定温度条件下转化为SO_3，通过浓酸吸收生成硫酸，并用二水物法硫酸分解磷矿石制磷酸。磷酸提纯后与碳酸钙及氢氧化钙进行中和反应，在一定 pH 条件下得到磷酸氢钙半成品，磷酸氢钙半成品烘干就得到磷酸氢钙产品。另一部分磷酸氢钙半成品则经浓缩提纯的磷酸按产品要求控制一定的钙磷比例，生产磷酸氢钙、磷酸二氢钙产品。

主要生产工艺流程见图 7-2。

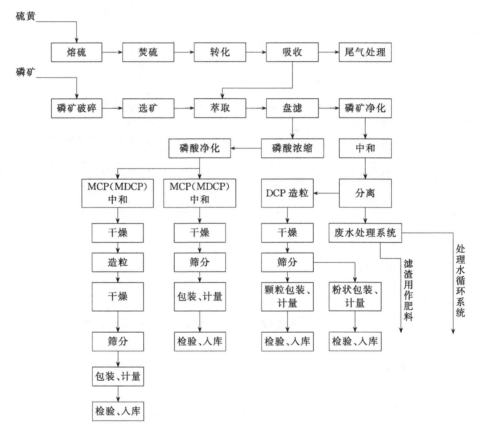

图 7-2　主要生产工艺流程图

7.3.2.3　企业的审核过程概述

2008 年 9 月，依据自身组织机构特点，公司一级成立了审核领导小组，各主要分厂成立了审核工作小组，负责本厂具体审核工作，并编制了相应的清洁生产审核工作计划。同时还邀请清洁生产专家对公司领导和员工开展了清洁生产宣传和培训，不仅克服了员工的思想障碍，还营造了清洁生产审核的积极氛围。

审核过程中，审核小组从清洁生产审核的 8 个方面对公司的产排污进行了分析，利用权重总和积分排序法对磷酸车间、磷酸一和二车间、二氢钙车间及氢钙车间 5 个备选车间进行筛选，以确定审核重点，最终确定磷酸车间和氢钙车间为清洁生产审核重点。

根据设定的审核重点及对全厂的产排污分析，结合公司的生产、管理具体实际，审核小组设置了本轮的清洁生产目标（见表 7-11）。

表 7-11　清洁生产审核目标一览表

序号	车间	项目	基准值	现状 (2008 年)	近期目标 (2009 年 5 月)	远期目标 (2010 年 12 月)
1	全厂	综合能耗/(吨标煤/万元产值)	0.80	0.90	0.80	0.70
2	全厂	新鲜水/(t/d)	1900	1920	1900	1850
3	氢钙系统	磷回收率/%	74	72.1	74	75
4	磷酸车间	磷石膏综合利用率/%	60	0	60	60
5	磷酸车间	氟回收率/%	85	0	85	90
6	氢钙车间	硫酸单耗/(t/t)	1.0	1.105	1.0	0.9
7	氢钙车间	无组织排放粉尘/(kg/t 产品)	10	16	10	5

通过对生产过程进行深入的调研分析，并对审核重点进行了物料衡算，在公司领导和员工集思广益的基础上，共提出了 49 项可行的清洁生产方案，其中 41 项为无/低费方案（投资 10 万元以下）、8 项中/高费方案。截至 2009 年 4 月，共实施完成所有的无/低费方案和 5 项中/高费方案，且大部分清洁生产目标也得以实现，见表 7-12。

表 7-12　清洁生产目标达成情况

序号	车间	项目	基准值	审核后 (2009 年 4 月)	近期目标 (2009 年 5 月)	目标完成情况
1	全厂	综合能耗(吨标煤/万元产值)	0.80	0.75	0.80	完成
2	全厂	新鲜水耗/(t/d)	1900	1870	1900	完成
3	氢钙系统	磷回收率/%	74	74.3	74	完成
4	磷酸车间	磷石膏综合利用率/%	60	0	60	未完成
5	磷酸车间	氟回收率/%	85	0	85	未完成
6	氢钙车间	硫酸单耗/(t/t)	1.0	0.95	1.0	完成
7	氢钙车间	无组织排放粉尘/(kg/t 产品)	10	8	10	完成

注："未完成"的清洁生产目标是由于相对应的中/高费方案实施周期长，实现目标所需时间相应变长。

7.3.2.4　清洁生产审核的方案及效益

本轮清洁生产审核过程中共产生 49 个清洁生产方案，8 项中/高费方案中有 5 项实施完成，另 3 项正在实施过程中。目前产生的效益是节约原材料 3000t/a、节电 3229582kW·h/a、节煤 1200t/a、节油 1.5t/a、节水 1000t/a、减少废气排放 30t/a、减少废液排放 2000t/a、总的经济效益是 856.63 万元/a。

已实施的无/低费方案汇总见表 7-13，已实施的中/高费方案效益见表 7-14，未实施的方案效益预测见表 7-15。

表 7-13　已实施的无/低费方案效益一览表

序号	方案名称和内容	投资 /万元	方案效益	
			环境效益	经济效益
1	调整皮带并加宽	无费	减少人工操作，降低劳动强度	降低生产故障率
2	更换密封圈，加强设备维护	0.2	减少废水量 5m³/d，减少回收重复处理量	—
3	将冷凝水作为设备冷用水利用	低费	消化水平衡问题，提高渣场水的利用，从而提高磷回收率	提高磷回收率
4	加挡板或清理堵塞的喷头	低费	改善操作环境	—
5	制定相关的沉淀管理考核制度，并进行有效消化	低费	提高产品质量，提高产能，减少停车，提高磷回收率	降低停车率，提高磷回收率
6	控制工艺参数，改善洗水分布达到最佳洗涤效果	无费	提高磷回收率	提高磷回收率
7	压滤地面硬化处理	1	减少酸液漏入地下污染环境	

续表

序号	方案名称和内容	投资/万元	方案效益	
			环境效益	经济效益
8	启用烘干系统,增加销售渠道	5	减少固废,原来堆放为 162t/d(含水率 60%),现在生产产品 80t/d,全部外卖	减少了白肥堆放生产的环境问题,白肥市场价格 70 元/t,增加收入 168 万元/a
9	回收利用磷酸闪蒸水(含 4%P),用于磨矿,浮选工段	低费	提高磷回收率	提高磷回收率
10	烯酸大储罐周围地面硬化	低费	减少环保风险	—
11	合理布置管线并进行保温处理	1	提高热回收效率,降低能耗	
12	多级泵给水的调节靠回流阀调整,回流量较大,对回流量进行控制	低费	节电,降低电耗	每年节电约 1 万元
13	适当减少硫黄喷枪喷嘴口径	低费	使硫黄雾化效果好,减少炉内积硫,防止因硫升华产生的风管堵塞,减少环保隐患	—
14	按最大温差法合理制定转换器各段进口温度	无费	提高硫转化率	—
15	放料处增高围堰	0.05	减少跑、冒、滴、漏,提高回收率	提高磷回收率
16	增设防雨设施,加强沉淀转运的及时性	2	规范生产现场,减少不必要的额外水处理	—
17	挖一深池收集过滤水,加强管理	1	采用雨污分流,减少污水量 0.5t/d	—
18	加强密封性	低费	减少漏液 100m³/a,改善了操作环境,降低了劳动强度	—
19	加强管理,杜绝稠厚器液水泄漏	低费	减少废水量 10m³/d,减少回收重复处理量	—
20	加强管理,规范重钙现场堆放	低费	改善了操作环境	—
21	房顶做防雨处理,规范摆码包场所	低费	改善了操作环境	—
22	中和 pH 从 6.8 提高到 7.5,提高磷利用率	无费	每吨氢钙 P_2O_5 使用量下降 10kg	—
23	建立单机收尘	3	一天回收 50kg 二氢钙产品	按 3000 元/t,年节约 4.5 万元
24	从 1 号布袋除尘器处安装引风除尘管线,在筛分处加吸尘罩进行除尘处理	3	解决了粉尘飘洒问题,一天回收 20kg 粉尘	年节约 1.8 万元
25	修围堰,加盖板	0.1	改善生产环境	—
26	设置废旧包装物装用仓库,定期清理外卖	低费	增加废物回收利用率	
27	车站建立考核方案和规范堆放仓库	无费	规范管理,便于废物回收利用	
28	在车间内,如一工段半成品,石灰库房设置用水冲洗进出的车辆	0.1	防治污染原材料和产品	
29	规划堆场区域或联系相关部门及时运转和定期清理	低费	规范生产现场	
30	设置限速标识及定期冲洗地面	低费	减少粉尘量,改善厂区环境	
31	公路每隔一段距离放个垃圾桶,严格执行卫生管理制度	低费	改善厂区环境	
32	对照明用电加强管理和控制	低费	加强管理,杜绝长明灯,长流水,年节电 1.2×10^4 kW·h	电费 0.45 元/(kW·h),则年经济效益 5400 元
33	设立专门的废旧物资堆放点,修旧利废	低费	规范现场环境,提高废物回收利用率	—
34	制作收集盘进行收集回收再利用	低费	冷却水 1000m³/a,润滑油 1.5t/a	润滑油 6000 元/t,润滑油节约费用 9000 元/a,冷却水节约 1000t×0.06 元/t=60 元

续表

序号	方案名称和内容	投资/万元	方案效益	
			环境效益	经济效益
35	取消车间二级库房	低费	加强管理,减少备用品的浪费	—
36	加强员工操作技能、设备知识、安全环保知识培训,提高员工素质	低费	提高员工操作技能	—
37	皮带链接采用粘接法	低费	杜绝物料散落现象,降低维护工作量,减少皮带损耗(以前1个月换皮带,现在至少使用3个月)	节约费用2万元/月,年节约24万元
38	拆除水泥墩	低费	改善现场环境	—
39	加强工艺控制,减少不合格产品数量	低费	以前包装袋每吨产品耗20.5个,现在消耗20.2个,按每年 $12×10^4$ t 产品计算,节约包装袋3.6万个	按1元/个计算,年经济效益3.6万元
40	制定合理的绩效考核措施	无费	改善管理,提高员工工作效率	—
41	加强工艺控制和指标上线考核机制,提高员工操作技能和质量意识	低费	磷酸二氢钙产品指标(总P含量)比考核前下降0.2%	年经济效益463.636万元
合计		16.5	—	667.982万元/a

表 7-14　已实施的中/高费方案效益一览表

方案编号 / 方案名称	比较项目	环境效益			经济效益	
		节煤/t	节电/$(×10^4$ kW·h)	废气/t	投资/万元	效益/(万元/a)
HF04	回收硫酸车间尾气中的 SO_2,生产副产品亚硫酸铵	—	—	SO_2:245.03	205	12
HF05	厂内生产系统设备优化	—	321.7582	—	260	144.79
HF06	中费:粉尘综合治理	—	—	粉尘:30	50	5
HF07	中费:烘干尾气治理设施改进	—	—	SO_2:312.68	250	0
HF08	中费:新增6台离心机	1200	—	—	54	27.84
合计		1200	321.7582	SO_2:557.71 粉尘:30	819	189.63

表 7-15　未实施的中/高费方案的预测效益一览表

方案编号 / 方案名称	比较项目	环境效益		经济效益
		废物削减量		
		废气/$(×10^4$ m³/a)	固废/$(×10^4$ t/a)	投资	效益/(万元/a)
HF01	一步法生产磷酸二氢钙	废气:22104	—	635	633
HF02	磷石膏渣综合利用	—	磷石膏 40	1450	280
HF03	磷酸车间尾气氟回收	氟:1.818	—	326	144
合计		废气:22104 氟:1.818	40	2411	1057

7.3.2.5　典型的清洁生产方案

(1) 一步法生产磷酸二氢钙(HF01)　公司目前的生产工艺是两段法生产磷酸二氢钙,改造方案是在湿法磷酸经浓缩后,采用化学脱氟的方式进行净化后得到脱氟磷酸,生石灰经过雷蒙磨磨细后与脱氟磷酸混合反应,物料经过熟化和均化烘干后得到产品。该方案目前正在实施中。

(2) 硫酸尾气制取亚硫酸铵(HF04)　公司原来对硫酸尾气采用石灰乳吸收法治理,吸收效果不佳,而且浪费了硫资源。改造方案是用氨水中和液体亚硫酸氢铵至 pH 约7时生成亚硫酸铵,冷却后析出固体亚硫酸铵,经离心分离得到固体亚硫酸铵,母液经稀释后返回系统。该方案已实施完成,其经济效益不太显著,但环境效益十分明显,具体效益见表7-14。

（3）生产系统节电技术改造（HF05）　针对风机类、泵类机电设备负荷变换频繁的特性，本次技改对其中功率较大的（90kW以上）的设备进行节电技改。对风机类、泵类介质输送量的调节，采用介质输送量与电机变频调节连锁控制，取代现行的阀门调节，有效降低电力消耗。该方案目前已实施完成，具体效益见表7-15。

7.4　课程设计任务书汇编

7.4.1　课程设计任务书要素

给学生布置课程设计的任务时，指导老师必须下达该课程设计的任务书，提交课程设计成果时，一并提交此任务书。课程设计任务书要素一般包含以下8个方面。

① 标题　一般为"×××课程设计任务书"，居中排列。

② 注明院别、专业、班级、学生姓名。

③ 课题名称　"××企业清洁生产审核报告"或"××企业清洁生产审核相关问题设计"。

④ 课题基本资料　本部分由指导老师依据7.1.2给出相关企业的基本资料，资料不足部分可以布置由学生自行收集。

⑤ 设计任务与目的　指导老师结合资料情况，根据目标向学生提出课程设计的任务，任务可以是完成清洁生产审核报告书的部分内容，也可以是编制一份较完整的清洁生产审核报告书。

目的是通过本次课程设计，要求学生了解企业清洁生产审核的基本程序、方法和技巧。通过具体的案例培养学生的工程意识，训练学生发现问题、解决问题的能力，培养学生收集资料、处理数据、撰写报告书的能力。

同时，通过该课程设计，检查本课程教学质量，培养学生综合运用所学知识解决工程实际问题的能力，培养学生查阅手册、资料及贯彻国家工程设计法规和有关规范的能力。培养学生严谨治学、科学求实的工作作风。

⑥ 设计成果　此部分向学生明确提交课程设计成果的方式、字数、排版等要求。

⑦ 计划进度　依据行业差别、资料情况、课题的难易程度以及任务要求不同，提出具体的进度安排，一般为1~4周。具体进程可分为：准备及收集资料、流程/工艺分析与计算、清洁生产对策/措施研究、编写课程设计报告、答辩等。

⑧ 指导教师签发日期及教研室主任（或主管领导）审核签字及日期。

7.4.2　课程设计任务书之一

7.4.2.1　课题基本资料

某化工集团股份有限公司是2000年改制的民营企业，它始建于1969年，1974年建成投产。职工人数1500人，其中大专以上人数占20%，还有一部分工人是忙时临时招聘的。公司目前的产品为合成氨、甲醇、尿素、二甲醚，多数生产设备已过时，目前正在筹措资金，计划逐步更新。企业建立了完善的原料采购、检验复检制度；此外，对煤炭还建立了煤炭供应管理制度、煤场管理制度、煤炭、煤渣（灰）转运管理的暂行规定，有效地控制了原料在供应和转运过程中的损失和浪费。

公司合成氨的工艺流程说明如下。

（1）原料气制备　将煤和天然气等原料制成含氢和氮的粗原料气。

（2）净化　对粗原料气进行净化处理，除去氢气和氮气以外的杂质，主要包括变换过程、脱硫脱碳过程以及气体精制过程。

① 一氧化碳变换过程　在合成氨生产中，各种方法制取的原料气都含有 CO，其体积分数一般为 12%～40%。合成氨需要的两种组分是 H_2 和 N_2，因此需要除去合成气中的 CO。

② 脱硫脱碳过程　各种原料制取的粗原料气，都含有一些硫和碳的氧化物，为了防止合成氨生产过程催化剂中毒，必须在氨合成工序前加以脱除。

③ 气体精制过程　经 CO 变换和 CO_2 脱除后的原料气中尚含有少量残余的 CO 和 CO_2。为了防止对氨合成催化剂的毒害，规定 CO 和 CO_2 总含量不得大于 $10cm^3/m^3$（体积分数）。因此，原料气在进入合成工序前，必须进行原料气的最终净化，即精制过程。

（3）氨合成　将纯净的氢、氮混合气压缩到高压，在催化剂的作用下合成氨。氨的合成是提供液氨产品的工序，是整个合成氨生产过程的核心部分。

公司组织机构如图 7-3 所示。公司专门设立技术改造部，负责全厂的工艺、设备、控制

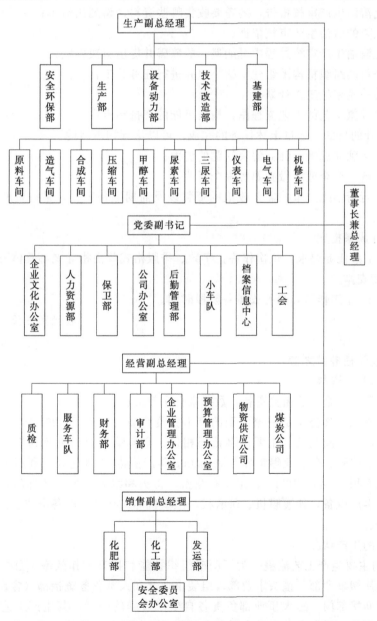

图 7-3　公司组织机构图

系统的改造，引进同行业先进、节能、环保工艺技术及节能、安全可靠设备。此外，企业还定期向基层职工收集节能减排的改造建议，组织部门负责人论证、考核，最后上报技改部实施。这些组织机构和管理模式成为公司不断改进的基本保障。

该公司被列为"双超"类强制性清洁生产审核企业。企业主要双超问题为废水污染物的浓度及总量的超标。迫于压力，公司决定进行清洁生产审核，成立了审核小组，在每次培训讨论会议时，有部分车间由于工作忙没有到位。

7.4.2.2 设计任务与目的

（1）依据上述资料独立完成下列任务

① 了解国内外合成氨概况（产业政策、产业规模、目前的先进技术水平及装备、目前急需解决的行业发展问题等），5000 字左右；

② 完成此清洁生产审核报告，还需要收集哪些资料，请列出清单；

③ 列出主要的清洁生产审核依据；

④ 找出在清洁生产审核过程中可能遇到的障碍并提出解决办法；

⑤ 根据公司的组织机构图组建审核小组并进行任务分工；

⑥ 制定第一轮审核工作计划；

⑦ 画出合成氨工艺的工艺流程图，指出可能的产排污点。

（2）本设计的目的 通过上述任务的完成，可以达到如下目的。

① 培养学生独立思考、独立解决问题的能力；

② 通过了解一个企业，做到熟悉一个行业；

③ 熟悉进行清洁生产审核需要收集的资料以及前期准备工作，掌握资料的收集整理和提炼的方法。

7.4.2.3 设计成果提交

按照上述 7 条任务要求，依次作答，字数、排版格式等由指导老师具体要求。

7.4.2.4 进度安排

总时间为 10 个工作日，自行安排各阶段时间。

指导教师：   教研室主任（或主管领导）：

年   月   日   年   月   日

7.4.3 课程设计任务书之二

7.4.3.1 课题基本资料

下为一电子生产企业的相关资料，数据来自文献资料。

（1）企业概况 某公司是一家大型的日本独资企业，始建于 1991 年 12 月，位于某市××区高新技术产业园北区，主要从事数码相机、全自动银盐相机及其零部件的专业化生产，产品主要销往欧、美、亚等世界各地，2003 年产值达 16.8 亿元，利润 3.4 亿元。

公司占地面积 $10.44 \times 10^4 m^2$，主要有注塑、镜头和组装三大生产部门，公司从国外引进一流的专业生产设备，如镀膜机、研磨机、注塑机等。在公司的各岗位上配备了各级各类员工约 7500 人。

（2）企业的生产状况

① 公司的主要生产工艺流程 为了明确组织技能和提升工作效率，公司采取部制的组织架构，分为注塑事业部、镜头事业部、组装事业部和人事总务统括部（含设备科、环境安全科）及其他间接部门，三大事业部负责各自生产过程的控制，其生产工艺流程见图 7-4。人事总务统括部设备科主要负责动力设备和环保设备的运行、维护和保养等工作，环境安全

科主要负责公司环境、职业安全健康的综合管理工作。

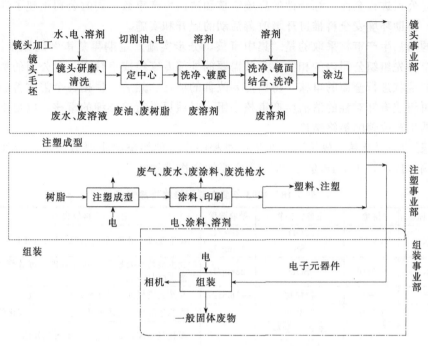

图 7-4　生产工艺流程图

② 近年度能源、资源消耗情况（见表 7-16）

表 7-16　能源、资源消耗情况

年度/a	粗附加价值	电		水	
		总用量	单位粗附加值消耗量	总用量	单位粗附加价值消耗量
	千港币	×10⁴kW·h	kW·h/千港币	m³	m³/千港币
2000	260931	1989.7	76.25	187095	0.720
2001	302366	2257.0	74.64	190913	0.631
2002	510302	2958.6	57.98	244453	0.479
2003	720887	3856.0	53.49	277095	0.384

注：粗附加价值＝生产值－材料值－不良损金。

③ 近年度原材料的使用及产出情况（见表 7-17）。

表 7-17　原材料的使用及产出情况表

年度/a	原材料使用量		主要产品	产值/(千港币)
	树脂/t	镜片毛坯/t	相机/台	
2000	333	74.6	1388568	1014281
2001	630	69.0	1158726	928567
2002	604	71.7	1793228	2049977
2003	681	58.0	2340383	2532501

④ 公司设备水平及维护状况　为了确保生产设备、动力设备及污染物治理设施的正常运行，公司制定了一套全面、系统的设备点检制度，专人定期对相关设备进行有效维护保养，以确保设备的完好及无泄漏情况。

(3) 企业的环境保护状况

① 企业环境与清洁生产方面的组织结构　为使公司的清洁生产能够顺利、有效地实施，

公司设置了环境安全科作为公司推进环境管理和清洁生产审核活动开展的常设机构，负责组织、实施对公司进行全面、综合性的环境审核和清洁生产审核，同时公司组建了环境安全综合委员会，协助环境安全科推进环境改善活动的展开和实施。

公司的清洁生产审核采取的是"集中审核，分步实施，定期再复审"的原则。审核时，由环境安全科先组织公司内的相关人员及需要的外部专家组成审核组，对公司的整体环境及清洁生产的现状进行全面的审核，得出需要改善的项目。然后，根据各个需改善的审核项目的需要，再组成有针对性的清洁生产审核小组，对项目进行更详细的审核，以得出是否有必要进行清洁生产改善的最终结论。

② 主要污染源及其排放情况　在生产过程中产生的污染物主要有废水、废气、废溶剂等及一般固体废物，表 7-18 是 2003 年度主要污染物排放情况。

表 7-18　2003 年度主要污染物排放情况

污染源名称	排量	主要污染物	排放浓度	排放去向
生产废水	58t/d	COD	52mg/L	经工业废水处理系统处理后排入市政管道
		SS	16mg/L	
生活污水	405t/d	BOD	23mg/L	经生活污水处理系统处理后排入市政管道，部分回用于浇灌园林绿地
涂装废气	—	颗粒物	≤18mg/L	经涂装废气处理系统处理后达标排放
危险废物	162t/d	废溶剂	—	委托危险废物处理站进行资源化、无害化处理
污泥	74t/d	玻璃泥、絮凝沉降污泥	—	委托危险废物处理站进行无害化处理
废树脂	376t/d	废树脂	—	先在公司内回收再生利用，多余部分委托有资格的回收商回收处理

③ 主要污染源的治理现状　公司的重点污染源为废水，即工业废水和生活污水两部分。工业废水量虽仅占总排水量的 13%，但其平均 COD 高达 500mg/L 以上；生活污水排水量大，且呈不稳定的连续排放。根据废水的排放特点，公司投资近 3000 余万元人民币建成了工业废水和生活污水两套污水处理系统，其中工业废水处理系统由化学絮凝沉淀、生化处理（A/O 法）和活性炭生化吸附三级处理组成，处理后的工业废水 COD 远低于国家排放标准。为了及时了解处理后的水质情况，公司除了进行定期的内部监测外，还通过在出水水槽内放养锦鲤来进行生物监测；生活污水处理系统采用生化处理法处理，出水水质良好，达标排放。

④ 三废循环和综合利用情况　为努力达成"零排放"的要求，公司根据自身的实际情况大力推进废弃物减量和再资源化的工作。主要是对公司所产生的废弃物中，仍能作为资源有利用价值的部分，利用公司内部设备或委托外部有资质的单位对其进行再资源化处理。2003 年度固体废物总体综合回收利用率高达 86%，其中在公司内部实现再循环利用的重点项目如表 7-19。

表 7-19　再循环利用的重点项目表

重点项目	方法	效益	存在问题
废树脂再生利用	导入废树脂造粒机，对废树脂进行回收、粉碎、造粒	2000～2003 年再生利用废树脂合计 308t，节约金额 1238.3 万元	粉碎机运行时噪声较大
废洗枪水再生利用	导入回收设备，对废洗枪水进行提纯	平均每月回收 462L，节约金额 4600 元	安全问题
废水回用	经系统处理后的排水在确保水质的情况下，通过管网回用于园林浇灌	回用水量：3600m³/月或 40000m³/a 以上；节约资金：7.5 万元/a 以上	处理后虽达标但不稳定，导致回用水的过滤系统反洗频次较多

⑤ 清洁生产的开展及潜力　近年来，由于实施清洁生产，公司不仅取得了显著的环境效益，而且也取得了显著的经济效益。公司的清洁生产审核工作主要体现在以下几方面。

a. 专业性及专题性审核：针对上述审核指出的一些专业性或专题性很强的改善项目，公司邀请有丰富经验的行业专家与公司内相关人员一起进行进一步深入、细致的审核，然后提出相应可行的改善方案并实施。

b. 法规性审核：随着环境及其相关法规不断的颁布、更新（完善、严格），公司相关人员对公司适用的相关法规进行收集、甄别，同时针对法规的要求与公司的现状进行对照，对不能满足法规要求的尽快进行整改，而且是按严于国家法规要求的标准进行改善，以满足日益严格的环境及相关法规的发展要求。

c. 外部监察性审核：公司的环境行为除企业内部自我监控外，同时也受市环保及相关部门及公司总部的监察，除了环境监测和监理的正常月次监察外，一些专题性的评审活动（如"绿色企业"评选、污染源排放全面达标活动及公司总部的监察等）的开展也起到了对公司环境及清洁生产活动的审核作用。

7.4.3.2　设计任务与目的

（1）任务　依据上述资料，再补充收集一些行业资料，在了解行业国内外的先进技术水平的基础上，独立完成下列任务。

① 依据该企业单位产品的原辅材料、能源、资源的消耗以及污染物排放情况与国内、国际先进水平进行比较分析。

② 现有资料反映企业存在哪些环境问题？对可能的原因进行分析。

③ 你准备如何确定审核重点？

④ 列出备选审核重点的资料收集清单。

⑤ 进行现场调查的方法有哪些？

⑥ 收集我国有关危险废物管理的法律法规要求，并分析该企业存在哪些环境风险。

⑦ 画出该企业工业废水处理工艺流程图。

⑧ 依据工艺流程图，假设已知"镜头研磨、洗净"的原副料的输入、输出情况如表7-20所示，其中部分废溶剂及水分蒸发会进入到废气中，镜头毛胚杂质会进入到废水中，根据物料平衡进行如下计算。

a. 物料损失进入到废气的总质量及成分；

b. 分析废水中可能的主要污染物的总浓度。

表 7-20　"镜头研磨、洗净"工序原副料的输入、输出情况

镜头研磨、洗净工序				
输入			输出	
水		2.0t/h	产品	10t/h（其中含丙酮0.003%，含水0.15%，含正己烷0.002%）
溶剂	正己烷	2.0kg/h	废水	4.4t/h
	丙酮	1.5kg/h	废溶剂	2.7kg/h（其中废正己烷1.6kg/h，废丙酮1.1kg/h）
镜头毛胚		12.5t/h	废气	

（2）本设计的目的　通过上述任务的完成，可以达到如下目的。

① 能根据资料进行主要环境问题的分析，并确定需要补充的资料；

② 掌握审核重点的确定方法及对审核重点进行详细调研分析的具体流程；

③ 熟悉我国危险废物管理的相关法律法规；

④ 掌握物料平衡的计算方法。

7.4.3.3　设计成果提交

按照上述 8 条任务要求，依次作答，字数、排版格式等遵循指导老师的具体要求，每个同学提交个人完成的任务情况说明。

7.4.3.4　进度安排

总时间为 10～15 个工作日，自行安排各阶段时间。

指导教师：　　　　　　　　　　　　　　　　　教研室主任（或主管领导）：

年　　月　　日　　　　　　　　　　　　　　　年　　月　　日

7.4.4　课程设计任务书之三

7.4.4.1　课题基本资料

下面是一造纸企业的清洁生产审核报告简本，数据资料来自参考文献。

（1）公司概况　广东某公司成立于 1991 年，工厂面积 $10\times10^4 m^2$，拥有固定资产 8000 多万元，职工人数 1400 多人，是一家年产 4 万余吨生活用纸的大型纸厂，产品中有日产 100%进口漂白木浆为原料的高档卫生纸约 100t，中档与低档卫生纸日产量约 40t，其中中档卫生纸以 50%木浆与 50%废纸为原料，低档纸则以 100%废纸为原料，废纸原料为白边纸、白道林纸等。

公司把抓好清洁生产与企业抓品质、创名牌、上档次的管理要求有机结合起来，清洁生产落到实处，并有明确的清洁生产规划，使企业既能不断降耗、节能、减污，又能使产品质量提高，使企业的国际品质认证和名牌声誉得到实质的保证。

（2）企业生产状况　主要产品为高中低档卫生纸，其原材料、能源和用水情况如表 7-21 所示。

表 7-21　原材料、能源和用水情况表

产品名称	纤维原料	产量	能源消耗		用水量
			电	煤	
高档卫生纸	100%进口木浆	100t/d			
中档卫生纸	50%木浆,50%废纸	20t/d	1831465 度/月	1831.4t/月	251828m³/月
低档卫生纸	100%废纸	20t/d			

主要生产设备有：造纸机 38 台，其中 1575 圆网纸机 22 台，1092 圆网纸机 8 台，1760 圆网纸机 6 台，日本川之江 BF-10 纸机 1 台，1575 圆网纸板机 1 台。设备管理严格，机器完好率达 98.7%以上，杜绝了跑、冒、滴、漏现象的发生。

生产工艺流程图如图 7-5 所示。

（3）企业的环境保护状况

① 主要污染及其排放情况：由于没有制浆过程，大部分原料为木浆板，只有少量白废纸，白废纸中油墨少，脱墨处理比较简单，生产废水的污染负荷较低且无毒，废水的 COD_{Cr} 在 450～510mg/L，日排放水量约 13000m³。

烟尘与废渣是该企业的另外两种污染源。烟尘由锅炉产生。废渣主要是锅炉煤渣及废水中污泥、浆渣、垃圾等。

② 主要污染源治理现状及综合利用情况

a. 废水处理：现有废水处理工艺流程如图 7-6 所示。其中自然沉淀池及氧化塘占地 6.67hm²，气浮装置处理能力为 600m³/h。废水经过处理后排放，符合地方一级排放标准值。

b. 烟尘处理：锅炉烟尘用水膜除尘器处理后排入大气中，从而使烟气粉尘基本得以解决。烟气中 SO_2 含量有待下一步解决。

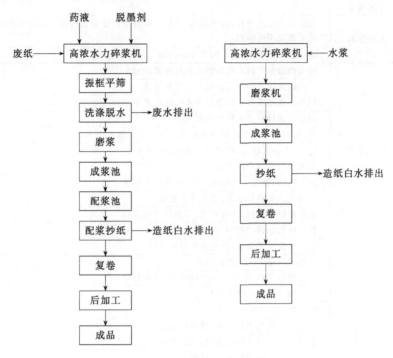

图 7-5 生产工艺流程图

c. 废渣处理：锅炉煤渣及废水污泥均作为砖厂原料生产砖。其中煤渣 600t/月，污泥 300t/月。煤渣用于生产纸板，30t/月。

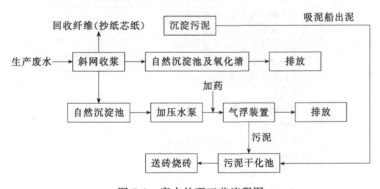

图 7-6 废水处理工艺流程图

（4）企业管理　企业 2001 年通过 ISO9001：2000 质量管理体系国际品质认证，有一整套严格完整的管理体系，从原材料采购、进厂、生产管理及操作都十分规范，从而保证公司的产品质量达到优秀。

（5）清洁生产的开展与潜力　2002 年企业开展清洁生产以来，制订了详细的无费、低费、中费与高费的清洁生产计划，每年都有清洁生产的业绩，使企业不仅在生产环境上不断得到改善，生产中节能技术、提高产品质量、提高劳动生产率、提高产量等具有良好经济效益的项目也陆续建设，使清洁生产具有强大的生命力。

7.4.4.2　清洁生产的实施

（1）清洁生产方案的产生　通过调查分析得到的清洁生产备选方案见表 7-22。

表 7-22　清洁生产备选方案

序号	方案类型	项目
A1	无费方案	加强对员工的培训,提高技能,掌握控制好操作要领及培养良好的卫生清洁习惯,以保证产品质量及卫生标准
A2		锅炉渣外送处理,废水污泥外送处理
B1	低费方案	用高档纸生产白水代替清水进行碎浆处理
B2		废纸碎浆用循环回用造纸白水代替清水
B3		用高档纸造纸白水用于纸浆和损纸打浆与稀释纸浆用水
B4		用净化水代替清水作喷洗用水
B5		中、低档纸生产采用高档纸白水代替清水作稀释用水
B6		新、旧水分开使用,新水用于高档纸,旧水用于中、低档纸
B7		高档纸白水与中档纸白水分别收集、处理
B8		技改洗网、洗毯水管喷水口径,降低清水用量
B9		消防设施更换和整改,提高其应急能力
B10		改造造纸机洗网、洗毯系统,减少清水供应量
B11		纸机冷凝水回收利用
C1	中费方案	增加浮选脱墨设备,提高废纸纸浆质量
C2		采用无污染 H_2O_2 漂白技术
C3		进行设备调整,实行长、短纤维原料分别打浆
C4		配套好 3 台中浓磨浆机打浆
C5		减少烟气中 SO_2 的含量
C6		建设环保绿色地面工程,改善环境卫生
C7		加强后加工卫生防范实施,保证产品卫生质量
C8		后加工添加螺旋空压机,减噪增产
C9		用絮凝法代替气浮法处理废水,合理回用处理后废水,减少清水用量,减少废水排放量,消除白色污泥对环境的影响
C10		改造蒸气管道,减少热能损失
C11		建立集中空气压气站,提高劳动效率,减少噪声污染
C12		安装灭菌灭蝇设备,提高环境质量
C13		技改用水管道,增效节能
C14		增加水膜除尘器,减少烟尘污染
C15		更换碎浆机转子中轴,提高工作效率,节约能耗
C16		白板机技改及附属设备的更新
C17		抄纸机技改
C18		斜网过滤回收纤维
C19		纸机烘缸技改
D1	高费方案	改造旧清水系统,使之达到新系统水平
D2		高速纸机的购入与安装
D3		韩国自动包装机的购入与使用,提高生产效率和资源利用率
D4		引进中国台湾分切机等先进设备
D5		引进 320t、600t 新水处理设备,提高产品质量
D6		兴建废水处理储水塘,减少处理成本
D7		建设文化、技术中心,为清洁生产提供持续硬件保证
D8		建物流中心和新加工车间,提供强有力的清洁生产环境保证
D9		电力增容改造,确保生产,增加经济效益

(2) 清洁生产方案的分析、评估

① 基本分析:所提出的无费、低费方案都是可行的,有良好的环境效益和经济效益,实施也比较容易。

中费方案中的 C1、C3、C4、C10、C13、C15 对提高产品质量、节约能耗有较好的作用,投入不大,实施比较容易。

C2、C5、C6、C7、C8、C11、C12、C14 等均为改善生产环境及周边环境的措施，可以提高产品质量，保证产品符合卫生标准，是不难实施的。

C9、C18 既改善环境，又可回收纤维、回用处理后废水、减少清水用量、减少废水排放量、消除白色污泥对环境的影响，有良好的经济效益，是不难实施的。

C16、C17 是属于更新改造主要生产设备，以提高产品质量及产量，是可以实施的。

② 综合评估、可行性分析：为了确定投资目标，对选出的高费、中费方案进行了技术、环境、经济可行性分析，在技术评估的基础上，筛选出一批技术可行的方案进行环境评估，环境评估结果是方案 C9、D3、D4、D8、D9 是最佳环境方案，针对这 4 个环境、技术均可行的方案又进行了详尽的经济核算。可行性分析的最终结果见表 7-23。

表 7-23　部分优秀方案可行性分析

方案名称	C9	D3、D4	D8	D9
方案内容	用絮凝法代替气浮法处理废水,处理后部分水回用,用清水用量	进口韩国自动包装机和中国台湾分切机	建物流中心和新后加工车间	电力改造
有何种效益	环境效益、经济效益	环境效益、经济效益	经济效益	经济效益
同行业水平	先进成熟	国内外先进	先进成熟	成熟可靠
方案投资/万元	250	890	1000	300
减少废物	废水	废渣	无	无
产品质量	无提高	提高	提高	无提高
技术评估简述	先进成熟	国内外先进	先进成熟	成熟可靠
环境评估简述	环境效益好	环境效益好	环境效益良	环境效益可以
经济评估简述	良	好	好	良

从可行性分析结果可知 D3、D4、D8、D9 有较好的经济效益和投资回报能力，C9 有较好的环境效益，如考虑到节约的清水可用于企业进一步发展扩容和增加纤维回收量，其经济效益也相当良好，结合工厂现状，综合技术、环境和经济效益考虑，首先实施 D3、D4 和 D9，后实施 C9。

（3）清洁生产方案的实施　企业对清洁生产很重视，一直把清洁生产放在十分重要的位置，从思想动员、组织落实，均采取实际措施，在生产各个环节不断采取措施减少原材料的消耗、能源消耗及污染负荷，从 2002 年 8 月以来便制定出清洁生产方案，明确目标，同时取得了明显的成效。由于主导产品是高档卫生纸，也有小部分中、低档卫生纸，原料以进口木浆为主，少量废纸原料，生产过程简单，流程短。因此实现清洁生产的目标是围绕着节约原辅材料和能源，改进生产工艺和设备，加强生产过程管理，减少排污量，提高水和废弃纤维回用率，加强员工清洁生产意识，提高产品品质等多个方面来展开的。

（4）清洁生产的效果　按照清洁生产方案所确定的计划内容，逐步落实，取得明显的效益，达到清洁生产的基本要求。已实施（完成）的主要清洁生产项目的环境效益与经济效益分析，见表 7-24。

已实施完成的清洁生产方案 27 个，共投入资金 1903 万元，总收益超过 400 万元。

（5）小结　企业实施清洁生产的经验如下。

① 企业要真正实施清洁生产，首先企业主要负责人一定要十分重视清洁生产，要组织落实，层层发动，培训队伍。

② 要从企业实际出发，制定合理的清洁生产方案，并认真科学地分析方案，落实方案，有计划地分步实施。

③ 清洁生产必须既考虑环境效益，又要有良好的经济效益，通过清洁生产来促进产品

质量提高、节能、节水、降耗。

表 7-24　已实施的主要清洁生产项目的环境效益与经济效益分析

方案类型	代号	方案名称	投入资金/万元	开始时间	完成时间	实施前情况	实施后效益
工艺技术改造	B1~3	废纸碎解使用生产高档纸的造纸白水	1	2003.4	2003.10	清水用量多	减少清水用量及废水排放量700m³/d
	B4~5	用净化水代替清水作喷洗用水	2	2002.10	2003.1	清水耗用大	节约清水及废水排放量160m³/d
	B10	改洗网、洗毯系统	2	2003.11	2003.11	耗水量大	节约用水900m³/月
	B6	中、低档纸生产用高档纸生产白水作为稀释水代替清水	10	2003.7	2003.10	每台机用水量108m³/t	利用白水20m³/t纸,节约30元/t纸
改善环境	B7	高档纸白水与中、低档纸白水分开收集、处理	15	2003.5	2003.10	处理费用0.35元/m³	处理降至费用0.23元/m³
	C6	建设地面绿色环保工程	16	2004.5	2004.8	环境卫生条件难控制	改善环境卫生,预防细菌滋生
	C7	加建后加工卫生防范措施	15	2004.7	2004.10	环境卫生较难控制	提供强有力的卫生保证
	D6	兴建废水处理贮水塘	250	2004.5	2004.10	未达标准排放	达标排放
节能降耗	C18	斜网过滤回用纤维	5	2002.4	2002.6	无回收	每月回用30t,增加效益16500元/月
	C13	技改制浆造纸的管道	20	2004.5	2004.7	用电量303度/t纸	用电量285度/t纸
	C10	更改蒸汽管道	20	2004.6	2004.6	蒸汽耗用420元/t纸	蒸汽用量380元/t纸
	B11	纸机冷凝水回收利用	1.25	2002.4	2002.5	未用	节约清水400m³/d,减少用煤量20t/d
设备改造	C15	更换碎浆机转子中轴	8	2004.5	2004.6	用电量37度/t纸	用电量34度/t纸
	C17	抄纸机技改	17	2003.4	2003.5	效率低,能耗大	提高产量10t/d,节耗30元/t纸
	C19	纸机烘缸技改	12.5	2004.4	2004.5	能耗较大	节耗20元/t纸
	D5	引进600T新水处理设备	150	2004.5	2004.7	水质较差	水质明显改良,产品品质提升
	C14	增加水膜除尘器	10	2003.4	2003.10	烟尘较多	烟气粉尘基本解决
	D9	电力改造	300	2002.9	2002.11	电价0.81元/度;线损6%	电价0.67元/度,线损5%,噪声减少
	C12	增装杀菌灭蝇设备	6	2004.4	2004.4	蚊蝇较多	杀蚊共菌效果明显,改善环境
	D3~4	引进先进设备	890	2003.12	2004.6	个人生产率较低	个人生产率提高15%

7.4.4.3　设计任务与目的

（1）任务

① 依据上述清洁生产审核的简易报告,再补充收集一些行业资料后,依据8.2的大纲目录要求补充完成该企业的完整清洁生产审核报告。

② 以4~6人一组分工合作完成各部分内容。

③ 报告字数在2万字左右。

（2）设计的目的　通过上述任务的完成,可以达到如下目的。

① 集思广益,充分调动学生积极性,同时培养学生分工合作的能力;

② 培养学生捕捉信息、处理数据、编写完整报告书的能力。

7.4.4.4 设计成果提交

以组为单位提交清洁生产审核报告书，每个同学提交个人完成的任务情况说明。

7.4.4.5 进度安排

总时间为 10～15 个工作日，自行安排各阶段时间。

指导教师：   教研室主任（或主管领导）：

年　　月　　日   年　　月　　日

7.5　课程设计思考题

1. 在企业进行清洁生产宣传宣教方式有哪些？
2. 当推行清洁生产途中遇到资金困难时怎么办？
3. 通过哪些方式可以发现企业存在的问题？
4. 如何确定审核重点？
5. 如何设置清洁生产的目标？
6. 产生方案的方法有哪些？
7. 如何对方案进行比选分析？
8. 如何避免清洁生产审核走过场？

参 考 文 献

[1] 张天柱，石磊，贾小平．清洁生产导论．北京：高等教育出版社，2006.
[2] 赵玉明．清洁生产．北京：中国环境科学出版社，2005.
[3] 国家清洁生产中心培训教材．企业清洁生产审核手册．北京．
[4] 郭日生，彭斯震，Gerhard WEIHS．清洁生产审核案例与工具．北京：科学出版社，2011.
[5] 广东省经济贸易委员会，广东省科学技术厅，广东省环境保护局．清洁生产案例分析．北京：中国环境科学出版社，2005.

8 物理污染控制工程课程设计及案例

8.1 物理污染控制工程课程设计的目的、意义和要求

8.1.1 课程设计的目的和意义

物理污染控制工程课程教学内容包括：噪声污染及其控制、振动污染及其控制、电磁辐射污染及其防治、放射性污染及其控制、热污染及其控制、光污染及其控制，课程设计是配合物理污染控制工程专业课程学习而单独设立的设计性实践课程，是对给定的某一物理环境污染源或污染物进行治理的工程设计，是环境工程专业的一门必修的专业课。教学目的是在课程设计过程中，使学生学习和掌握物理环境污染治理工程与工艺中的基本原理、物理污染控制工程的设计步骤及建（构）筑物计算方法、主要设备或治理工艺的图纸绘制等，培养学生调查研究、文献查阅及资料收集、比较确定设计方案、工程设计计算、图纸绘制、技术文件编写的能力。本课程在完成课堂理论教学的同时开设课程设计一周。

通过课程设计达到以下目的：

① 培养学生正确的设计思想、严谨的科学态度和良好的工作作风。

② 巩固、加强和深化学生所学的理论知识和专业技能，培养学生的工程设计能力，包括设计计算和计算机绘图的能力。

③ 通过课程设计实践，培养综合运用物理污染控制设计课程和其他先修课程的理论与专业知识来分析和解决物理污染控制设计问题的能力。

④ 学习物理污染控制设计的一般方法、步骤，掌握物理污染控制设计的一般规律。

⑤ 进行物理污染控制设计基本技能的训练，例如设计计算、绘图、查阅资料和手册、运用标准和技术规范。

⑥ 引导学生发挥其主观能动性和创造性，独立完成所规定的课程设计任务，严格要求学生，加强组织纪律性，把提高学生工程素质始终贯彻在整个课程设计中。

8.1.2 课程设计的选题

本课程设计选题必须紧紧围绕物理污染典型污染物的治理这个主题，如环境噪声污染的声屏障或消声器控制等。学生根据教学大纲要求、设计工作量及实际设计条件进行适当选题。选题要符合本课程的教学要求，应包括物理污染控制或治理装置的设计计算和针对各种工艺流程的模拟。注意选题内容的先进性、综合性、实践性，应适合实践教学和启发创新，选题内容不应太简单，难度要适中，并且带有一定的前瞻性、系统性和实用性。

8.1.3 课程设计说明书和计算书的编写

课程设计说明书是学生设计成果的重要表现之一，设计说明书的重点是对设计计算成果的说明和合理性分析以及其他有关问题的讨论。设计说明书要力求文字通顺、简明扼要，图表要清楚整齐，每个图、表都要有名称和编号，并与说明书中内容一致。课程设计说明书按设计程序编写，包括方案的确定、设计计算、设备选择和有关设计的简图

等内容。课程设计说明书包括封面、目录、前言、正文、小结及参考文献等部分，文字应简明通顺、内容正确完整，书写工整，装订成册，合订时，说明书在前，附表和附图分别集中，依次放在后面。

设计计算书应包括与设计有关的阐述说明和计算内容，内容系统完整，计算正确，文理通畅，草图和表格不得徒手草绘，图中各符号应有文字说明，线条清晰，大小适宜，书写完整，装订整齐。

8.1.4 课程设计的图纸要求

课程设计图纸应基本达到技术设计深度，较好地表达设计意图；要求布局美观，图面整洁，图表清楚，尺寸标识准确，各部分线形必须符合制图标准及有关规定。

每个学生应至少完成设计图纸1张，建议必绘物理污染控制系统布置总图1张。系统图应按比例绘制，标出设备、管件编号，并附明细表。如条件允许可附系统平面、剖面布置图或工艺设备图1~2张。图中设备管件需标注编号，编号与系统图对应。布置图应按比例绘制。在平面布置图中应有方位标志（指北针）。

8.1.5 课程设计的内容和步骤

8.1.5.1 课程设计基本内容

① 噪声源的分布、噪声特性、环境特征的调查；

② 噪声污染状况调查或待建工程项目噪声分布预测计算（也可作类比调查）；

③ 确定适用标准和技术指标；

④ 治理措施设计和相应的降噪效果（包括计算或试验数据）；

⑤ 治理经费概算；

⑥ 工程施工结束后的降噪效果测试和验收；

⑦ 编写设计说明书。

完整的课程设计由设计说明书和图纸两部分组成，设计说明书是设计工作的核心部分、书面总结，也是后续设计和安装工作的主要依据。课程设计应包括以下内容。

① 封面（课程设计题目、专业、班级、姓名、学号、指导教师、时间等）；

② 目录；

③ 设计任务书；

④ 概述（设计的目的、意义）；

⑤ 设计条件或基本数据；

⑥ 设计计算；

⑦ 构筑物（设备）结构设计与说明；

⑧ 辅助设备设计和选型；

⑨ 设计结果汇总表；

⑩ 设计说明书后附结论和建议、参考文献、致谢；

⑪ 附图。

8.1.5.2 课程设计步骤

① 动员、布置设计任务；

② 阅读课程设计任务书，熟悉设计任务；

③ 收集资料，查阅相关文献；

④ 设计计算、绘图；

⑤ 编写设计说明书；

⑥ 考核和答辩。

8.1.6　课程设计的注意事项

① 选题可由指导教师选定，或由指导教师提供几个选题供学生选择；也可由学生自己选题，但学生选题须通过指导教师批准。课题应在设计周之前提前公布，并尽量早些，以便学生有充分的设计准备时间。

指导教师公布的课程设计课题一般应包括以下内容：课题名称、设计任务、技术指标和要求、主要参考文献等。

② 学生课程设计结束后，应向教师提交课程设计数据，申请指导教师验收。对达到设计指标要求的，教师将对其综合应用能力和工程设计能力进行简单的答辩考查，对每个学生设计水平做到心中有数；未达到设计指标要求的，则要求其调整和改进，直到达标。

③ 学生编写课程设计说明书和绘制图纸应认真、规范，数据真实可靠，格式正确。

④ 教师应提供相关案例，引导学生进行分析，指出设计过程的难点和重点。设计过程随时答疑，并在中期进行阶段性总结，对不明确部分进行指导和审核。设计说明书和图纸须审阅后再进行装订和答辩。

8.2　案　　例

8.2.1　设计任务书

8.2.1.1　课程设计名称

某常温气流管道消声器的设计。

8.2.1.2　设计条件和基础数据

在管径为 100mm 的常温气流管道上，设计一消声器，要使其中 125Hz 的倍频程上有 15dB 的消声量。

8.2.1.3　设计任务

本次课程设计的主要任务是对某常温气流管道安装消声器进行工程设计，使常温气流管道噪声在 125Hz 的倍频程上有 15dB 的消声量。

8.2.1.4　设计内容与要求

根据设计原始资料，利用所学的噪声污染控制工程的有关知识，设计以下内容。

(1) 设计说明书

① 调查分析噪声源的分布、噪声特性、环境特征；

② 类比调查噪声污染状况调查或预测计算待建工程项目噪声分布；

③ 确定环境噪声适用标准和噪声限值；

④ 设计方案比较和确定；

⑤ 设计方案计算和相应的降噪效果；

⑥ 治理经费概算；

⑦ 工程施工结束后的降噪效果测试和验收；

⑧ 编制设计说明书。

(2) 设计图纸

① 绘制管道消声器噪声治理的平面图（2#图纸）；

② 绘制管道消声器噪声治理的立面图（2#图纸）。

8.2.1.5　设计要求

①　方案选择应论据充分，具有说服力。

②　设计参数选择有根据，合理全面。

③　计算所选用的公式要有来源依据，计算应有足够的准确性。

④　图纸应正确表达设计意图，符合制图要求。

⑤　设计计算说明书应层次清楚，语言简练，书写工整，说明问题。

⑥　说明书要求打印（1.2万～1.5万字），可用计算机绘图。

⑦　参考文献按标准要求编写，必须在15篇以上。

8.2.1.6　设计进度计划

发题时间	年　　　月　　　日
指导教师布置设计任务、熟悉设计要求	0.5 天
准备工作、收集资料及方案比选	1 天
设计计算	1.5 天
整理数据、编写说明书	2 天
绘制图纸	1 天
质疑或答辩	1 天

指导教师：＿＿＿＿＿＿＿　　　　　　　　　　教研室主任：＿＿＿＿＿＿＿

年　　月　　日　　　　　　　　　　　　　　　年　　月　　日

8.2.2　设计程序

消声器的设计程序可分为 5 个步骤。

（1）噪声源现场调查及特性分析　　对于空气动力性噪声源安装使用情况、周围的环境条件、有无可能安装消声器、消声器安装在什么位置、与设备连接形式等应作现场调查记录，并作出初步考虑，以便合理地选择消声器。

空气动力设备，按其压力不同，可分为低压、中压、高压；按其流速不同，可分为低速、中速、高速；按其输送气体性质不同，可分为空气、蒸气和有害气体等。应按不同性质、不同类型的气流噪声源，有针对性地选用不同类型的消声器。噪声源的声级高低及频谱特性各不相同，消声器的消声性能也各不相同，在选用消声器前应对噪声源进行测量和分析。一般测量 A 声级、C 声级、倍频程或 1/3 倍频程频谱特性。特殊情况下如噪声成分中带有明显的尖叫声，则需作窄带谱分析。

（2）噪声标准的确定　　根据国家有关声环境质量标准和噪声排放标准，确定噪声应控制在什么水平上，即安装所选用的消声器后，能满足何种噪声标准的要求。

（3）消声量的计算　　消声器的消声量 ΔL 对不同的频带有不同的要求，应分别进行计算：

$$\Delta L = L_{\mathrm{p}} - \Delta L_{\mathrm{d}} - L_{\mathrm{a}}$$

式中，L_{p} 为声源某一频带的声压级；ΔL_{d} 为当无消声措施时，从声源至控制点经自然衰减所降低的声压级；L_{a} 为控制点允许的声压级。

（4）选择消声器类型　　根据气流性质、需安装消声器的现场情况及各频带所需的消声量，综合平衡后确定消声器类型、结构、材质等。

（5）检验　　根据所确定的消声器，验算消声器的消声效果，包括上下限截止频率的检验、消声器的压力损失是否在允许范围之内。甚至根据实际消声效果，对未能达到预期要求的，需修改原设计方案并提出补救措施。

8.2.3 消声原理

消声器是一种既能允许气流顺利通过，又能有效阻止或减弱声能向外传播的装置。一个设计合理的消声器，可降低管道噪声 20～40dB（A）。消声器在噪声控制工程中得到了广泛的应用。消声器只能减小由消声器入口端进入的声能量，而不能降低由气流扰动及由气流与壁面相互作用所产生的气流再生噪声。

消声器的种类和结构形式很多，根据其消声原理和结构的不同大致可分为阻性消声器、抗性消声器、微穿孔板消声器、扩散式消声器和有源消声器等。按所配用的设备来分，有空压机消声器、内燃机消声器、凿岩机消声器、风机消声器、罗茨风机消声器、空调消声器和高压气体排放消声器等。实际应用的消声器可能只涉及其中的一种消声机理，也可能综合应用几种消声机理。

（1）阻性消声器 阻性消声器是一种吸收型消声器，利用声波在多孔性吸声材料中传播时，因摩擦将声能转化为热能而散发掉，从而达到消声的目的。材料的消声性能类似于电路中的电阻耗损电功率，从而得名。阻性消声器按气流通道几何形状的不同而分为不同的种类，除直管式消声器外，还有片式、蜂窝式、折板式、迷宫式、声流式、盘式、弯头式消声器等。一般说来，阻性消声器具有良好的中高频消声性能，对低频消声性能较差。

（2）抗性消声器 抗性消声器与阻性消声器不同，它不使用吸声材料，仅依靠管道截面的突变或旁接共振腔等，在声传播过程中引起阻抗的改变而产生声能的反射、干涉，从而降低由消声器向外辐射的声能，达到消声目的。常用的抗性消声器有扩张室式、共振腔式、插入管式、干涉式、穿孔板式等。这类消声器的选择性较强，适用于窄带噪声和中低频噪声的控制。

（3）微穿孔板消声器 微穿孔板消声器是我国近年来研制的一种新型消声器。这种消声器的特点是不用任何多孔吸声材料，而是在薄的金属板上钻许多微孔，这些微孔的孔径一般为 1mm 以下，为加宽吸声频带，孔径应尽可能小，但因受制造工艺限制以及微孔易堵塞，故常用孔径为 0.50～1.0mm。穿孔率一般为 1%～3%。微穿孔板的板材一般用厚为 0.20～1.0mm 的铝板、钢板、不锈钢板、镀锌钢板、PC 板、胶合板、纸板等。

由于采用金属结构代替吸声材料，它比前述消声器具有更广泛的适应性。它具有耐高温、防湿、防火、防腐等特性，还能在高速气流下使用。为获得宽频带吸声效果，一般用双层微穿孔板结构。微孔板与风管壁之间以及微孔板与微孔板之间的空腔，按所需吸声的频带不同而异，通常吸收低频空腔大些（150～200mm），中频小些（80～120mm），高频更小些（30～50mm）。前后空腔的比不大于 1:3，前部接近气流的一层微孔板穿孔率可略高于后层。为减小轴向声传播的影响和加强消声器结构刚度，可每隔 500mm 加一块横向隔板。

（4）扩散消声器 扩散消声器是从研究喷气噪声辐射的理论和实验中开发出的新型消声器，它主要用于降低高压排气放空的空气动力性噪声。小孔喷注消声器的原理是从发声机理上减小它的干扰噪声。设计小孔消声器时，小孔间距应足够大，以保证各小孔的喷注是互相独立的。否则，气流经过小孔形成小孔喷注后，还会汇合成大的喷注辐射噪声，从而使消声器性能下降。为此，一般小孔的孔心距取 5～10 倍的孔径，喷注的气室压力越高，孔距应越大。

为保证安装消声器后不影响原设备的排气，一般要求小孔的总面积比排气口的截面积大

20％～60％，因此，相应的实际消声量要低于计算值。

现场测试表明，在高压气源上采用小孔消声器，单层 $\Phi 2mm$ 的小孔可以消声 16～21dB；单层 $\Phi 1mm$ 小孔可以消声 20～28dB。

（5）有源消声器　有源消声器是对于一个待消除的声波，人为地产生一个幅值相同而相位相反的声波，使它们在一定空间区域内相互干涉而抵消，从而达到在该区域消除噪声目的的消声装置。由于外加的声波往往需要借助电声技术产生，因此该种消声器通常也叫做电子消声器。有源消声器的基本设计思想，早在 20 世纪 30 年代就已形成。在 50 年代，这种消声器试验成功，对于 30～200Hz 频率范围内的纯音，可以得到 5～25dB（A）的衰减量。此后，随着电子电路和信号处理技术的发展，包括 Jessel，Mangiante，Ganevet 以及我国声学工作者的一系列应用研究，有源消声技术有了很大的发展。目前，有源控制是噪声控制领域中的热门话题。

8.2.4　设计方案的比较和确定

通过对上述 5 种类型消声器消声降噪性能的比较分析，设计方案选用抗性消声器治理管道气流噪声。

单节扩张室式消声器的主要缺点是有效消声频率范围较窄，当 $Kl = n\pi$ 时，传递损失就等于零，解决的方法通常有两种：一种是设计多节扩张室，使每节具有不同的通过频率，将它们串联起来，也即多节扩张室消声器，这样的多节串联可以改善整个消声频率特性，同时也使总的消声量提高，但各节消声器距离很近时，互相间有影响，并不是各节消声量的相加。另一种方法是将单节改进为内插管式，即内插管消声器，在扩张室两端各插入 $1/2l$ 和 $1/4l$ 的管以分别消除 n 为奇数和偶数对的通过频率低谷，以使消声器的频率响应特性曲线平直，但实际设计的消声器两端插入管连在一起，而其间的 $1/4l$ 长度上有穿孔率大于 30％的孔，以减小气流阻力。

共振腔消声器的优点是特别适宜低、中频成分突出的气流噪声的消声，且消声量大。缺点是消声频带范围窄，对此可采用以下改进方法。

① 选定较大的 K 值：噪声频率在偏离共振频率时，消声量的大小与 K 值有关，K 值大，消声量也大。因此，欲使消声器在较宽的频率范围内获得明显的消声效果，必须使 K 值设计得足够大。

② 增加声阻：在共振腔中填充一些吸声材料，都可以增加声阻，使有效消声的频率范围展宽。这样处理尽管会使共振频率处的消声量有所下降，但由于偏离共振频率后的消声量变得下降缓慢，从整体看还是有利的。

③ 多节共振腔串联：把具有不同共振频率的几节共振腔消声器串联，并使其共振频率互相错开，可以有效地展宽消声频率范围。

共振式消声器是利用共振吸声原理进行消声的。最简单的结构形式是单腔共振消声器，它是由管道壁上的开孔与外侧密闭空腔相通而构成的，单腔共振消声器结构见图 8-1。

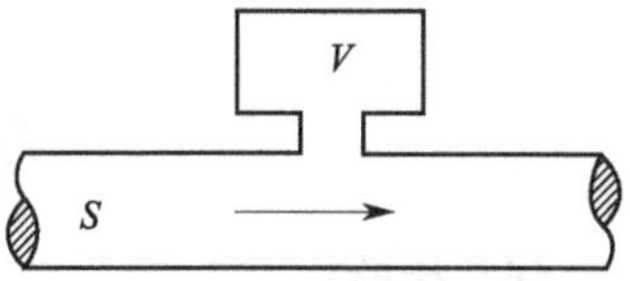

图 8-1　单腔共振消声器结构图

共振式消声器实质上是共振吸声结构的一种应用，其基本原理为亥姆霍兹共振器。管壁小孔中的空气柱类似活塞，具有一定的声质量；密闭空腔类似于空气弹簧，具有一定的声顺，二者组成一个共振系统。当声波传至颈口时，在声波作用下空气柱便产生振动，振动时的摩擦阻尼使一部分声能转换为热能耗散掉。同时，由于声阻抗的突然变化，一部分声能将反射回声源。当声波频率与共振腔固有频率相同时，便产生共振，空气柱的振动速度达到最大值，此时消耗的声能最多，消声量也应最大。

本次设计的常温气流管道噪声频率为125Hz，属于低频噪声，消声频带范围窄，适合采用单腔共振式消声器控制管道气流噪声。

8.2.5 消声器的设计计算

（1）气流管道截面积的计算

$$S = \frac{\pi}{4}d_1^2 = \frac{\pi}{4} \times 0.1^2 = 0.00785 \ （m^2）$$

（2）共振腔 K 值的计算 对倍频带：$TL = 10\lg(1+2K^2)$。

由 $TL = 15dB(A)$，求得 $K = 3.913 \approx 4$。

（3）共振腔体积 V 和传导率 G 的计算 由共振频率 $f_r = \frac{c}{2\pi}\sqrt{\frac{G}{V}}$ 和传导常数 $K = \frac{\sqrt{GV}}{2S}$ 可导出：

$$V = \frac{c}{\pi f_r}KS = \frac{340 \times 4 \times 0.00785}{\pi \times 125} = 0.027 \ （m^3）$$

$$G = \left(\frac{2\pi f_r}{c}\right)^2 V = \left(\frac{2\pi \times 125}{340}\right)^2 \times 0.027 = 0.144 \ （m）$$

（4）共振腔长度 l 的计算 设计方案确定共振腔形状为与原管道同轴的圆筒形，其内径是100mm，外径是400mm，则共振腔的长度为：

$$l = \frac{4V}{\pi(d_2^2 - d_1^2)} = \frac{4 \times 0.027}{\pi(0.4^2 - 0.1^2)} = 0.23 \ （m）$$

选用 $t = 2mm$ 厚的钢板，孔径 $d = 0.5cm$，由

$$G = \frac{S_0}{t + 0.8d} = \frac{\pi d^2}{4(t + 0.8d)}$$

可求得开孔数为：

$$n = \frac{G(t + 0.8d)}{S_0} = \frac{0.144 \times (2 \times 10^{-3} + 0.8 \times 5 \times 10^{-3})}{\pi(5 \times 10^{-3})^2/4} = 44 \ （个）$$

（5）上限截止频率 $f_上$ 的计算

$$f_r = \frac{c}{2\pi}\sqrt{\frac{G}{V}} = \frac{340}{2\pi} \times \sqrt{\frac{0.144}{0.027}} = 125 \ （Hz）$$

$$f_上 = 1.22\frac{c}{D} = 1.22 \times \frac{340}{0.4} = 1037 \ （Hz）$$

（6）检验

因 $f_r = 125Hz < f_上 = 1037Hz$，由此可知所需消声范围内不会出现高频失效问题，共振频率的波长为：

$$\lambda_r = \frac{c}{f_r} = \frac{340}{125} = 2.72 \ （m）$$

$$\frac{\lambda_r}{3} = \frac{2.72}{3} = 0.91 \ （m）= 910（mm）> l = 230（mm）$$

所设计的共振腔消声器的最大几何尺寸小于共振波长的 1/3，符合要求。

8.2.6　平面布置图及设备或设施的结构图设计

根据课程设计确定设计方案，绘制平面布置图和降噪设备或设施的结构图。

确定的单腔共振消声器设计图如图 8-2 所示。

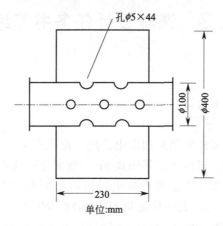

图 8-2　设计的单腔共振消声器

8.2.7　设计说明书的编写

课程设计说明书全部采用计算机打印（1.2 万～1.5 万字），图纸可用计算机绘制。说明书应包括以下部分。

① 目录；

② 概述；

③ 设计任务（或设计参数）；

④ 消声原理及设计方案比选；

⑤ 设备或设施单元设计计算；

⑥ 设备选型；

⑦ 主要设备或设施一览表；

⑧ 结论和建议；

⑨ 参考文献；

⑩ 致谢；

⑪ 附图。

学生应根据课程设计内容和要求进行编写，用语科学规范，详略得当。

设备或设施一览表应包括名称、型式（型号）、主要尺寸、数量、参数等；图纸为主要设备或设施结构图 1～2 张（2[#] 图纸），应包括主图、剖面图。按比例绘制、标出尺寸并附说明，图签应规范。

参考文献按标准要求编写，不少于 15 篇。

8.2.8　共振腔消声器设计要点

① 共振腔的最大几何尺寸应小于声波波长，共振频率较高时，此条件不易满足，共振腔应视为分布参数元件，消声器内会出现选择性很高且消声量较大的尖峰，相关的计算公式不再适用。

② 穿孔位置应集中在共振腔中部，穿孔尺寸应小于其共振频率相应波长的 1/12。穿孔过密则各孔之间相互干扰，使传导率计算值不准。一般情况下，孔心距应大于孔径的 5 倍。

当两个要求相互矛盾时，可将空腔割成几个小的空腔来分布穿孔位置，总的消声量可近似视为各腔消声量的总和。

③ 共振腔消声器有高频失效问题。其上限截止频率可用公式 $f_上 = 1.22\dfrac{c}{D}$ 进行估算。

8.3 课程设计任务书汇编

8.3.1 课程设计任务书之一

8.3.1.1 课程设计名称

柴油发动机房噪声控制工程设计。

8.3.1.2 设计条件和基础数据

某通讯有限公司将新建紧急备用柴油发电机房，此机房位于办公用主楼北侧，主楼外墙与机房共用，并设置门一扇。机房与厂界距离 8m。该发电机房内将安装两台 P625E 型柴油发电机组，第一期工程先安装一台。柴油发电机组的功率为 500kW，电压 380～415V，排风量 756m³/min，质量 4620kg。其中柴油机型号 3012TWG2，气缸数 12，转速 1500r/min，排烟最大温度 480℃，排烟量 102m³/min，排烟口尺寸 2×Φ127mm，冷却水正常工作温度 70～80℃。发电机型号 HCK544E，励磁方式为无刷自励式。该机组单机基础台尺寸长×宽×高为 4.2m×1.8m×0.2m，排风口最小尺寸 1.6m×1.6m，进风口最小尺寸 1.8m×2.5m，排烟口最小高度 2.8m，该机组在电网断电时自动紧急启动。

8.3.1.3 设计任务

根据《声环境质量标准》（GB 3096—2008）适用区域，该区域属于规划中的工业区，即 3 类功能区，但机房周围没有对噪声敏感的建筑物。根据《工业企业厂界环境噪声排放标准》（GB 12348—2008）3 类标准，即昼间和夜间的等效声级限值分别为 65dB 和 55dB。工程设计采用吸声、隔声及消声等治理措施后，厂界噪声排放达到《工业企业厂界环境噪声排放标准》（GB 12348—2008）3 类标准噪声限值。

8.3.1.4 设计内容与要求

根据设计原始资料，利用所学的噪声污染控制工程的有关知识，设计以下内容。

（1）设计说明书

① 调查分析噪声源的分布、噪声特性、环境特征；

② 类比调查噪声污染状况调查或预测计算待建工程项目噪声分布；

③ 确定环境噪声适用标准和噪声限值；

④ 设计方案比较和确定；

⑤ 设计方案计算和相应的降噪效果；

⑥ 治理经费概算；

⑦ 工程施工结束后的降噪效果测试和验收；

⑧ 编制设计说明书。

（2）设计图纸

① 绘制机房噪声治理的平面图（2#图纸）；

② 绘制机房噪声治理的立面图（2#图纸）。

8.3.1.5 设计要求

① 方案选择应论据充分，具有说服力。

② 设计参数选择有根据，合理全面。

③ 计算所选用的公式要有来源依据，计算应有足够的准确性。

④ 图纸应正确表达设计意图，符合制图要求。

⑤ 设计计算说明书应层次清楚，语言简练，书写工整，说明问题。

⑥ 说明书要求打印（1.2万～1.5万字），可用计算机绘图。

⑦ 参考文献按标准要求编写，必须在15篇以上。

8.3.1.6　设计进度计划

发题时间	年　　月　　日
指导教师布置设计任务、熟悉设计要求	0.5天
准备工作、收集资料及方案比选	1天
设计计算	1.5天
整理数据、编写说明书	2天
绘制图纸	1天
质疑或答辩	1天

指导教师：_____　　　　　　　　教研室主任：_____

　年　　月　　日　　　　　　　　　　　　年　　月　　日

8.3.2　课程设计任务书之二

8.3.2.1　课程设计名称

某工厂空压机房噪声控制工程设计。

8.3.2.2　设计条件和基础数据

某工厂空压机房设有2台空压机，距噪声源2m，噪声源位置位于地面中央，测得的各信频带声压级见表8-1。房间尺寸长×宽×高为10m×6m×4m，容积$V=240m^3$，内表面积$S=248m^2$，压机房内表面为混凝土面。

表 8-1　各倍频带声压级

倍频带中心频率/Hz	63	125	250	500	1000	2000	4000	8000
声压级/dB	103	95	92	92	84.5	83	79.5	75.5

8.3.2.3　设计任务

按NR80设计，采用吸声治理措施，选择合适的吸声材料的品种和规格，以及材料的使用面积，使空压机房噪声降至90dB（A）。

8.3.2.4　设计内容与要求

根据设计原始资料，利用所学的噪声污染控制工程的有关知识，设计以下内容。

（1）设计说明书

① 调查分析噪声源的分布、噪声特性、环境特征；

② 类比调查噪声污染状况调查或预测计算待建工程项目噪声分布；

③ 确定环境噪声适用标准和噪声限值；

④ 设计方案比较和确定；

⑤ 设计方案计算和相应的降噪效果；

⑥ 治理经费概算；

⑦ 编制设计说明书。

（2）设计图纸

① 绘制机房噪声治理的平面图（2[#]图纸）；

② 绘制机房噪声治理的立面图（2[#]图纸）。

8.3.2.5　设计要求

① 方案选择应论据充分，具有说服力。

② 设计参数选择有根据，合理全面。

③ 计算所选用的公式要有来源依据，计算应有足够的准确性。

④ 图纸应正确表达设计意图，符合制图要求。

⑤ 设计计算说明书应层次清楚，语言简练，书写工整，说明问题。

⑥ 说明书要求打印（1.2 万～1.5 万字），可用计算机绘图。

⑦ 参考文献按标准要求编写，必须在 15 篇以上。

8.3.2.6　设计进度计划

发题时间	年　　月　　日
指导教师布置设计任务、熟悉设计要求	0.5 天
准备工作、收集资料及方案比选	1 天
设计计算	1.5 天
整理数据、编写说明书	2 天
绘制图纸	1 天
质疑或答辩	1 天

指导教师：_____　　　　　　　　　　　教研室主任：_____

年　　月　　日　　　　　　　　　　　　　　年　　月　　日

8.3.3　课程设计任务书之三

8.3.3.1　课程设计名称

某工厂离心风机排风口噪声控制工程设计。

8.3.3.2　设计条件和基础数据

某工厂一大型离心风机位于工业广场附近，距风机出口左侧 100m 处有一座办公楼，右侧及前方为绿地。由于出气口噪声很高，影响工程技术人员及人们的工作效率；另外，风机房内噪声也很高，但操作者经常待在隔声间内，故机壳和电机的噪声危害不大，可以不予考虑。鉴于上述情况，可对排气噪声采取控制措施。

在办公楼窗前 1m 处测得的环境噪声见表 8-2。

表 8-2　办公楼窗前环境噪声各倍频带声压级

倍频带中心频/Hz	125	250	500	1000	2000	4000
倍频带声压级/dB	44	56	65	60	50	36

大型离心风机的性能参数：型号 K2-73-02N032F，风机功率 2500kW，风量 9500m^3/h，风机叶片数为 12，转速 600r/min。出风口为直角扩散弯头，出口为 3m×3m 的正方形。在风机排风口左侧 45°方向 1m 处，测得 A 声级为 109dB，其倍频带声压级见表 8-3。

表 8-3　离心风机各倍频带声压级

倍频带中心频率/Hz	125	250	500	1000	2000	4000	A
倍频带声压级/dB	100	108	108	103	100	95	109

8.3.3.3　设计任务

设计一消声器，使得风机排风口左侧 45°方向 1m 处的 A 声级降为 75dB，达到 NR70。

根据环境噪声标准要求，在办公楼窗前 1m 处监测环境噪声，检验所采用的消声器能否满足该功能区的声环境要求。

8.3.3.4　设计内容与要求

根据设计原始资料，利用所学的噪声污染控制工程的有关知识，设计以下内容。

（1）设计说明书

① 调查分析噪声源的分布、噪声特性、环境特征；

② 类比调查噪声污染状况调查或预测计算待建工程项目噪声分布；

③ 确定环境噪声适用标准和噪声限值；

④ 设计方案比较和确定；

⑤ 设计方案计算和相应的降噪效果；

⑥ 治理经费概算；

⑦ 编制设计说明书。

（2）设计图纸

① 绘制离心风机排风口噪声治理的平面图（2♯图纸）；

② 绘制离心风机排风口噪声治理的立面图（2♯图纸）。

8.3.3.5　设计要求

① 方案选择应论据充分，具有说服力。

② 设计参数选择有根据，合理全面。

③ 计算所选用的公式要有来源依据，计算应有足够的准确性。

④ 图纸应正确表达设计意图，符合制图要求。

⑤ 设计计算说明书应层次清楚，语言简练，书写工整，说明问题。

⑥ 说明书要求打印（1.2 万～1.5 万字），可用计算机绘图。

⑦ 参考文献按标准要求编写，必须在 15 篇以上。

8.3.3.6　设计进度计划

发题时间	年	月	日
指导教师布置设计任务、熟悉设计要求			0.5 天
准备工作、收集资料及方案比选			1 天
设计计算			1.5 天
整理数据、编写说明书			2 天
绘制图纸			1 天
质疑或答辩			1 天

指导教师：_____　　　　　　　　　　　教研室主任：_____

　年　　月　　日　　　　　　　　　　　　　　年　　月　　日

8.4　课程设计思考题

1. 噪声的危害有哪些？

2. 真空中能否传播声波？为什么？

3. 声波的基本类型有哪些？

4. 声波在不同介质中传播会产生哪些现象？其产生的原理是什么？

5. 声波在传播的过程中会发生哪些衰减？

6. 噪声的评价量有哪些？各评价量适用范围是什么？

7. 交通噪声引起人们的烦恼，决定于噪声的哪些因素？

8. 我国声环境质量标准中声功能区分为几类？各类声功能区的适用区域有哪些？

9. 产品噪声排放标准有哪些？各类产品噪声限值是多少？

10. 环境噪声排放标准有哪些？各类环境噪声限值是多少？

11. 噪声卫生标准有哪些？各类噪声卫生限值是多少？

12. 环境振动标准有哪些？各类振动限值是多少？

13. 环境噪声测量方法有哪些？

14. 环境振动测量方法有哪些？

15. 声环境规划的类型和内容是什么？

16. 噪声控制的基本原理和原则是什么？

17. 噪声源的分类有哪些？

18. 环境噪声按噪声源的特点分为哪几类？

19. 环境噪声规划内容有哪些？

20. 吸声材料有哪几种？其吸声原理是什么？

21. 影响多孔吸声材料吸声特性的因素有哪些？

22. 共振吸声结构种类有哪些？各类吸声结构的吸声原理是什么？

23. 隔声的分类有哪些？隔声结构有哪些？

24. 声屏障的声学原理是什么？如何计算和测量声屏障的插入损失？

25. 消声器的分类有哪些？消声器的基本要求有哪些？

26. 阻性消声器的种类有哪些？各类阻性消声器的消声原理是什么？

27. 气流对阻性消声器性能的影响有哪些？

28. 抗性消声器的种类有哪些？各类抗性消声器的消声原理是什么？

29. 单节扩张室式消声器的主要缺点有哪些？改善单节扩张室式消声器消声频率特性的方法有哪些？

30. 改善共振式消声器的消声性能的方法有哪些？

31. 微穿孔板消声器的消声原理是什么？

32. 扩散消声器的种类有哪些？各类扩散消声器的消声原理是什么？

33. 消声器性能测量方法有哪些？

34. 道路交通噪声分类有哪些？低噪声路面种类有哪些？

35. 振动控制的基本途径有哪些？

36. 物体振动的隔振原理是什么？

37. 工程中广泛使用的隔振元件有哪些？

38. 阻尼减振原理是什么？

39. 工程中广泛使用的隔振元件有哪些？

40. 阻尼材料的阻尼性能测量方法有哪些？

参 考 文 献

[1] 毛东兴，洪宗辉. 环境噪声控制工程. 第2版. 北京：高等教育出版社，2010.
[2] 马大猷. 噪声与振动控制工程手册. 北京：中国机械工业出版社，2002.
[3] 郑长聚主编. 环境工程手册环境噪声控制卷. 北京：高等教育出版社，2000.
[4] GB/T 3947—1996《声学名词术语》.

［5］ GB 3096—2008《声环境质量标准》.
［6］ GB 12348—2008《工业企业厂界环境噪声排放标准》.
［7］ GB 22337—2008《社会生活环境噪声排放标准》.
［8］ GB 3222—94《声学 环境噪声测量方法》.
［9］ GB 1496—79《机动车辆噪声测量方法》.
［10］ GB/T 3785—83《声级计的电、声性能及测试方法》.
［11］ GB/T 15173—94《声校准器》.
［12］ GB/T 17181—1999《积分平均声级计》.
［13］ HJ 2.4—2009《环境影响评价技术导则 声环境》.
［14］ HJ/T 90—2004《声屏障声学设计和测量规范》.
［15］ 《城市道路 声屏障》(国家建筑标准设计图集 09MR603). 北京：中国计划出版社，2009.
［16］ JT/T 646—2005《公路声屏障材料技术要求和检测方法》.

9 环境工程项目投资估算及工程经济分析

9.1 投资估算的作用、编制内容和深度

9.1.1 投资估算的作用

投资估算是指拟建项目在整个决策过程中，依据不同决策阶段及依据建设规模对建设项目投资数额（包括工程造价和流动资金）进行的估计，是编制项目建议书、可行性研究报告的重要组成部分，是拟建项目决策的重要依据之一。

投资估算是决策立项直至初步设计之前的重要工作环节，是保证投资决策是否正确的关键环节。在不同的决策阶段具有的作用如下。

① 项目建议书编制阶段，投资估算是决定是否立项的重要依据；

② 在可行性研究阶段，投资估算是实施全过程造价管理的开端，是控制设计任务书下达的投资限额的重要依据，是主管部门备案的投资额，对初步设计概算编制起控制作用。

9.1.2 投资估算的编制内容和深度

9.1.2.1 投资估算编制说明

（1）工程概况

（2）编制范围

（3）编制方法

（4）编制依据

9.1.2.2 投资分析

① 工程投资比例分析。一般工业项目要分析主要生产项目（列出各生产装置）、辅助生产项目、公用工程项目（给排水、供电和电信、供气、总图运输及外管）、服务性工程、生活福利设施、厂外工程占建设总投资的比例。

② 分析设备购置费、建筑工程费、安装工程费、工程建设其他费用、预备费占建设总投资的比例；分析引进设备费用占全部设备费用的比例等。

③ 分析影响投资的主要因素。

④ 与国内类似工程项目的比较，分析说明投资高低的原因。投资分析可单独成篇，亦可列入编制说明中叙述。

9.1.2.3 估算表格（见表 9-1）

表 9-1 建设项目总投资组成

可研阶段	费 用 组 成				初设阶段	
建设项目估算总投资	建设投资	固定资产费用	建筑工程费		第一部分工程费用	建设项目总投资
			设备购置费			
			安装工程费			
		固定资产其他费用	建设管理费		第二部分工程建设其他费用	
			建设用地费			
			可行性研究费			
			研究试验费			

续表

可研阶段			费 用 组 成		初设阶段
建设项目估算总投资	建设投资	固定资产费用	固定资产其他费用	勘察设计费	第二部分工程建设其他费用
				环境影响评价费	
				劳动安全卫生评价费	
				场地准备及临时设施费	
				引进技术和引进设备其他费	
				工程保险费	
				联合试运转费	
				特殊设备安全监督检验费	
				市政公用设施建设及绿化费	
		无形资产费用		专利及专有技术使用费	
		其他资产费用		生产准备及开办费	
		预备费		基本预备费	第三部分预备费
				价差预备费	
	建设期利息				第四部分专项费用
	流动资金(项目报批总投资和概算总投资中只列铺底流动资金)				
	固定资产投资方向调节税 (暂停征收)				

9.1.2.4 表格形式（见表 9-2）

表 9-2 建设项目总投资估算汇总表 单位：万元

序号	费用名称	建筑工程费	设备安置费	安装工程费	其他费用	合计
一	建设投资静态投资					
1	第一部分:工程费用					
1.1	主要生产装置					
	磷酸铁锂装置					
	六氟磷酸锂装置					
	黄磷制赤磷装置					
	包覆赤粒及母粒装置					
1.2	辅助生产项目					
1.2.1	办公楼及分析化验					
1.2.2	劳动安全卫生及消防					
1.2.3	环境治理装置					
1.3	公用工程					
1.3.1	总图					
1.3.2	供热					
1.3.3	供电					
1.3.4	给排水					
1.3.5	……					
2	第二部分:工程建设其他费用					
2.1	固定资产其他费用					
2.1.1	工程保险费					
2.1.2	建设单位管理费					
2.1.3	工程监理费					
2.1.4	土地使用费					
2.1.5	可行性研究费					
2.1.6	勘察设计费					
2.1.7	环境保护评价费					
2.1.8	安全评价费					

续表

序号	费用名称	建筑工程费	设备安置费	安装工程费	其他费用	合计
2.1.9	前期其他费用					
2.1.10	联合试运转费					
2.1.11	生产准备费					
2.1.12	临时设施费					
2.1.13	市政公用设施费					
2.1.14	……					
2.2	无形资产					
2.2.1	技术使用费					
2.2.2	……					
3	基本预备费					
4	建设投资动态投资					
二	流动资金					
三	铺底流动资金					
四	项目报批总投资					
五	项目投入总投资					

9.2　投资估算的编制依据和方法

9.2.1　投资估算的编制依据

投资估算的编制依据如下。

① 国家、行业和地方政府的有关规定；

② 工程勘察与设计文件，图示计量或有关专业提供的主要工程量和主要设备清单；

③ 行业部门、项目所在地工程造价管理机构或行业协会等编制的投资估算指标、概算指标（定额）、工程建设其他费用定额（规定）、综合单价、价格指数和有关造价文件等；

④ 类似工程的各种技术经济指标和参数；

⑤ 工程所在地的同期的工、料、机市场价格，建筑、工艺及附属设备的市场价格和有关费用；

⑥ 政府有关部门、金融机构等部门发布的价格指数、利率、汇率、税率等有关参数；

⑦ 与建设项目相关的工程地质资料、设计文件、图纸等；

⑧ 委托人提供的其他技术经济资料。

9.2.2　国内常用的投资估算的计算方法

建设项目投资估算内常用的投资估算的计算方法有生产能力指数法、系数估算法、比例估算法、混合法（生产能力指数法与比例估算法、系数估算法与比例估算法等综合使用）、指标估算法等。

9.2.2.1　各种计算方法的适用范围

生产能力指数法的关键是生产能力指数的确定，一般要结合行业特点确定，并应有可靠的例证。

系数估算法应在设计深度不足，拟建建设项目与类似建设项目的主体工程费或主要生产工艺设备投资比例较大，行业内相关系数等基础资料完备的情况下使用。

比例估算法应在设计深度不足，拟建建设项目与类似建设项目的主要生产工艺设备投资比例较大，行业内相关系数等基础资料完备的情况下使用。

指数估算法是投资估算的主要方法，在设计深度允许的条件下，应首先采用指标估算法。

9.2.2.2　一般要求

① 建设项目投资估算要根据主体专业设计的阶段和深度，结合各自行业的特点、所采用生产工艺流程的成熟性，以及编制者所掌握的国家及地区、行业或部门相关投资，估算基础资料和数据的合理、可靠、完整程度（包括造价咨询机构自身统计和积累的可靠的相关造价基础资料），采用生产能力指数法、系数估算法、比例估算法、混合法（生产能力指数法与比例估算法、系数估算法与比例估算法等综合使用）、指标估算法进行建设项目投资估算。

② 建设项目投资估算无论采用何种办法，其投资估算费用内容的分解均应符合表中"费用构成"的要求。

③ 建设项目投资估算无论采用何种办法，应充分考虑拟建项目设计的技术参数和投资估算所采用的估算系数、估算指标，在质和量方面所综合的内容应遵循口径一致的原则。

④ 建设项目投资估算无论采用何种办法，应将所采用的估算系数和估算指标价格、费用水平调整到项目建设所在地及投资估算编制年的实际水平。对于建设项目的边界条件，如建设用地费和外部交通、水、电、通信条件，或市政基础设施配套条件等差异所产生的与主要生产内容投资无必然关联的费用，应结合建设项目的实际情况修正。

9.2.2.3　常用的投资估算计算方法

（1）生产能力指数法　生产能力指数法是根据已建成的类似建设项目生产能力和投资额，进行粗略估算拟建建设项目相关投资额的方法。本办法主要应用于设计深度不足，拟建建设项目与类似建设项目的规模不同，设计定型并系列化，行业内相关指数和系数等基础资料完备的情况。其计算公式为：

$$C = C_1(Q/Q_1)Xf$$

式中，C 为拟建建设项目的投资额；C_1 为已建成类似建设项目的投资额；Q 为拟建建设项目的生产能力；Q_1 为已建成类似建设项目的生产能力；X 为生产能力指数，$0 \leqslant X \leqslant 1$；$f$ 为不同的建设时期、不同的建设地点而产生的定额水平，设备购置和建筑安装材料价格，费用变更和调整等综合调整系数。

（2）系数估算法　系数估算法是根据已知的拟建建设项目主体工程费或主要生产工艺设备费为基数，以其他辅助或配套工程费占主体工程费或主要生产工艺设备费的百分比为系数，进行估算拟建建设项目相关投资额的方法。本办法主要应用于设计深度不足，拟建建设项目与类似建设项目的主体工程费或主要生产工艺设备投资比例较大，行业内相关系数等基础资料完备的情况。其计算公式为：

$$C = E(1 + f_1 p_1 + f_2 p_2 + f_3 p_3 + \cdots) + I$$

式中，C 为拟建建设项目的投资额；E 为拟建建设项目的主体工程费或主要生产工艺设备费；p_1, p_2, p_3 为已建成类似建设项目的辅助或配套工程费占主体工程费或主要生产工艺设备费的比例；f_1, f_2, f_3 为由于建设时间、地点而产生的定额水平、建筑安装材料价格、费用变更和调整等综合调整系数；I 为根据具体情况计算的拟建建设项目各项其他基本建设费用。

（3）比例估算法　比例估算法是根据已知的同类建设项目主要生产工艺设备投资占整个建设项目的投资比例，先逐项估算出拟建建设项目主要生产工艺设备投资，再按比例进行估算拟建建设项目相关投资额的方法。本办法主要应用于设计深度不足，拟建建设项目与类似建设项目的主要生产工艺设备投资比例较大，行业内相关系数等基础资料完备的情况。其计算公式为：

$$C = \frac{1}{K} \sum_{i=1}^{n} Q_i P_i$$

式中，C 为拟建建设项目的投资额；K 为主要生产工艺设备费占拟建建设项目投资的比例；n 为主要生产工艺设备的种类；为 Q_i 为第 i 种主要生产工艺设备的数量；P_i 为第 i 种主要生产工艺设备的购置费（到厂价格）。

（4）混合法　混合法是根据主体专业设计的阶段和深度，投资估算编制者所掌握的国家及地区、行业或部门相关投资，估算基础资料和数据（包括造价咨询机构自身统计和积累的相关造价基础资料），对一个拟建建设项目采用生产能力指数法与比例估算法或系数估算法与比例估算法混合进行估算其相关投资额的方法。

（5）指标估算法　指标估算法是把拟建建设项目以单项工程或单位工程，按建设内容纵向划分为各个主要生产设施、辅助及公用设施、行政及福利设施以及各项其他基本建设费用，按费用性质横向划分为建筑工程、设备购置、安装工程等，根据各种具体的投资估算指标，进行各单位工程或单项工程投资的估算，在此基础上汇集编制成拟建建设项目的各个单项工程费用和拟建建设项目的工程费用投资估算。再按相关规定估算工程建设其他费用、预备费、建设期贷款利息等，形成拟建建设项目总投资。

9.2.3　投资估算步骤与方法

9.2.3.1　投资估算步骤

① 分别估算各单项工程所需的建筑工程费、设备及工器具购置费、安装工程费；

② 在汇总各单项工程费用基础上，估算工程建设其他费用和基本预备费；

③ 估算涨价预备费和建设期利息；

④ 估算流动资金。

9.2.3.2　投资估算方法

（1）建筑工程费估算　工业与民用建筑物和构筑物的一般土建及装修、给排水、采暖、通风、照明工程，建筑物以建筑面积或建筑体积为单位，套用规模相当、结构形式和建筑标准相适应的投资估算指标或类似工程造价资料进行估算。构筑物以延长米、平方米、立方米或座为单位，套用技术标准、结构形式相适应的投资估算指标或类似工程造价资料进行估算；当无适当估算指标或类似工程造价资料时，可采用计算主体实物工程量套用相关综合定额或概算定额进行估算。

大型土方、总平面竖向布置、道路及场地铺砌、厂区综合管网和线路、围墙大门等，分别以立方米、平方米、延长米或座为单位，套用技术标准、结构形式相适应的投资估算指标或类似工程造价资料进行估算；当无适当估算指标或类似工程造价资料时，可采用计算主体实物工程量套用相关综合定额或概算定额进行估算。

矿山井巷开拓、露天剥离工程、坝体堆砌等，分别以立方米、延长米为单位，套用技术标准、结构形式、施工方法相适应的投资估算指标或类似工程造价资料进行估算；当无适当估算指标或类似工程造价资料时，可采用计算主体实物工程量套用相关综合定额或概算定额进行估算。

公路、铁路、桥梁、隧道、涵洞设施等，分别以千米（铁路、公路）、100 平方米桥面（桥梁）、100 平方米断面（隧道）、道（涵洞）为单位，套用技术标准、结构形式、施工方法相适应的投资估算指标或类似工程造价资料进行估算；当无适当估算指标或类似工程造价资料时，可采用计算主体实物工程量套用相关综合定额或概算定额进行估算。

应编制建筑工程费用估算表，如表 9-3 所示。

表 9-3 应编制建筑工程费用估算表

序号	建筑物名称	单位	数量	单价	总价

（2）设备购置费估算

① 国产标准设备原价估算。国产标准设备在计算时，一般采用带有备件的原价。占投资比例较大的主体工艺设备出厂价估算，应在掌握该设备的产能、规格、型号、材质、设备质量的条件下，以向设备制造厂家和设备供应商询价，或类似工程选用设备订货合同价和市场调研价为基础进行估算。其他小型通用设备出厂价估算，可以根据行业和地方相关部门定期发布的价格信息进行估算。

② 国产非标准设备原价估算。非标准工艺设备费估算，同样应在掌握该设备的产能、材质、设备质量、加工制造复杂程度的条件下，以向设备制造厂家、设备供应商或施工安装单位询价，或按类似工程选用设备订货合同价和市场调研价的基础上按技术经济指标进行估算。非标准设备估价应考虑完成非标准设备的设计、制造、包装以及其利润、税金等全部费用内容。

应编制设备购置费用估算表，如表 9-4 所示。

表 9-4 应编制设备购置费用估算表

序号	名称及规格型号	单位	数量	单价	总价

（3）安装工程费用估算。需要安装的设备应估算安装工程费，包括各种机电设备装配和安装工程费用，与设备相连的工作台、梯子及其附属于被安装设备的管线敷设工程费用，安装设备及管线的绝缘、保温、防腐等工程费用；单体试运转和联动无负荷试运转费用等。安装工程费通常按行业或专门机构发布的安装工程定额、取费标准和指标进行估算。具体计算可按安装费率、每吨设备安装费或每单位安装实物工程量的费用估算，即

$$安装工程费＝设备原价×安装费率$$

$$或安装工程费＝设备吨位×每吨安装费$$

$$或安装工程费＝安装工程实物量×安装费用指标$$

（4）工程建设其他费用估算。工程建设其他费用按各项费用科目的费率或取费标准估算见表 9-5。

此表可单独计算，也可在汇总表中计算。

（5）预备费的估算

预备费＝基本预备费＋涨价预备费（价差预备费）

其中基本预备费＝工程费与其他费用之和为基数乘以基本预备费率计算

涨价预备费为：

$$PC＝\sum I_t[(1-f)^t-1]$$

式中，I_t 为第 t 年的建筑工程费、设备及工器具购置费、安装工程费之和；f 为建设期价格上涨指数（按政府部门的有关规定执行）。

（6）建设期贷款利息估算　建设期贷款利息按实际贷款数额乘以年利率计。

为简化计算，若采用均匀借款时：各年应计利息＝（年初借款本息累计＋本年借款额/

2)×年利率

若年初一次借款时：各年应计利息＝(年初借款本息累计＋本年借款额)×年利率

表 9-5　费用科目的费率或取费标准

序号	其他费用名称	编制依据	费率或标准	总价
一	固定资产其他费用			
1	工程保险费	中石化协办发(2009)194 号		
2	建设单位管理费	财建[2002]394 与		
3	工程监理费	发改价格[2007]670 号		
4	土地使用费	按实际合同计		
5	可行性研究费	计价格[1999]1283 号		
6	勘察设计费	计价格[2002]10 号		
7	环境保护评价费	计价格[2002]125 号		
8	安全评价费	中华人民共和国劳动部令第 3 号、第 10 号		
9	前期其他费用	地方规定		
10	联合试运转费	中石化协办发(2009)194 号		
11	生产准备费	中石化协办发(2009)195 号		
12	临时设施费	中石化协办发(2009)196 号		
13	市政公用设施费	地方规定		
	……	地方规定		
二	无形资产			
1	技术使用费	按实际合同计		
	……			

　　(7) 流动资金估算　流动资金是指生产经营性项目投产后，为进行正常生产运营，用于购买原材料、燃料、支付工资及其他经营费用等所需的周转资金。流动资金估算一般有分项详细估算法和扩大指标法。本项目中采用分项详细估算法估算流动资金，为简化计算，仅对存货、现金、应收账款这 3 项流动资产和应付账款这项流动负债进行估算。其计算公式如下：

　　流动资金＝流动资产－流动负债

　　流动资产＝应收账款＋存货＋现金

　　流动负债＝应收账款

　　流动资金本年增加额＝本年流动资金－上年流动资金

　　存货＝外购原材料＋外购燃料＋在产品＋产成品

　　外购原材料＝年外购原材料/按种类分项周转次数

　　在产品＝(年外购原材料＋年外购燃料＋年工资及福利费＋年修理费＋年其他制造费用)/在产品周转次数

　　产成品＝年经营成本/产成品周转次数

　　现金＝(年工资及福利费＋年其他费用)/现金周转次数

　　年其他费用＝制造费用＋管理费用＋销售费用－(以上 3 项费用中所含的工资及福利费、折旧费、维简费、摊销费、修理费)

　　应收账款＝年销售收入/应收账款周转次数

　　应付账款＝(年外购原材料＋年外购燃料)/应付账款周转次数

　　(8) 项目总投资估算　汇总上述各项费用后得出项目总投资等，详见表 9-2。

其中项目总投资＝建设项目工程造价＋流动资金

　　　　　　　　＝工程费用＋其他费用＋预备费＋建设期贷款利息＋流动资金

　　　　　　　　＝建筑工程费＋设备购置费＋安装工程费＋其他费用＋预备费＋建设期
贷款利息＋流动资金

项目报批总投资＝建设项目工程造价＋铺底流动资金

　　　　　　　　＝建设项目工程造价＋流动资金×30％

式中，项目总投资为用作财务评价的总投资；项目报批总投资为用于报上级批准备案的总投资。

9.3 环境工程项目建设的技术经济指标

9.3.1 技术经济指标的内容

环境工程项目建设与一般工业项目的主要区别在于其不以盈利为主要目的，项目的显著特点是作为生产或生活的必需的附属设施，它是为生产或生活产生的废弃物进行环境治理的装置。这类项目的财务评价方法与盈利性项目有所不同，一般不计算项目的财务内部收益率、财务净现值、投资回收期等指标，对于使用借款、又有收入的项目（如在对废弃物进行处理时，回收部分产品的，或对企业三废进行治理收费的项目），可计算借款偿还指标。

对这类环境工程项目的评价指标主要如下。

① 处理单位污染物（废水、废气、废渣等）的投资。

② 削减单位污染物的投资。

③ 处理单位污染物的电、水和原料成本。

④ 削减单位污染物的电、水和原料成本。

⑤ 占地面积、运行可靠性、管理维护难易程度和总体环境效益等。

9.3.2 环境工程设计方案的经济比较方法（指标对比法和经济评价法）

环境工程设计方案的经济比较方法主要采用指标对比法和费用指标综合对比法。

9.4 环境工程经营管理费用

总成本费用指项目在一年内为生产和销售产品而花费的全部成本费用，由生产成本和期间费用两部分组成。生产成本是实际消耗的直接材料、直接燃料及动力、直接工资、其他直接支出和制造费用；期间费用是一定会计期间发生的与生产经营有直接关系的管理费用、财务费用和销售费用。

计算式为：

总成本费用＝外购原材料＋外购燃料动力＋工资及福利费＋修理费＋折旧费＋维简费＋摊销费＋财务费用＋其他费用

经营成本是项目总成本费用扣除折旧费、摊销费和利息支出后的成本费用。它涉及产品生产销售、企业管理过程中的物料、人力和能源的投入费用，反映企业的生产和管理水平。同类企业的经营成本具有可比性。在经济评价中被用于现金流量分析。

计算式为：

经营成本＝总成本－折旧费－维简费－摊销费－财务费用

9.5 案例（简单的估算和经济评价）

9.5.1 课程设计任务书之一

9.5.1.1 项目名称及基本资料

（1）项目名称　酒泉某化工有限公司5万吨历史遗留铬渣污染治理项目可行性研究报告。

（2）基本资料　计划用3年时间，处理历史遗留铬渣5万吨。

处理方法：根据生铁冶炼高炉高温解毒治理铬渣的成熟技术，依托铬渣堆存地毗邻某铁业公司和某铸造公司的区位优势（距铁业公司120m，距铸造公司1142m）。

首先在铬渣堆场旁边闲置的原铬盐生产车间厂房（120m×12m×6m）内安装日处理能力约100t的筛分设备和锤式破碎机（均需新增设备）对铬渣进行筛分破碎，然后用加盖防护网的专用车辆在路面硬化了的指定道路上行驶，将铬渣直接运送到铁业公司和铸造公司现有的具有"三防"设施的配料仓配匀后，由封闭式的皮带传送带送入烧结机进行烧结，而后，进冶炼高炉高温解毒，高炉排出的水渣供应给邻近2km左右的西部水泥公司作为生产水泥的辅料使用。

① 新增定员：10人；

② 新增用水消耗：600t/a（含生活用水及地坪冲洗水）；

③ 新增电耗：200430kW·h/a（仅计算厂区新增电耗）；

④ 主要新增设备，见表9-6。

表9-6　主要新增设备表

序号	设备名称	规格型号	单位	数量	备注
1	装载机	2L50	台	2	
2	料斗	$V=8m^3$	台	2	Q235A
3	皮带输送机	TD75-500/6m $N=4kW$	台	1	组合件
4	板式给料机	BZ500-2 $N=4kW$	台	1	组合件
5	重型锤式破碎机	PC-800×600 $N=55kW$	台	1	钢组合件
6	皮带输送机	TD75-500/6m $N=4kW$	台	1	组合件
7	直线振动筛	KZS-1200×3000 $N=2×2.2kW$	台	1	
8	皮带输送机	TD75-500/6m $N=4kW$	台	1	组合件
9	皮带输送机	TD75-500/6m $N=4kW$	台	1	组合件
10	皮带输送机	TD75-500/6m $N=4kW$	台	1	组合件
11	袋式除尘器	HD8980-A 处理风量 $Q=5200\sim6200m^3/h$	套	1	
12	抽风机	Y8-39NO4.5D，风量5477m³/h 风压：2786Pa $N=7.5kW$	台	1	
13	空压机	10m³/min $N=55kW$	套	1	
14	铬渣仓	$V=100m^3$	台	1	混凝土
15	专用运输车	10t	台	2	
16	挖掘机		台	1	
17	污水收集池	$V=10m^3$	座	1	破碎工段地坪冲洗水处理
18	反应池	$V=5m^3$	座	1	破碎工段地坪冲洗水处理
19	沉淀池	$V=10m^3$	座	1	破碎工段地坪冲洗水处理
20	污水泵	$Q=6m^3/h,H=22m,N=1.5kW$	台	2	
21	加药装置		套	1	破碎工段地坪冲洗水处理
22	含铬污水池	$V=15m^3$	座	2	烧结机水封水收集，铁业公司及铸造公司烧结车间内各一座
23	含铬污水泵	$Q=10m^3/h,H=15m,N=1.5kW$	台	2	烧结机水封水回用，铁业公司及铸造公司烧结车间内各一台

9.5.1.2　投入总资金估算和资金筹措

（1）投入总资金估算

投入总资金估算编制的依据和说明如下所述。

a. 投资估算编制的依据

ⅰ.《建设项目投资估算编审规程》（CECA/GC 1—2007）

ⅱ. 中石化协办发（2009）193 号《化工建设概算编制办法》

ⅲ. 中石化协产发（2006）76 号《化工投资项目可行性研究报告编制办法》

ⅳ.《投资项目可行性研究指南》（试用版）

ⅴ. 拟建项目各单项工程的建设内容及工程量

ⅵ. 已建类似工程的造价指标

b. 编制说明　该项目为酒泉某化工有限公司的改造项目，该项目投资主要包括下列费用。

ⅰ. 建设工程费

● 处理 5 万吨历史遗留铬渣所需的破碎筛分设备。

● 将破碎筛分后的铬渣运往铁业公司及铸造公司所需的专用运输车辆。

● 铬渣仓至铁业公司及铸造公司的道路。

● 铁业公司及铸造公司至水泥厂的道路。

ⅱ. 其他基建费用（未计土地使用费）

ⅲ. 流动资金

ⅳ. 铬渣治理运行费用

主要新增设备及材料价格按当前市场询价估算。

c. 建设投资估算

建设投资估算详见表 9-7 和表 9-9。

本项目的建设投资 1701 万元。其中：

建筑工程　　　　　922 万元（见表 9-10）

设备购置费　　　　406 万元（见表 9-8）

安装工程　　　　　125 万元

其他费用　　　　　248 万元

d. 流动资金估算　该项目流动资金采用详细估算法估算，经计算，需新增流动资金 21 万元（见表 9-11）。

表 9-7　项目投入总资金估算表　　　　　　　　　　　　单位：万元

序号	费用名称	建筑工程费	设备购置费	安装工程费	其他费用	合计
1	建设投资静态投资	921.8	406.4	124.5	248.4	1701.1
1.1	工程费用	921.8	406.4	124.5	0.0	1452.7
1.1.1	主要生产装置	113.7	382.4	76.5		572.6
	破碎及筛分	113.7	382.4	76.5		572.6
1.1.2	辅助生产项目	782.9	0.0	0.0		782.9
(1)	分析化验		15.1			15.1
(2)	厂外道路	782.9	0.0	0.0		782.9
1.1.3	公用工程	25.3	24.0	48.0		97.3
(1)	总图及绿化	13.3				13.3
(2)	供电		23.0	38.0		61.0
(3)	给排水	12.0	1.0	10.0		23.0

续表

序号	费用名称	建筑工程费	设备购置费	安装工程费	其他费用	合计
1.2	工程建设其他费用				167.4	167.4
(1)	建设单位管理费				20.4	20.4
(2)	可行性研究等前期费用				13.1	13.1
(3)	勘察设计费				58.1	58.1
(4)	研究试验费				2.8	2.8
(5)	建设工程评价费(含环评及安评)				7.3	7.3
(6)	工程保险费				6.3	6.3
(7)	特殊设备安全监督检验费				1.2	1.2
(8)	生产准备费				5.0	5.0
(9)	联合试运转费				7.3	7.3
(10)	办公及生活家具购置费				3.0	3.0
(11)	工程监理费				31.4	31.4
(12)	招标代理服务费				8.2	8.2
(13)	建设工程造价咨询服务费				3.3	3.3
1.3	基本预备费				81.0	81.0
2	建设投资动态投资				0.0	0.0
2.1	涨价预备费				0.0	0.0
2.2	建设期贷款利息				0.0	0.0
	项目工程造价	921.8	406.4	124.5	248.4	1701.1
3	流动资金				21.0	21.0

表 9-8　设备购置费用估算表　　　　　　　　单位：万元

序号	名称	单位	数量	单价	总价
1	装载机	台	2	38	76
2	料斗	台	2	3.2	6.4
3	皮带输送机	台	1	8.6	8.6
4	板式给料机	台	1	2.3	2.3
5	重型锤式破碎机	台	1	32	32
6	皮带输送机	台	1	2.8	2.8
7	直线振动筛	台	1	6.8	6.8
8	斗提机	台	1	2.8	2.8
9	螺旋输送机	台	1	5.8	5.8
10	皮带输送机	台	1	3.8	3.8
11	袋式除尘器	套	1	6.8	6.8
12	抽风机	台	1	2.6	2.6
13	空压机	套	1	2.3	2.3
14	铬渣仓仓顶除尘器	套	1	5.6	5.6
15	专用运输车	台	2	56	112
16	挖掘机	台	1	60	60
17	铬渣上料槽 $V=20m^3$	台	2	1	2
18	铬渣配料仓 $V=10m^3$	台	2	0.5	1
19	铬渣螺旋给料机	台	2	0.8	1.6
20	铬渣螺旋计量称	台	2	1.2	2.4
21	螺旋输送机(GX 型管式,最大输送量 25t/h,附电机 $N=2.2kW$)	台	2	1.8	3.6
22	污水泵	台	2	0.8	1.6
23	加药装置	套	1	3.7	3.7
24	含铬污水泵	台	2	0.8	1.6
	小计				354.1
	设备运杂				28.328
	合计				382.428

表 9-9 分析检测设备购置费估算表   单位：万元

序号	各称及规格	型号	单位	数量	备注
1	水分测定仪	WBSC-2002	台	1	2.5
2	含尘浓度测定仪	XWC-3	台	1	1.2
3	六价铬浓度测定仪	GDYS-101SG	台	1	2.3
4	酸度计	PHS-25B	台	1	0.08
5	天平	AW220	台	1	0.05
6	电热恒温干燥箱	202-1	台	1	0.32
7	三价铬比色测定仪		台	1	3.2
8	生物耗氧量测定仪	HT99724-12	台	1	4.3
	小计				13.95
	设备运杂				1.116
	合计				15.066

表 9-10 主要建筑工程费估算表   单位：万元

序号	建筑物名称	单位	数量	单价	总价
1	铬渣粉碎厂房	m^2	540.0	0.150	81.0
2	污水收集池	m^3	10.0	0.160	1.6
3	反应池	m^3	5.0	0.160	0.8
4	沉淀池	m^3	10.0	0.160	1.6
5	铬渣仓	m^3	100.0	0.260	26.0
6	含铬污水池	m^3	15.0	0.180	2.7
7	道路回车场占地面积	m^2	340.0	0.030	10.2
8	绿化面积	m^2	510.0	0.006	3.1
9	厂外道路1(至铁厂)	m^2	10096.0	0.030	302.9
10	厂外道路2(至水泥厂)	m^2	16000.0	0.030	480.0
11	排水沟(估)				12.0
	合计				921.9

表 9-11 流动资金估算表   单位：万元

序号	项 目　年 份	最低周转天数	周转次数	建设期 1	建设期 2	建设期 3
	生产负荷			100%	100%	100%
1	流动资产			31.1	31.1	31.1
1.1	应收账款	30	12	0	0	0
1.2	存货			25.7	25.7	25.7
1.2.1	原材料			3.2	3.2	3.2
	硫酸亚铁	30	12	2.8	2.8	2.8
	生石灰	60	6	0.4	0.4	0.4
1.2.2	燃料			0.132	0.132	0.132
1.2.3	在产品	1	360	0.132	0.132	0.132
1.2.4	产成品	1	360	0.7	0.7	0.7
1.2.5	备品备件	7	51	20.4	20.4	20.4
1.2.6	其他	30	12	1.4	1.4	1.4
1.3	现金	15	24	5.4	5.4	5.4
2	流动负债			9.6	9.6	9.6
2.1	应付账款	30	12	9.6	9.6	9.6
3	流动资金			21.4	21.4	21.4
4	流动资金本年增加			21.5	0	0

e. 治理运行费用估算

ⅰ. 基础数据

- 本项目治理期 3 年，其中按建设期半年计算，运行期为 2.5 年，运转率为 100％。
- 处理历史遗留铬渣 5 万吨。
- 生产线劳动定员 10 人，平均工资及附加费为 36000 元/(人·年)。

ⅱ. 运行费用估算说明

- 可变成本费用根据工艺设计方案，以企业提供的原燃材料到厂价格及物料平衡表等各项消耗定额为依据，结合项目特点按分项详细估算法进行计算；
- 各种原料及水、电的消耗按设计指标及现行的价格估算。

f. 维修及其他　维修费按 4.5％固定资产原值计，其他制造费按 1.5％固定资产原值计，其他管理费按工人工资总额的 200％计生产成本。

g. 产品价格及税率　本项目的产品为三废综合利用，在计算中产品及原料动力价格均按不含税价格计。

h. 生产成本和费用估算　本项目是依据《中华人民共和国环境保护法》中的有关规定，对厂区堆存的历史遗留铬渣进行综合治理，以使其资源化和无害化为主要目的。

本装置除建设投资外，治理过程中的原材料成本主要为硫酸亚铁、生石灰等原料，加之必需的水电消耗；年总运行费用估算表如下：处理 5 万吨铬渣所需原料、燃料及动力成本加上其他运行费用后的总费用为 1776 万元。详见表 9-12。

表 9-12　年总成本费用估算表　　　　　　　　　　单位：万元

序号	年份 项目	单位	单价	年耗量	1	2	3	合计
					50％	100％	100％	
1	原材料				0.03227	0.064536	0.064536	0.161
1.1	硫酸亚铁	t	0.08	0.750	0.03	0.06	0.06	0.150
1.2	生石灰	t	0.0360	0.126	0.00227	0.004536	0.004536	0.011
2	燃料及动力				38.6	77.1	77.1	192.8
2.1	柴油	×10⁴L	6.9	6.9	23.805	47.6	47.6	119.0
2.2	电	万度	1.00	29.29	14.643	29.3	29.3	73.2
2.3	水	万吨	3.00	0.075	0.1125	0.225	0.225	0.6
3	工资及附加费		3.6	10.0	18	18.0	18.0	54.0
4	修理费				65.4	65.4	65.4	196.2
5	设备使用费				286.0	286.0	286.0	858.0
6	其他制造费用				21.8	21.8	21.8	65.4
7	建设投资贷款利息				0.0	0.0	0.0	0.0
8	流动资金贷款利息				0.0	0.0	0.0	0.0
9	其他管理费				72.0	72.0	72.0	216.0
10	总运行费用合计				540.4	617.4	617.4	1775.2

(2) 项目所需总资金估算　本项目所需总资金为 3477 万元，其中建设投资 1701 万元，流动资金 21 万元，处理运行费用 1776 万元。

(3) 资金筹措及使用计划　本项目所需总资金为 3477 万元，其资金全部为国家专项资金及企业自有资本金。详见表 9-13。

9.5.1.3　财务评价

(1) 评价依据　本评价依据《化工建设项目经济评价方法与参数》和《投资项目可行性研究指南》进行评价及分析。

(2) 建设内容及处理规模　本项目是根据更好地贯彻落实国家对资源综合利用的优惠政策，促进合理利用和节约资源，提高资源利用率，保护环境，实现经济社会的可持续发展的

表 9-13 资金筹措及使用计划表   单位：万元

序号	年份	1	2	3	合计
	生产负荷	50%	100%	100%	
1	资金运用	2213.4	550.9	617.4	3381.7
1.1	建设投资	1701.2			1701.2
1.2	流动资金	10.5	10.5		21.0
1.3	治理运行费用	540.4	617.4	617.4	1775.2
2	资金筹措	2213.4	550.9	617.4	3381.7
2.1	申请国家专项资金	1106.7	275.4	270.2	1652.3
2.2	企业资本金	1106.7	275.4	270.2	1652.3

精神，对厂区堆存的历史遗留铬渣进行解毒处理后综合利用，彻底消除现有堆存的 5 万吨历史遗留铬渣对环境和人身安全的威胁，实现废物的有效利用。

处理产品规模：共 5 万吨历史遗留铬渣（3 年内处理完毕）。

（3）企业效益估算 由表 9-11 年总成本费用估算表可知，从企业角度看，此项目是亏本的，即若除投资外平均每吨铬渣的处理费用为 1776/5＝355（元/t）。但此项目又是必须实施的环保项目，其主要意义在于此项目的环境效益和社会效益及有毒有害物质的无害化和资源化。

（4）处理单位固体废物量投资 本项目处理固体废物总量为 5 万吨，工程治理投入总资金为 3477 万元，处理单位固体废物量投资计算如下（表 9-14）：

处理吨铬渣投资＝项目建设投资/处理固体废物总量＝1701/5＝340（元）。

处理吨铬渣投资及处理费用之和＝355＋340＝695（元）

（5）财务评价结论 实施该项目需建设投资 1701 万元，该项目建成投产后 3 年内处理 5 万吨铬渣，总运行费用为 1776 万元，即处理完 5 万吨铬渣需投资及处理费用共为 3477 万元。

由总成本计算表可知，本项目是以环保效益为主，符合污染物减量化、资源化和无害化的污染防治技术政策和持续发展的产业政策。

表 9-14 主要技术经济指标表

1	项目所需总资金	万元	3381.7
1.1	项目建设投资	万元	1701.2
1.2	建设期贷款利息	万元	0.0
1.3	流动资金	万元	21.0
1.4	处理 5 万吨铬渣总运行费用	万元	1775.2
2	处理铬渣总量	万吨	5.0
3	年均运行成本费用	万元	633.0
4	平均吨铬渣处理费用	元	301.1
4.1	平均吨渣原料动力费用	元	23.1
4.2	平均吨铬渣处理需原料费用	元	0.032
4.3	平均吨铬渣处理炉子使用费	元	171.6
4.4	平均吨铬渣处理其他费用	元	106.3
5	平均吨铬渣处理投资	元	340.2
6	平均吨铬渣处理投资及费用之和	元	695.3

9.5.2 课程设计任务书之二

9.5.2.1 项目名称及基本资料

湖北省某磷化工有限责任公司现有 8 万吨/年合成氨生产装置脱碳闪蒸汽、脱碳常解气等含 CO_2 气体均没有回收；另有 12 万吨/年硫酸装置及 28 万吨/年硫酸装置排放的尾气中 SO_2 浓度高达 $960mg/m^3$，这些尾气排放后对周边环境及某县城环境影响较大，附近及城区居民多次投诉。

针对现有装置的工艺状况及其存在的问题，必须进行减量化再利用改造，采取回收、资源化再生产的方式，控制和减少污染物的产生，建设 SO_2、CO_2 回收、资源化再利用设施，确保废气的综合利用，外排废气的各项指标达到或优于国家排放标准。

针对上述现状，对合成氨装置的含 CO_2 气体采用氨水吸收回收食品级二氧化碳 3 万吨/年，对硫酸尾气中的 SO_2 采用氨水吸收可生产硫酸铵 1913.2 吨/年。装置总新增定员 120 人。

其原料及动力消耗量及工艺流程如图 9-1，图 9-2，表 9-15，表 9-16 所示。

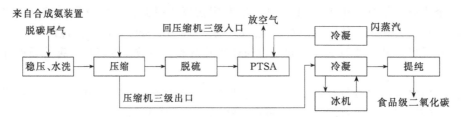

图 9-1 食品级二氧化碳生产工艺流程图

表 9-15 食品级二氧化碳消耗定额

序号	原料名称	规格	单位	消耗量	备注
1	原料消耗				
1.1	原料气		t/t	1.5	来自 8 万吨/年合成氨装置脱碳工段尾气
1.2	吸附剂		t/t	0.0001	
1.3	液氨		t/t	0.04	
2	动力消耗				
2.1	水		t/t	10	
2.2	电	380V	kW·h/t	320	
2.3	汽	0.3MPa	t/t	0.5	

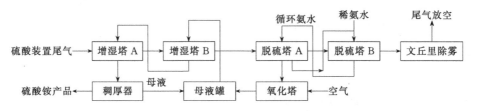

图 9-2 硫酸装置尾气脱硫改造工艺流程方框图

9.5.2.2 投资估算

(1) 投资估算编制的依据

①《建设项目投资估算编审规程》（CECA/GC 1—2007）；

②《化工建设设计概算编制办法》（2009）；

表 9-16 原材料、辅助材料和燃料、动力消耗定额（以 m³ 尾气去除率 75% 计）

序号	名称	规格	单位	消耗定额	备注
1	原辅材料				
1.1	氨水	～5%	g	17.6	
2	燃料动力				
2.1	电		kW·h	0.001	
3	副产物				
3.1	硫酸铵		g	1.66	

③《湖北省建设项目总投资组成及其他费用规定》鄂建 [2006] 26 号；

④ 拟建项目各单项工程的建设内容及工程量；

⑤ 已建类似工程的造价指标。

（2）编制说明　本项目为湖北省某磷化工有限责任公司硫酸尾气及合成氨 CO_2 减量化再利用改造项目，本项目充分利用现有的公用工程配套设施，其投资主要包括厂区内的下列费用。

① 主要工艺生产装置的设备购置、安装工程、建筑工程；

② 工艺界区的辅助工程及公用工程：如总图、给排水、供电、供热、安全及环境保护等；

③ 其他基建费用。

主要设备及材料价格按当前市场询价估算。

（3）建设投资估算　本项目的建设投资 6398 万元，建设投资估算（详见表 9-16）。其中：

建筑工程	230 万元，	占建设投资 3.6%
设备购置费	4258 万元，	占建设投资 66.5%
安装工程	939 万元，	占建设投资 14.7%
其他费用	971 万元，	占建设投资 15.2%

（4）建设期贷款利息计算　该项目所需建设投资 6398 万元，全部为企业自有资金，无建设期银行贷款利息。

（5）流动资金估算　该项目流动资金采用分项详细估算法估算，本项目需流动资金为 432 万元，铺底流动资金 130 万元。详见表 9-17。

（6）项目投入总资金

本项目工程需投入总资金为	6830 万元
其中建设投资	6398 万元
流动资金	432 万元

（7）项目报批总投资

本项目工程需报批总投资	6528 万元
其中建设投资	6398 万元
铺底流动资金	130 万元

9.5.2.3　资金筹措

该项目工程需投入总资金为 6830 万元（见表 9-17），其中建设投资 6398 万元，流动资金 432 万元（见表 9-18）。全部为企业自有资金。表 9-19 为投入总资金分年资金投入计划表。

表 9-17 项目投入总资金估算表

序号	费用名称	建筑工程费	设备购置费	安装工程费	其他费用	合计
	建设投资静态投资	229.9	4258.0	939.2	971.3	6398.4
1	工程费用	229.9	4258.0	939.2		5427.1
1.1	主要生产装置	220.6	4164.0	874.4		5259.0
	12万吨磷酸尾气脱硫改造	69.5	786.0	165.1		1020.6
	28万吨磷酸尾气脱硫改造	75.5	1560.0	327.6		1963.1
	食品级 CO_2 装置	75.6	1818.0	381.8		2275.4
1.2	辅助生产项目	0.0	26.0	2.8		28.8
1.2.1	劳动安全卫生及消防		26.0	2.8		28.8
1.3	公用工程	9.3	68.0	62.0		139.3
1.3.1	总图	9.3				9.3
1.3.2	供电		68.0	56.0		124.0
1.3.3	给排水			6.0		6.0
2	固定资产其他费用				7.0	7.0
2.1	工程保险费				7.0	7.0
3	其他资产费用				490.8	490.8
3.1	建筑单位管理费				81.4	81.4
3.2	勘察设计费				217.1	217.1
3.3	工程管理费				29.2	29.2
3.4	前期费用				59.7	59.7
3.5	安全评价费				16.3	16.3
3.6	环境保护评价费				27.1	27.1
3.7	生产准备费				60.0	60.0
4	基本预备费				473.4	473.4
5	建设投资动态投资				0.0	0.0
5.1	涨价预备费				0.0	0.0
5.2	建设期贷款利息				0.0	0.0
6	建设项目工程造价	229.9	4258.0	939.2	971.3	6398.4
7	流动资金				432.0	432.0
	铺底流动资金				129.6	129.6
8	项目报批总投资	229.9	4258.0	939.2	1100.9	6528.0
9	项目投入总资金	229.9	4258.0	939.0	1403.3	6830.2

表 9-18 流动资金估算表

序号	年份 项目	最低周转天数	周转次数	建设期										
				1	2	3	4	5	6	7	8	9	10	11
	生产负荷			0%	100%	100%	100%	100%	100%	100%	100%	100%	100%	100%
1	流动资产			0.0	598.6	598.6	598.6	598.6	598.6	598.6	598.6	598.6	598.6	598.6
1.1	应收账款	36	10	0.0	285.2	285.2	285.2	285.2	285.2	285.2	285.2	285.2	285.2	285.2
1.2	存货			0.0	231.8	231.8	231.8	231.8	231.8	231.8	231.8	231.8	231.8	231.8
1.2.1	原材料			0.0	33.2	33.2	33.2	33.2	33.2	33.2	33.2	33.2	33.2	33.2
	氨水	15	24		0.0	12.7	12.7	12.7	12.7	12.7	12.7	12.7	12.7	12.7
	吸附剂	15	24	7.0	7.0	7.0	7.0	7.0	7.0	7.0	7.0	7.0	7.0	7.0
	液氨	15	24	13.5	13.5	13.5	13.5	13.5	13.5	13.5	13.5	13.5	13.5	13.5
1.2.2	燃料			0.0	0.0	0.0	0.0	0.0	0.0	0.0	0.0	0.0	0.0	0.0
1.2.3	在产品	1	360	0.0	6.5	6.5	6.5	6.56.5	6.5	6.5	6.5	6.5	63	6.5
1.2.4	产成品	21	17	0.0	166.4	166.4	166.4	166.4	166.4	166.4	166.4	166.4	166.4	166.4
1.2.5	备品备件	180	2	0.0	25.8	25.8	25.8	25.8	25.8	25.8	25.8	25.8	25.8	25.8
1.2.6	其他													
1.3	现金	30	12	0.0	81.6	81.6	81.6	81.6	81.6	81.6	81.6	81.6	81.6	81.6

续表

序号	年份 项目	最低周转天数	周转次数	建设期										
				1	2	3	4	5	6	7	8	9	10	11
2	流动负债			0.0	166.6	166.6	166.6	166.6	166.6	166.6	166.6	166.6	166.6	166.6
2.1	应付账款	36	10	0.0	166.6	166.6	166.6	166.6	166.6	166.6	166.6	166.6	166.6	166.6
3	流动资金			0.0	432.0	432.0	432.0	432.0	432.0	432.0	432.0	432.0	432.0	432.0
4	流动资金本年增加			0.0	432.0	0.0	0.0	0.0	0.0	0.0	0.0	0.0	0.0	0.0

表 9-19　投入总资金分年资金投入计划表

序号	年份 项目	合计	建设期 1	营运期 2
1	投资总额			
1.1	建设投资	6398	6398	0
1.2	建设期利息	0	0	0
1.3	流动资金	432	0	432
	小计	6830	6398	432
2	资金筹措			
2.1	自有资金	6830	6398	432
2.1.1	用于建设投资	6398	6398	0
2.1.2	支付建设期利息借款	0	0	
2.1.3	用于流动资金	432	0	432
2.2	借款	0	0	0
2.2.1	长期借款	0	0	0
2.2.2	流动资金借款	0	0	0
2.2.3	短期借款	0		
2.3	其他	0		
	小计	6830	6398	432

9.5.2.4　财务评价

（1）成本和费用估算依据及说明

① 评价依据　本评价依据《化工建设项目经济评价方法与参数》和《投资项目可行性研究指南》进行评价及分析。

② 产品方案及生产规模　详见表 9-20。

表 9-20　产品方案及生产规模

产品名称	生产规模
硫酸铵	1912.32t/a
液体二氧化碳	30000t/a

③ 总资金构成

本项目工程需投入总资金为　　6830 万元

其中建设投资　　6398 万元

流动资金　　432 万元

④ 经济计算期与建设期及生产负荷

本项目的经济计算期定为 11 年，项目建设期为 1 年，生产期 10 年，生产期内的各年均按满负荷生产计。

⑤ 资金使用规划　在建设期内，建设投资在 1 年内分期投入。

流动资金随生产负荷变化逐年投入使用。

⑥ 固定资产折旧费与无形资产及其他资产摊销费　按规定建设投资中扣除无形资产及其他资产后为项目形成的固定资产原值。本项目形成的固定资产原值为 5908 万元，预留残值率 3%，按平均年限分类计提折旧的方法计提折旧费。年折旧费为 562 万元。其他资产491 万元，按 5 年摊销，详见表 9-28。

⑦ 工资及福利　工人工资及福利费按 32000 元/人年计。本项目定员 120 人。

⑧ 维修　维修费按 3.5%固定资产原值计，其他制造费按 1.2%固定资产原值计，其他管理费按工人工资的 100%计，销售费用按 3%销售收入计。

⑨ 生产成本和费用估算　本项目达满负荷生产时的年固定成本为 1846 万元，可变成本为 1666 万元，年总成本为 3512 万元；经营成本为 2852 万元。在预计的生产寿命期内年均固定成本为 1797 万元，年均可变成本为 1666 万元，年均总成本为 3463 万元。账务评价主要指标见表 9-22。年总成本费用详见表 9-23。

（2）销售收入和利润估算

① 产品销售量及价格　详见表 9-21。

表 9-21　产品销量及价格表

产品名称	销售规模	销售
价格硫酸铵	1912.32t/a	860 元/t
液体二氧化碳	30000t/a	1500 元/t

② 产品税率　产品增值税率：硫酸铵为化肥按 13%计，产品液体二氧化碳的增值税率按 17%计，城乡维护建设税率按 7%，教育费附加税率按 3%计；地方教育附加及堤防工程修建维护管理费率分别按 1.5%及 2%计；企业所得税按 25%计，原料及产品均按含税价格计。详见表 9-23、表 9-24。

③ 销售收入和利润估算

本项目产品在生产寿命期内年均销售收入为 4665 万元，年均利润总额为 791 万元。详见表 9-25～表 9-29。

（3）项目内部收益率的计算、投资利润率、投资回收期等指标的计算

① 静态指标

全投资利润率＝年均利润/项目总投资＝11.6%

全投资利税率＝年均利税/项目总投资＝17.6%

全投资回收期税前为 5.6 年（含建设期 1 年）。

全投资回收期税后为 6.4 年（含建设期 1 年）。

② 动态指标

全投资财务内部收益率所得税前为 17.7%。

全投资财务内部收益率所得税后为 13.6%。

全投资财务净现值所得税前为 2463 万元（Ic＝9%）。

全投资财务净现值所得税后为 1273 万元（Ic＝9%）。

（4）不确定性分析

① 盈亏平衡分析　生产能力利用率表示的盈亏平衡点：

$$BEP(\%) = [年固定总成本/(年销售收入-年可变成本-年销售税金及附加)]\times100\%$$
$$= 69.4\%$$

② 敏感性分析　为了考察本项目的抗风险能力，特对一些影响项目经济效益的主要因素进行了敏感性分析。

关于产品销售价格、建设投资、生产量、可变成本等因素的变化对影响企业经济效益的敏感性分析详见表 9-30。

从敏感性分析表中可看出，产品销售价格的变化对经济效益的影响最敏感，其次是可变成本变化的影响。当最敏感的因素——产品价格下降 5％时，内部收益率所得税前为 13.9％，所得税后为 10.6％，投资回收期为 7.2 年，各项指标均接近于行业基准值。由此可见，该项目具有较强的抗风险能力。

（5）评价结论　实施该项目需投入总资金 6830 万元，其中建设投资 6398 万元，流动资金 432 万元。该项目建成投产后年均销售收入 4665 万元，年均新增利润总额 791 万元，年均上缴国家增值税及附加共 460 万元，年均上缴所得税 162 万元，年均税后利润 485 万元，投产后 6 年内可回收全部投资。投资利润率为 11.6％，投资利税率为 17.6％，投资内部收益率税前为 17.7％，税后为 13.6％，生产能力利用率为 69.4％。

从以上各项经济指标可看出，该项目经济效益较好，各项指标均高于行业基准值。因此，该项目可行。

表 9-22　财务评价主要指标表

序号	项目	单位	数值	备注
1	项目资金	万元		
1.1	项目投入总资金	万元	6830.4	
1.2	项目报批总资金	万元	6528.0	
1.3	建设投资	万元	6398.4	
1.4	建设及贷款利息	万元	0.0	
1.5	流动资金	万元	432.0	
2	年均销售（营业）收入	万元	4664.5	
3	年均销售税金	万元	410.5	
4	年均总成本费用	万元	3462.8	
5	年均利润总额	万元	791.2	
6	年均所得税	万元	197.8	
7	年均税后利润	万元	593.4	
8	投资利税率	％	17.6	
9	销售利税率	％	25.8	
10	投资利润率	％	11.6	
11	资本金利润率	％	11.6	
12	销售利润率	％	17.0	
13	长期借款偿还期			
13.1	国外借款偿还期	年	0.0	含建设期
13.2	国内借款偿还期	年	0.0	含建设期
14	全投资财务内部收益率			
14.1	所得税前	％	17.1	
14.2	所得税后	％	13.6	
14.3	自有资金内部收益率	％	13.6	
15	全投资投资回收期			
15.1	所得税前	年	5.6	含建设期
15.2	所得税后	年	6.4	含建设期
16	全投资财务净现值			
16.1	所得税前	万元	2463.7	Ic＝9％
16.2	所得税后	万元	1273.8	Ic＝9％
17	生产能力利用率	％	69.4	

表 9-23 年总成本费用表

单位：万元

序号	项目	单位	单价/万元	年耗量	增值税率	1	2	3	4	5	6	7	8	9	10	11
											建设期					
	生产负荷					0%	100%	100%	100%	100%	100%	100%	100%	100%	100%	100%
1	外购原料及辅助材料					0.0	796.1	796.1	796.1	796.1	796.1	796.1	796.1	796.1	796.1	796.1
	氨水	吨	0.015	20275.2	17%	0.0	304.1	304.1	304.1	304.1	304.1	304.1	304.1	304.1	304.1	304.1
	吸附剂	吨	5.60	30.0	17%	0.0	168.0	168.0	168.0	168.0	168.0	168.0	168.0	168.0	168.0	168.0
	液氨	吨	0.27	1200.0	17%	0.0	324.0	324.0	324.0	324.0	324.0	324.0	324.0	324.0	324.0	324.0
2	外购燃料					0.0	0.0	0.0	0.0	0.0	0.0	0.0	0.0	0.0	0.0	0.0
3	外购动力					0.0	870.1	870.1	870.1	870.1	870.1	870.1	870.1	870.1	870.1	870.1
	蒸气	万吨	120.00	1.5	13%	0.0	180.0	180.0	180.0	180.0	180.0	180.0	180.0	180.0	180.0	180.0
	电	万吨	0.59	1075.20	17%	0.0	629.0	629.0	629.0	629.0	629.0	629.0	629.0	629.0	629.0	629.0
	水	万吨	2.00	30.54	6%	0.0	61.1	61.1	61.1	61.1	61.1	61.1	61.1	61.1	61.1	61.1
4	工资及福利费					0.0	384.0	384.0	384.0	384.0	384.0	384.0	384.0	384.0	384.0	384.0
5	制造费用					0.0	839.5	839.5	839.5	839.5	839.5	839.5	839.5	839.5	839.5	839.5
5.1	折旧费					0.0	561.9	561.9	561.9	561.9	561.9	561.9	561.9	561.9	561.9	561.9
5.2	修理费					0.0	206.8	206.8	206.8	206.8	206.8	206.8	206.8	206.8	206.8	206.8
5.3	其他制造费用					0.0	70.9	70.9	70.9	70.9	70.9	70.9	70.9	70.9	70.9	70.9
6	销售费用					0.0	139.0	139.0	139.0	139.0	139.0	139.0	139.0	139.0	139.0	139.0
7	利息支出					0.0	0.0	0.0	0.0	0.0	0.0	0.0	0.0	0.0	0.0	0.0
7.1	长期及短期借款利息					0.0	0.0	0.0	0.0	0.0	0.0	0.0	0.0	0.0	0.0	0.0
7.2	流动资金短期借款利息					0.0	0.0	0.0	0.0	0.0	0.0	0.0	0.0	0.0	0.0	0.0
8	管理费用					0.0	482.2	482.2	482.2	482.2	482.2	482.2	384.0	384.0	384.0	384.0
8.1	摊销费					0.0	98.2	98.2	98.2	98.2	98.2	98.2	0.0	0.0	0.0	0.0
8.2	其他管理费用					0.0	384.0	384.0	384.0	384.0	384.0	384.0	384.0	384.0	384.0	384.0
9	扣除副产品回收					0.0	0.0	0.0	0.0	0.0	0.0	0.0	0.0	0.0	0.0	0.0
10	总成本费用					0.0	3511.8	3511.8	3511.8	3511.8	3511.8	3511.8	3413.7	3413.7	3413.7	3413.7
	其中:固定成本		1797			0.0	1854.6	1854.6	1854.6	1854.6	1854.6	1854.6	1747.5	1747.5	1747.5	1747.5
	可变成本		1666			0.0	1666.2	1666.2	1666.2	1666.2	1666.2	1666.2	1666.2	1666.2	1666.2	1666.2
	经营成本					0.0	2851.8	2851.8	2851.8	2851.8	2851.8	2851.8	2851.8	2851.8	2851.8	2851.8

表 9-24 销售收入和销售税金估算表 单位：万元

序号	年份 项目	单位	单价 /万元	建设期										
				1	2	3	4	5	6	7	8	9	10	11
	生产负荷			0%	100%	100%	100%	100%	100%	100%	100%	100%	100%	100%
1	销售（营业）量													
	硫酸铵	吨		0.0	1912.3	1912.3	1912.3	1912.3	1912.3	1912.3	1912.3	1912.3	1912.3	1912.3
	液体二氧化碳	万吨		0.0	3.0	3.0	3.0	3.0	3.0	3.0	3.0	3.0	3.0	3.0
2	销售（营业）收入			0.0	4664.5	4664.5	4664.5	4664.5	4664.5	4664.5	4664.5	4664.5	4664.5	4664.5
	硫酸铵		0	0.0	164	164	164	164	164	164	164	164	164	164
	液体二氧化碳		1500	0	4500	4500	4500	4500	4500	4500	4500	4500	4500	4500
3	销售税金及附加			0	0.0	259.2	480.7	480.7	480.7	480.7	480.7	480.7	480.7	480.7
3.1	营业税			0.0	0.0	0.0	0.0	0.0	0.0	0.0	0.0	0.0	0.0	0.0
3.2	增值税			0.0	0.0	228.3	423.5	423.5	423.5	423.5	423.5	423.5	423.5	423.5
3.3	各种附加			0.0	0.0	30.8	57.2	57.2	57.2	57.2	57.2	57.2	57.2	57.2
	设备可抵扣增值税		618.7	−618.7	−195.2	0.0	0.0	0.0	0.0	0.0	0.0	0.0	0.0	0.0

表 9-25 利润与利润分配表

序号	年份 项目	建设期										
		1	2	3	4	5	6	7	8	9	10	11
1	营业收入	0.0	4664.5	4664.5	4664.5	4664.5	4664.5	4664.5	4664.5	4664.5	4664.5	4664.5
2	营业附加	0.0	0.0	30.8	57.2	57.2	57.2	57.2	57.2	57.2	57.2	57.2
3	增值税	0.0	0.0	228.3	423.5	423.5	423.5	423.5	423.5	423.5	423.5	423.5
4	年总成本费用	0.0	3511.8	3511.8	3511.8	3511.8	3511.8	3413.7	3413.7	3413.7	3413.7	3413.7
5	补贴收入											
6	利润总额 （1−2−3−4+5）	0.0	1152.6	893.5	671.9	671.9	671.9	770.1	770.1	770.1	770.1	770.1
7	弥补前年度亏损额											
8	应纳税所得额 （6−7）	0.0	1152.6	893.5	671.9	671.9	671.9	770.1	770.1	770.1	770.1	770.1
9	所得税	0.0	288.2	223.4	168.0	168.0	168.0	192.5	192.5	192.5	192.5	192.5
10	税后净利润（6−9）	0.0	864.5	670.1	504.0	504.0	504.0	577.6	577.6	577.6	577.6	577.6
11	期初未分配利润											
12	可供分配利润 （10+11）	0.0	864.5	670.1	504.0	504.0	504.0	577.6	577.6	577.6	577.6	577.6
13	提取法定盈余 公积金	0.0	129.7	100.5	75.6	75.6	75.6	86.6	86.6	86.6	86.6	86.6
14	可供投资者分配 的利润	0.0	734.8	569.6	428.4	428.4	428.4	490.6	490.6	490.6	490.6	490.6
15	应付优先股股利											
16	提取任意盈余 公积金											
17	应付普通股股利	0.0	734.8	569.6	428.4	428.4	428.4	490.9	490.9	490.9	490.9	490.9
18	利润分配	0.0	734.8	569.6	428.4	428.4	428.4	490.9	490.9	490.9	490.9	490.9
19	未分配利润	0.0	0.0	0.0	0.0	0.0	0.0	0.0	0.0	0.0	0.0	0.0
20	息税前利润	0.0	1152.6	893.5	671.9	671.9	671.9	770.1	770.1	770.1	770.1	770.1
21	息税折扣摊销前 利润	0.0	1812.7	1553.5	1332.0	1332.0	1332.0	1332.0	1332.0	1332.0	1332.0	1332.0
22	累计未分配利润	0.0	0.0	0.0	0.0	0.0	0.0	0.0	0.0	0.0	0.0	0.0

表 9-26　财务计划现金流量表

序号	年份项目	建设期										
		1	2	3	4	5	6	7	8	9	10	11
1	经营活动净现金流通	0.0	1524.5	1330.1	1164.0	1164.0	1164.0	1139.5	1139.5	1139.5	1139.5	1860.2
1.1	现金流入	0.0	4664.5	4664.5	4664.5	4664.5	4664.5	4664.5	4664.5	4664.5	4664.5	5385.2
1.1.1	营业收入	0.0	4664.5	4664.5	4664.5	4664.5	4664.5	4664.5	4664.5	4664.5	4664.5	4664.5
1.1.2	增值税销项税额											
1.2	现金流出	0.0	3139.9	3334.3	3500.5	3500.5	3500.5	3525.0	3525.0	3525.0	3525.0	3525.0
1.2.1	经营成本	0.0	2851.8	2851.8	2851.8	2851.8	2851.8	2851.8	2851.8	2851.8	2851.8	2851.8
1.2.2	增值税进项税额											
1.2.3	营业税金及附加	0.0	0.0	30.8	57.2	57.2	57.2	57.2	57.2	57.2	57.2	57.2
1.2.4	增值税	0.0	0.0	288.3	423.5	423.5	423.5	423.5	423.5	423.5	423.5	423.5
1.2.5	所得税	0.0	288.2	223.4	168.0	168.0	168.0	192.5	192.5	192.5	192.5	192.5
2	投资活动净现金流量	−6398.4	−432.0	0.0	0.0	0.0	0.0	0.0	0.0	0.0	0.0	0.0
2.1	现金流入											
2.2	现金流出	6398.4	432.0	0.0	0.0	0.0	0.0	0.0	0.0	0.0	0.0	0.0
2.2.1	建设投资	6398.4										
2.2.2	维持营运投资											
2.2.3	流动资金	0.0	432.0	0.0	0.0	0.0	0.0	0.0	0.0	0.0	0.0	0.0
3	筹资活动净现金流量	6398.4	−302.8	−569.6	−428.4	−428.4	−428.4	−490.9	−490.9	−490.9	−490.9	−490.9
3.1	现金流入	6398.4	432.0	0.0	0.0	0.0	0.0	0.0	0.0	0.0	0.0	0.0
3.1.1	建设投资中自有资金	6398.4	0.0	0.0	0.0	0.0	0.0	0.0	0.0	0.0	0.0	0.0
3.1.2	流动资金中自有资金	0.0	432.0	0.0	0.0	0.0	0.0	0.0	0.0	0.0	0.0	0.0
3.1.3	建设投资借款	0.0	0.0	0.0	0.0	0.0	0.0	0.0	0.0	0.0	0.0	0.0
3.1.4	流动资金借款	0.0	0.0	0.0	0.0	0.0	0.0	0.0	0.0	0.0	0.0	0.0
3.2	现金流出	0.0	734.8	569.6	428.4	428.4	428.4	490.9	490.9	490.9	490.9	490.9
3.2.1	各种利息支出	0.0	0.0	0.0	0.0	0.0	0.0	0.0	0.0	0.0	0.0	0.0
3.2.2	偿还债务本金	0.0	0.0	0.0	0.0	0.0	0.0	0.0	0.0	0.0	0.0	0.0
3.2.3	应付利润	0.0	734.8	569.6	428.4	428.4	428.4	490.9	490.9	490.9	490.9	490.9
4	净现金流量	0.0	789.7	760.6	735.6	735.6	735.6	648.5	648.5	648.5	648.5	1369.2
5	累计盈余资金	0.0	789.7	1550.3	2285.9	3021.6	3757.2	4405.8	5054.3	5702.8	6351.3	7720.5

表 9-27　项目财务现金流量表

序号	年份项目	建设期										
		1	2	3	4	5	6	7	8	9	10	11
1	现金流入	0.0	4664.5	4664.5	4664.5	4664.5	4664.5	4664.5	4664.5	4664.5	4664.5	5386.2
1.1	产品销售(营业)收入	0.0	4664.5	4664.5	4664.5	4664.5	4664.5	4664.5	4664.5	4664.5	4664.5	4664.5
1.2	回收固定资产余值	0.0	0.0	0.0	0.0	0.0	0.0	0.0	0.0	0.0	0.0	288.7
1.3	回收固定资产余值	0.0	0.0	0.0	0.0	0.0	0.0	0.0	0.0	0.0	0.0	432.0
1.4	其他											
2	现金流出	6398	3572	3334	3500	3500	3525	3525	3525	3525	3525	3525
2.1	建设投资	6398	0	0	0	0	0	0	0	0	0	0
2.2	流动资金	0.0	432.0	0.0	0.0	0.0	0.0	0.0	0.0	0.0	0.0	0.0
2.3	经营成本	0	2852	2852	2852	2852	2852	2852	2852	2852	2852	2852

续表

序号	项目＼年份	建设期										
		1	2	3	4	5	6	7	8	9	10	11
2.4	销售税金及附加	0.0	0.0	259.2	480.7	480.7	480.7	480.7	480.7	480.7	480.7	480.7
2.5	调整所得税	0.0	288.2	223.4	168.0	168.0	192.5	192.5	192.5	192.5	192.5	192.5
2.6	其他											
3	净现金流量	−6398	1.93	1330	1164	1164	1139	1139	1139	1139	1139	1860
4	累计净现金流量	−6398	−5306	−3976	−2812	−1648	−484	656	1795	2936	4074	5934
5	所得税前净现金流量	−6398	1381	1554	1332	1332	1332	1332	1332	1332	1332	2053
6	税前累计净现金流量	−6398	−5018	−3464	−2132	−800	532	1864	3196	4528	5860	7912

合计	所得税前 　　　　所得税后 财务净现值＝2463.7万元　　　　1274万元　　折现率＝9% 财务内部收益率17.68%　　　　13.6% 投资回收期＝5.60　　　　6.42(含建设期)

表 9-28　资产负债表

序号	项目＼年份	建设期										
		1	2	3	4	5	6	7	8	9	10	11
1	资产	6398.4	7136.7	7227.2	7302.8	7378.4	7454.0	7540.6	7627.3	7713.9	7800.5	7887.2
1.1	流动资产总额	0.0	1388.3	2148.9	2884.5	3620.2	4355.8	5004.3	5652.9	6301.4	6949.9	7598.4
1.1.1	应收账款	0.0	285.2	285.2	285.2	285.2	285.2	285.2	285.2	285.2	285.2	285.2
1.1.2	存货	0.0	231.8	231.8	231.8	231.8	231.8	231.8	231.8	231.8	231.8	231.8
1.1.3	现金	0.0	81.6	81.6	81.6	81.6	81.6	81.6	81.6	810.6	81.6	81.6
1.1.4	累计盈余资金	0.0	789.7	1550.3	2285.9	3021.6	3757.2	4405.8	5054.3	5702.8	6351.3	699908
1.2	在建项目	6398.4	0.0	0.0	0.0	0.0	0.0	0.0	0.0	0.0	0.0	0.0
1.3	固定资产净值	0.0	5345.7	4783.8	4221.9	3660.0	3098.2	2536.3	1974.4	1412.5	850.6	288.7
1.4	无形及其他资产净值	0.0	392.7	294.5	196.3	98.2	0.0	0.0	0.0	0.0	0.0	0.0
2	负债及投资人权益	6398.4	7126.7	7227.2	7302.8	7378.4	7454.0	7540.6	7627.3	7713.9	7800.5	7887.9
2.1	流动负债总额	0.0	166.6	166.6	166.6	166.6	166.6	166.6	166.6	166.6	166.6	166.6
2.1.1	应付账款	0.0	166.6	166.6	166.6	166.6	166.6	166.6	166.6	166.6	166.6	166.6
2.1.2	流动资金借款	0.0	0.0	0.0	0.0	0.0	0.0	0.0	0.0	0.0	0.0	0.0
2.1.3	短期借款	0.0	0.0	0.0	0.0	0.0	0.0	0.0	0.0	0.0	0.0	0.0
2.2	长期借款	0.0	0.0	0.0	0.0	0.0	0.0	0.0	0.0	0.0	0.0	0.0
	负债累计	0.0	166.6	166.6	166.6	166.6	166.6	166.6	166.6	166.6	166.6	166.6
2.3	所有者权益	6398.4	6960.1	7060.6	7136.2	7211.8	7287.4	7374.0	7460.6	7547.3	7633.9	7720.5
2.3.1	资本金	6398.4	6830.4	6830.4	6830.4	6830.4	6830.4	6830.4	6830.4	6830.4	6830.4	6830.4
2.3.2	资本公积金											
2.3.3	累计盈余公积及公益金	0.0	129.7	230.2	305.8	381.4	457.0	543.6	630.2	716.9	803.9	890.1
2.3.4	累计为分配利润	0.0	0.0	0.0	0.0	0.0	0.0	0.0	0.0	0.0	0.0	0.0

指标计算

1. 资产负债率：0.00%　2.34%　2.31%　2.28%　2.26%　2.24%　2.21%　2.18%　2.16%　2.14%　2.11%

2. 流动比例：0.00　8.33　12.90　17.31　21.73　26.14　30.03　33.93　37.82　41.71　45.60

3. 速动比例：0.0　6.94　11.51　15.92　15.92　20.34　28.64　32.54　36.43　40.32　44.21

表 9-29　固定资产折旧、无形及其他资产摊销估算表

序号	年份\项目	原值	残余值	折旧(摊销)年限	建设期			生产期							
					1	2	3	4	5	6	7	8	9	10	11
1	固定资产合计	产值率=3%			0%	100%	100%	100%	100%	100%	100%	100%	100%	100%	100%
1.1	原值	5908	288.7		0.0	5907.6	0.0	0.0	0.0	0.0	0.0	0.0	0.0	0.0	0.0
1.2	折旧费				0.0	561.9	561.9	561.9	561.9	561.9	561.9	561.9	561.9	561.9	561.9
1.3	净值				0.0	5345.7	4783.8	4221.9	3660.0	3098.2	2536.3	1974.4	1412.5	850.6	288.7
2	机器设备														
2.1	原值	5197	155.9	10	0.0	5197.2	0.0	0.0	0.0	0.0	0.0	0.0	0.0	0.0	0.0
2.2	折旧费				0.0	504.1	504.1	504.1	504.1	504.1	504.1	504.1	504.1	504.1	504.1
2.3	净值				0.0	4693.1	4189.0	3684.8	3180.7	2676.6	2172.4	1668.3	1164.2	660.0	155.9
3	电器电信设备														
4	运输工具														
5	房屋及建筑物														
5.1	原值	229.9	118.4	20	0.0	229.9	0.0	0.0	0.0	0.0	0.0	0.0	0.0	0.0	0.0
5.2	折旧费				0.0	11.2	11.2	11.2	11.2	11.2	11.2	11.2	11.2	11.2	11.2
5.3	净值				0.0	218.7	207.6	196.4	185.3	174.1	163.0	151.8	140.7	129.5	118.4
6	其他固定资产														
7	无形及其他资产合计	490.8													
7.1	摊销				0.0	98.2	98.2	98.2	98.2	98.2	0.0	0.0	0.0	0.0	0.0
7.2	净值				0.0	392.7	294.5	196.3	98.2	98.2	0.0	0.0	0.0	0.0	0.0
8	无形资产	0.0		10											
8.1	摊销				0.0	0.0	0.0	0.0	0.0	0.0	0.0	0.0	0.0	0.0	0.0
8.2	净值				0.0	0.0	0.0	0.0	0.0	0.0	0.0	0.0	0.0	0.0	0.0
9	其他资产	490.8		5											
9.1	摊销				0.0	98.2	98.2	98.2	98.2	98.2	0.0	0.0	0.0	0.0	0.0
9.2	净值				0.0	392.7	294.5	196.3	98.2	98.2	0.0	0.0	0.0	0.0	0.0

表 9-30　敏感性分析表

序号	项目	变化率	税前内部收益率	税后内部收益率	税前投资回收期/a	税后投资回收期/a	国内借款偿还期/a
	基本方案		17.68%	13.57%	5.60	6.42	0.00
1	销售价格变化(增加或下降)	10.00%	24.84%	19.15%	4.59	5.36	0.00
		5.00%	21.31%	16.40%	5.03	5.83	0.00
		−5.00%	13.89%	10.62%	6.36	7.19	0.00
		−10.00%	9.91%	7.54%	7.41	8.21	0.00
2	投资建设变化(增加或下降)	10.00%	14.66%	11.23%	6.19	7.01	0.00
		5.00%	16.11%	12.35%	5.89	6.72	0.00
		−5.00%	19.38%	14.88%	5.32	6.13	0.00
		−10.00%	21.24%	16.32%	5.04	5.85	0.00
3	年生产量变化(增加或下降)	10.00%	22.17%	17.07%	4.92	5.71	0.00
		5.00%	19.95%	15.34%	5.23	6.04	0.00
		−5.00%	15.34%	11.75%	6.04	6.87	0.00
		−10.00%	12.94%	9.88%	6.57	7.40	0.00
4	原料、燃料及动力变化(增加或下降)	10.00%	14.83%	11.35%	6.15	6.99	0.00
		5.00%	16.27%	12.47%	5.86	6.69	0.00
		−5.00%	19.07%	14.65%	5.37	6.18	0.00
		−10.00%	20.45%	15.73%	5.15	5.96	0.00

9.6　课程设计思考题

1. 建设项目总投资由哪些费用组成？
2. 建设项目投资中的工程费用由哪些费用组成？
3. 建设项目投资中的其他费用通常包括哪些内容？
4. 建设项目投资中的基本预备费如何估算？
5. 建设期贷款利息如何计算？
6. 建设项目总投资与建设项目报批总投资有何区别？各作何用？

参 考 文 献

[1] CECA/GC 1—2007. 中国建设工程造价管理协会标准建设项目投资估算编审规程. 北京：中国计划出版社.
[2] 建设项目经济评价方法与参数. 第 3 版. 北京：中国计划出版社.
[3] 中国建设工程造价管理协会化工工程委员会. 化工建设设计概算编制办法. 2009.
[4] 投资项目可行性研究指南. 试用版. 北京：中国电力出版社.

10 附 录

10.1 计量单位

10.1.1 常用的物理常数值

表 10-1 常用的物理常数值

名称	符号	数值及单位	名称	符号	数值及单位
冰点绝对温度	T_0	273.15K	法拉第常数	F	9.648456×10^{-4} c/mol
纯水三相点绝对温度	T	273.16K	基本电荷	e	$1.6021892 \times 10^{-20}$ emu
热力学零度	T_0	-273.15℃	电子静止质量	m_e	9.109534×10^{-31} kg
4℃时水的密度	ρ	0.9999933g/cm³	质子静止质量	m_p	$1.6726485 \times 10^{-27}$ kg
0℃时水银的密度	ρ_0	13.595g/cm³	中子静止质量	m_n	$1.6749543 \times 10^{-27}$ kg
标准大气压	atm	101325Pa	μ 介子静止质量	M_μ	1.883566×10^{-28} kg
热化学卡	cal	4.184J	原子质量单位	u	$1.6605655 \times 10^{-27}$ kg
热功当卡	J	4.184Jcal	电子的康普顿波长	λ_c	$2.4263689 \times 10^{-12}$ m
			质子的康普顿波长	$\lambda_{c \cdot p}$	$1.3214099 \times 10^{-15}$ m
标准干空气密度	ρ	0.001293g/cm³	中子的康普顿波长	$\lambda_{c \cdot n}$	$1.3195909 \times 10^{-15}$ m
标准空气中声速	c	331.4m/s	真空电容率	ε_0	$8.854187818 \times 10^{-12}$ F/m
真空中光速	c_0	2.99792458×10^8 m/s	真空磁导率	μ_0	$12.5663706144 \times 10^{-6}$ H/m
标准重力加速度	g_n	9.80665m/s²	经典电子半径	r_e	$2.8179380 \times 10^{-15}$ m
摩尔气体常数	R	8.31441J/(mol·k)	波尔半径	α_0	$5.2917706 \times 10^{-11}$ m
波尔兹曼常数	k	1.380662×10^{-23} J/m	里德伯常数	R_∞	1.097373177×10^7 I·m
理想气体的摩尔体积	$V_{m \cdot 0}$	0.02241383m³/mol	电子磁矩	μ_C	9.284832×10^{-24} J·T
阿伏加德罗常数	N_A	6.022045×10^{23}/mol	波尔磁矩	μ_B	9.274078×10^{-24} J·T
引力常数	G	6.672×10^{-11} N·m³/kg²	精细结构常数	α	7.2973506×10^{-3}

10.1.2 单位换算

表 10-2 单位换算

速度	米每秒 m/s	米每小时 m/h	公里每小时 km/h	英尺每秒 ft/s	英尺每小时 mile/h	码每秒 yd/s	节 kn
	1	3.6×10^3	3.6	3.28	2.24	1.09	1.94

加速度	米每秒的平方 m/s²	米每小时的平方 m/h²	英尺每秒的平方 ft/s²	英尺每小时的平方 ft/h²	伽 Gal	毫伽 mGal	标准重力加速度 gn
	1	1.37×10^7	3.28	4.26×10^{-1}	10^2	10^3	1.02×10^{-1}

质量流率	公斤每秒 kg/s	公斤每小时 kg/h	吨每小时 t/h	磅每秒 lb/s	磅每小时 lb/h	英吨每秒 UK ton/s	英吨每小时 UK ton/h
	1	3.6×10^3	3.60	2.20	7.94×10^3	3.54	9.8×10^{-4}

体积流率	立方米每秒 m³/s	立方米每小时 m³/h	升每秒 L/s	立方英尺每秒 ft³/s	立方英尺每小时 ft³/h	英加仑每秒 UK gal/s	英加仑每小时 UK gal/h
	1	3.6×10^3	10^3	3.53×10^1	1.25×10^5	2.20×10^2	7.92×10^5

动量流率	千克·米每秒的平方 kg·m/s²	克·厘米每秒的平方 g·cm/s²	磅·英尺每秒的平方 lb·ft/s²	磅·英尺每分的平方 lb·ft/min²	动量	千克·米每秒 kg·m/s	克·厘米每秒 g·cm/s	磅·英尺每秒 lb·ft/s	磅·英尺每分 lb·ft/min
	1	10^5	7.25	2.6×10^4		1	10^5	7.25	4.35×10^2

平面角	弧度 rad	直角 L	度 (°)	分 ′	秒 ″	冈 gon
	1	6.32×10^{-1}	5.73×10^1	3.44×10^3	2.06×10^5	6.37×10^1

角速度	弧度每秒 rad/s	弧度每分 rad/min	转每秒 rev/s	转每分 rev/min	度每秒 (°)/s	度每分 (°)/min
	1	60	1.59×10^{-1}	9.55	5.73×10^1	3.44×10^3

角加 速度	弧度每秒的平方 rad/s²	弧度每分的平方 rad/min²	弧度每小时的平方 rad/h²	转每分的平方 rev/min²	度每秒的平方 (°)/s²	度每分的平方 (°)/min²
	1		3.60×10^3	1.30×10^{-7}	5.75×10^2	5.73×10^1 2.06×10^5

角动量	千克·每 平方米秒 kg·m²/s	克·平方 厘米每秒 cm²/s	磅·平方 英尺每 秒·ft²/s	磅·平方 英尺每分 lb·ft²/min	表面 张力	牛顿每米 N/m	磅力每英尺 lbf/ft	达因 每厘米 dyn/cm	磅力每英寸 lbf/in
	1	10^7	2.37×10^1	1.43×10^3		1	6.85×10^{-2}	10^3	5.71×10^{-3}

力	牛顿 N N	达因 dyn	千克·米 每秒的平方 kg·m/s²	千克力 kgf	克力 gf	磅达 pal	磅力 lbf	盎司力 ozf	千磅 klb
	1	10^5	1	1.02×10^{-1}	1.02×10^2	7.25	2.25×10^{-1}	3.60	2.23×10^{-4}

力矩	牛顿·米 N·m	达因·厘米 dyn·cm	千克力·米 kgf·m	千克力·英尺 kgf·ft	磅达·英尺 pal·ft	磅力·英尺 lbf·ft	磅力·英寸 lbf·in	英吨力·英尺 tonf·ft
	1	10^7	1.02×10^{-1}	3.34×10^{-1}	2.38×10^1	7.35×10^{-1}	8.85	3.29×10^{-1}

质量 惯性 力矩	千克·平方米 kg·m²	克·平方厘米 g·cm²	磅·平方英尺 lb·ft²	磅力·英尺 平方米秒 lbf·ft/s²	磅力·英寸 秒的平方 lbf·in/s²	磅·英寸 秒的平方 lb·ft/s²
	1	10^7	2.38×10^1	7.35×10^{-1}	2.60×10^4	7.25

单位面 积上的 质量	千克平方米 kg/m²	克每平方厘米 g/cm²	磅每平方英尺 lb/ft²	磅每平方英寸 lb/in²	美吨每平方英里 USton/mile²
	1	10^{-1}	2.05×10^{-1}	1.42×10^{-3}	2.86×10^3

质量 通量	千克每平方 米·秒 kg/m²·s	克每平方厘 米·秒 g/cm²·s	克每平方 米·分 g/m²·min	克每平方 米·小时 g/m²·h	磅每平方 英尺·秒 lb/ft²·s	磅每平方 英尺·分 lb/ft²·min	磅每平方 英尺·小时 lb/ft²·h
	1	10^{-1}	5.99×10^1	3.60×10^6	2.05×10^{-1}	1.23×10^1	7.35×10^2

压强	帕斯卡 Pa	千克力 每平方厘米 kgf/cm²	磅力每 平方英寸 lbf/in²	巴 bar	牛顿每 平方米 N/m²	标准大 气压 atm	工程大 气压 at	英寸 水柱 inH₂O	毫米 水柱 mmH₂O	毫米 汞柱 mmHg
	1	1.02×10^{-5}	1.45×10^{-4}	10^{-5}	1	9.87×10^{-6}	1.02×10^{-5}	4.02×10^{-3}	1.02×10^{-1}	7.52×10^{-3}

动力 黏度	帕斯卡秒 Pa·s	泊 P	公斤力 每平方米 kgf/m²	磅达秒 每平方英尺 pal·s/ft²	磅力·小时 每平方英尺 lbf·h/ft²	千克每 米·秒 kg/m·s	磅力·秒 每平方英尺 lbf·s/ft²	磅每英尺·秒 lbf/ft·s
	1	10	1.02×10^{-1}	6.72×10^{-1}	5.80×10^6	1.0	2.09×10^{-2}	6.76×10^{-1}

运动 黏度	平方米每秒 m²/s	厘米托克斯 cst	平方英寸每秒 in²/s	平方英尺每小时 ft²/h	平方英寸每小时 in²/h	平方米每小时 m²/h
	1	10^6	1.55×10^3	1.08×10^1	5.88×10^6	3.6×10^3

功率	瓦特 W	公斤力·米 每秒 kgf·m/s	英马力 HP	英尺·磅 力每秒 ft·lbf/s	英尺·磅达 每秒 ft·palf/s	尔格每秒 erg/s	卡每秒 cal/s	英热单位 每秒 Btu/s	马力 HP
	1	1.02×10^{-1}	1.34×10^{-3}	7.38×10^{-1}	2.38×10^1	10^7	2.39×10^{-1}	9.34×10^4	1.36×10^{-3}

能功热	焦耳 J	千瓦小时 kW·h	公斤力·米 kgf·m	英尺磅达 ft·pal	英尺磅力 ft·lbf	尔格 erg	卡(15℃) cal₁₅	英马力小时 HP·h	英热单位 Btu
	1	2.78×10^{-7}	1.02×10^{-1}	2.37×10^1	7.38×10^{-1}	10^7	2.39×10^{-1}	3.73×10^{-7}	9.48×10^{-4}

续表

比能	焦耳每千克 J/kg	千卡每千克 kcal/kg	英热单位每磅 Btu/lb	英尺磅力每磅 ft·lbf/lb	公斤力·米每公斤 kgf·m/kg	卡每克 cal/g	千瓦·小时每磅 kW·h/lb
	1	2.39×10^{-4}	4.3×10^{-4}	3.35×10^{-1}	1.02×10^{-1}	2.39×10^{-4}	1.26×10^{-7}

比热容、比熵	焦耳每千克·开尔文 J/kg·K	千卡每千克·开尔文 kcal/(kg·K)	卡每克度 cal/(g·℃)	英热单位每磅·华氏度 Btu/(lb·℉)	英尺·磅力每磅·华氏度 ft·lbf/(lb·℉)	公斤力·米每公斤开尔文 kgf·m/(kg·K)	尔格每克·度 erg/(g·℃)
	1	2.39×10^{-4}	2.39×10^{-4}	2.39×10^{-4}	1.86×10^{-1}	1.02×10^{-1}	10^{4}

热阻率	米·开尔文每瓦特 m·K/W	厘米·秒·开尔文每卡 cm·s·K/cal	米·小时·开尔文每千卡 m·h·K/kcal	英尺·小时·华氏度每英热单位 ft·h·℉/Btu	平方英尺·小时·华氏度每英热单位·英寸 ft²·h·℉/(Btu·in)
	1	4.19×10^{2}	1.16	1.73	1.44×10^{-1}

热导率	瓦每米·开尔文 W/(m·K)	卡每厘米·秒·开尔文 cal/(cm·s·K)	卡·每厘米·秒·度 cal/(cm·s·℃)	尔格·每秒·厘米·度 erg/(cm·s·℃)	英热单位每小时·英尺·华氏度 Btu/(h·ft·℉)	英尺·磅力每小时·英尺·华氏度 ft·lbf/(h·ft·℉)	千卡每小时·米·度 kcal/(h·m·℃)	千卡每小时·开尔文 kcal/(m·h·K)
	1	2.39×10^{-3}	2.39×10^{-3}	10^{5}	5.76×10^{-1}	4.50×10^{2}	8.62×10^{-1}	8.60×10^{-1}

传热系数	瓦每平方米·开尔文 W/(m²·K)	卡每平方厘米·秒·开尔文 cal/(cm²·s·K)	尔格每平方厘米·秒·度 erg/(cm²·s·℃)	英热单位每小时·平方英尺·华氏度 Btu/(h·ft²·℉)	千卡每小时·平方米·度 kcal/(h·m²·℃)	千卡每小时·平方米·开尔文 kcal/(h·m²·K)	千卡每小时·平方英尺·度 kcal/(h·ft²·℃)	卡每平方厘米·秒·度 cal/s·cm²·℃
	1	2.39×10^{-5}	10^{2}	1.76×10^{-1}	8.62×10^{-1}	8.62×10^{-1}	8.0	2.39×10^{-5}

扩散系数	平方米每秒 m²/s	平方厘米每秒 cm²/s	平方米每小时 m²/h	平方英尺每秒 ft²/s	平方英尺每小时 ft²/h
	1	10^{4}	3.60×10^{-5}	1.08×10^{1}	3.88×10^{4}

释放热	瓦每立方米 W/m³	卡每立方厘米·秒 cal/(cm³·s)	千卡每立方米·小时 kcal/(m³·h)	英热单位每立方英尺·小时 Btu/(ft³·h)	千卡每秒·立方厘米 kcal/(s·cm³)
	1	2.39×10^{-7}	8.60×10^{-1}	9.66×10^{-2}	2.39×10^{-10}

单位面积质量释放率	千克每立方米·秒 kg/(m³·s)	克每立方厘米·分 g/(cm³·min)	克每立方厘米·小时 g/(cm³·h)	磅每立方英尺·秒 lb/(ft³·s)	磅每立方英尺·分 lb/(ft³·min)	磅每立方英寸·小时 lb/(ft³·h)
	1	5.99×10^{-2}	3.60	6.25×10^{-2}	3.75	2.25×10^{2}

单位质量上的力	牛每千克 N/kg	达因每克 dyn/g	千克力每千克 kgf/kg	磅力每磅 lbf/lb	磅力每斯 lbf/sn
	1	10^{2}	10.2×10^{-1}	1.02×10^{-1}	3.27

体积力	牛每立方米 N/m³	达因每立方厘米 dyn/cm³	千克力每立方厘米 kg/cm³	磅力每立方英尺 lbf/ft³	磅力每立方英寸 lbf/in³	吨力每立方英尺 tonf/ft³
	1	10^{-1}	1.02×10^{-7}	6.37×10^{-3}	3.69×10^{-6}	3.18×10^{-6}

单位长度上的能	焦耳每米 J/m	卡每厘米 cal/cm	千卡每厘米 kcal/cm	尔格每厘米 erg/cm	英尺·磅力每英尺 ft·lb/ft	英热单位每英尺 Btu/ft	马力·小时每英尺 HP·h/ft	千瓦·小时每英尺 kW·h/ft
	1	2.39×10^{-3}	2.39×10^{-6}	10^{5}	2.25×10^{-1}	2.89×10^{-4}	1.14×10^{-7}	8.47×10^{6}

单位面积上的能	焦耳每平方米 J/m²	卡每平方厘米 cal/cm²	千卡每平方厘米 kcal/cm²	尔格每平方厘米 erg/cm²	英尺·磅力每平方英尺 ft·lb/ft²	英热单位每平方英尺 Btu/ft²	马力·小时每平方英尺 HP·h/ft²	千瓦·小时每平方英尺 kW·h/ft²
	1	2.39×10^{-5}	2.39×10^{-8}	10^{3}	6.85×10^{2}	8.77×10^{-5}	3.46×10^{-8}	2.58×10^{-8}

单位面积上的功率	瓦每平方米 W/m²	卡每秒·平方厘米 cal/(s·cm²)	尔格每秒·平方厘米 erg/(s·cm²)	英尺·磅力·每秒平方英尺 ft·lbf/(s·ft²)	英热单位每秒·平方英尺 Btu/(s·ft²)	英热单位每小时·平方英尺 Btu/(h·ft²)	马力每平方英尺 HP/ft²	千瓦每平方英尺 kW/ft²
	1	2.39×10^{-5}	10^2	6.85×10^{-2}	8.77×10^{-5}	3.16×10^{-1}	1.25×10^{-4}	9.35×10^{-5}

单位体积中的能	焦耳每立方米 J/m³	千瓦小时每立方米 kW·h/m³	卡每立方厘米 cal/cm³	尔格每立方厘米 erg/cm³	英尺·磅力·每立方英尺 ft·lb/ft³	英热单位每立方英尺 Btu/ft³	千瓦·小时每立方英尺 kW·h/ft³	马力·小时每立方英尺 HP·h/ft³
	1	2.78×10^{-7}	2.39×10^{-7}	10	2.09×10^{-2}	2.68×10^{-5}	7.87×10^{-9}	1.05×10^{-8}

体积热容	焦耳每立方米·开尔文 J/(m³·K)	千卡每立方米·开尔文 kcal/(m³·K)	英热单位每立方英尺·华氏度 Btu/(ft³·℉)	温度	摄氏度℃	华氏度℉	列式度°R	绝对温度K
	1	2.39×10^{-4}	1.49×10^{-5}	t	$\frac{9}{5}t+32$	$\frac{4}{5}t$	$t+273$	

定律常数	牛每平方米 N/m²	大气压 atm	毫米汞柱 mmHg	磅力每平方英寸 lbf/in²	磅力每平方英尺 lbf/ft²
	1	9.90×10^{-6}	7.52×10^{-3}	1.45×10^{-4}	2.09×10^{-2}

单位质量上的力	牛每千克 N/kg	达因每克 dyn/g	千克力每千克 kgf/kg	磅力每磅 lbf/lb	磅力每斯 lbf/sn
	1	10^2	10.2×10^{-1}	1.02×10^{-1}	3.27

体积力	牛每立方米 N/m³	达因每立方厘米 dyn/cm³	千克每立方厘米 kg/cm³	磅力每立方英尺 lbf/ft³	磅力每立方英寸 lbf/in³	吨每立方英尺 tonf/ft³
	1	10^{-1}	1.02×10^{-7}	6.37×10^{-3}	3.69×10^{-6}	3.18×10^{-6}

单位长度上的能	焦耳每米 J/m	卡每厘米 cal/cm	千卡每厘米 kcal/cm	尔格每厘米 erg/cm	英尺·磅力每英尺 ft·lb/ft	英热单位每英尺 Btu/ft	马力·小时每英尺 HP·h/ft	千瓦·小时每英尺 kW·h/ft
	1	2.39×10^{-3}	2.39×10^{-6}	10^5	2.25×10^{-1}	2.89×10^{-4}	1.14×10^{-7}	8.47×10^6

单位面积上的能	焦耳每平方米 J/m²	卡每平方厘米 cal/cm²	千卡每平方厘米 kcal/cm²	尔格每平方厘米 erg/cm²	英尺·磅力每平方英尺 ft·lb/ft²	英热单位每平方英尺 Btu/ft²	马力·小时每平方英尺 HP·h/ft²	千瓦·小时每平方英尺 kW·h/ft²
	1	2.39×10^{-5}	2.39×10^{-8}	10^3	6.85×10^2	8.77×10^{-5}	3.46×10^{-8}	2.58×10^{-8}

单位面积上的功率	瓦每平方米 W/m²	卡每秒·平方厘米 cal/s·cm²	尔格每秒·平方厘米 erg/s·cm²	英尺·磅力每秒平方英尺 ft·lbf/s·ft²	英热单位每秒·平方英尺 Btu/s·ft²	英热单位每小时·平方英尺 Btu/h·ft²	马力每平方英尺 HP/ft²	千瓦每平方英尺 kW/ft²
	1	2.39×10^{-5}	10^2	6.85×10^{-2}	8.77×10^{-5}	3.16×10^{-1}	1.25×10^{-4}	9.35×10^{-5}

单位体积中的能	焦耳每立方米 J/m³	千瓦小时每立方米 kW·h/m³	卡每立方厘米 cal/cm³	尔格每立方厘米 erg/cm³	英尺·磅力每立方英尺 ft·lb/ft³	英热单位每立方英尺 Btu/ft³	千瓦·小时每立方英尺 kW·h/ft³	马力·小时每立方英尺 HP·h/ft³
	1	2.78×10^{-7}	2.39×10^{-7}	10	2.09×10^{-2}	2.68×10^{-5}	7.87×10^{-9}	1.05×10^{-8}

体积热容	焦耳每立方米·开尔文 J/m³·K	千卡每立方米·开尔文 kcal/(m³·K)	英热单位每立方英尺·华氏度 Btu/ft³·℉	温度	摄氏度℃	华氏度℉	列式度°R	绝对温度K
	1	2.39×10^{-4}	1.49×10^{-5}	t	$\frac{9}{5}t+32$	$\frac{4}{5}t$	$t+273$	

定律常数	牛每平方米 N/m²	大气压 atm	毫米汞柱 mmHg	磅力每平方英寸 lbf/in²	磅力每平方英尺 lbf/ft²
	1	9.90×10^{-6}	7.52×10^{-3}	1.45×10^{-4}	2.09×10^{-2}

10.1.3　液体的物理特性

表 10-3　液体的物理特性

名称	101kPa 时的沸点 /K	蒸发气体的焓值 i /(kJ/kg)	比热容 C_p/[J/(kg·K)]	动力黏度 μ /(Pa·s)	溶解热 /(kJ/kg)	密度 ρ /(kg/m³)	导热系数 λ/[W/(m·k)]	蒸发压力 p /kPa	凝固温度 /K
醋酸	391.7	405.0	2180(335)	1222	195	1049	0.17	53.3(372)	289.8
甲酸	373.9	502(483)	2200	29.7	276.54	1219	0.18(274)	5.3(297)	281.5
丙酸	414.3	413.6	1980	1102		992	0.173(285)	0.4	252.4
丁酸	436.7	504.7	2150	1540	126	964	0.16(285)	0.09	267
盐酸	188.3	444	/	/	54.9	1190(b.p)	/	/	158.4
硝酸	359.2	628	1700	910	166	1512	0.28	0.236	231.5
甲醇	338.1	1100	2510(290)	592.8	99.3	791.3	0.182	13.3(194.4)	175.4
乙醇	351.7	854.8	2840(332)	1194	108	789.2	0.182	13.3(308)	155.9
丙烯醇	370.2	684.1	2740(332)	1363	/	853.9	0.18(300)	53.3(353)	144.2
戊醇	411.3	503.1	—	4004(296)	112	817.9(288)	0.16(303)	13.3(359)	194.2
乙二醇	471.2	800.1(617)	—	—	181.1	1109	0.173	0.1(326.5)	262.4
异丁醇	381.2	579	486	3910	—	801	0.14	1.3	165.2
氨	240	1357	4601(273)	266(240)	332.4	696.8(228)	0.5(280.5)	53.3(227.8)	195.4
苯氨	457.5	434.0	2140(318)	4467.0	114	1021	0.173	1.3(342.5)	267
苯	353.3	394.0	1720	653	126	879	0.147	10.0	279
甲苯	383	363	1690	587	71.9	867	0.16	0.12	178.2
二甲苯(正)	417	347	1720	831	128	881	1.6	0.0260	248
硝基苯	484.0	330	1450	2150	93.69	1200	1.7	0.001	278.9
丙酮	329.4	532.4	2150(286)	331	98	791	0.1761(303)	53.5(313)	177.8
乙醚	307.6	351	2260	230	98.6	714.6	0.14	58.7	156.9
溴	331.9	185	448	988	66.3	3119	—	22.0	266
水	373	2257	4180	988	333.8	988.2	0.602	0.0450	273.2
戊烷	309.2	357.3	2330	226	117	626	0.11	56.7	143.4
己烷	340	337	2250	320	150	658	0.125	16.00	178
庚烷	371.6.	321	2220	409	140	684	0.128	4.73	182
辛烷	398.9	306.3	2100	562	180.70	703	0.15	0.056	216.7
氯乙烷	285.5	385.9	1540(273)	—	69.04	897.8	0.31(274)	53.3(285)	136.8
三氯甲烷	334.7	247	980	562	—	1489	0.13	21.3	209.9
癸烷	447.2	—	2000	—	202	730	0.15	0.17	243.4
萘	483.9	316	1680	901(m.p)	151	976(m.p)	—	0.291	353.4
二硫化碳	319.4	346.1	1000	360	57.7	1260	0.16(303)	39.3	162
四氯化碳	349.9	195	842	967	29.8	1590	0.11	12	250.4
松节油	423	286	1700	546		863	0.13	—	—
醋酸乙酯	350.3	427.5	1950	451	119	838	0.175	9.6	190.8
乙基碘	345.4	191(344)	1540(273)	9.90	—	1935.8	0.370(303)	13.3	165.2
二溴乙烯	404.7	231(372)	729	28.7	57.73	2179.3	—	1.3	282.7
氯乙醚	356.7	356.8(426)	1260	14.0	88.43	1235	—	8.0	237.8
甘油	454	—	—	17800	—	1261	0.195	0.1(325)	293
煤油	477	—	2000	2480	—	820	0.15	—	—
亚麻油	—	—	—	42900	—	920	—	—	249.3
醋酸甲酯	330.2	412	1950	389	—	971	0.16	22.64	175.0
石油	—	200	2000~3000	7900~1.2M	—	640~1000	—	—	—
甲基碘	315.7	192	—	500	—	2270	—	42.7	206.7

名称	101kPa 时的沸点/K	蒸发气体的焓值 i/(kJ/kg)	比热容 C_p/[J/(kg·K)]	动力黏度 μ/(Pa·s)	溶解热/(kJ/kg)	密度 ρ/(kg/m³)	导热系数 λ/[W/(m·k)]	蒸发压力 p/kPa	凝固温度/K
氯化钙水（质量比 20%）	—	—	3110	2000	—	1180	0.574	—	257
氯化钠水（质量比 20%）	378.0	—	3110	1570	—	1150	0.583	0.076	256.8
NaOH 水液（质量比 15%）	374.8	—	3610	—	—	1150	—	—	252.2
硫酸水液（质量比 95%）	575.0	—	1460	21000	—	1836	—	0.001	245
硫酸锌液（质量比 10%）	—	—	3700	1570	—	1110	0.583	—	271.9

10.2 水、气、声、固体废物相关质量标准、排放标准

10.2.1 地表水环境质量标准及排放标准

（1）地表水环境质量标准（GB 3838—2002）

表 10-4　地表水环境质量标准基本项目标准限值　　　　　　单位：mg/L

序号	标准值　分类 项目		Ⅰ类	Ⅱ类	Ⅲ类	Ⅳ类	Ⅴ类
1	水温/℃		人为造成的环境水温变化应限制在：周平均最大温升≤1，周平均最大降温≤2				
2	pH 值(无量纲)		6~9				
3	溶解氧	≥	饱和率90%（或 7.5）	6	5	3	2
4	高锰酸盐指数	≤	2	4	6	10	15
5	化学需氧量(COD$_{Cr}$)	≤	15	15	20	30	40
6	生化需氧量(BOD$_5$)	≤	3	3	4	6	10
7	氨氮(NH$_3$-N)	≤	0.15	0.5	1	1.5	2
8	总磷(以 P 计)	≤	0.02（湖、库 0.01）	0.1（湖、库 0.025）	0.2（湖、库 0.05）	0.3（湖、库 0.1）	0.4（湖、库 0.2）
9	总氮(湖、库,以 N 计)	≤	0.5	0.5	1.0	1.5	2.0
10	铜	≤	0.01	1.0	1.0	1.0	1.0
11	锌	≤	0.05	1.0	1.0	2.0	2.0
12	氟化物(以 F$^-$ 计)	≤	1.0	1.0	1.0	1.5	1.5
13	硒	≤	0.01	0.01	0.01	0.02	0.02
14	砷	≤	0.05	0.05	0.05	0.1	0.1
15	汞	≤	0.00005	0.00005	0.0001	0.001	0.001
16	镉	≤	0.001	0.005	0.005	0.005	0.01
17	铬(六价)	≤	0.01	0.05	0.05	0.05	0.1
18	铅	≤	0.01	0.01	0.05	0.05	0.1
19	氰化物	≤	0.005	0.05	0.2	0.2	0.2
20	挥发酚	≤	0.002	0.002	0.005	0.01	0.1
21	石油类	≤	0.05	0.05	0.05	0.5	1.0
22	阴离子表面活性剂	≤	0.2	0.2	0.2	0.3	0.3
23	硫化物	≤	0.05	0.1	0.2	0.5	1.0
24	粪大肠菌群/(个/L)	≤	200	2000	10000	20000	40000

注：摘自《地表水环境质量标准》（GB 3838—2002）。

（2）污水综合排放标准（GB 8978—1996）

表 10-5　第一类污染物最高允许排放浓度　　　　单位：mg/L

序号	污染物	最高允许排放浓度	序号	污染物	最高允许排放浓度
1	总汞	0.05	8	总镍	1.0
2	烷基汞	不得检出	9	苯并芘	0.00003
3	总镉	0.1	10	总铍	0.005
4	总铬	1.5	11	总银	0.5
5	六价铬	0.5	12	总 α 放射性	1Bq/L
6	总砷	0.5	13	总 β 放射性	10 Bq/L
7	总铅	1.0	14		

注：摘自《污水综合排放标准》（GB 8978—1996）。

表 10-6　第二类污染物最高允许排放浓度（1998 年 1 月 1 日后建立的单位）

单位：mg/L

序号	污染物	适用范围	一级标准	二级标准	三级标准
1	pH	一切排污单位	6～9	6～9	
2	色度（稀释倍数）	一切排污单位	50	80	—
3	悬浮物	采矿、选矿、选煤工业	70	300	—
		脉金选矿	70	400	—
		边远地区砂金选矿	70	800	—
		城镇二级污水处理厂	20	30	—
		其他排污单位	70	150	400
4	五日生化需氧量（BOD$_5$）	甘蔗制糖、苎麻脱胶、湿法纤维板、染料、洗毛工业	20	60	600
		甜菜制糖、酒精、味精、皮革、化纤浆粕工业	20	100	600
		城镇二级污水处理厂	20	30	
		其他排污单位	20	30	300
5	化学需氧量（COD）	甜菜制糖、合成脂肪酸、湿法纤维板、染料、洗毛、有机磷农药工业	100	200	1000
		酒精、味精、医药原料药、生物制药、苎麻脱胶、皮革、化纤浆粕工业	100	300	1000
		石油化工工业（包括石油炼制）	60	120	500
		城镇二级污水处理厂	60	120	
		其他排污单位	100	150	500
6	石油类	其他排污单位	5	10	20
7	动植物油	一切排污单位	10	15	100
8	挥发酚	一切排污单位	0.5	0.5	2.0
9	总氰化合物	一切排污单位	0.5	0.5	1.0
10	硫化物	一切排污单位	1.0	1.0	1.0
11	氨氮	医药原料药、染料、石油化工企业	15	50	—
		其他排污单位	15	25	—
12	氟化物	黄磷工业	10	15	20
		低氟地区（水体含氟量＜0.5mg/L）	10	20	30
		其他排污单位	10	10	20
13	磷酸盐（以 P 计）	一切排污单位	0.5	1.0	—
14	甲醛	一切排污单位	1.0	2.0	5.0
15	苯胺类	一切排污单位	1.0	2.0	5.0
16	硝基苯类	一切排污单位	2.0	3.0	5.0
17	阴离子表面活性剂（LAS）	一切排污单位	5.0	10	20

序号	污染物	适用范围	一级标准	二级标准	三级标准
18	总铜	一切排污单位	0.5	1.0	2.0
19	总锌	一切排污单位	2.0	5.0	5.0
20	总锰	合成脂肪酸工业	2.0	5.0	5.0
		其他排污单位	2.0	2.0	5.0
21	彩色显影剂	电影洗片	10	2.0	3.0
22	显影剂及氧化物总量	电影洗片	3.0	3.0	6.0
23	元素磷	一切排污单位	0.1	0.1	0.3
24	有机磷农药(以 P 计)	一切排污单位	不得检出	0.5	0.5
25	乐果	一切排污单位	不得检出	1.0	2.0
26	对硫磷	一切排污单位	不得检出	1.0	2.0
27	甲基对硫磷	一切排污单位	不得检出	1.0	2.0
28	马拉硫磷	一切排污单位	不得检出	5.0	10
29	五氯酚及五氯酚钠(以五氯酚计)	一切排污单位	5.0	8.0	10
30	可吸附有机氯化物	一切排污单位	1.0	5.0	8.0
31	三氯甲烷	一切排污单位	0.3	0.6	1.0
32	四氯化碳	一切排污单位	0.03	0.06	0.5
33	三氯乙烯	一切排污单位	0.3	0.6	1.0
34	四氯乙烯	一切排污单位	0.1	0.2	0.5
35	苯	一切排污单位	0.1	0.2	0.5
36	甲苯	一切排污单位	0.1	0.2	0.5
37	乙苯	一切排污单位	0.4	0.6	1.0
38	邻-二甲苯	一切排污单位	0.4	0.6	1.0
39	对-二甲苯	一切排污单位	0.4	0.6	1.0
40	间-二甲苯	一切排污单位	0.4	0.6	1.0
41	氯苯	一切排污单位	0.2	0.4	1.0
42	邻二氯苯	一切排污单位	0.4	0.6	1.0
43	对二氯苯	一切排污单位	0.4	0.6	1.0
44	对-硝基氯苯	一切排污单位	0.5	1.0	5.0
45	2,4-二硝基氯苯	一切排污单位	0.5	1.0	5.0
46	苯酚	一切排污单位	0.3	0.4	1.0
47	间-甲酚	一切排污单位	0.1	0.2	0.5
48	2,4-二氯酚	一切排污单位	0.6	0.8	1.0
49	2,4,6-三氯酚	一切排污单位	0.6	0.8	1.0
50	邻苯二甲酸二丁酯	一切排污单位	0.2	0.4	2.0
51	邻苯二甲酸二辛酯	一切排污单位	0.3	0.6	2.0
52	丙烯腈	一切排污单位	2.0	5.0	5.0
53	总硒	一切排污单位	0.1	0.2	0.5
54	总大肠杆菌	医院、兽医院及医疗机构含病原体污染	500 个/L	1000 个/L	5000 个/L
		传染病、结核病医院污水	500 个/L	500 个/L	1000 个/L
55	总余氯(采用氯化消毒的医院污水)	医院、兽医院及医疗机构含病原体污水	<0.5	>3(接触时间≥1h)	>2(接触时间≥1h)
		传染病、结核病医院污水	<0.5	>6.5(接触时间≥1.5h)	>5(接触时间≥1.5h)
56	总有机氮(TOC)	合成脂肪酸工业	20	40	—
		苎麻脱胶工业	20	60	—
		其他排污单位	20	30	—

注：摘自《污水综合排放标准》(GB 8978—1996)。

10.2.2 环境空气质量标准及排放标准

(1) 环境空气质量标准 (GB 3095—1996)

表 10-7 环境空气质量标准

污染物名称	取值时间	浓度限值			浓度单位
		一级标准	二级标准	三级标准	
二氧化硫 SO_2	年平均	0.02	0.06	0.10	
	日平均	0.05	0.15	0.25	
	1小时平均	0.15	0.50	0.70	
总悬浮颗粒物 TSP	年平均	0.08	0.20	0.30	
	日平均	0.12	0.30	0.50	
可吸入颗粒物 PM_{10}	年平均	0.04	0.10	0.15	
	日平均	0.05	0.15	0.25	
氮氧化物 NO_x	年平均	0.05	0.05	0.10	
	日平均	0.10	0.10	0.15	mg/m^3(标准状态)
	1小时平均	0.15	0.15	0.30	
二氧化氮 NO_2	年平均	0.04	0.04	0.08	
	日平均	0.08	0.08	0.12	
	1小时平均	0.12	0.12	0.24	
一氧化碳 CO	日平均	4.00	4.00	6.00	
	1小时平均	10.00	10.00	20.00	
臭氧 O_3	1小时平均	0.12	0.16	0.20	
铅 Pb	季平均	1.50			
	年平均	1.00			
苯并[a]芘 B[a]P	日平均	0.01			$\mu g/m^3$ (标准状态)
氟化物 F	日平均	7①			
	1小时平均	20①			
	月平均	1.8②		3.0③	$\mu g/(dm^2 \cdot d)$
	植物生长季平均	1.2②		2.0③	

①适用于城市地区。②适用于牧业区和以牧业为主的半农半牧区,蚕桑区。③适用于农业和林业区。

注:摘自《环境空气质量标准》(GB 3095—1996)。

(2)《大气污染物综合排放标准》(GB 16297—1996)

表 10-8 新污染源大气污染物排放限值

序号	污染物	最高允许排放浓度 /(mg/m³)	最高允许排放速率/(kg/h)			无组织排放监控浓度限值	
			排气筒 /m	二级	三级	监控点	浓度 /(mg/m³)
1	二氧化硫	960 (硫、二氧化硫、硫酸和其他含硫化合物生产)	15	2.6	3.5	周界外浓度最高点①	0.40
			20	4.3	6.6		
			30	15	22		
			40	25	38		
		550 (硫、二氧化硫、硫酸和其他含硫化合物使用)	50	39	58		
			60	55	83		
			70	77	120		
			80	110	160		
			90	130	200		
			100	170	270		

序号	污染物	最高允许排放浓度 /(mg/m³)	最高允许排放速率/(kg/h)			无组织排放监控浓度限值	
			排气筒 /m	二级	三级	监控点	浓度 /(mg/m³)
2	氮氧化物	1400（硝酸、氮肥和火炸药生产）	15	0.77	1.2	周界外浓度最高点	0.12
			20	1.3	2.0		
			30	4.4	6.6		
			40	7.5	11		
			50	12	18		
		240（硝酸使用和其他）	60	16	25		
			70	23	35		
			80	31	47		
			90	40	61		
			100	52	78		
3	颗粒物	18（炭黑尘、染料尘）	15	0.15	0.74	周界外浓度最高点	肉眼不可见
			20	0.85	1.3		
			30	3.4	5.0		
			40	5.8	8.5		
		60②（玻璃棉尘、石英粉尘、矿渣棉尘）	15	1.9	2.6	周界外浓度最高点	1.0
			20	3.1	4.5		
			30	12	18		
			40	21	31		
		120（其他）	15	3.5	5.0	周界外浓度最高点	1.0
			20	5.9	8.5		
			30	23	34		
			40	39	59		
			50	60	94		
			60	85	130		
4	氟化氢	100	15	0.26	0.39	周界外浓度最高点	0.20
			20	0.43	0.65		
			30	1.4	2.2		
			40	2.6	3.8		
			50	3.8	5.9		
			60	5.4	8.3		
			70	7.7	12		
			80	10	16		
5	铬酸雾	0.070	15	0.008	0.012	周界外浓度最高点	0.0060
			20	0.013	0.020		
			30	0.043	0.066		
			40	0.076	0.12		
			50	0.12	0.18		
			60	0.16	0.25		
6	硫酸雾	430（火炸药厂）	15	1.5	2.4	周界外浓度最高点	1.2
			20	2.6	3.9		
			30	8.8	13		
			40	15	23		
			50	23	35		
		45（其他）	60	33	50		
			70	46	70		
			80	63	95		

序号	污染物	最高允许排放浓度 /(mg/m³)	最高允许排放速率/(kg/h)			无组织排放监控浓度限值	
			排气筒 /m	二级	三级	监控点	浓度 /(mg/m³)
7	氟化物	90 (普钙工业)	15	0.10	0.15	周界外浓度 最高点	20(μg/m³)
			20	0.17	0.26		
			30	0.59	0.88		
			40	1.0	1.5		
			50	1.5	2.3		
		9.0 (其他)	60	2.2	3.3		
			70	3.1	4.7		
			80	4.2	6.3		
8	氯气③	65	25	0.52	0.78	周界外浓度 最高点	0.40
			30	0.87	1.3		
			40	2.9	4.4		
			50	5.0	7.6		
			60	7.7	12		
			70	11	17		
			80	15	23		
9	铅及其 化合物	0.70	15	0.004	0.006	周界外浓度 最高点	0.006
			20	0.006	0.009		
			30	0.027	0.041		
			40	0.047	0.071		
			50	0.072	0.11		
			60	0.10	0.15		
			70	0.15	0.22		
			80	0.20	0.30		
			90	0.26	0.40		
			100	0.33	0.51		
10	汞及其 化合物	0.012	15	1.5×10^{-3}	2.4×10^{-3}	周界外浓度 最高点	0.0012
			20	2.6×10^{-3}	3.9×10^{-3}		
			30	7.8×10^{-3}	13×10^{-3}		
			40	15×10^{-3}	23×10^{-3}		
			50	23×10^{-3}	35×10^{-3}		
			60	33×10^{-3}	50×10^{-3}		
11	镉及其 化合物	0.85	15	0.050	0.080	周界外浓度 最高点	0.040
			20	0.090	0.130		
			30	0.29	0.44		
			40	0.50	0.77		
			50	0.77	1.2		
			60	1.1	1.7		
			70	1.5	2.3		
			80	2.1	3.2		
12	铍及其 化合物	0.012	15	1.1×10^{-3}	1.7×10^{-3}	周界外浓度 最高点	0.0008
			20	1.8×10^{-3}	2.8×10^{-3}		
			30	6.2×10^{-3}	9.4×10^{-3}		
			40	11×10^{-3}	16×10^{-3}		
			50	16×10^{-3}	25×10^{-3}		
			60	23×10^{-3}	35×10^{-3}		
			70	33×10^{-3}	50×10^{-3}		
			80	44×10^{-3}	67×10^{-3}		

续表

序号	污染物	最高允许排放浓度/(mg/m³)	最高允许排放速率/(kg/h)			无组织排放监控浓度限值	
			排气筒/m	二级	三级	监控点	浓度/(mg/m³)
13	镍及其化合物	4.3	15	0.15	0.24	周界外浓度最高点	0.040
			20	0.26	0.34		
			30	0.88	1.3		
			40	1.5	2.3		
			50	2.3	3.5		
			60	3.3	5.0		
			70	4.6	7.0		
			80	6.3	10		
14	锡及其化合物	8.5	15	0.31	0.47	周界外浓度最高点	0.24
			20	0.52	0.79		
			30	1.8	2.7		
			40	3.0	4.6		
			50	4.6	7.0		
			60	6.6	10		
			70	9.3	14		
			80	13	19		
15	苯	12	15	0.50	0.80	周界外浓度最高点	0.40
			20	0.90	1.3		
			30	2.9	4.4		
			40	5.6	7.6		
16	甲苯	40	15	3.1	4.7	周界外浓度最高点	2.4
			20	5.2	7.9		
			30	18	27		
			40	30	46		
17	二甲苯	70	15	1.0	1.5	周界外浓度最高点	1.2
			20	1.7	2.6		
			30	5.9	8.8		
			40	10	15		
18	酚类	100	15	0.10	0.15	周界外浓度最高点	0.080
			20	0.17	0.26		
			30	0.58	0.88		
			40	1.0	1.5		
			50	1.5	2.3		
			60	2.2	3.3		
19	甲醛	25	15	0.26	0.39	周界外浓度最高点	0.20
			20	0.43	0.65		
			30	1.4	2.2		
			40	2.6	3.8		
			50	3.8	5.9		
			60	5.4	8.3		
20	乙醛	125	15	0.050	0.080	周界外浓度最高点	0.040
			20	0.09	0.13		
			30	0.29	0.44		
			40	0.50	0.77		
			50	0.77	1.2		
			60	1.1	1.6		

续表

序号	污染物	最高允许排放浓度 /(mg/m³)	最高允许排放速率/(kg/h)			无组织排放监控浓度限值	
			排气筒 /m	二级	三级	监控点	浓度 /(mg/m³)
21	丙烯腈	22	15	0.77	1.2	周界外浓度 最高点	0.6
			20	1.3	2.0		
			30	4.4	6.6		
			40	7.5	11		
			50	12	18		
			60	16	25		
22	丙烯醛	16	15	0.52	0.78	周界外浓度 最高点	0.4
			20	0.87	1.3		
			30	2.9	4.4		
			40	5.0	7.6		
			50	7.7	12		
			60	11	17		
23	氯化氢④	1.9	25	0.15	0.24	周界外浓度 最高点	0.024
			30	0.26	0.39		
			40	0.88	1.3		
			50	1.5	2.3		
			60	2.3	3.5		
			70	3.3	5.0		
			80	4.6	7.0		
24	甲醇	190	15	5.1	7.8	周界外浓度 最高点	12
			20	8.6	13		
			30	29	44		
			40	50	70		
			50	77	120		
			60	100	170		
25	苯胺类	20	15	0.52	0.78	周界外浓度 最高点	0.4
			20	0.87	1.3		
			30	2.9	4.4		
			40	5.0	7.6		
			50	7.7	12		
			60	11	17		
26	氯苯类	60	15	0.52	0.78	周界外浓度 最高点	0.4
			20	0.87	1.3		
			30	2.5	3.8		
			40	4.3	6.5		
			50	6.6	9.9		
			60	9.3	14		
			70	13	20		
			80	18	27		
			90	23	35		
			100	29	44		
27	硝基苯类	16	15	0.050	0.080	周界外浓度 最高点	0.040
			20	0.090	0.13		
			30	0.29	0.44		
			40	0.50	0.77		
			50	0.77	1.2		
			60	1.1	1.7		

续表

序号	污染物	最高允许排放浓度 /(mg/m³)	最高允许排放速率/(kg/h)			无组织排放监控浓度限值	
			排气筒 /m	二级	三级	监控点	浓度 /(mg/m³)
28	氯乙烯	36	15	0.77	1.2	周界外浓度 最高点	0.60
			20	1.3	2.0		
			30	4.4	6.6		
			40	7.5	11		
			50	12	18		
			60	16	25		
29	苯并[a]芘	0.30×10^{-3} （沥青及碳素制品 生产和加工）	15	0.050×10^{-3}	0.080×10^{-3}	周界外浓度 最高点	0.008 （μg/m³）
			20	0.085×10^{-3}	0.13×10^{-3}		
			30	0.29×10^{-3}	0.43×10^{-3}		
			40	0.50×10^{-3}	0.76×10^{-3}		
			50	0.77×10^{-3}	1.2×10^{-3}		
			60	1.1×10^{-3}	1.7×10^{-3}		
30	光气[5]	3.0	25	0.10	0.15	周界外浓度 最高点	0.080
			30	0.17	0.26		
			40	0.59	0.88		
			50	1.0	1.5		
31	沥青烟	140 （吹制沥青）	15	0.18	0.27	生产设备不得有明显的 无组织排放存在	
			20	0.30	0.45		
			30	1.3	2.0		
		40 （溶炼、浸涂）	40	2.3	3.5		
			50	3.6	5.4		
			60	5.6	7.5		
		75 （建筑搅拌）	70	7.4	11		
			80	10	15		
32	石棉尘	1根纤维/cm³ 或 10mg/m³	15	0.55	0.83	生产设备不得有明显的 无组织排放存在	
			20	0.93	1.4		
			30	3.6	5.4		
			40	6.2	9.3		
			50	9.4	14		
33	非甲烷总烃	120 （使用溶剂汽油或 其他混合烃类物质）	15	10	16	周界外浓度 最高点	4.0
			20	17	27		
			30	53	83		
			40	100	150		

① 周界外浓度最高点一般应设置于无组织排放源下风向的单位周界外10m范围内，若预计无组织排放的最大落地浓度点越出10m范围，可将监控点移至该预计浓度最高点。

② 均指含游离二氧化碳超过10%以上的各种尘。

③ 排放氯气的排气筒不得低于25m。

④ 排放氰化氢的排气筒不得低于25m。

⑤ 排放光气的排气筒不得低于25m。

注：摘自《大气污染物综合排放标准》（GB 16297—1996）。

10.2.3 声环境质量标准及排放标准

（1）《声环境质量标准》（GB 3096—2008）

表 10-9　环境噪声限制　　　　　　　　　　　　　　单位：dB（A）

声环境功能区类别		昼间	夜间
0 类		50	40
1 类		55	45
2 类		60	50
3 类		65	55
4 类	4a 类	70	55
	4b 类	70	60

注：摘自《声环境质量标准》（GB 3096—2008）。

（2）《工业企业厂界环境噪声排放标准》（GB 12348—2008）

表 10-10　工业企业厂界环境噪声排放标准　　　　　单位：dB（A）

厂界外声环境功能区类别	时段	
	昼间	夜间
0	50	40
1	55	45
2	60	50
3	65	55
4	70	55

注：摘自《工业企业厂界环境噪声排放标准》（GB 12348—2008）。

10.2.4　固体废物执行标准

固体废物贮存参见如下标准。

《一般工业固体废物贮存、处理的污染控制标准》（GB 18599—2001）

《危险废物污染物控制标准》（GB 18597—2001）